The Ecology of Adaptive Radiation
適応放散の生態学

ドルフ・シュルーター 著／森 誠一・北野 潤 訳
Dolph Schluter　　Seiichi Mori　Jun Kitano

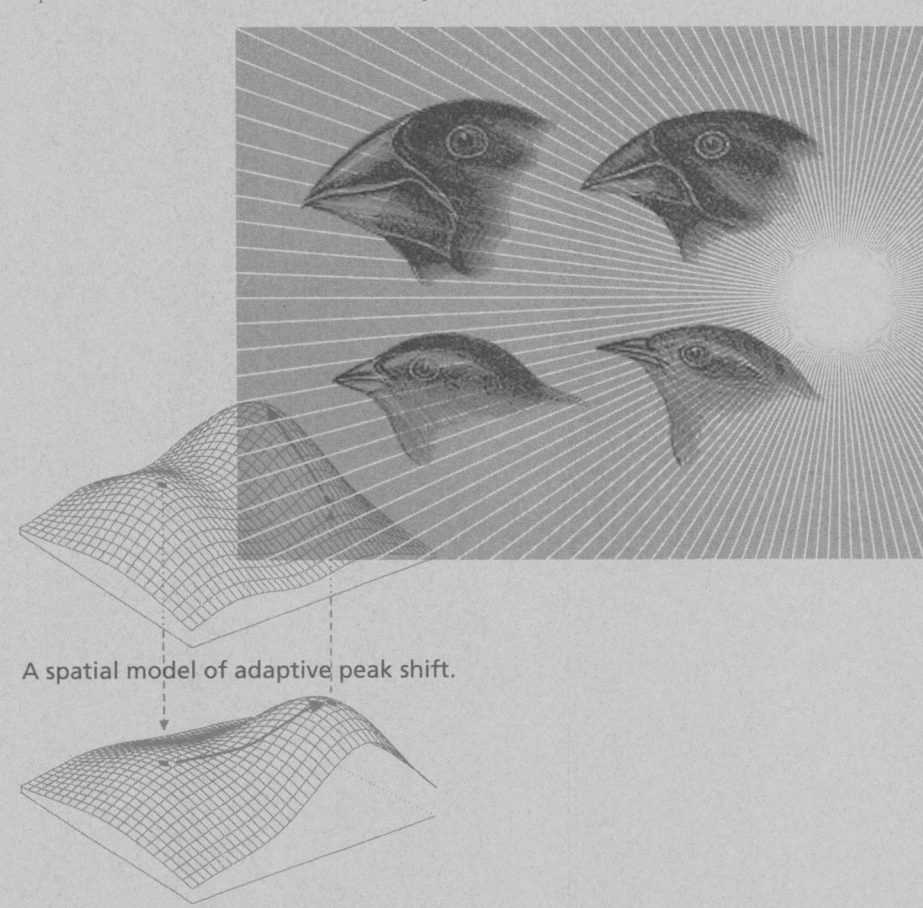

A spatial model of adaptive peak shift.

京都大学学術出版会

The Ecology of Adaptive Radiation
First Edition was originally published in English in 2000.
© Dolph Schluter 2000

This translation is published by arrangement with Oxford University Press.

イトヨ底生型の雄．周囲に稚魚が見える（著者シュルーターから本書に寄せられた写真，Nicole Bedford 撮影）．

日本語版への序

　私の本が日本語に訳されることは，私にとってこの上ない名誉と喜びです．これに関して，私は森誠一と北野潤の親愛に満ちた努力について敬意を表するものです．日本の学生や研究者の広い購読者層にとって，手に取りやすくなった本書を通じて，この私の本がいっそう役に立つようになることを願っています．

　この本における第一の目的は，この数十年間の適応放散に関する文献を網羅的に総括し，私たちが適応放散の原因に対してどれくらい理解が進んだかを検討して，将来研究のための課題を強調することになっています．この本は初版から10年ほど経過していますが，それ以来，適応放散への関心が高まり，このところ多くの良い仕事が刊行されています．特に，種分化における進展は重要です．最近10年間で刊行された種分化に関する注目に値する本は，Sergey Gavrilets の *Fitness Landscapes and the Origin of Species*, Jerry Coyne と Allen Orr による *Speciation*, および Trevor Price の *Speciation in Birds* といえるでしょう．これらの新しい仕事は，種の起原における生態学の役割を理解するのに役立つのみならず，分岐自然選択によらない種分化の機構の理解をも深めることになるでしょう．適応放散において，生態的種分化とそれ以外のどちらが一般的に重要であるのかについては，まだ未解決です．私は，これからの10年間はこの課題を検証するのに，さらなる進展を遂げると信じています．また最近，Peter と Rosemary Grant による *How and Why Species Multiply: The Radiation of Darwin's Finches* や Jonathan Losos による *Lizards in an Evolutionary Tree* を含む，適応放散を示す重要なグループにおける新しい著作が刊行されています．これらの仕事は，ガラパゴスフィンチとアノールトカゲの進化過程に関する知識を深めてくれることのみならず，他の適応放散へも一般化することが可能な知識をも提供してくれます．現在，進行している適応放散の研究で注目すべき大き

な変化は，種間差の遺伝的な基盤を理解する努力が増大していることです．いくつかの事例で，表現型の差が主要な遺伝子座における単純な遺伝的変化の結果であることがわかり，さらに，これらのいくつかの遺伝子が今，特定されつつあります．もっとも，すべての形質の差が主要遺伝子の結果であるというわけではなく，ほとんどの変化はおそらく複数の遺伝子により制御されており，その遺伝子を特定するのはまだ難しいでしょう．しかし，少数の主要遺伝子に関する研究からでも，いくつかの一般化することが可能な知見は得られると期待できます．そのようなことが可能になれば，遺伝子自体の性質というレベルから遺伝的変化を引き起こした自然選択の機構にいたるまで，適応放散の過程への理解が深まるでことしょう．

Dolph Schluter

目次

Contents

口絵 ·· i
日本語版への序 ··· iii

第 1 章　生態学的多様性の起源 ·· 1
1.1　序　説 ·· 1
1.2　問題点 ·· 3
1.3　50 年後 ··· 8
1.4　適応放散を研究することの意義 ································· 10
1.5　この本について ·· 10

第 2 章　適応放散の検出 ·· 13
2.1　序　説 ·· 13
2.2　定　義 ·· 14
2.3　実　例 ·· 29
2.4　適応と適応放散 ·· 42
2.5　議　論 ·· 44

第 3 章　適応放散の進行 ·· 49
3.1　序　説 ·· 49
3.2　ジェネラリストの祖先，特殊化した子孫？ ················ 51
3.3　ニッチ拡張に関して繰り返し見られる法則 ················ 67
3.4　反復放散 ·· 76
3.5　適応放散の終結付近での表現型進化 ···························· 81
3.6　考　察 ·· 86

第 4 章　適応放散の生態学説 ·· 89
4.1　序　説 ·· 89
4.2　生態学説 ·· 90

4.3	拡張と代替説	98
4.4	考　察	114

第5章　異なる環境間でみられる分岐自然選択　117

5.1	序　説	117
5.2	自然選択と適応地形	118
5.3	中立期待値との比較	126
5.4	相互移植実験	132
5.5	自然選択の直接計測	145
5.6	環境から適応地形を推定する	153
5.7	適応頂点のシフトは如何にして起こるのか？	159
5.8	考　察	166

第6章　分岐と種間相互作用　169

6.1	序　説	169
6.2	競争者間での分岐	170
6.3	観察に基づく証拠	178
6.4	予測に基づく証拠	201
6.5	野外実験による証拠	204
6.6	分岐を促進する他の相互作用	207
6.7	考　察	219

第7章　生態学的機会　223

7.1	序　説	223
7.2	生態学的機会と形態分化	225
7.3	生態学的機会と種分化率	240
7.4	鍵となる進化的革新	247
7.5	考　察	255

第8章　種分化の生態学的基盤　259

8.1	序　説	259
8.2	生態学的種分化のモデル	261
8.3	生態学的種分化の検証	270
8.4	分岐的性選択	284

8.5　考　察 ··· 290

第9章　遺伝的最小抵抗経路（genetic line of least resistance）に沿った分化 ··· 293

　　9.1　序　説 ··· 293
　　9.2　量的遺伝学の枠組み ··· 294
　　9.3　遺伝的最小抵抗経路に沿った分岐 ························· 306
　　9.4　分岐選択の回顧 ·· 314
　　9.5　考　察 ··· 319

第10章　適応放散の生態学 ·· 321

　　10.1　結　語 ··· 321
　　10.2　適応放散の一般的特徴 ······································· 322
　　10.3　生態学説の運命 ··· 324

参考文献 ··· 333
訳者あとがき ··· 379
索　引 ··· 381

生態学的多様性の起源

> 生物多様性は，二つの関連ある過程によって，少なくとも理論的には
> 説明することができる．　　　　　　　——シンプソン（Simpson, 1953）

▍1.1　序　　説

　適応放散とは，急速に分岐しつつある系統において，生態学的な多様性が進化することである．つまり，一つの共通祖先から，さまざまな環境に生息し，多様な環境を利用するべく異なる形質をもった一定の連続する種へと分化していく過程のことである．この過程において，新しい種の起源および種間に見られる生態学的違いの進化が起こる．適応進化のもっとも劇的なものであると同時に，新たな分類群の起源や創出において見られるもっとも一般的な現象であると考えられる．ガラパゴスフィンチ（図1.1），ハワイの銀剣草（図1.2），東アフリカのシクリッド（図1.3）など，現存する適応放散の例は，生命の歴史上，恐竜の絶滅や人類の起源と並び称される出来事である．

　この本は，ダーウィン（Darwin, 1859）に始まり，20世紀前半の博物学者達によって発展させられた適応放散の原因に関する理論について焦点を当てる．この理論は，ラック（Lack, 1947），ドブジャンスキー（Dobzhansky, 1951），次いで，とくにシンプソン（Simpson, 1953）によって，より強固で明

1

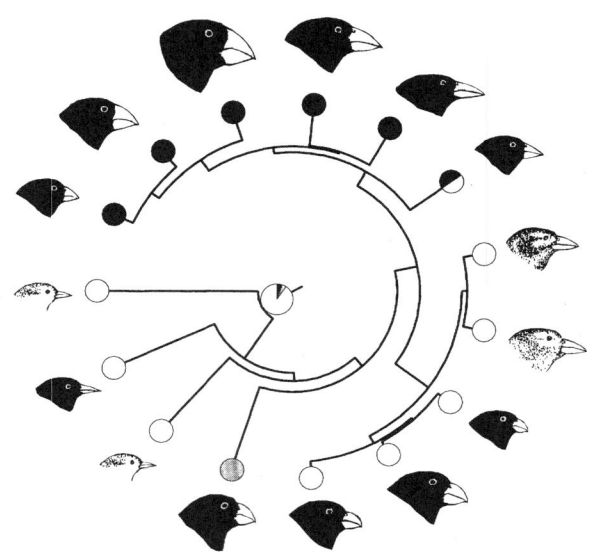

図 1.1 ダーウィンフィンチにおける嘴のサイズと形に見られる適応放散. 系統樹はマイクロサテライトに基づく (Petren *et al.*, 1999). 異なる濃淡は, 餌の種類を表す：種子（黒色), 昆虫（白色), 植物（灰色). 中央の円グラフは, 共通祖先種の餌の推定確率を示したものである. Schluter (1996a), Grant (1986), Bowman (1961), Swarth (1931) に基づく.

確なものにされ, 20世紀中頃に広く受け入れられるに至った. この理論は, 適応放散つまり形質分化を伴う種分化が究極的には, 環境資源に由来する分岐自然選択, および資源をめぐる競争によって起こるものであると主張する.

この適応放散の「生態学説」は, 生態学的多様性の起源に関する究極的な総合学説であり, 本書での私の主な狙いは, この学説について, その誕生以来提出されてきた幾多の証拠に基づいて再評価を行うことである. この学説を支持し構成するもっとも重要な要件に関しては既に検証がなされている一方で, 他の新しい多くの要件もまた, 適応放散において役割をもつことが明らかとなってきた. 実は, ずいぶん前から, 適応放散に関わる現代的な改訂版を出すべき時期に来ていたのだ.

私は, ここで二つの段階をもって, この学説を取り巻く問題を扱いたい. まず, 主要な要因について, 理論が提唱された当初の考えに基づいて検証し,

分岐自然選択の原因となる環境要因について明らかにする．次に，当初の理論に取り入れられていなかった，あるいは十分に扱われていなかった他のメカニズムについて論じる．以上のことを踏まえて適応放散の理論をより完全なものとすることが，私の目標である．

1.2 問題点

1.2.1 適応および非適応放散

　まず，どのような特徴をもって，**放散**あるいは**適応**とよぶのが妥当であるかを明らかにしたい．いかなる適応放散の定義であれ，ダーウィンフィンチのような非常に有名な事例（図 1.1-1.3）は含まれるであろうし，これらの事例にはさしたる問題は生じない．それ以外の事例について明確にするためには，分かりやすく，かつもっとも普遍的な特徴を導き出すことが必要である．私は，古典的な定義に近い，一つの簡単な定義を採用することにする．すなわち，適応放散とは，急速に分岐しつつある系統内において，生態や表現型の多様性が進化することである．一つの祖先種からさまざまな環境を利用し，環境利用に関わる形質が分化した一連の種が生み出される過程である．進化生物学的な比較法を用いることによって，これらを検証することが可能であろう（第 2 章）．

　この定義が満たされた場合，分岐自然選択こそが，急速な種分化と表現型分化の究極要因であるという理論について，他のいくつかの理論と照らし合わせながら検証する．適応放散が起こったという事実だけでは，これらの理論を分別することはできないのである．

1.2.2 特殊化，ニッチの拡大，その他の傾向について

　適応放散についての理解を深めるためには，生態や表現型の多様性が変化していく過程について，どのような傾向が，どれくらいの頻度でみられるのかを，正確に記載する必要がある．

　初期の多くの文献では，種が次第に特殊化していくという傾向について，

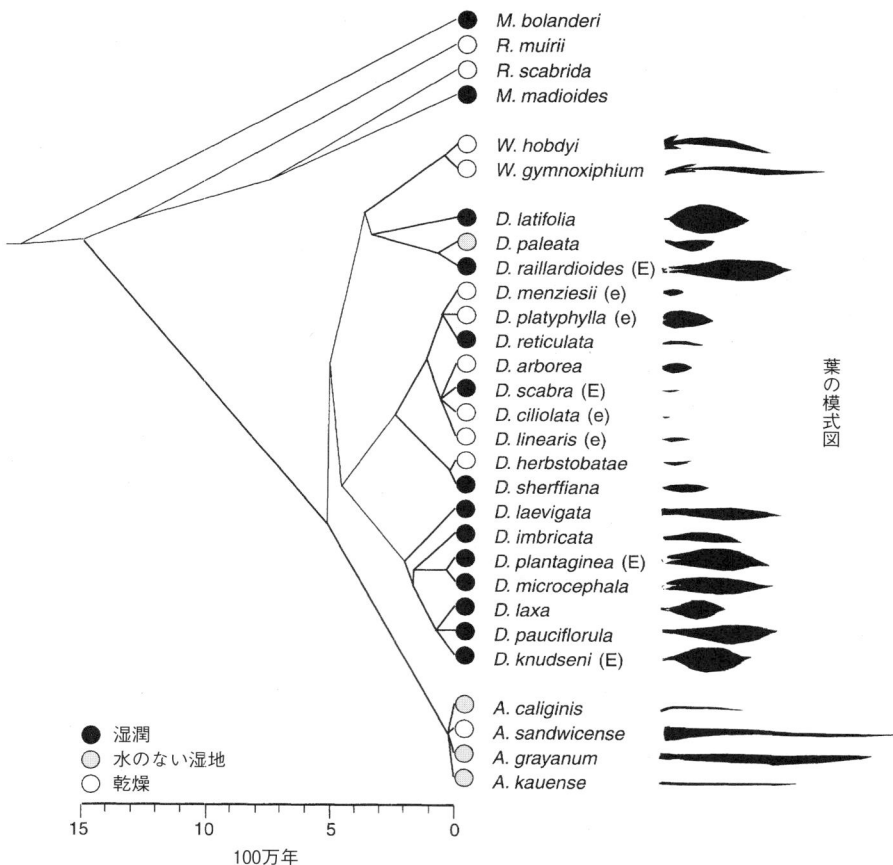

図 1.2 ハワイの銀剣草（*Dubautia*, *Wilkesia*, *Argyroxiphium*）と近縁種のカリフォルニアタール草（*Madia* と *Raillardioides*）．系統樹の先の円は，Robichaux *et al.* (1990) に基づく生息地状況を表す．葉の模式図は，Carr *et al.* (1989) よりオックスフォード大学出版の許可を得て掲載．乾燥地帯では幅の狭い葉をもつことを示している．「E」と「e」は，葉の組織の弾性係数が高いか，低いかをそれぞれ表しており，Robichaux and Canfield (1985) に基づく．係数が高いものほど，組織の水分含有量が減少した際に膨圧を維持する能力が低いが，係数が低いものほど，この能力は高い．系統樹は，Baldwin and Sanderson (1998) の系統樹を基にして，Baldwin and Robichaux (1995) の系統関係と遺伝子データを加味して作成した．

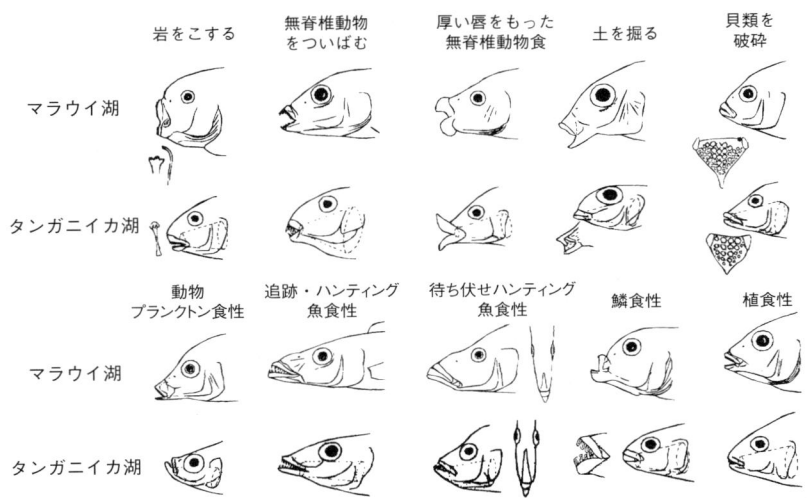

図 1.3 東アフリカのマラウィ湖とタンガニイカ湖のシクリッドに共通してみられる表現型．図は，Fryer and Iles (1972；マラウィ湖) と Liem (1991；タンガニイカ湖) から，G. Fryer と Kluwer Academic Publishers の許可を得て掲載．

広く議論されている．とくに，大陸から遠く離れた群島に適応放散した祖先種は非特殊種である一方で，その子孫種は多くの場合，より特殊化した資源を利用するように変化すると考えられ（たとえば，Lack, 1947; Simpson, 1953)，こうした過程に関する証拠や反証について，ここで詳細に検討していこう．

このような変化の傾向が見られる場合，特定の順番にしたがって新しい資源や環境への拡大が起こるのか，というニッチ分化の順序に関する問いについても検証する．たとえば，グラント（Grant, 1949）によると，ある特定の動物によって送粉される被子植物においては，花の分化は栄養器官の分化よりも先に起こる一方，送粉者が特殊化していない系統，たとえば風などの無生物によって受粉される系統においては，逆の順序で分化が起こる．他の分類群においても，分化は生息地，食物サイズ，食物の種類など主要な資源条件に基づいた特徴的な順序に沿って起こることが知られている．これらと対比的な考えとして，分化の進行はその系統に特異的なもので，決して再現されないという仮説があり，これについての検証も行う．また，適応放散して

いく過程において，表現型の多様化の速度がどのように変化するのか，つまり放散の初期にもっとも急速に拡張し，その終息につれて多様化の速度が減少するのかについても述べる．

1.2.3　生態学説の三つの過程

　生態学説は，三つの重要な過程から成り，これらを順に整理してみよう．最初の過程では，**生息環境や利用資源の違いによる直接的な効果によって，集団間および種間の表現型分化が生じる**．つまり，異なる環境ではそれぞれに相応した異なる形質が環境利用に有利であるがゆえに，異なる環境に生息している別々の種の間では，各々にはたらく選択圧が異なってくる．環境や資源が異なることによって，適応度「頂点」が異なることとなり，表現型の分化が生み出されるのである．

　2番目の過程は，**資源競争に由来する表現型の分化**である．共存する集団や種は，競争の結果，それぞれが新しい資源や環境を利用するようになり，異なる選択圧下に置かれることとなる．この2番目の過程は1番目の過程に似ているが，各々の種が互いの環境を変化させる*という特徴をもっており，これによって生態学的に類似している種にはたらく自然選択圧が変化して，種間で分岐が進行するようになる．

　この近縁の種間競争で考慮すべきもう一つの側面は**生態学的機会** (ecological opportunity)，つまり他の分類群の種に利用されていない資源がどの程度豊富に存在するかである．この理論によると，系統の分岐は生態学的機会が多いときには急速に進行し，次第に多くのニッチが占有されてしまうと進行が遅くなる．生態学的機会は往々にして，適切な時期に適切な場所にいるということを意味する．遠く離れた群島へ移住するとか，大量絶滅を生き延びる場合などが当てはまる．実感的には分かりにくいかもしれないが，新しい形質，つまり「鍵革新 (key innovation)」**の獲得によって新しいニッチが利用可能となり，適応放散が引き起こされることもあるかもしれない．

　生態学説の三つ目の過程は，**生態学的種分化** (ecological speciation) である．

訳注*：種Aの存在は，種Bにとっての環境の一部（競争相手がいるという環境）であると同時に，種Bの存在は種Aにとっての環境の一部である．

つまり，環境に由来する分岐自然選択と資源競争という，表現型の分化を引き起こすのと同じメカニズムによって，適応放散の過程で新しい種が誕生することである．種分化は，生殖隔離の形成を意味し，生態や表現型が分化するのと同時期に進化する．

　これら三つの過程の重要性は，理論の形成時から議論されてきた．最初の過程，つまり，異なる生息環境の間で分岐自然選択に由来する表現型分化は，嘴のサイズや花の形のような明らかに有用な形質に関しては，自明のように見えるかもしれない．しかし，適応放散の生態学説が提唱された時期には，必ずしも自然選択が分岐的であることは示されていなかった．環境や資源に由来する「適応度の谷」***によって集団が分け隔てられているということを立証するのは，現在においても容易ではない．分化における資源競争の重要性は，現在にいたるまで大きな論争の対象である．生態学的機会についての定量的な方法は十分に確立されておらず，鍵革新の存在は実証されていなかった．さらに，それらが適応放散を促進するという証拠すら存在していなかった．最後に，生態学的種分化がどれほど一般的であるのかに関しては，初期から懸念される対象であった．1950年頃までも，大抵の進化生物学者は，多くの非生態学的過程によっても種分化が起こると考えていた．ここで重要なことは，適応放散の過程で，種分化が急速に進行する際に，分岐自然選択がどのように，そしてまた，どの程度主要な役割を果たすのかどうかということである．

1.2.4　遺伝学と適応放散への道

　メンデル遺伝学がすべての進化的変化に関わりをもっているという事実は，生態学説よりも以前から確立されていた．集団に存在する変異の少なくとも一部は遺伝的であり，必ずしも新しい突然変異が誘導されなくても進化は起

訳注**：たとえば，哺乳類の上臼歯の尖った先端部におけるハイポコーンという形態は，ある哺乳類の分類群における雑食性を可能にしたと考えられている．このように，新しい資源の利用を可能にするような新しい形質の獲得をさす．詳細は，第7章参照．

訳注***：種Aは環境1に適応しており，種Bは環境2に適応している場合，中間の環境へはどちらの種もあまり適していないということになり，中間の環境下で両種ともに適応度が低い状態を表す．

こりうるということも広く知られていた（たとえば，Wright, 1945）．シンプソン（Simpson, 1953）は，複数の形質が多面発現（pleiotropy）＊や連鎖不平衡（linkage disequilibrium）＊＊によって遺伝的に相関していること，また，ある一つの形質に選択がはたらくと，別の形質が，それ自身に対する選択の方向とは逆の方向へ進化することがあることも認識していた＊＊＊．

適応放散の初期の研究において，遺伝的知識をその予測に役立てるということはなかった．集団における遺伝学的変異やその共分散を計測することは，表現型分化がどのような方向に進行するのか，また，なぜ分化に種分化がともなう場合とともなわない場合があるのかについてを決定する助けとなるのだろうか．これらの問いに答える定量的な枠組み，つまり量的遺伝学は，つい最近になって確立され，初期の生態学説には含まれていなかった．このような定量的予測が可能であるのか，また，表現型分化の遺伝学を組み込んだ適応放散の拡張理論を作れるかどうかについても明らかにしていきたい．

▌1.3　50年後

適応放散の生態学説を再評価することは，いくつかの理由から，時宜を得たものである．まず，適応放散を研究する方法に多くの進展が見られたにも関わらず，この50年余りにわたって十分な総説が書かれなかったことが挙げられる．生態学説が提唱された当初，分岐自然選択を野外で実証した研究は存在していなかった．競争や，その他の種間相互作用に関する実験もまだ初歩的なものに過ぎなかった．鍵革新仮説の実証は，試みられたこともなか

訳注＊：一つの遺伝子が複数の作用をもつような場合，一つの遺伝子の変異によって複数の形質が変化すること．

訳注＊＊：ある遺伝子に自然選択が働いた場合，染色体上で近傍に存在する別の中立的な遺伝子でも，対立遺伝子の頻度が起こってしまうこと．

訳注＊＊＊：たとえば，脳のサイズと体のサイズに遺伝的相関がある場合，脳のサイズを大きくするような強い自然選択が働いた際に，体のサイズも大きくなってしまう．大きな体サイズが，むしろ適応度を下げる場合には，体サイズの増大は，自然選択の直接作用によるものではなく，遺伝的相関に基づく間接的な副産物にすぎないということ．

った．マイア（Mayr, 1942）の生物学的種概念（biological species concept）が，提唱されてまもなくのことでもあり，分岐自然選択と生殖隔離との間のつながりについて，具体的に示されていなかった．生態学説を信じるに足る根拠は，まだ弱く十分ではなかったのである．

　その後，現在にいたるまでに，野外集団に対してはたらく自然選択を計測する研究は飛躍的に進展し，自然界における分岐自然選択がいかに強力であり，広く見られるのか，また，どのような環境因子がその原因となっているのかについても明らかとなってきた．いくつかの例では，自然界における選択の「地形」がどのような形状をしているのか，つまり複数の適応の頂点や谷をもつのかどうかなどについても把握されるようになってきた．競争や他の相互作用に関する我々の理解は 50 年前に比べて大きく進展し，競争によって引き起こされたと考えられる分岐の実例は膨大な数にまで増えた．生態学的機会に関する検証にも進展がみられ，いくつかの鍵革新の候補も同定されてきた．生態学的種分化の実験モデルも増え，種分化における分岐自然選択の役割も着実にわかりつつある．性選択についても多くの野外集団で観察され，適応放散の種分化に果たすその役割は大きいのかもしれないということがわかってきた．適応放散下にある系統関係の推定は可能であり，このような系統樹に基づいた統計手法によって，適応放散を同定する能力に改善がみられた．系統樹の情報は，適応放散する間に生じる生態学的変化のタイミングならびに順序に関する洞察も与えてくれる．量的遺伝学の発展によって，自然選択下における一連の形質の分化の方向と速度を予見したり，現存する多様性の原因となった過去の選択圧について推定したりする手だてを得ることができるようになった．

　過去 50 年の間には，当初の学説を展開した仮説や，反論となる仮説も提唱されてきた．これら代替仮説には，分岐自然選択，性選択，遺伝的浮動などを統合したモデル，あるいは競争以外の相互作用に基づく仮説，生態学的機会に対する批判，非生態学的種分化のモデルなどが含まれる．適応放散において多様化の生じる過程が複数存在することは明白であり，このような拡張した仮説を作ることは火急的に必要なことである．

■ 1.4　適応放散を研究することの意義

　適応放散の生態学を再評価することは，進化一般の原因を明らかにすることの重要な一助ともなる．シンプソン（Simpson, 1953）は，適応放散を用いて，生命の多様性のすべてを説明できるかもしれないとまで言及している[1]．適応放散ですべてを説明できないまでも，それが進化の主要な特徴であることは間違いなく，その生態学的原因を知ることは生命現象の多様性の起源を理解することに役立つであろう．このように適応放散は，広範な意味をもつがゆえに研究する価値があるのである．

■ 1.5　この本について

　次の章では，観察，実験，予測，古生物学などに基づいた適応放散の生態学に関する証拠を統合的に整理する．それらは，近縁の集団や種に関する研究が主となっている．実用的な観点から，私は，同種の集団間あるいは，系統的に離れていても同属内の異種間でみられる，さまざまな過程や傾向に焦点を当てることにする．これには限界があるようにみえるかもしれない．思うに，適応放散は大進化の過程であり，適応放散の原因に関する大抵の見解は，より高次の分類群についての研究から得られたものだからだ．

---

[1] シンプソン（Simpson, 1953）は，「適応放散」と「適応地形の占拠」を厳密に区分した．前者は，共通祖先に由来する系統の数が同時期に爆発的に増えることを表すのに対し，後者は，種分化の速度が一時的に停滞した上で，新しく環境に適応して行く過程を表すとした．しかし，シンプソンは，これら二つの過程を「明確には線引きできないもの」と見なしており，私は，これら二つの過程に差異を見出さない＜訳注：つまり，シンプソンは，種数が急速に増加する過程と，種数の増加を伴わない適応過程とを，基本的に別の過程であると考えたが，シュルーターは，そのような区分をしない＞．彼は，生命の多様化に貢献する要因を議論する際に三つ目の要因，つまり異なる祖先系統が地理的に分離しているということを加えた．彼の信じるところによると，これによって異なる分類群が地球上の異なる地域において，同じような適応地で多様化して行くことが可能となったのである．

しかし，適応放散の概念を適用することによる進化メカニズムの検証においては，種となったばかりの「若い種」を用いた比較研究や，自然界の集団（個体群）レベルや近縁種を用いた実験や観察に依拠することが多い．種分化を問題にする際には，低次の分類群レベルでの適応放散に注目するのは理にかなっている．なぜなら，生殖隔離の進化を引き起こすメカニズムを理解するためには，進行中の種分化過程を研究する必要があるからである．同種の集団や若い種を用いるのは，表現型分化の原因を理解し，種分化とのつながりを理解するためにもっとも適当なレベルなのである．この小進化に注目することは，「現在進行形の大進化」を研究することと等しいといえる．

　この本を通して，私は，野外集団に対してはたらくメカニズムについて注目する．シミュレーション分析が，これらのメカニズム理論の精緻化に主要な役割を果たしてきた一方で，実験研究も生態学的多様化の理論の発展に貢献してきた．たとえば，実験研究は，分岐自然選択が集団間の生殖隔離の構築に貢献するということを明らかにした．この結果は，生態学的種分化の仮説の信憑性を高めることとなったが，実際に，野外に存在する種がこのようなメカニズムによって作られたのかどうかの情報は与えてくれない．

　私がこの本で取る戦略は，各々の問いについて広い視野から検証することである．そのために，適応放散の定義を厳密には満たしていないような事例から得られた証拠についても考察する必要に迫られる．つまり，このことは適応放散の基準の大半を満たしているものに加えて，その証拠がまだ不完全さを示す分類群に関する研究も含んでいる．そうすることによって，ある問題について考察する証拠を出来る限り多く集めることが可能となる．その代わりに，折に触れて，ある特定の結果が，真の適応放散の特徴といえるのかという課題に立ち返ることとする．

　次の第2章では，適応放散に加えて，この本を通して使用する概念の用法的定義を行う．適応放散か否かを決定する際の主要な判定基準を説明し，いくつかの事例について例示する．これらの事例は，適応放散の過程で，どういった形質が分化するのか，あるいはどういった環境要因がそれらを引き起こすのかについても示してくれる．第3章では，適応放散の過程で生じるニッチ利用の進化に，何らかの傾向がみられるかどうかについて，いくつかの

事例を用いて検証する．とくに，明確な証拠もなく言われてきた資源利用を特殊化する方向の進化傾向や，ニッチ利用の一連の分化段階にみられる他の規則性について注目する．また，適応放散の過程において，その開始から収束にいたるまでに，形態学的多様性がどのように変化するのかについても記述する．

　第4章は，生態学説について詳細に説明し，その発展に役立ったいくつかのパターンに関する分析についても説明する．この分析によって見いだされたパターンを説明できる代替仮説，さらには，適応放散そのものに対する代替仮説も提示する．この章のシナリオに従い，続く四つの章では，適応放散の生態学説にとって重要な三つの過程それぞれの証拠を整理・検証する．第5章では，資源や環境に由来する分岐自然選択が，適応放散における表現型の分化を引き起こす原因となるという証拠を提示する．第6章では，競争関係にある種間で分化が起こるモデル，および野外集団において実際に競争が分化に関わっている証拠を要約する．この章では，競争と同じくらい重要であるかもしれないにも関わらず，十分には知られていない，競争以外の種間相互作用についても規定していく．第7章では，生態学的機会の仮説ならびに，その仮想メカニズムについての証拠を検証する．同章で私は，島嶼と本島を，生態学的機会の高い場合と低い場合の近似例として用い，それらの間で見られる形態進化の速度の違いを検討する．また，いくつかの鍵革新と考えられる事例についても概観する．第8章は，生殖隔離の進化において，環境間の分岐自然選択が役割を果たす証拠についてまとめる．また，種分化における性選択の役割や，環境によって配偶者選択の分岐がどのように進化するのかについて議論する．

　第9章では，量的遺伝学の理論が，適応放散過程における分化や種分化の道筋を理解するのに役立つということを概説する．第10章は，すべての章の結果を統合することによって，適応放散の生態学説の改訂版を説明する．それと同時に，今後もっとも発展が望まれる研究分野についても概説を加えよう．

2

適応放散の検出

> 鳥類のひとつの小さなグループの中に，このように少しずつ異なる多様な形態構造が存在することを見るにつけ，この群島に存在していたごく僅かの鳥をもとにして，種が異なる目的のために改変されてきたのではないか，と想像したくなるであろう． C. ダーウィン（1842）

2.1 序　説

　適応放散（adaptive radiation）とは何であろうか．適応放散の過程を研究するためには，その定義を明確に定めて，それを用いることが必要である．現在広く使われている定義は，シンプソンの定義に由来する．シンプソンは，「適応放散とは，同じような適応型から，多少の時間のずれはあっても比較的同時期に複数の系統が分岐し，多様かつ異なる適応帯へと分岐していくことを厳密には意味する」と定義した（Simpson, 1953, p.223）．この定義をそのまま適用するのではなく，ここにほとんどの研究者が必要不可欠であると認める2つの核となる要件を組み込む必要がある．すなわち，新しい種が誕生する割合（種分化率）が上昇することと，生態的多様性および表現型多様性が増加することである．

　本章では，この書を通して用いる適応放散の定義を行い，いくつかの事例

について実際に検証された研究の進展状況と課題について概説する．ここでは概念を的確に説明するために，適応放散の定義を比較的よく満たしていると考えられる四つの事例について詳説する．最初の二つは動物（ガラパゴス諸島のダーウィンフィンチと西インド諸島のアノールトカゲ類 Anolis）の例を，残りの二つは植物（ハワイの銀剣草 Hawaiian silversword alliance と大陸オダマキ類 Aquilegia）の例を取り上げる．次いで，適応放散における表現型分岐と，一般的に使用される適応という概念との間の違いについて解説し，最後に，未解決の課題を示すことにしよう．

2.2 定　義

2.2.1　適応放散

　適応放散とは，急速な系統分岐を遂げつつある系統群において，生態的多様性および表現型多様性が進化することである．この過程では，単一祖先から異なる環境に生息し，異なる環境利用を可能にするべく形態形質や生理的形質の異なった一連の種群が生じる．この過程には，種分化ならびに異なる環境への表現型の適応が含まれる．こうした適応放散の定義は，先達の用いた重要な要件を保持しているとともに（例として，Simpson, 1953; Lack, 1947; Mayr, 1963; Carlquist, 1974; Grant, 1986; Futuyma, 1986; Skelton, 1993; Schluter, 1996a），もっとも顕著な適応放散の事例（たとえば，図 1.1-1.3）にみられる重要な特色をも組み込んでいる．

　この定義によると，以下の四つの特徴を判定基準として用いることによって，適応放散を検出することができるといえよう．まず一つ目は，適応放散をなす構成種が共通祖先をもつこと（common ancestry）である．二つ目は，表現型と環境との間の相関（phenotype-environment correlation），すなわち，利用する環境とそれらの環境を利用するのに行使される形態および生理的特性との間に何らかの有意な相関があることである．三つ目は，形質の有効性（trait utility）であり，要するに，ある値をもつ形質が，その環境下においてとても有効に働き，適応度を高めるということである．これら二つ目と三つ

目の判定基準は,異なる種の表現型が利用する異なる環境に「適合し」,そ
れによって種が「異なる目的に見合ったように改変されてきた」(Darwin,
1842) ことを意味する.四つ目の基準は,急速な種分化 (rapid speciation) で,
すなわち生態的分化や表現型分化が進行する際に,何回かにわたって種が爆
発的に増えることである.以下に,これら四つの判定基準について詳しく述
べる.

共通祖先性——共通祖先性については,種の系統樹を調べることによって簡単
に検証できる (Givnish, 1997).本書で注目するような低次の分類学的段階に
おける放散については,共通祖先が比較的最近のものであったと予想される.
しかし,共通祖先性は,単系統性とは異なる.この単系統というのは,共通
祖先に由来するすべての子孫が放散に包括されることである.適応放散の学
説は,単系統性を必ずしも前提とするものではない.実際の野外研究では,
あまり注目されない系統や分岐が不明瞭な系統,あるいは地理的に離れた系
統などについてはしばしば無視され,一部の絞られた系統のみが研究対象と
なる.この点については,第 2.5 節で再び取り上げる.

表現型と環境との相関——子孫種にみられる多様な表現型が,それぞれの異な
った環境に適合している場合に,「適応」の基準が満たされているとする.
過去の機能を保持しつつ,それに由来して新たに獲得された形質という限定
的な意味合い (Gould and Vrba, 1982; Coddington, 1988; Baum and Larson, 1991;
Harvey and Pagel, 1991) だけで適応という語が用いられる場合もあるが,本
書では,現在,その形質が有効であるかどうかという古典的な意味合いでの
み (Reeve and Sherman, 1993 参照) 適応という語を用いる.この書で焦点を
当てる分岐年代の短い低次の分類学的段階における適応放散では,適応に関
するこの二つの意味合いの違いはあまり重要ではない.なぜなら,出現して
間もない分類群では,ある形質に対して現在かかっている選択圧も,出現当
初にかかっていた過去の選択圧も大差がないであろうからである.

　表現型と環境との間に何らかの有意な相関を見つけることが,第一のステ
ップである.野外観察によって,表現型(体サイズなど)の違いが,資源利

用や他の環境特性（餌サイズなど）の違いと相関しているという証拠を得ることができる．この相関が有意であるかどうかを検証するためには，表現型と環境との間の相関に関する統計学的検定が重要であり，必要に応じて，系統関係に由来する非独立性を補正しなければならない（「進化生物学における比較法」；Harvey and Pagel, 1991）．種間における表現型の差異は，発生過程における異なる環境シグナルに対する単なる可塑的応答の結果ではなく，遺伝的基盤がなくてはならない（もっとも，環境に対する可塑的応答自体も，進化しうる遺伝的基盤を持った形質である）．

Box 2.1　形質と環境の相関を検定する際に必要な系統関係の補正

　表現型と環境やパフォーマンスとの間の関連性について統計学的検定を行う際に問題となるのは，時間に沿った「ランダムウォーク（random walk）」をはじめとするいくつかの表現型進化のモデルのもとでは，集団平均値や種平均値は，その系統関係の影響を受けるがゆえにお互いに独立ではないということである．つまり，より近い共通祖先を共有している2種の方が，ランダムに抽出した2種よりも，形質の値が類似していると期待される（Felsenstein, 1985; Harvey and Pagel, 1991）．この問題に対する解決法が示されたことによって，適応放散の研究は大きく前進した．しかし，このことは，この解決法を用いるために正確な系統樹が必要であり，それなしに適応放散を検証できないことを意味する．このような理由により，表2.1では，検証に系統学的情報を組み込んだ事例，あるいは系統情報に基づいた分析の結果として系統関係を組み込む必要がないと判断された事例を集約した．

　データの種類に応じて，いくつかの解決法が存在する．いずれの方法においても，帰無仮説は，形質，パフォーマンス，環境が，時間軸に沿ってお互い独立に「ランダムウォーク」すると仮定する．代替仮説は，これらが相関関係を持ちながらランダムウォークするというものである．独立比較法（Felsenstein, 1985）を用いることによって，連続変異を示す形質と環境との間の相関性，たとえば，体サイズ（X）と餌サイズ（Y）の間の相関を検定することができる．不連続な変数（たとえば，捕食者の有無や防御形質の有無）を扱う場合には，Pagelの尤度比検定がよりふさわしいであろう．環境の変数が不連続で，表現型やパフォーマンスの変数が連続変異する場合に利用できる方法は，Hansen（1997）によって提示されている．Martins and Hansen（1996）は，どのような種類のデータに対しても応用できる一般的な方法論を提示している．

複数の観察結果によると，二つの連続形質の間に相関がないという帰無仮説が独立比較法によって棄却されるような場合には，系統学を無視した従来の統計学的検定でも棄却されるようである（Ricklefs and Starck, 1996; Price, 1997）．したがって，放散が本当に適応放散であるのならば，系統はあまり重要でなくなる（この結論は，不連続形質には当てはまらないかもしれない）．しかし，いかなる場合であっても系統関係が重要でないと，最初から決めつけてしまってはいけない．また一方，系統関係が重要でないことが多いということは，別の正当なアプローチが存在することも示唆する．たとえば，まず最初に，表現型と環境やパフォーマンスとの間の類似性について，系統関係を用いて予測できるかどうかを検定する方法が考えられる（Gittleman and Kot, 1990; Mooers et al., 1999; Abouheif, 1999）．もし，十分な検定力があるにも関わらず，「系統関係が影響しない」という仮説が棄却できないならば，従来の統計学的手法を用いることも正当であるかもしれない．そのようなアプローチは，アノールトカゲで用いられている（Irschick et al., 1997）．

　しかしながら，ランダムウォークが唯一の形質進化のモデルという訳ではない．Harvey and Rambaut（2000）は，連続形質進化を扱った別のモデルについて，相関の検定法の有効性を比較した．たとえば，Price（1997）のモデルは，種間の競争によって，二つの種が同じような形質値や環境を持たないようになると仮定する．その代わりに，利用可能で空いている形質や環境を，種は利用するようになると考える．空いている場所は，系統が分岐して種分化していくことによって満たされていく．シミュレーションによると，このモデルの下では，たとえ系統関係の影響を加味したとしても，従来の回帰検定法や相関検定法の方が，独立比較法よりも優れている．

　したがって，相関進化の検定に際し，どの方法が最適であるのかは，どのような表現型進化のモデルを用いるかに依存しており，これを決めるのは容易ではない．堅実な方法は，系統関係に基づく検定法の結果と従来の検定法の結果の両方を報告することであろう．

形質の有効性—種の形態形質および表現型形質が作用する場所で，それらが実際に有効であるという証明が，表現型と環境との適合性を推定するための次なる必要条件である．そのために用いる常套手段は，特定の環境によく見られる形質が，その環境において本当に有効であるのかを検証することである．それは実験あるいは理論（できれば両方とも）によって検証することが

できる.この検証が重要である理由は,この検証によって表現型と環境との間の相関のメカニズムが明らかになったり,あまり重要ではない相関を除外したり(Wainwright, 1994),形質の値と適応度を結びつけることができる(Arnold, 1983)からである.形質にはたらく自然選択を直接計測することも,形質の有用性を検証するための付加的手段である.選択の直接的計測法については,後に適応放散の学説を検討するときに考察する(第5章).

急速な種分化——種分化(speciation)とは,生殖的隔離の進化(evolution of reproductive isolation),つまり異なる集団に属する個体の間で(お互いに出会うことがあっても)交雑がまったく起こらない,あるいは低頻度で交雑が生じたとしても,遺伝集団の崩壊を招くほどには遺伝子流動が高くないということである.この定義は,基本的に生物学的種概念(biological species concept; Mayr, 1942)と同じであるが,多くの有性種が交雑しながらも(たとえば,V. Grant, 1981; Gill, 1989; Grant and Grant, 1992; Rieseberg and Wendel, 1993; Mallet, 1995),同類交配が存在し続けているという事実を前提とした定義である.

必ずしもすべての研究者が,適応放散を定義する際に種分化を考慮してきた訳ではないが(たとえば,Givnish, 1997),実際には,すべての著名な適応放散の例において,種分化を見ることができる.Simpson(1953)は,高次の分類群の出現こそが適応放散の特徴であり,系統分岐(有性生殖の種では生殖的隔離の進化によって通常完成する)こそが,適応放散の第一必要条件であると考えた.適応放散の定義に種分化を含めることが必要であるかどうかに関わらず,生殖的隔離の進化は一般的にみられ,表現型分岐においても重要な役割を果たす.したがって,種分化は,適応放散の研究におけるもっとも重要な課題の一つなのである.完全に無性生殖する分類群における適応放散では,種分化(どのような定義であれ)は重要な課題ではない.なぜなら,無性生殖種では,各世代で系統の分岐が起こるからである.しかしながら,多くの無性生殖の分類群でも遺伝子置換は頻繁に起こり(たとえば,接合,形質転換,および形質導入),その置換率が表現型分化や遺伝的分化につれて減少するのかどうか,また,減少するとすれば,どのようなメカニズムによ

るのかというのは興味深い問題である（Vulić et al., 2000）.

　急速種分化を明らかにするためには，種分化率が同時期に存在する複数のクレード（共通祖先から進化した生物群，分岐群）間できわめて異なっているか，あるいは単一のクレード内でも時期によって種分化率が大きく異なっているということを示す必要がある（たとえば，図 2.1A）．もし種分化が短期間で起こるものであり，適応放散の重要な一部であるならば，適応放散も短期的なものとなるはずである．したがって，適応放散が短期間で爆発的に起こる出来事であることに着目すれば，それに先行する出来事や後から起こる出来事，あるいは同時期に存在した他の系統に起こった出来事から区別することができるだろう．

　「急速」種分化は，十分に定義された概念ではないが，少なくとも四つの判定基準を用いることができるかもしれない．その最初の三つは，統計学的手法を用いて（Box 2.2），系統樹における分岐の歴史を明らかにするものである．つまり，(1) それ以前やそれ以後と比較して，分岐率が上回るような期間が存在すること，(2) 複数のクレードを比較すると，同時期に存在する子孫種の数に非対称性が見られること，(3) 種分化のイベントが絶滅のイベントよりも多く起こったような期間が存在する，もしくは，そのような系統が存在することを明らかにすることである．最後の四つ目の基準としては，生殖的隔離自体が非常に急速に進化した期間が存在する，あるいは，そのような系統が存在するということも考慮されるべきであろう．たとえば，雑種不妊や雑種致死性は，たいてい非常にゆっくりと進化することが知られているが（Coyne and Orr, 1989; Mahmood et al., 1998），これを基準にして急速な種分化を検証することができるかもしれない．

2.2.2　狭義の適応放散

　本書では，低次の分類学的地位における適応放散に焦点を当てる．実際には，同属内の近縁種レベルに注目する．その理由は，このレベルでこそ，分岐のメカニズムがもっとも明確になるからである．適応放散は，高次の分類学的地位にも適用される大進化の概念であるが（たとえば，「被子植物」もしくは「スズメ目鳥類」），その下位の分類学的地位において，適応放散の基準

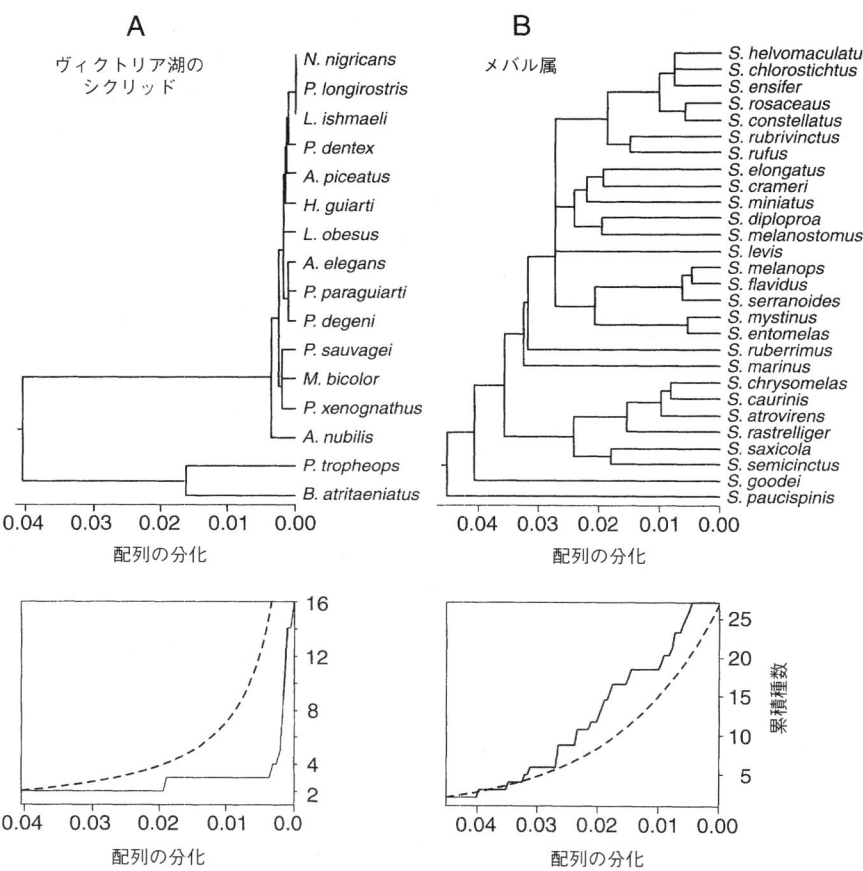

図 2.1 魚類に見られる放散2例についての系統樹の一部（上図），および，その系統における累積種数（下図）．下図の滑らかな破線は，種分化率と絶滅率が一定であるというランダム中立条件の下で，最尤法によって推定された種数の期待値を表す（Nee et al., 1994）．ランダム期待値は，完全な系統樹の存在を前提にしているため，必ずしも正しくないかもしれない．A．東アフリカのビクトリア湖のシクリッドにおいて，系統樹の初期では，ランダム期待値と比較して分岐の数は少ないが，現在に近くなるほど過度の分岐が起こったということが示されている．B．メバル属 Sebastes では，ランダム期待値に比較的近いが，系統樹の中間において分岐が多く起こり，系統樹の先端では，種分化が起こっていないということがわかる．系統樹は，ミトコンドリアDNA配列を用いて，最尤法で推定した（Meyer et al., 1990; Johns and Avise, 1998）．シクリッドの系統樹作成に当たっては，ビクトリア湖の Astateoreochromis allauadi を外群として用いた．Sebastes においては，Sebastopolus alascanus を外群として用いた．Johns and Avise (1998) より，Society for the Study of Evolution の許可を得て改変し掲載．

が満たされている場合に限り，適応放散という用語を用いるべきであろう．種分化が，生態や表現型の分岐に伴って起こる訳ではなく，また，それらに先行する訳でもなく，また，それらをすぐに追随して起こる訳でもない場合には，高次の分類学的地位でどのようなパターンが見られようとも，非適応的放散（下記参照）である．

　適応放散におけるこのような「狭義の」見方は，Simpson (1953) のものと一致する．彼は，適応放散の概念を，おもに高次分類群に対して適用したが，高次の分類群に見られるパターンは，ある一つの集団に起こっている過程を拡大したものと考えることができると信じていた．「属，科，門，どのレベルでの放散の結果とみなすかは，どこまで昔に遡ってみるのか，どの程度全体を見るのか，集団の放散や集団における適応変化の繰り返しをどこまで一般化するのかに依存している」(p. 227-8)．

2.2.3　非適応放散

　非適応放散とは，種の急速な増加に際し，生態学的な分化がほとんど無視できるか，非常に稀であるようなもの (Gittenberger, 1991)，あるいは形態学的・生理学的分化が資源利用や環境のパターンと相関しないようなもの (Brooks et al., 1985) をいう．ギリシャおよびその近隣に生息する *Albinaria* 属のカタツムリ 75 種は，その例として引用されることが多い．このカタツムリは殻の形態に幅広い変異を示すが，環境に基づく区分が明確にできない (Gittenberger, 1991)．もちろん，研究者が重要な環境特性を見落とすこともあるだろうし，将来，真の適応放散であることが明らかになるかもしれない．しかしながら，適応放散を自明として仮定することはできず，非適応放散を帰無仮説とするのが道理である．

　もし表現型の放散が，二次性徴とそれに対する選好性のみに限られており，それらの進化が環境によって誘引された訳ではないならば，これも非適応放散といえるであろう．Carson and Kaneshiro（表 2.1）は，後者の可能性のある実例としてハワイ産ショウジョウバエを提示した．彼らによると，幼虫の生態と雌の繁殖形質にみられる幅広い多様化の原因は明らかになっていない (Kambysellis and Craddock, 1997)．こうした性選択と生態的分化との間の相

Box 2.2　急速種分化を検出する

「急速な種分化」に関する標準的な基準はない．この概念は相対的なものであり，用いた手法や水準に依存して，検定の結果も変わってくるかもしれない．しかし，その目的ははっきりしている．つまり，種分化率が変化を示すかどうかを推定すること，さらに，もしそうであるなら，ピークとなる期間を示すことである．以下に，種分化のエピソードを検出するために用いることができるであろう三つの基準を概説する．三つともすべて，系統樹の分岐率の解析に基づいている．この確率は，種分化率だけではなく，絶滅率にも依存しており，これらを識別するのは困難である．四つ目の基準についてここでは議論しないが，これは，分岐が生じたときに生殖的隔離が進化する確率について検討する方法である．

(1)種分化率と絶滅率の時間的変化— Nee *et al.* (1994) は，系統が出現してから現在にいたるまでの種数の緩やかな上昇を可視化するために，時間軸に沿って，系統の累積種数をプロットする方法を発表した．そのようなプロットデータを用いて，実際に観察された累積頻度が，種分化率と絶滅率が時間経過に依らず一定であるとする単純な確率論的「誕生–死亡」のモデルから期待される傾向と比べて，どの程度逸脱しているかについて検定した．二つの系統についての時間経過のプロットを，図2.1の下図に示した．一つは，ヴィクトリア湖産のシクリッド魚類（記載された約500種中16種）の例，もう一つは，海産カサゴ目魚類メバル属 *Sebastes*（約60種中28種）を示す．どちらの図においても，上図の系統樹の分岐（種分化）と対応して，曲線が上昇している．この観察結果を，時間の経過に関わらず，種分化率 b（「出生率」）と絶滅率 d（「死亡率」）が一定であるという帰無仮説の下で予想される時間軸プロットと比較した（Nee *et al.*, 1994 の eqn(17) から計算）．この方法は，完全な系統樹を前提にしているので，あくまでも説明的なものに過ぎない．この二つの分類群は，明らかに異なる傾向を示す．シクリッド魚類は，比較的新しい年代に爆発的に生じたのに対して，メバル属の累積数は，ランダムな期待値とそれなりによく一致する．

Nee *et al.* (1994) は，時間軸に沿った系統プロットの観察値が，一定速度の帰無モデルにおける期待値と異なるかどうかを検定するために利用できる適合度検定法を提唱した．帰無仮説の下では，i 番目と $i+1$ 番目の種分化イベントの間の時間間隔 T_i（時間軸に沿った系統累積数プロットにおいて，種数の上昇がみられる時間間隔に対応する）は，パラメーター $i(b-d)$ の指数分

布で近似できる．$i \times T_i$ の観察値はパラメーター $(b-d)$，つまり，その系統における種分化率と絶滅率の差の指数分布になるはずである．図 2.1A のシクリッド魚類の例では，指数分布の仮説は棄却されたが（Stephen の近似を用いたコルモゴロフ・スミルノフ検定（S-Plus2000 で実行した；Mathsoft, 1999）：$D = 0.54, P = 0.0003$)，これは，$b-d$ が一定ではないことを示唆している．メバル属の場合には，指数分布は棄却されなかった（図 2.1B; $D = 0.16, P > 0.38$)．Wollenberg *et al.* (1996) は，別の方法を提唱したが，そこで用いられた時間軸に沿った系統プロットの帰無分布は，誕生と死亡が $b = d$ を満たす仮定の下で計算されたものである．対照的に，Nee *et al.* の方法は，$b > d$ を満たしさえすれば，どのような誕生と死亡の過程についても適用できる．

上記の方法は，完全な系統樹が存在することを前提としているが，ほとんどのデータセットは不完全である（修正することは恐らく可能であろうが，この点での進展は，あまりみられていない）．Price *et al.* (1998) は，完全な系統樹がなくても，コアレッセンスに基づくアプローチを用いれば，先端の種にいたる枝の長さを，系統樹のより深い部分の枝の長さ（たとえば，分岐点同士をつなげる枝の長さ）と比較することによって，分岐の爆発について検出できることを示唆した．先端にまでいたる長い枝の存在は，現在へ向かって種分化が減速してきたこと（あるいは，絶滅率が増加してきたこと）を示す．帰無仮説は，系統が生まれてから，種数が一定のままであるとするものである．

(2) 子孫種数の差異——急速種分化を検定する 2 番目のアプローチは，同じ年代の複数の系統について，子孫種数を比較するものである．もし，ある系統が，別の系統よりも多くの子孫種を残しており，その差が，種分化率と絶滅率が等しいという帰無仮説の下で期待される値よりも大きい場合には，急速種分化（あるいは，減速絶滅）があったということが示唆される．

Slowinski and Guyer (1989) は，姉妹分類群（つまり，共通祖先を共有しており，したがって同年代の二つの分類群）についての簡便な統計法を提唱した．n を二つの姉妹分類群の子孫種の総数とすると，この子孫種を二つの姉妹分類群 n_1 と n_2（ここに，$n_1 + n_2 = n$）に分ける確率は，種分化率と絶滅率が等しいという帰無条件の下では，50:50 になる．この検定における P 値は，観察されたのと同じかそれ以上に極端な割合を示す確率である．

$$P = \begin{cases} 2n_1(n-1)^{-1}, & n_1 < n_2 \text{ のとき} \\ 1, & n_1 = n_2 \text{ のとき} \end{cases}$$

もし，$P < 0.05$ ならば，確率が等しいとした帰無仮説は棄却される．この検定は，統計学的に強力ではない．たとえば，$n_1 = 1$ の場合には（姉妹分類群の一つが，まったく分岐していない場合），帰無仮説を棄却するためには，n_2 は最低でも 40 必要である．

もっと強力なアプローチは，二つのモデルを作り，データの適合具合を比較するものである．帰無モデルは，姉妹分類群間で種分化率が等しいとするものであり，対立モデルは，姉妹分類群間で種分化率が異なっているというものである．$F(n_i, \lambda_i)$ を，二つの姉妹分類群のうちの一つで現在 n_i 種が観察される確率と定義する．純粋に誕生のみからなる過程（絶滅なし）の下では，

$$F(n_i, \lambda_i) = e^{-\lambda_i}(1 - e^{-\lambda_i})^{n_i - 1}$$

となる (Sanderson and Donoghue, 1994)．λ は，種分化率と種分化が計測される時間間隔（ここでは 1 に設定）との積である．種分化率が等しいという帰無モデルの下では，$\lambda_1 = \lambda_2$ となる最尤度（ML）の推定値は，$\lambda = \ln((n_1 + n_2)/2)$ である．種分化率が等しいという帰無モデルの下では，尤度比の統計量

$$L = -2\ln\left(\frac{F(n_1, \hat{\lambda})F(n_2, \hat{\lambda})}{F(n_1, \hat{\lambda}_1)F(n_2, \hat{\lambda}_2)}\right)$$

は，自由度 1 の χ^2 分布に近似できる．

Nee *et al.* (1996) は，Slowinski and Guyer (1989) の方程式を，複数の分類群にまで一般化した．彼らは，ある分類群が，他の同時代の分類群と比較して，過剰に多くの子孫種をもっているのかどうかを問うた．過去のある時点で，k 個の系統が存在しており，これらは現在，合計 n の種を生み出したと考えよう．すべての系統が等しい種分化率（および，絶滅率）をもつとする帰無仮説のもとでは，系統 i が，n_i 以上の子孫種をもつ確率は，

$$P = 1 - \sum_v (-1)^v \binom{k}{v}\binom{n - v(n_i - 1) - 1}{k - 1} \Big/ \binom{n-1}{k-1}$$

で表せる．ここに，$v = 0, 1, \cdots, (n - k)/(n_i - 1)$ であり，$n/k \leq n_i \leq n - k + 1$ である．たとえば，メバル属では，遺伝子配列の分化が 0.04 の時点で見ると，$k = 3$ の系統が存在していた．これらのうちの一つは，現存する種数 $n = 28$ のうちの，$n_i = 26$ を生み出したが，これは等確率の仮説と矛盾する（$P = 0.0085$）．

> **(3) 絶滅よりも種分化の方が過剰である**——上記の方法は，時間経過につれて種分化率と絶滅率が有意に変化するのかどうか，あるいは，系統間でそれらが有意に異なるかどうかを明らかにするという相対的な方法である．相対的な方法のもつ問題点は，ある系統を対象に比較すると，放散を示すようにみえるが，別の系統を基準に用いるとそうでなくなるという点である．したがって，絶対的な基準があればよいのかもしれない．たとえば，系統の歴史を通じてみた場合に，種分化率が，絶滅率を大きく上回るのかどうかを検定すればいいかもしれない．メバル属の系統樹は，絶滅率が 0 であるとする誕生 - 死亡の過程ともっともよく合致する（図 2.1B）．もし統計的な支持さえあれば，このことは，種分化率が，常に絶滅率よりも高いことを意味する．Nee *et al.* (1994) の式を用いると，どの程度超過するのかに関する尤度を計算できる．これらを適用すると，メバル属の種分化率は，絶滅率よりも，少なくとも 10 倍以上は大きいことが示唆された．

互作用の可能性については，第 4 章と第 8 章で議論する．

　生態的分化が，資源に対する選好性や宿主認知といった行動にしか見られないような場合にも，これによって生じる種数の拡大は，非適応放散とみなされるべきである．こういった行動の違いは，たしかに異なる種が異なる環境を利用することを可能にするが，必ずしも選択によって行動自体が進化してきたということを意味する訳ではないからである．「適応放散」という用語は，生態の分化が，環境を利用する能力を高めるような形態学的および生理学的変化をともなう場合のみに使われるべきである．

2.2.4　他の用語

　ここで環境とは，集団動態や自然選択に影響しうるすべての外的要因を包含する一般用語として，今後用いることとしよう．「異なる環境」とは，生物の構成や物理化学的特性の異なった地理的に離れた空間を指す場合もあれば，同じ地理的領域であっても，そこに生息している異なる種が利用するような異なった資源（たとえば，生息場所，宿主植物種あるいは餌の種類）のことを指す場合もある．本書でおもに注目するのは，この資源である．資源とは，環境に存在するものの中で利用可能で，かつ枯渇しうる限られた物質や

表 2.1 適応放散の実例において、環境への種の「適合」(つまり、表現型と環境とパフォーマンスの相関が進化すること)を検証した例

分類群	地域	表現型-環境の相関	影響を受けるパフォーマンス	文献
脊椎動物				
ガラパゴスフィンチ Geospiza	ガラパゴス	嘴のサイズや形-種子のサイズと硬度	餌を処理する時間;嘴の強度;破砕力	Bowman (1961); Abbott et al. (1977); Schluter (1982); Schluter and Grant (1984); Grant (1981, 1986)
イスカ Loxia	北米	嘴のサイズ-球果の硬度と発達段階	餌を処理する時間	Benkman (1993); Benkman and Lindholm (1991)
ムシクイ Phylloscopus	アジア	体サイズ-餌サイズ;嘴と体の形-生息地と食性;羽毛色-光環境		Price (1991); Richman and Price (1992); Marchetti (1993)
シジュウカラ Parus	北西ヨーロッパ	体サイズ-餌場;嘴の形-餌場;肢長と肢筋肉-生息地の足場	摂餌効率;枝にぶら下がったり捕まったりする能力	Suhonen et al. (1994); Partridge (1976); Moreno and Carrascal (1993)
テンニンチョウ Vidua	アフリカ	口内の色-宿主		Payne (1977); Klein and Payne (1998)
アノールトカゲ Anolis	大アンチル	体サイズと後肢長-枝の直径と高さ	走行速度;跳躍距離;走行時の安定性	Losos (1990a, b, 1992); Losos and Irschick (1996); Irschick et al. (1997)
トカゲ一属 Ctenotus	オーストラリア	体サイズ-生息地		Pianka (1969, 1986); Garland and Losos (1994)
サンフィッシュ一属 Centrarchus	北米	体サイズと口サイズ-餌サイズ;咽頭顎の神経筋組織-貝	餌を処理する時間;破砕力	Werner (1977); Lauder (1983); Mittelbach (1981, 1984); Wainwright and Larider (1992)
シナノユキマス (コレゴヌス) Coregonus	北米	鰓耙-生息地		Bodaly (1979); Bernatchez et al. (1996)

2 適応放散の検出

分類群	分布	形質	機能	文献
イトヨ Gasterosteus	北米	体サイズ−餌サイズ；体形−生息地	摂餌効率：成長率	Lavin and McPhail (1987); Schluter and McPhail (1992); Schluter (1993, 1995); Walker (1997)
シクリッドの一属 Neochromis	ヴィクトリア湖	前上顎の角度と長さと舌骨の位置−食性	噛んだり吸い込んだりする力	Bouton et al. (1999)
無脊椎動物				
甲虫の一属 Cicindela	北米	顎の長さ−餌のサイズ		Pearson and Mury (1979); Vogler and Goldstein (1997)
イチョウガニ科の一属 Cancer	全世界	体サイズ−生息地		Harrison and Crespi (1999)
植物				
銀剣草の一属 Dubautia	ハワイ	組織の弾力係数−生息地	膨圧	Robichaux (1984); Robichaux and Canfield (1985); Carr et al. (1989)
ケショウボク属 Dalechampia	中南米	報酬システム−送粉者；花の形−送粉者；配偶システム−生息地		Robichaux (1984); Robichaux and Canfield (1985); Carr et al. (1989)
キンポウゲ科オダマキ属 Aquilegia	北米	花の方向−送粉者；距の長さ−送粉者；花の色−送粉者	送粉者の訪問：花粉の除去	Chase and Raven (1975); Miller (1981); Hodges (1997); Fulton and Hodges (1999)
ブロメリア科の一属 Encelia	北米	軟毛−気温と湿度	蒸散：光合成	Ehleringer and Clark (1988)
パイナップル科の一属 Brocchinia	南米	栄養分の摂取と毛−生息地		Givnish et al. (1997)
ランの一属 Piatanthera	北半球	花の色−送粉者；距の長さ−授粉者の口の長さ	花粉塊の除去	Hapeman and Inouye (1997); Nilsson (1988)
ナデシコの一属 Schiedea	ハワイ	配偶システムと送粉者−生息地		Weller et al. (1990); Sakai et al. (1997)

生物のことを意味し，栄養素，餌，受粉媒介者，そして「敵のいない空間（enemy-free space）」（Jeffries and Lawton, 1984）などが含まれる．動物が餌を求めて移動する際に用いる手段，あるいは餌を食用に加工するために必要な道具も資源といえる．

　表現型と表現形質という用語は，形態，生理および行動のほとんどを意味する．本書では，花の構造，嘴サイズ，餌を見つけるための感覚系，消化における化学反応，そして捕食者に対する回避戦術のような形質など，言い換えれば，個々の生物が特定の資源を利用する能力に影響を与える形質に焦点を当てる．しかしながら，環境の違いのなかに，生活史形質や配偶システムの分化も含める場合もある（たとえば，Stebbins, 1970, 1971）．適応放散に関するほとんどの文献は，形態形質に関するものである．

　適応地帯とは，適応放散の生態学説の鍵となる要素である（第4章参照）．Simpson（1953）の定義によると，適応地形とは，共通祖先から生じた，異なる表現型を持った一連の種群が利用することのできる空いたニッチの集合体のことである．つまり，それは生活様式が連続的に変化できるような一連の生態学的ニッチのことを意味する．

　ニッチは，生態学においては複数の意味をもつが（たとえば，Schoener, 1989; Leibold, 1995），大部分の進化生物学者と同様に，ここでは Grinnell による定義（Grinnell, 1917, 1924）を用いる．Grinnell のいうニッチは，ある特定の地域とその物理条件のもとで，ある特定の単一種が利用できる環境特性の集合体を意味する．つまり，種の特性というよりも環境の特性を指し，比喩的表現を用いれば，"休憩時間" あるいは「コミュニティにおける場所のことである」（Schoener, 1989）．この「休憩時間」という比喩表現は，Grinnell のニッチが，何らかの理由で離散的であることを示唆している．資源というものは本来的には無限の組み合わせが可能であって，このような離散性は，資源の属性のみで生じる訳ではない．むしろ，これは，生物のもつことのできる形態や生理には制限があり，したがって個々の表現型に利用可能な資源に限界があることに由来する．その結果として，ある特定の資源環境には，ある表現型の方が別の表現型よりもよく収容されるということになる．それゆえ，Grinnell のニッチは，デザイン可能な仮想生物について適応

景観を描いた際の'頂点'に該当するのかもしれない（Schluter, 1988a）．このニッチと適応の頂点との一致については，Simpson（1944, 1953）に示されている．

2.3 実　例

　適応放散のすべての事例を網羅して概説，もしくは記載することは困難である．その代わりに，説得力のある四つの事例を要約することによって，その概念を説明しよう．四つの放散それぞれについて，その知見のすべてを概説することはせず，むしろ，共通祖先性，表現型と環境との相関，形質の有効性，および急速な種分化という四つの検証基準を，いかに満たしているかの点に注目する．次に，適応放散と仮定されている他の事例について，判定基準を満たしているかの検証がどこまで進んでいるかについて，その進展状況を紹介する（表2.1）．全体をとおして，種間に見られる表現型分化には遺伝的基盤が存在すると仮定するが，必ずしもすべての事例で実際に確認されているわけではない．

2.3.1　ガラパゴスフィンチ

　ダーウィンフィンチについては，少しの紹介で十分であろう．ダーウィンフィンチは，生態学の視点からもっとも研究されている適応放散の例である．Lack（1947）によって行われたガラパゴス種群に関する鋭い分析は，この分類群（ダーウィンフィンチというより，ラックフィンチとよぶべきだろう）におけるその後の研究の道筋を示したというだけでなく，生態学説を生み出す契機と成ったとさえいえる．「グラント学派」による長期間に渡る野外調査は，生態学説のさまざまな側面を検証したものであり（たとえば，Boag and Grant, 1981; Ratcliffe and Grant, 1983; Price et al., 1984a; Schluter and Grant, 1984; Grant, 1986; Gibbs and Grant, 1987a; Grant and Grant, 1989），その成果については，後の章で紹介する．ここでは，適応放散の概念を明確とすることに役立つ部分にのみ焦点を当てる．

最近の共通祖先性— Petren *et al.* (1999) によって発見されたムシクイフィンチ属 *Certhidea* の二つの異所的隠蔽種*を加えると，このフィンチ種群には 15 種が確認されている（図 1.1）．そのうちの 14 種はガラパゴス諸島に生息するが，残りの 1 種**は中央アメリカのココス諸島に生息しており，この種はおそらくごく初期のガラパゴスフィンチの祖先種に由来するのであろう (Petren *et al.*, 1999)．この 15 種は，明確な単系統のクレードを形成し，大陸のホオジロ亜科と近縁である．もっとも近い大陸の近縁種は，南アメリカのマメワリ *Tiaris obscura* かもしれない (Sato *et al.*, 1999)．この諸島への移住は，約 300 万年前に起こった (Grant and Grant, 1996)．おおもとの祖先種はおそらく種子を食べていたが，現存するフィンチの共通祖先は昆虫食性であったと思われる（図 1.1）．このことは，初期の種子食性の種が絶滅し，その後に，ムシクイフィンチから穀食性が再び進化したということを意味する．

表現型と環境との相関—地上フィンチ *Geospiza* 6 種における食性と形態については，もっとも定量化が進んでいる．これら 6 種は，大きなフィンチのクレード内において，単系統のグループを形成する（図 1.1）．種間に見られるもっとも顕著な表現型の相違は，嘴のサイズと形状にあり，とくに嘴の長さ，高さ，嘴幅，および嘴の湾曲率である．嘴高は，摂餌する種子の硬度やサイズとの間に明確な相関が認められており，この相関関係は種間であれ種内の集団間であれ，さらに集団内でも成立する（図 2.2; Abbott *et al.*, 1977; Schluter and Grant, 1984; Grant, 1986; Price, 1987）．嘴高は，嘴に関わる他のサイズ，あるいは体長との間に相関が認められる．嘴が大きなものほど，頂点部分の湾曲率（上口嘴の頂点縁辺部）が高く，嘴長に対する嘴高の比は大きく，嘴の筋肉組織の容積は多く，頭蓋骨の長さと湾曲率は高くなるという相関がある (Bowman, 1961)．利用する種子の硬度の違いは，地上フィンチ *Geospiza* だけでなく，フィンチの 15 種で分化している生態学的特徴のうちの一つを示すに過ぎず，他の生態学的特徴については Grant (1986) の要約を参照されたい．

訳注＊：*C. olivacea* と *C. fusca*.
訳注＊＊：ココスフィンチ

形質の有効性——フィンチにおいて，嘴の変異がその機能効率に影響を与えるという二つの証拠を認めることができる．一つ目は，Bowman (1961) による嘴の機能解析であり，嘴のサイズや形状が変化することによって嘴の力がどのように変化するのか，また，嘴上にある異なる圧力点ごとにおいてどれくらいの破壊力が生じるかを解析したものである．この理論研究によると，種子を砕く種では，上顎の表面と下顎の表面を，種子に接触させることによって種子に対して圧力をかけるので，上嘴の上縁（culmen）を湾曲させることにより，種子にかける圧力を最大にすると同時に，嘴自体が折れてしまうリスクを最小限にしている．嘴や筋肉組織のサイズを増加させることによっても，より大きな破砕力を生み出すことができる．地上フィンチ *Geospiza* では，下嘴の底縁辺部（gony）と頭蓋骨との間から成る角度がもっとも大きく，嘴長に対する嘴高が最大となるときに，破砕力は最大になる（Bowman, 1961）．

2つ目の証拠は，サイズや硬さの異なる種子を噛み砕こうとするフィンチを，定期的に野外観察することから得られた．嘴サイズが大きいものほど，特定のサイズや硬度の種子を砕くのに要する時間（処理時間）が，急激に減少するということがわかった（P. R. Grant, 1981）．いずれの種においても，その種にとって，探索時間や処理時間辺り最大量の餌が，摂取できるような種類の餌に集中するという傾向が認められた（Schluter, 1982）．嘴の特徴と餌との間に相関関係が観察されたが（図2.2），この根底には，処理時間の違い，ならびにその処理時間を決定する嘴や筋肉の物理的特性が存在する．処理時間の違いがあるゆえに，種子のサイズや固さに変動が生じた際には，嘴のサイズや形状の異なる個体の相対生残率に影響が現れる（Boag and Grant, 1981; Price *et al*., 1984a; Gibbs and Grant, 1987a）．

急速な種分化——ダーウィンフィンチは，大陸に存在する現存のグループとは近縁ではない．現存する15種は，遠い昔に南アメリカのホオジロ類と分岐したあと，ごく最近にほぼ同時に生まれた（Petren *et al*., 1999）．このことは，おそらく過去に絶滅したものもいるではあろうが，この短期間に爆発的に出現したということを示唆している．現存種についての種分化率は，グループ内でも一定しない（図1.1）．地上フィンチと樹上フィンチのすべてを含む12

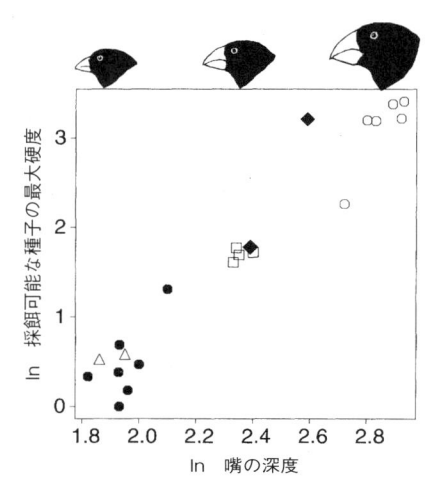

図 2.2 ガラパゴス諸島の穀食性 *Geospiza* について，嘴のサイズと，採餌可能な種子の最大強度との関係を示す．印は，コガラパゴスフィンチ（●），ハシボソガラパゴスフィンチ（△），ガラパゴスフィンチ（□），オオサボテンフィンチ（◆），オオガラパゴスフィンチ（○）について，▼さまざまな島に生息する集団を表す．$r = 0.97$，$P < 0.0001$．Schluter and Grant（1984）による．

種から成るクレードを，同時期のムシクイフィンチの3系統と比較することによって，前者における爆発的な種分化を確認することができる（$P = 0.01$；Box 2.2 参照）．

2.3.2 西インド諸島のアノールトカゲ

　西インド諸島のアノールトカゲは，一生のほとんどを植物上で過ごす昼行性の小型トカゲである（Williams, 1972）．大アンチル諸島や小アンチル諸島などからなる西インド諸島では，約140種が認められている（Jackman *et al.*, 1997）．このアノールトカゲは，本諸島に生息する唯一の昼行性樹上トカゲ類であり，生態や形態的に大きな多様性がみられ，ほとんどすべての種類の植物を利用する（Irschick *et al.*, 1997）．うち約30種は，小アンチル諸島に生息し，それぞれの種は異なった体長や生息地をもつ（Roughgarden *et al.*, 1983）．近年の多くの研究は小アンチル諸島ではなく，大アンチル諸島の四つの大きな島に生息する約110種を中心に行われている．ほとんどの種は彼

らが用いる微小環境や形態形質に応じて，異なった'生態型（ecomorph）'
のカテゴリーに分類することができる．すなわち，樹幹-樹冠型（trunk-crown），
樹幹-地面型（trunk ground），樹冠の大型（crown giant），小枝型（twig），樹
幹型（trunk），および低草-草本型（grass-bush）の七つに分類される（Williams,
1972）．一つの島に存在する類似の生態型のトカゲは，離れた生息地を利用
している．同じ島に生息する近縁な種は，同じ生態型に属する傾向があるも
のの，異なる生息地を利用している（たとえば，プエルトリコ島；図 2.3）．こ
れらのトカゲ類は，あらゆる面で重要な適応放散の一例である．

最近の共通祖先性——大アンチル諸島のトカゲはすべて，過去 4000 万年位の
間に大陸の共通祖先から派生した（Burnell and Hedges, 1990; Jackman *et al.*,
1997）．しかしながら，これらは単系統ではなく，諸島への移住は過去に複
数回にわたって起こっており，また，諸島のアノールトカゲの少なくとも一
系統は，中央アメリカに子孫を残したことが分かっている．大陸にみられる
分類群でも表現型分化はみられるが，生態と形態との関係は諸島に生息する
アノールトカゲにみられるものとは異なっている（Irschick *et al.*, 1997）．し
たがって，西インド諸島のトカゲ類における放散とは，分けて考えた方がわ
かりやすい．もう一つの注目点は，西インド諸島に生息する小型トカゲの 2
属が，アノールトカゲ系統内に入れ子のように入り込んでおり，この属は単
系統ではないことだ（Jackman *et al.*, 1997）．

表現型と環境との相関——異なる島に生息するアノールトカゲは，それぞれが
独立した起源をもつにも関わらず，同じ生態型は似通った形態，生態，行動
を持っている（Jackman *et al.*, 1997; Losos *et al.*, 1998）．たとえば，3 島いずれ
においても，樹幹-地面型のトカゲ類はがっしりとした体形をしており，比
較的長い肢と尾を有し，木の幹の低い部分に頭を下げた状態でとまり，餌を
捕まえるために地面へと飛び降りる（Williams, 1972, 1983; Losos, 1990a, 1992）．
とまり木の直径と高さは二つの鍵となる生態学的特性であり，いずれの生態
型の間でも異なっている．とまり木の直径は，体の容積や体のサイズで変換
補正した前肢長や後肢長との間に正の相関があり，とまり木の高さはサイズ

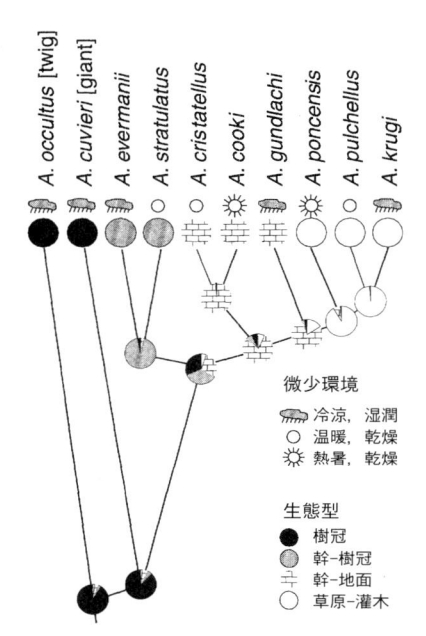

図 2.3 プエルトリコのアノールトカゲの系統樹,ならびに,生息地利用(Losos, 1990a, 1992).この系統樹は,西インド諸島における系統樹の一部分しか表していないが,プエルトリコへの少なくとも三度の独立した移住を含んでいる.つまり,すべての祖先種,*Anolis cuvieri* の祖先種,もっとも大きな系統の祖先種(*A. evermanii* から *A. krugi* へ)の三つを含んでいる(Hass *et al.*, 1993; Jackman *et al.*, 1997).系統樹の分岐点の円グラフは,祖先型のもつ生態型の推定確率を表す(Schluter *et al.*, 1997 やボックス 3.1 参照;すべての枝の長さを 1 と固定して計算した).微小環境のデータは,Williams (1972) より得た.カリブのアノールトカゲ 5 種について最近作られた系統樹は,ここに示す系統樹と完全には一致しない(Jackman *et al.*, 1997).しかし,この違いは,DNA データによって弱い支持しか得ていない(J.B. Losos, 私信)ため,ここには古い系統樹を示した.

補正した後肢長や尾長との間に負の相関がある(Irschick *et al.*, 1997).これらのうちの 2 変数について,その相関関係を図 2.4 に示した.

形質の有効性——体サイズと肢長の違いが,運動効率に与える影響については,競技用トラックと人工のとまり木を備えた体育館を用いて詳細に調べられた.その(幅広のとまり木や地面を疑似化した)広い床表面では,大きな体をした種,

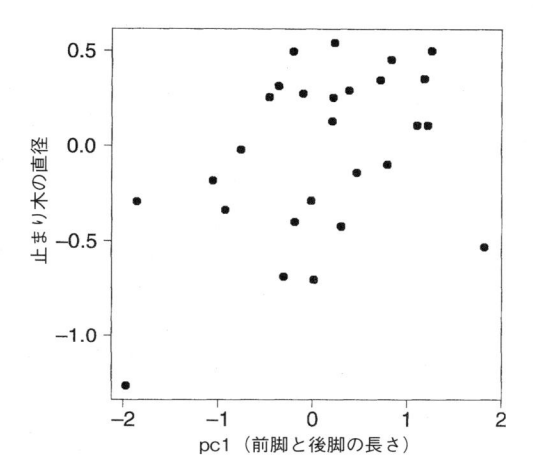

図 2.4 カリブのアノールトカゲ 27 種における，形態（pc1）と止まり木の直径との関係（$r = 0.43$, $P = 0.02$）．両軸とも，体サイズ（吻−総排泄口の長さの対数）によって補正した値である．止まり木の直径は，体長に対して回帰した後の残差として示した．pc1 は，対数変換後に体長で補正した六つの形態計測値の相関マトリックスに基づく主成分分析の第一成分である．おもに，前脚と後脚の長さを表す．Irschick (1997) のデータを，D. Irschick の好意により利用．

あるいはサイズの割に肢が長い種が，すばやく走ったり遠くへ飛び跳ねたりできた（Losos, 1990b）．肢の長い種では，長い歩幅のおかげで，長い距離にわたって筋力をかけることができ，大きな加速を得ることができるという工学的基盤がある．同じサイズと肢長を持ったトカゲ類で比較すると，跳躍距離はとまり木の直径にあまり影響されないが，走行速度は細いとまり木の上では遅くなる（Losos and Irschick, 1996）．実際に，野外でトカゲ類は，細いとまり木から逃げるときはおもに跳躍を用い，幅広のとまり木の上ではたいてい走る．このような関係は，種内，種間を問わず保持されている（Losos and Irschick, 1996）．細いとまり木の上を走るときには，肢が長い種は肢が短い種よりも，高い頻度でつまずいたり落ちたりする（Losos and Sinervo, 1989）．長い尾については，跳躍する際にバランスをとるのに有利であると考えられているが，この力学については十分に分かっていない．

トカゲを本来の生息地とは異なる植物相（とまり木の直径や高さ）を有する別の島へ移入することによって，種内にみられる形態の違いが適応度に与

える効果について推測することができる（Losos *et al.*, 1997）．いずれの移植実験においても，移植先の植物相に適した表現型へと，表現型の平均値はシフトした．しかし，このシフトに遺伝的基盤があるのかどうかについては明らかになっていないが，表現型の可塑性による影響があるであろう（Losos *et al.*, 2000）．

急速な種分化—アノールトカゲ類 *Anolis* の種分化率は，属内で変異に富んでいる．たとえば，プエルトリコ島のアノールトカゲ *A. occultus*（図2.3）は，西インド諸島に生息する他のすべてのトカゲ類，および大陸の数百種が構成する系統の外群に位置している（Jackman *et al.*, 1997; Irschick *et al.*, 1997）．大アンチル諸島に生息する109種に関しても，種分化率の変異は有意であった（$P = 0.003$; Box 2.2 参照）．

2.3.3 ハワイの銀剣草

　ハワイアン銀剣草 greenswords（*Argyroxiphium*）および近縁の *Dubautia* 属と *Wilkesia* 属を含む28種で構成される銀剣草の仲間は，植物に見られる適応放散のもっとも顕著な事例であると言ってよいかもしれない（図1.2）．構成種は，寒冷な乾燥高山地帯，噴石の露出した灼熱の丘，水分の多くない沼地，薄暗い熱帯雨林の低木層など，非常に多くの種類の生息地を利用する．これらの種は，成長様式（密生した草本から低木まで）や葉のサイズ，形状，柔毛，伝導度，蒸散率など，形態や生理機構において大きな変異を有する（Carlquist, 1980; Carr *et al.*, 1989; Robichaux *et al.*, 1990; Baldwin and Robichaux, 1995）．ただ，湿潤地と乾燥地の間で生息地を変えることが頻繁に—少なくとも7回—起こったため，祖先種の状態を明らかにすることは不可能である．

最近の共通祖先性—分子や形態から得られた証拠によると，ハワイの銀剣草は，一つの祖先種がわずかに一度，ハワイ列島へ移住したことが起源であることが示されており，この祖先種はカリフォルニアタール草の *Madia* や *Raillardiopsis* と近縁であると考えられている（要約は，Baldwin, 1997 参照）．ハワイの銀剣草は，約1500万年前に大陸の種から分岐したと推定されてい

るが，現存する種はすべて約 500 万年以内に生まれた．この後者の年代は，もっとも古い島の成立年代とほぼ同じである（Baldwin and Sanderson, 1998; 図 1.2）．したがって，現在は侵食されたり，沈んだりしてしまったさらに古い島にも銀剣草が存在していたであろうことは間違いない（Baldwin and Robichaux, 1995）．島への侵入の直前あるいは直後には，多くの進化的遷移が起こったようである．たとえば，ハワイ産の種は多年生であったり，倍数体であったり，自家不和合であるという点で，大陸の近縁種とは異なっている．銀剣草の仲間は単系統であり，太平洋の他の地域に子孫種を残した痕跡がない．しかし，銀剣草類の内でみると，この草本類の主要な属である *Dubautia* は，かならずしも単系統ではない（図 1.2）．

表現型と環境との相関——植物の特性は，生息地のとくに湿潤地か乾燥地かということと明らかな相関がある．たとえば，*Dubautia* について見ると，湿った森林環境に生息する種の葉は，幅広で薄く外皮があまり発達していないのに対して，乾燥地や水がほとんどない沼地に生息する種の葉は小さく，湿気に富んでいて，外皮が厚いという傾向がある（Carr *et al.*, 1989）．形態と環境との間のこれらの相関における統計学的妥当性は，厳密には検証されていない．

　Robichaux（1984; Robichaux and Canfield, 1985）は，野生植物体から枝を切り取り研究室に持ち帰り，湿潤環境（沼地を除く）および乾燥環境から得た *Dubautia* 種における組織の弾性を比較した．組織の弾性係数は，葉に含まれる水分含有量の単位変化に対する組織の膨圧の変化で示した．この係数は，乾燥環境の植物（2.9–3.9mpa）の方が湿潤環境の植物（9.6–14.5mpa）よりも低かった．したがって，乾燥環境の植物は，組織の水分含有量が減少した時点でも高い膨圧を維持できる．このような関係性は，系統関係で補正した後にも統計的に有意である［$\chi^2 = 10.54$, df = 2, $P < 0.01$, Pagel（1994）の方法］．*D. ciliolata* の弾性係数は，野外個体と温室飼育個体との間で類似していることから，組織の弾性に見られる種間差は，おそらく遺伝的なものである（Robichaux, 1984）．銀剣草類では，花の構造にも多様性が見られるが，環境との関連については定量化されていない．

形質の有効性—*Dubautia* 属では，湿潤環境と乾燥環境において，異なる種が異なる組織弾性係数をもつということは，その種の生存効率にも影響する．つまり，乾燥環境に生息する種は，干ばつに対してより高い耐性をもつ．また，成長率，気孔伝導度，光合成などの生理的過程も膨圧に依存することが多くの植物において知られているが，銀剣草では，*Dubautia* 属のみならず他の種においてもまだ確かめられていない（Robichaux, 1984）．

急速な種分化—銀剣草の現存種は，外群であるタール草の *Madia* 属および *Raillardiopsis* 属よりも系統的に若く，わずか 600 万年以内にすべて生じた（Baldwin and Sanderson, 1998）．しかし，約 600 万年前のこれらの大陸系統と比較すると，銀剣草の祖先種は，膨大な数の子孫種を残したということがわかっている（$P = 0.0002$; Box2.2）．

2.3.4　オダマキ（Columbines）

　最後に挙げる事例では，顕花植物の適応放散において，生理機能の多様性と並んで重要な研究テーマ，つまり花の分化に焦点を当てる（Grant and Grant, 1965; Stebbins, 1970）．オダマキの仲間（*Aquilegia* 属）は，これまでの事例とは異なり，大陸においてみられる放散であり地理的にも広く分布している（Hoges and Arnold, 1994a）．また，オダマキ属でみられるもっとも明瞭な表現型の相違は，配偶成功率を決定する花の色や形状といった形質の違いである（図2.5）．にもかかわらず，これも適応放散の一つであると考えることができる．その理由は，外部環境の特性（たとえば，受粉媒介者）の利用に応じて，花の構造の分化が起こったからである．これらの形質は，偶然に交配や性的隔離と関連しているに過ぎない．このような現象は，二次性徴の分岐が外部環境の特性とあまり関連していない動物とは，実に対照的である．オダマキ属では，花にみられるほど顕著ではないものの，生息地と関連した生理的特性にも大きな分岐が見られる（Chase and Raven, 1975）．

共通祖先性—オダマキ属内の約 70 種（Hodges, 1997）が示す遺伝子配列の違いは僅かであり（15 種の核と葉緑体の DNA シーケンスで 1% 未満），種間の系

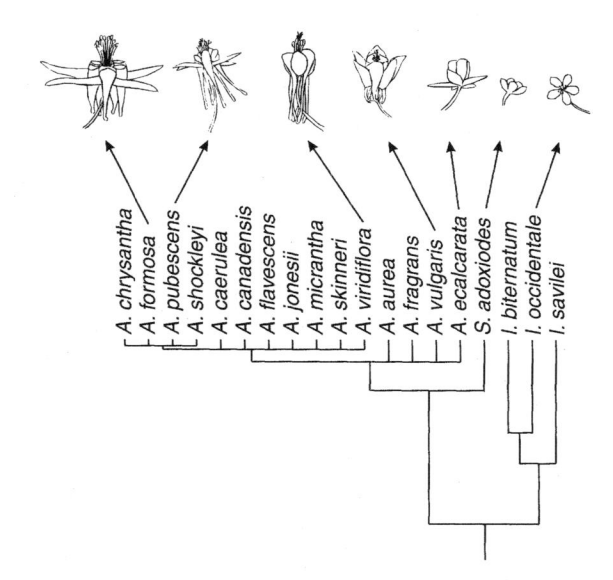

図 2.5 オダマキ *Aquilegia* とその近縁分類群 *Semiaquilegia*, および, *Isopyrum* の適応放散. 系統樹は, 核の ITS と葉緑体の DNA 配列に基づく (Hodges and Arnold, 1995). 信頼度の低い分岐については示していない. Hodges (1997) より, Cambridge University Press の許可を得て掲載.

統関係を解明するのは困難である (図 2.5). 近縁の 5 属を含む 15 種とともに解析すると, オダマキ属が単系統であることがわかる.

表現型と環境との相関—花の色 (黄, 青, 赤, 白, 紫および緑) や蜜腺をもつ距 (きょ)*の長さなど, 一連の形質に種間差が見られる (図 2.5). こうした形質の変異は, 受粉媒介者の種類と関連がある. しかしながら, これらの関連性について, 多くの種については定量化されていない. もっともよく研究されているのは, オダマキ属の *A. formosa* (ニシキオダマキ) と *A. pubescens* との間の分化についてである (Grant, 1952). 前者の花は赤色や黄色で, 垂れ下がった短い距を持ち, おもにハチドリによって受粉されるのに対して, 後者の花は, 白色もしくは淡い黄色で直立した長い距を持ち, おも

訳注＊：花冠の一部分が袋状あるいは管状に突出した花部器官

にスズメガによって受粉される (Hodges and Arnold, 1994a, b).

形質の有効性— *A. formosa* と *A. pubescens* において，距長と花の方向性を操作した実験では，これらの形質がハチドリとスズメガによる受粉の効率に影響を与えるということが実証された．*A. pubescens* の花を上向きに直立ではなく，垂れ下がった状態にしたときには，スズメガはほとんど受粉できなかった (Fulton and Hodges, 1999). その *A. pubescens* の花を本来の直立した状態のまま，蜜腺のある距を実験的に短くすると，スズメガの来訪は減らなかったが，受粉率が有意に減少した．しかしながら，ハチドリの来訪は，依然として少ないままであった．

　Miller (1981) による初期の野外調査によると，花の色に多型が見られる *Aquilegia caerulea* では受粉媒介者の密度が相対的に変動すると，白い花と青い花の種子の数もそれにつれて変動することが示された．スズメガが少ない，もしくはいない年には昼行性ハチによる受粉が重要で，青い花の方が白い花よりも効率よくハチを惹き付けることができた．他の2年間では，夕暮れ時に花を訪れるスズメガが存在しており，この場合，むしろ白い花が好まれた．

急速な種分化— *Aquilegia* 種群には70種が存在する一方，姉妹群 *Semiaquilegia* にはたった1種しか存在しないことを比較すると，オダマキ属において種分化率が極端に上昇したということがわかる (Hodges, 1997; $P = 0.005$; Box 2.2 参照). Wollenberg *et al.* (1996) は，時間軸に沿って系統の種がどう変化したかをプロットしたが，その結果，オダマキ属の種分化率は，この系統の初期よりも後期で高くなることが示唆された．彼らは，種分化率と絶滅率が等しいと無条件に仮定して解析しているが，種分化率と絶滅率が等しくない仮説の方が，実測データとより良い適合を示す場合もあるということを追記しておく (たとえば，Nee *et al.*, 1994).

2.3.5　他の事例

　適応放散の候補事例は他にも多く提示されており，そのうちのいくつかを

表2.1にリストアップした．この表には定量的計測と検定によって，少なくとも二つの基準（表現型と環境との相関，および形質の有効性）を満たすことが確認された属のみを示した．適応放散の基準の一つである共通祖先性は，ほとんどの事例で確認されているが，急速種分化はほとんどの事例で検証されていない．表の作成に当たり，大洋に浮かぶ島や形成年代の新しい湖に見られる著名な適応放散のすべてについて，それぞれ少なくとも1属は選ぶように心がけた．大陸における事例は意図なく選択したが，表現型，環境，効率性の間の関連が，系統関係を考慮した後にも確認された属に重きを置いた．ここで，適応放散のいくつかの優れた事例候補を，見過ごしているのは疑いないだろう．

このリスト（表2.1）を見ると，いくつかのグループでは形質進化，環境，機能効率の相関の検証について，大きな進展がみられたということがわかる．ただし，よく知られた多くのグループがリストから漏れたことへの留意もまた重要である．つまり，有名な適応放散の事例の多くは，未だに，環境に対する生物の「適合」に関する定量的な検証がなされていないのだ．たとえば，ショウジョウバエ *Drosophila*，ミツドリ，アシナガクモ類 *Tetragnatha*，キキョウ科の一属 *Cyanea* とその他のキキョウ科ロベリア属，キク科の二属 *Bidens* と *Tetramolopium* との混生種など，多くのハワイにおける放散は含めることができなかった．また同様に，モーレア島のカタツムリ類 *Partula* も含められなかった．

いくつかの大陸における事例を除いて，特筆すべき欠落事例のほとんど，もしくはすべてが，実は真の適応放散であるかもしれない．リストに未掲載の多くのグループは，ハワイ産ロベリアにおける葉の形状のように，生態学的関連があると考えられる表現形質において，高いレベルの種間変異が観察されている（Givnish *et al.*, 1995）．他の例では，ハワイ産ショウジョウバエの幼虫における生息地のように，幅広い生態学的変異を示すが（Kambysellis *et al.*, 1995; Kambysellis and Craddock, 1997），生態的変異と表現型との相関は曖昧である（基質と卵の形態との間の関連は，統計学的に確認できていない）．さらに他の例では，表現型と環境の両者に変異はみられるが，これら二つの間の相関は定量化されておらず，憶測されているだけである．近縁種間で相互

移植実験を行った別の例では、どちらの種も、移植先の生息地よりもそれぞれの本来の生息地において、機能効率や適応度がより高いという環境間のトレードオフが示されているのであるが（Primack and Kang, 1989; Mopper, 1998 参照)、このトレードオフのもととなる表現形質は不明である。これらの形質が特定されるまでは、新しい環境における機能効率の低下が、本来の環境への表現型の適応に由来するのか、あるいは、単に新しい資源を認知できないということに起因するのかは明らかではない。

　上記のことは、適応放散が広くみられることを否定するものではなく、むしろ、基本的な研究すらまだ十分に行われていないことを示すといえる。しかし、よく確立されたごく僅かな適応放散の事例だけで視野を狭くしないように、後の章では、前述の不確実な事例も活用していく。このように幅広い事例から得た結果が、本当に適応放散の特徴といえるのかどうかについては、後ほど検討しよう。

2.4　適応と適応放散

　適応放散は、適応と密接な関係にあるが、これら二つの概念は、さまざまな面で異なっている。もっとも明瞭な違いは、適応放散には種分化が含まれるということ、さらにその種分化は必ずしも理論上は自然選択を必要としないということである。さらに、これら二つの概念は、表現型進化の研究に与える影響の点でも異なる。要するに、適応放散は適応の多様化という以上の意味をもつのである。

　元来、「適応」とは、ある形質の値が、別の形質の値に比して適応度を上昇させることを言及するものであった（Reeve and Sherman, 1993)。しかし、それは、時間をかけて、自然選択によって現在の役割に合うように形成された形質（あるいは形質値）に限定して使われるようになった（Gould and Vrba, 1982; Baum and Larson, 1991)。これらの概念の違いは、近縁種間に適用した場合、もし新たな役割が十分な時間をかけて得られるのならば、実際上あまり問題とならない。しかしまた、適応放散の定義は、適応に関するそもそ

の概念と共通する部分も多い．適応放散は，生物が異なる生息環境に「適合」することについて言及しており，そのような適合が生じる歴史的な過程を言及しているのではない．ある環境で生まれた形質が，後に，他の環境を利用することに転用されるようになった場合（「外適応（extaptation）」；Gould and Vrba, 1982）も，適応放散と言ってよい．たとえば，Colbourne *et al.* (1997) は，デトリタス食をするミジンコ数種の甲羅の内縁にある細長い角は，残骸を掃除するために生じたが，その後，この形質をもつことによって，濁度の高い水域で生息することを可能とした．さまざまな濁度の水環境へのミジンコの放散も，やはり適応放散と言ってよいであろう．

　適応放散の定義に，その歴史性を考慮しないということは，形質がどう進化してきたかという歴史の解明が重要ではないと言っているのではない．とりわけ，ここで目指すのは，まず定義を設定し，それを満たすものについて，適応放散のメカニズムや放散過程を明らかにしようということである．そうすることによって，適応放散の原因についても知ることができるだろう．

　もう一つの違いとして，適応に関する研究では，種間にみられる表現型の違いを生み出す原因を扱わないことが多い一方，適応放散の研究では，この課題こそが中心となるということである．たとえば，適応の比較研究では，表現型を環境や形質の機能と結びつけることが目標であり（たとえば，Losos, 1990a, b; Harvey and Pagel, 1991; Wainwright and Lauder, 1992; Wainwright, 1994; Losos and Miles, 1994），異なる種にはたらく選択が，種を分岐させる方向にはたらくかどうかについては問題にしないことが多い．しかし，これは適応放散の研究では，最重要課題である．

　適応は，適応放散なしに起こりうる．たとえば，イトトンボ *Enallagma* に属する 73 種以上の幼虫は，二つのタイプの水環境のどちらを利用するかによって二分することができる（McPeek, 1990a）．その多くの種の幼虫は，捕食者となる魚類が生息する湖に分布が限定されるのに対して，残りの他の種の幼虫は，魚ではなくトンボの若虫ヤゴが主な捕食者である湖に生息する．この二つの環境に生息する個々の種は，魚やヤゴによる捕食の受けやすさが異なっており，表現型は捕食と強い相関がある．しかし，同じ環境タイプの池に生息するイトトンボ *Enallagma* の幼虫は，別種であっても生態学的に

は差がないので,このトンボ類における種分化の大部分においては,生態学的分岐や表現型分岐などを伴わないようである(McPeek,私信).

2.5 議　論

これまで適応放散について,その研究に活用できる定義をするように試み,いくつかの事例に適用してみた.この最終節では,いくつかの困難な問題,および未解決の問題について概説する.

どの程度の分岐が必要か?—適応放散の検出には,表現型と環境との相関の証拠が必要となるが,どの程度の分岐が最低限必要であるのかを決めることは難しいだろう.例を示そう.カシミール地方のヒマラヤに生息するメボソムシクイ属 *Phylloscopus* 8種(表2.1)は,体重が5gから10gと大きな変異を示すにも関わらず,嘴長の変異の範囲は,ごく小さく2mmに過ぎない.Richman and Price (1992) は,このムシクイとキクイタダキ(*Regulus regulus*,ムシクイと生態的に類似しており,系統的にあまり離れていない種)の種間で見られる嘴や体の差異を主成分分析により,81%,12%,6%を説明する3主成分に変換分離した.しかし,どの主成分も,同程度に環境変異と相関していた(表2.6).つまり,このグループでは,わずかな形態変化であっても,大きな生態学的な意味があるということを意味する.

少なすぎる反復—統計的な比較を行うためには,平行進化が見られる必要があるが,適応放散でみられる表現型変化や環境変化には,独立した反復が見られず特異なものも多い.サンフィッシュ科の二つの姉妹種 *Lepomis gibbosus* と *L. macrochirus*(ブルーギル)における肥大した咽頭骨について検討してみよう.この形質は,巻貝類の摂餌という新たなニッチ利用とともに,たった一度だけで獲得されたようである(Wainwright and Lauder, 1992).しかしながら,いくつもの検証で示されているように,摂餌と形態との間に関連があるのは事実である.まず,他の分類群との類似性を見よう.咽頭骨

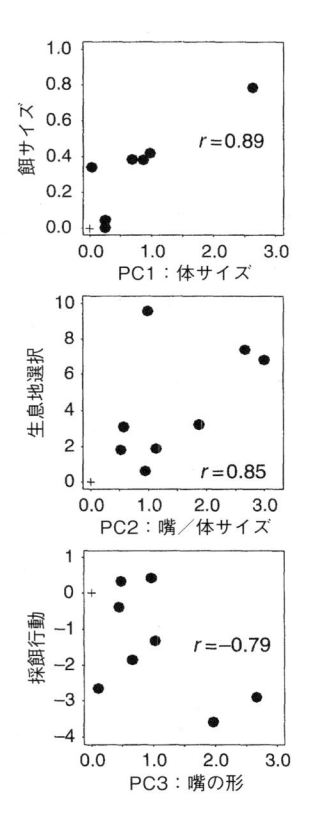

図 2.6 8種のムシクイ *Phylloscopus* warblers とキクイタダキにおいて，外部形態の変異の方向と生態の間に相関があることを示す．PC1 は体サイズ，PC2 は嘴と体サイズ（跗蹠長）の比，PC3 は嘴の形（幅と長さの比）を表す．系統的に独立な組についてのみ，その差を示した．すべてについて，相関は有意である（$P < 0.05$）．Richman and Price (1992) より，*Nature* と著者の許可を得て掲載．（+）は，回帰における原点を示す．

の肥大は，他の巻貝食の魚類でも見られる．次に，著者らは，咽頭骨と餌との間の関係についての機能的な研究を行った（Wainwright, 1994）．咽頭骨が何をするのかを検討してみよう．餌が口腔から食道に運ばれる，その間に噛むということが行われる．ほとんどの *Lepomis* 属では，咽頭骨を支配する筋肉のみが収縮し，上部咽頭骨だけが上下する．しかし，*L. gibbosus* や *L. macrochirus*（ブルーギル）では，巻貝が顎口を通過するときに，特徴的な活動パターンを示す．すなわち，顎に作用する筋肉群のすべてが一斉に収縮す

ることが繰り返され，巻貝の殻が粉砕されるまで続く．こうすることによって，上部咽頭骨が押し下げられる際に，下顎の位置が安定し，強力な噛む力と切る力が生じる．咽頭骨自体も他の *Lepomis* 種より，これら2種の方が丈夫であり，筋肉の肥大もあって，より大きな力が生み出されることとなる（Lauder, 1983; Wainwright and Lauder, 1992）．明らかに，顎と摂餌との関連は，統計学的には複数例が存在しないが，偶然ではない．巻貝を摂餌するという特異な形質は，この餌を処理する形態構造のもつ強い力と関係がある．

停滞（stasis）——適応放散における表現型進化は，停滞の反対を意味する．かつてイトトンボ *Enallagma* の例は，停滞の例として考えられていた．残念ながら，適応放散と非適応放散との間の境界は明確ではない．もっともよく知られている適応放散でさえ，いくつかの緩徐な部分を含んでいる．ガラパゴスフィンチから太古に分岐した二つのムシクイフィンチ属（*Certhidea*）の姉妹系統では，行動，摂餌，形態などの種間変異は小さく，他の系統が異常なまでに多様化を遂げていることと比較すると奇妙ですらある（Petren *et al.*, 1999）．また，東アフリカの湖に生息するカワスズメ科魚類の放散の場合にも，ほとんど，あるいはまったく生態学的にも形態学的にも分化を示さないサブクレードが存在する（たとえば，Greenwood, 1984; Sturmbauer and Meyer, 1992）．多くの系統は，極端な適応放散でも非適応放散でもなく，その両方の要素を持った中間的なものなのであろう．

単系統性の再考——多くの適応放散は，単系統性を示さない．つまり，共通祖先から派生したすべての子孫が，適応放散に含まれる訳ではない．適応放散を示す際に，地理的理由や，その他の理由によって分岐群の一部を除外することが理にかなっているということがある．そのような事例は，モーレア島のカタツムリ *Partula*（この *Partula* の1種はいったんタヒチ島に移住し，その後，再導入されたのかもしれない；Johnson *et al.*, 1993; Clarke *et al.*, 1996; 1998），西インド諸島のアノールトカゲ類 *Anolis*（少なくとも一つの系統は，中央アメリカ大陸に再移住した；Irschick *et al.*, 1997; Jackman *et al.*, 1997）や，ハワイのショウジョウバエ（*Scaptomyza* から派生した；Baker and DeSalle, 1997）にみつ

けることができる．また，ココス諸島の15番目のダーウィンフィンチ *Pinaroloxias* は，ガラパゴス諸島からの移入種に由来し，それ以降，種分化することはなかった（図1.1）．

単系統性は，どうやら適応放散に必要不可欠な訳ではないようだが，このことは理にかなっている．というのも，ある系統が新しい適応帯に移入した後，すべての子孫が，そこにずっと留まっているとは考えられないからである．しかし，適応放散の概念を，大きなクレードの中からランダムに選んだ種までに適用すると，その効力を失ってしまうであろう．したがって，一部のクレードを削除するにしても，最小限にとどめるべきである．

急速な種分化——「急速な」種分化を検出することは，いまだに困難である．相対的な基準を用いる場合が多く，したがって，どのクレードを比較対象にするかに応じて，検定結果は異なってくる．検定を行う前に，どのような補正が必要であるのかについて，あらかじめ決めておく必要がある．たとえば，地理的区域でもって補正すべきであろうか？ ハワイのセンダングサ属（キク科）*Bidens* の種分化率は，姉妹分類群と考えられている群と比較すると必ずしも高くないが（F. Ganders, 私信），このことは，ハワイのセンダングサ草が比較的狭い地理的区域において，これほどの種分化を遂げたということを考慮に入れていない．また，系統樹の分岐率から急速な種分化について検定する方法では（Box 2.2），種分化率の上昇と絶滅率の減少を簡単には区別できない．

種分化率の定量的比較法を継続して発展させ適用していくことによって，これらの方法が，本当に適応放散という概念の条件を満たすために有効か否かを判断する助けとなろう．そのときになってやっと，種分化率の上昇を含めた場合と含めない場合とで，適応放散の定義がどのように異なるのかが明らかになるのかもしれない（Givnish, 1997; Barrett and Graham, 1997; Jackman *et al.*, 1997; Sanderson, 1998 も参照）．

3

適応放散の進行

> 異なったエピソードでも，（適応放散は）似通った経路を辿るという
> 特徴がある．
> 　　　　　　　　　　　　　　　　　　　　シンプソン（Simpson, 1953）

3.1 序　説

　複数の適応放散における進行過程に，共通する要件をみつけることができるのであろうか，あるいは，それぞれの放散は独自の進行を遂げるのであろうか．多くの放散に共通する特徴的なイベントが存在するという考えは，魅力的ではあるが，ほとんど検証されてこなかった．幾度も提案されてきたその可能性の一つは，ニッチが特殊化する方向へ進む傾向があるというものである．もう一つの可能性は，形態進化の速度が放散の初期にもっとも高く，種の多様性が構築されるに伴って，徐々に減退するという傾向である．本章では，これらの傾向に加え，他のいくつかの提唱されている傾向についても，比較データや化石データを用いて検証する．この検討のためには，記載的な研究が中心となるが，最終的な目的は，生態学的分化に普遍的な特徴が存在するのかどうかを明らかにすることである．もしそれが存在するのであれば，適応放散の理論を完成させるためのメカニズムを解明していかなければならない．

まず，特殊化こそが，適応放散における主要な傾向であるとするシンプソン（Simpson, 1953）の概念を検証することからはじめる．彼は，この傾向について，「より広い範囲に適応していた一つの集団が，その従来の適応域内のより狭い一部のみに適応した複数の集団へと分化していくこと」と記載した．適応放散の祖先種は，概してニッチのジェネラリストであるのかどうか，また，彼らの子孫は放散の経過と種多様性の進行に伴って，ますます特殊化していくのかどうかについて検討しよう．この代替仮説となるのは，特殊化の傾向が弱いとする仮説あるいは，そのようなものは存在せず，新しい資源や新しい環境へ連続的に拡散していくことが，適応放散におけるニッチ進化の一般的特徴であるという仮説である．

　次に，同じような一連の資源を利用している分類群を比較することによって，新しい資源や環境への拡散が，ある特定の順序にしたがって起こるのかどうかを問うてみよう．たとえば，鳥類の場合において，まず生息地の分化が起こり，引き続いて他の資源の分化が起こるのだろうか．特殊化した媒介者により受粉する被子植物の場合には，花の分化が栄養器官*の分化に先立って起こり，一方，ジェネラリストが媒介受粉するような植物では，逆の順序となるのだろうか．3番目としては，新しい環境へ拡散していく順番は，類似の条件下で独立して適応放散をした複数の近縁系統において，同じ順序が繰り返されるのかどうかを問うものである．最後に，適応放散の過程で，表現型の多様性がどのように変化するのかを問題にしよう．つまり，放散の初期において，もっとも急速に広がり，種の数が増えて放散が終息に近づくにつれて，拡散の速度は減退するのであろうか？あるいは，種の多様性に関わらず，一定のペースで増加し続けるのだろうか？

　これらの問いに答える意義はいくつかある．適応放散の進行に一定の特徴が存在するという考えは，大進化自体が予測できるという仮説をある意味で支持することとなる．歴史の時間を，過去に「巻き戻し」再生したならば，再び同じ結果になるのであろうか（Gould, 1989a）．Gouldによると，正しい答え（同じにならない！）は自明だという．偶然に起こる歴史的な出来事が

訳注＊：生殖器官以外の根，茎，葉などの部分．

邪魔をして，決して過去と同じにはならないという．「初期のどのような出来事であれ，ほんの少しだけそれを変更すると，たとえそれが一見重要にみえない変更であっても，進化はまったく違う方向へと進行していく」(Gould, 1989a, p. 51).

あるいは，同じ環境条件下で再生することができれば，以前の過程と同じような過程を繰り返すかもしれない (Conway Morris, 1998)．もしそうだとすれば，どの程度，どのくらいの期間なら遡って再現が可能なのであろうか．適応放散の概念を活用すれば，検証できる余地がある．つまり，複数の系統が，おおよそ似たような環境（たとえば，競争者や捕食者が少なく，資源が豊富な場所）に，繰り返し移住した例が存在するからである．もし将来，適応放散を引き起こす契機となる環境特性を特定・解明できる時が来たならば，既に進行中の適応放散と，類似した環境要因によって新たに引き起こされた適応放散を比較することによって，適応放散に共通する特徴をみつけることができるであろう．

3.2 ジェネラリストの祖先，特殊化した子孫?

適応放散の創始種は，多様な資源を利用するジェネラリストであることが多いのであろうか．このジェネラリストの祖先から，より狭いニッチに適応した子孫種が生まれるのであろうか．多くの研究者は，そのように考えてきた（たとえば，Simpson, 1953; Mayr, 1942; Thompson, 1994 参照）．Simpson は，特殊化を，新しい資源や環境への拡散と並んで，適応放散の中心をなす二つの概念のうちの一つであると考えた．

この概念を正当化する根拠として，個々の種が占めるニッチの範囲が，種の多様性と負の相関を示すという観察結果がある．ハチによる受粉の特殊化は，地中海にある生態系のようにハチがもっとも多様化を遂げた環境において顕著であり，熱帯や他の温帯地域のようにハチの多様性が低い生息地では顕著でない (Müller, 1996)．脊椎動物の場合においても，離島のような種数の乏しい場所では，種が豊富な大陸におけるよりも幅広いニッチを利用する

ことが多い (MacArthur, 1972; Terborgh and Weske, 1975; Schluter, 1988b; Ricklefs and Bermingham, 1999). つまり，平均ニッチ幅は，動物相が豊かに増加するにつれて，減少することが示唆される．

しかしながら，そのような現象には，他の説明ができるかもしれない．もしかすると特殊化した種（スペシャリスト）によって適応放散は始まり，それらの子孫が孤島のような新しい環境において，ニッチ幅を広げていくことも考えられる．そのような特殊化を減退させるという傾向が，放散の期間を通じて長きにわたって続くのかもしれない．加えて，大陸の動物相において種が豊富であることの理由は，長大な時間をかけて複数の多様な分類群において多くの放散が起こったからなのかもしれない．だとすれば，低次の分類群レベルをいくら観察しても，動物相が豊富になるにつれて，特殊化が増加していくという傾向は検出されないであろう．言い換えると，特殊化は，狭義の適応放散に欠くことができない訳ではなく，長い時間をかけながら起こる弱い傾向であるといえよう．

本書では，この問題について，系統学的手法を用いて解析する (Box 3.1)．つまり，現存種のニッチ幅と系統樹とを用いることによってまず，祖先種がジェネラリストであったか，スペシャリストであったかを検討し，それに応じて予想される傾向を推定するものである．この系統学的手法自体にも課題はあるが，十分に理に叶った結果を得ることができるし，それに基づいていくつかの明確な結論を得ることができる．

Box 3.1　過去の生態型の再構築

　絶滅した祖先の形質は，どのようにしたら復元できるのであろうか．彼らは何を食べていたのであろうか．どのような生息地を利用していたのであろうか．どのような相互作用があったのであろうか．そして，お互いどのように異なっていたのであろうか．復元には三つの方法を用いることができる．化石による追跡，分類群の連続性を利用する方法，および系統樹を用いた祖先の再構築である．本書のさまざまな箇所で，三つのすべてに頼ることとなるので，ここで簡単に概説しておく．

化石による追跡—化石は，過去へのもっとも直接的な窓口となり得る．時間の

経過とともに，形質がどう変化したかについては，化石がどのような地質年代から得られたかによって読み取ることができる．化石化した種のニッチについてみることはできないが，もし現存種について，形態とニッチ利用の関係が確立されているならば，推測することはできるであろう．Nehm and Geary (1994) は，海洋性腹足類において，化石におけるニッチシフトのすばらしい実例を示した．殻の計測値から，どの深さの海を利用していたかを知ることができるが，この値は，約 400 万年前と約 600 万年前の地層との間で，明確な推移が見られた．こうした狭い地質年代の間にニッチシフトが見られた他の事例は，Carleton and Eshelman (1979), Gingerich (1985), Geary (1990) にある.

化石による追跡のもつ問題点は，すべての祖先に対して使える訳ではないということである．ほとんど全ての放散は，十分に詳細な化石記録は得られない．このような理由から，適応放散における生態学的変化の研究は，次の二つの方法に依拠せざるを得ない．

分類群の連続性を利用する方法—異なる段階にあると考えられる現存系統を比較することによって，適応放散の時系列を繋ぎ合わせ，分類群の連続性を得ることができる．古典的な例は，ジャマイカ島，プエルトリコ島，ヒスパニオラ島のカリブ諸島に生息するアノールトカゲ類の生態型に関する Williams (1972, 1983) の研究である（表3.3）．Williams は，これら三つの島における生態型のリストが入れ子構造になっていることをみつけた．プエルトリコ島の五つの生態型は，ジャマイカ島でみつかった四つの生態型に，さらに1型加えたものである．ヒスパニオラ島の六つの生態型は，プエルトリコ島でみつかった五つの型に，木の幹型を加えたものである．彼は，これら三つの放散は，同じ生態学的進行の異なる段階を示しており，ジャマイカ島はプエルトリコ島の一つ前の段階であり，プエルトリコ島はヒスパニオラ島の一つ前の段階であると提示した．他の島や大陸との比較に基づいて，Williams は，最初の分岐によって巨大な樹幹型と小枝型（両者とも樹木に生息する）が生じ，その後，新しい生態型が，表3.3 に挙げた順序で加わっていったと提唱した．キューバにも，六つすべての生態型がみられるが，各カテゴリーに属する種数は，まだ定まっていない．

分類群の連続性を解析するために，系統学の情報はそれほど必要でなく（たとえば，個々の放散が独立であることを確かめるのに必要なくらいで），分類学は，単なる系統学の代替ではない．このアプローチは，異なる年代の現存群を比較して時間的経過を推測するという点において，植物群集における生態学

的連続性の研究と共通するところがある．このアプローチの基礎となる重要な仮定は，若い系統にみられる特性は，古い系統がかつて初期に通過した段階を反映しているというものである．もし，環境の重要な側面が時間変化するならば，この仮定は危険である．

祖先の再構築——これは過去の変化を推定するために，もっとも広く用いられている方法である．この方法は，系統樹の先端に位置する現存種から，過去へ遡っていくことによって，その系統の祖先の性質を計算するものである．いったん再構築が完成すると，完全な化石記録から直接読み取ったのと同じように，祖先型を描写したダイヤグラムを用いることによって，時間経過にともなう変化を直接読み取ることができる．系統の再構築と化石による追跡との違いは，たとえ現存種の形質や系統に関する情報が完全であったとしても，再構築された祖先の状態は推定値に過ぎず，実際の観察結果ではないがゆえに，不確かさが存在するということである．

節約法（Maddison and Maddison, 1992 参照）や最尤法（Schluter *et al.*, 1997）は，祖先型の推定に用いられる主要なアプローチである．節約法では，変化は稀であるがゆえに，変化の推定に際して時間（分岐長）は無関係であるとしてよいと仮定する．最尤法では，進化を時間経過に伴って，いくつかの状態の間をランダムウォークするものであると仮定する．これらの二つの方法は，たいていの場合，似た答えを導くが（少なくとも分岐長が等しいとき），再構築された状態に統計学的根拠の値を与えてくれるという点で，最尤法の方が好ましい．両方のアプローチの欠点は，系統樹自体が間違っていないという前提に立っていることである．

前章の表 2.3 は，プエルトリコ島におけるアノールトカゲの生態型の離散形質について，最尤法を用いた例である．解析を単純化するために，樹幹内の二つの型を，一つのカテゴリー（樹幹型）にまとめた．この例では，祖先の推定結果は，Williams（1972, 1983）により提唱された進行過程を支持した．たとえば，低草-草本型という生態型 ecomorph は，最後に生じたようである．しかしながら，*Anolis evermanii* から *A. krugi* までの系統関係は，明らかになっていない（Jackman *et al.*, 1997; J. B. Losos, 1996）．

3.2.1 特殊化の計測

特殊化とは，利用資源や利用環境の幅が狭くなることをいう．この用語は，

生態学者が用いるなかで,もっとも曖昧さの少ない概念である(Futuyma and Morero, 1988).しかしながら,それぞれの種について,ニッチ幅を表す意味のある指標を見つけ出すことは,容易ではない.10種類の植物を摂食する草食動物は,20種類の昆虫を摂食する食虫植物よりも特殊化しているといえるであろうか.資源が類似している場合や,ある種に利用される資源が他の種と同じ資源の一部である場合には,より意味のある比較が可能である(Futuyma and Morero, 1988).これは,下記する多くの例のように,近縁種間で比較する際には成り立っている.

もう一つの問題は,単一の資源を基準にしてのみ,ニッチ幅が計算されることが多いことである.ある資源の基準に沿ったニッチ幅は,別の資源の軸に沿ったニッチ幅とは,まったく関係ないかもしれない.したがって,本書で解析した事例の多くについて,もっと多くの資源についてのニッチ幅の情報が得られた際には,検証され直す必要があるだろう.

シンプソン(Simpson, 1953)は,本書では扱わない特殊化についての補足的概念についても議論している.「形態学的特殊化」のような概念は,ニッチ幅の変化というよりも,形質の平均値の変化を指すことが多い.たとえば,「中新世の有蹄動物は,繊維質の植物を摂餌する特殊性を進化させた」(Jernvall et al., 1996, p. 1491)という記述は,餌となる繊維質の平均含有量の変化を指すのであり,摂餌された餌項目の総数や摂餌する繊維量の幅の変化を指しているわけではない.同様に,ヴィクトリア湖のシクリッドでは,「ジェネラリストの種から始まって,さまざまな程度に藻類食を特殊化させた一連の種群が生息している」(Fryer and Iles, 1972, p. 480)という観察は,利用される資源の幅について言及している訳ではない.また,関連した概念として,ジェネラリストを「原初的」,特殊化を「派生的」と解釈する考えもあるが,あまり有益とは思われない.

3.2.2 ジェネラリスト－特殊化仮説(ジェネラリストからスペシャリストへと進化するという仮説)

適応放散の祖先種,とくに新しい環境や孤立した環境へと移住した祖先種がジェネラリストであると考える理由には二つある.まず,ジェネラリスト

の方がスペシャリストよりも，新規な環境下では必要な資源を得ることができる確率が高いであろう．次に，広い範囲に分布している種の方が，新しい環境や離れた場所に移住する確率が高いであろう．これら祖先種は，ジェネラリストであることが多い．ただ，このような予想は種数の乏しい孤島における放散についてのものであり，地理的分布を変えない「鍵革新」によって生態的機会を獲得して始まるような放散には必ずしも当てはまらない．しかしながら，ニッチの急速な拡張も伴っていれば，新しい生態的機会を切り開くことにとってより有利であろう．いずれの場合においても，適応放散が生み出した一連の種の最近の共通祖先は，ジェネラリストであったかもしれない．

いったん適応放散が始まると，いくつかの理由によって，より特殊化へと進むであろうと期待される．

(a) 競争関係にある種の数が増えると，有効資源の分割が促進される．

この概念は，マッカーサーとピアンカ（MacArthur and Pianka, 1966）の「圧縮仮説（compression hypothesis）」において取り上げられた．彼らは，資源の減少が起こると，競争関係にある種で，資源利用の特殊化が起こると予想した．この仮説はまた，Sugihara (1980) による群集発達の「連続的破壊（sequential breakage）」モデルの中心をなす．このモデルでは，群集に新しい種が加わると，先住の種は，利用していた資源の一部をランダムに放棄するようになるとする．いずれのモデルにおいても，種数が増加するにつれて，資源勾配は徐々に小さく断片化されていく．

(b) 一つの資源を利用するようにスペシャリストになればなるほど，よりジェネラリストへと進化する能力が制限される．

特定の資源への一連の適応は，それに続く進化を強く制限し，ジェネラリストへの進化を妨げるかもしれない．あるいは，特殊化に伴って，他の資源を利用するための遺伝的変異が失われてしまうのかもしれない．

(c) スペシャリストに有利にはたらく選択は，ジェネラリストとしての生活型に有利にはたらく選択よりも強力である．

ある特定の資源利用において有利となるような対立遺伝子は，ジェネラリストの集団内よりも，その資源利用に特化した集団内において，より急速に広まるであろう．なぜなら，そのような対立遺伝子は，広い範囲の資源を利用する集団内つまりジェネラリスト内では，ほんの一部の個体にしか有利とならないからである（Whitlock, 1996; Kawecki, 1998）．同様に，最も頻度の多い資源を利用するジェネラリスト集団の一部で，個体の適応度の上昇が起こる（Holt and Gaines, 1992）．したがって，そのような資源を利用するのに有利な対立遺伝子は，稀にしか利用しない資源に対する適応度を低下させるにしても，ジェネラリストの集団中に広まっていくかもしれない．その結果，特殊化の促進が起こると予想される．

(d) 同所的種分化によって，スペシャリストが生じる．

二つの（または，それ以上の）資源を利用する中間的な遺伝子型は，より一方に特殊化した遺伝子型と比較して，資源利用の点で不利と思われる．その中間型に対して不利にはたらく選択によって，スペシャリストの間に生殖隔離が進化しやすくなる．したがって，同所的種分化が頻繁に起こるとすれば，時間の経過とともに，スペシャリストの種数は蓄積されるであろう（Futuyma and Morero, 1988）．

(e) 被食種と捕食種が共進化しているならば，利用できる餌の範囲が狭くなる．

被食種に分岐的応答が起こると，捕食者側にも分岐や特殊化が起こりやすくなるかもしれない（Brown and Vincent, 1992）．

これらのいずれに対しても，反論は存在する．ジェネラリストは，自然界

において，必ずしも稀ではない．したがって，資源の分割というのは，新しい資源の開拓ほどに，適応放散における重要な要件ではないのかもしれない．ある単一の資源を利用するために生じる適応（たとえば，体サイズの変化）は，必ずしも逆行させることが難しいとは限らない（Futuyma and Morero, 1988）．ジェネラリストの集団サイズが十分に大きいと，有利な突然変異の生じる確率が高くなり，たとえ選択圧が弱くとも，稀な資源に有効な変異も広まりやすくなるかもしれない（Whitlock, 1996）．また，環境変動が大きい場合には，特殊化する利益が小さくなると考えられる．同所的種分化は，特定の条件下でのみ起こりやすく，ほとんどの放散では，同所的種分化は稀かもしれない．最後に，被食者の二種間で捕食圧に対する防御能が分岐していくとは必ずしも限らず，ともに同じ方向に進化していくかもしれない（Abrams, 2000）．以上のことから，特殊化が増加する傾向を当たり前のものと考えてはならない．この課題は，もっと実証的に検討される必要があろう．

3.2.3 系統学から得られた洞察

近縁種間にも，利用資源の幅に大きな違いが見られる．草食ダニや草食昆虫の多くの属では，単一の植物種のみしか摂食しない種がいると同時に，複数の植物種を摂食する種も存在する（Ehrlich and Raven, 1964; Holloway and Herbert, 1979; Fox and Morrow, 1981; Colwellm 1986; Futuyma *et al.*, 1995）．オーストラリアの砂漠に生息する *Ctenotus* 属のトカゲでは，ありとあらゆる種類の無脊椎動物を餌とする種もいれば，ほとんどシロアリしか餌にしない種もいる（Pianka, 1986）．この特殊化の程度の違いを系統樹に重ねると，祖先の状態を推定することができると同時に，特殊化の程度がどのような方向に進んだのかという傾向についても推定できる．

ジェネラリストとスペシャリストの双方を含む20分類群が明らかにされ，それらすべてについて系統樹が利用できる（表3.1）．それらには，同属の種を含んでおり，あるいは属が単系統性を示さなかったり，属が小さすぎたりした場合には，近縁にある属の種を用いた．大抵の事例において，適応放散の検証はなされておらず，つまり，必ずしも適応放散が確認されている訳ではない．生態学的に分化した種の共通祖先の状態を再構築するためには，最

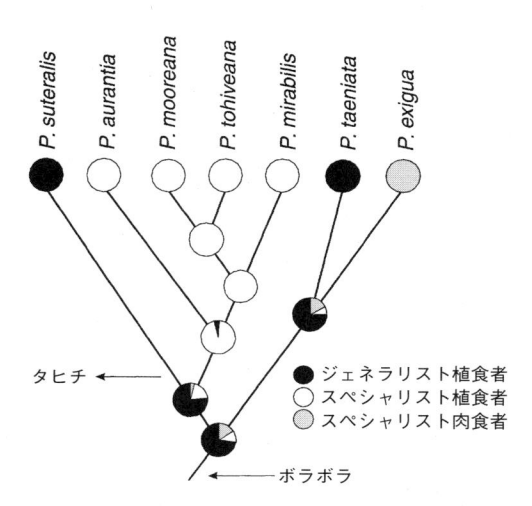

図 3.1 モーレア島のカタツムリ *Partula* に見られるスペシャリストの進化．摂餌に関するデータは，Jonson *et al.* (1993) による．草食に特化した4種は，おもにシルアダン属 *Freycinetia* を利用する（摂餌の80％以上）のに対して，ジェネラリストの種は，さまざまな宿主植物を利用する．*P. exigua* は，小型の *tornatellid* snail を餌とする．分岐点のパイグラフの模様は，祖先型の支持率を表す．系統樹は，ソサイエティ諸島の *Partula* におけるアロザイムによる完全な系統樹から抜粋した．Ahutau 山の集団は，論争のタネとなっているため除外した．モーレア島で種間の遺伝子流動があるため，また，*P. suteralis* とタヒチの種との間で遺伝子交流があるため，系統樹の位置関係は不確かである（Clarke *et al.*, 1996）．矢印は，モーレア島の祖先種がボラボラから移住して来たこと，および，モーレア島の集団がその後，タヒチへ移住したということを示している．すべての枝の長さは1であると設定した．Johnson *et al.* (1993) のデータから得られた分岐長を代わりに用いたときも，同様の結果が得られた．

尤法を用いた（Box 3.1）．解析に際し，「ジェネラリスト」と「スペシャリスト」という二つの状態が，マルコフ連鎖を用いてモデル化できると仮定した．推定の安定性を得るためには，Schluter *et al.* (1997) と Mooers and Schluter (1999) の「等確率」モデルを使用した．

モーレア島の陸生巻貝 *Partula* をはじめ，いくつかの事例においては，ジェネラリストが祖先であると結論づけられた（図 3.1）．しかしながら，より多くの事例では，祖先型はスペシャリストであると推定された．この推定は統計学的に有意なものに限定すれば，より確かである．ハワイ産ショウジョウバエが，一つの例である（図 3.2）．ほとんどの種の幼虫は，単一の科に属

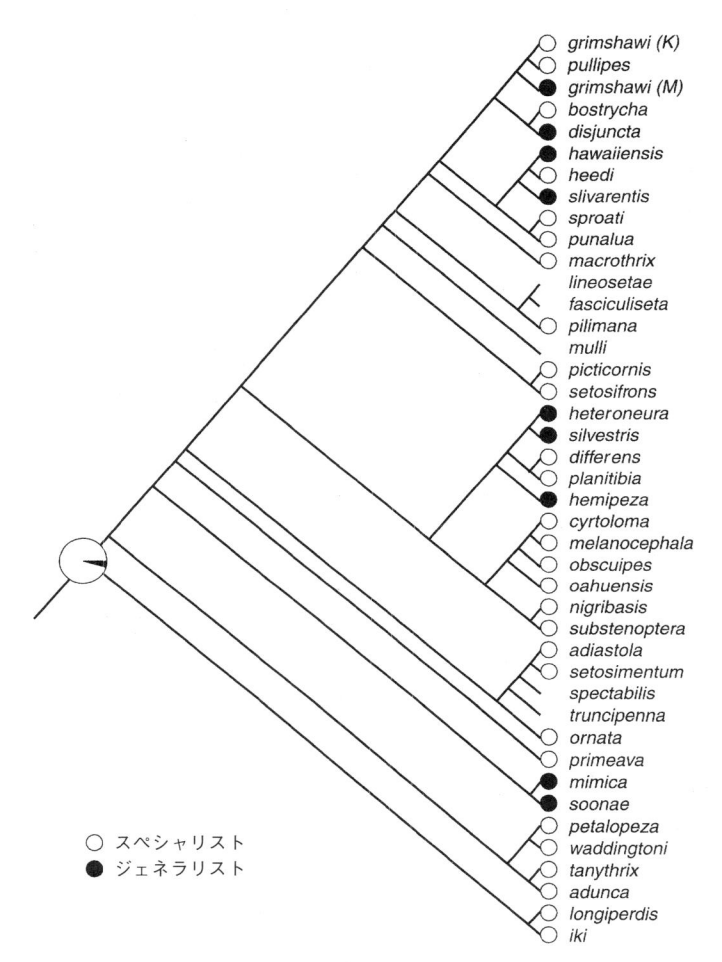

```
                                    ○ grimshawi (K)
                                    ○ pullipes
                                    ● grimshawi (M)
                                    ○ bostrycha
                                    ● disjuncta
                                    ● hawaiiensis
                                    ○ heedi
                                    ● slivarentis
                                    ○ sproati
                                    ○ punalua
                                    ○ macrothrix
                                    ○ lineosetae
                                     fasciculiseta
                                    ○ pilimana
                                     mulli
                                    ○ picticornis
                                    ○ setosifrons
                                    ● heteroneura
                                    ● silvestris
                                    ○ differens
                                    ○ planitibia
                                    ● hemipeza
                                    ○ cyrtoloma
                                    ○ melanocephala
                                    ○ obscuipes
                                    ○ oahuensis
                                    ○ nigribasis
                                    ○ substenoptera
                                    ○ adiastola
                                    ○ setosimentum
                                    ○ spectabilis
                                    ○ truncipenna
                                    ○ ornata
                                    ○ primeava
                                    ● mimica
                                    ● soonae
                                    ○ petalopeza
                                    ○ waddingtoni
                                    ○ tanythrix
                                    ○ adunca
                                    ○ longiperdis
                                    ○ iki

    ○ スペシャリスト
    ● ジェネラリスト
```

図 3.2 ハワイ産ショウジョウバエの祖先種はスペシャリストであったことを示す．系統樹は，四つのミトコンドリア DNA 遺伝子と五つの核 DNA 遺伝子の核酸配列 (Kambysellis and Craddock, 1997; Baker and Desalle, 1997) に基づいて合成した複合樹である．枝の長さは恣意的である．図に示した根元は，ショウジョウバエ科のみの共通祖先である．ここに示す分岐点の円グラフは，祖先型（スペシャリストか，ジェネラリストか）の支持率を示す．この解析時には，枝の長さを1と固定した．生態学のデータは，Heed (1968) と Montgomey (1975) による．いくつかの種についてはデータが得られなかったので示していない．Kambysellis and Craddock (1997) を改変して掲載．

する植物の腐敗物を利用する単食性である．ほんの少数の種のみが複数の宿主を利用し，複数の宿主利用は祖先型ではない (Kambysellis *et al.*, 1995; Kambysellis and Craddock, 1997)．系統関係に外群を加えたり，さらに前の系統の分岐点を再構築したりしても，この結果はほとんど変わらない．したがって，ジェネラリストからスペシャリストが派生するという仮説を支持する証拠はない．

このデータを用いて，ジェネラリストからスペシャリストへと遷移する変化率（「前進」率）が，逆方向の変化率（「後退」率）よりも有意に高いのかどうか（方法の詳細は Pagel, 1994 と Mooers and Schluter, 1999 を参照），また，祖先がジェネラリストであるのかどうかについて検定した．前進率（ジェネラリストからスペシャリストへ）が有意に高かったのは，20 のデータセットのうち一つ，オダマキ *Aquilegia* のみであった．残り 19 データセットのうち 18 個の事例では，二つの確率の間に有意な違いは認められず，残りの 1 セットでは，祖先はジェネラリストに再構築されなかった．つまり，特殊化への傾向は時折見られるが，普遍的ではないし，それほども広く認められるものではないようである．

これまで解析された系統のほとんどは大陸産のものであり，遠く離れた島への移入者の場合についてではなかった．また，植物に依存する昆虫の系統に関する事例に偏っている．しかし，ハワイのショウジョウバエや銀剣草（*Dubautia* とその近縁種）のような離島の系統においてですら，祖先型はスペシャリストのようである．また，ダーウィンフィンチのもっとも新しい共通祖先は，生息場所のジェネラリストではあるようだが，子孫の中の 1 種のみが，生息場所を特殊化させている（マングローブフィンチ *Chamahrynchus heliobates*）．

下記の状況下で，利用資源を同定することによって，祖先の状態についての手掛かりを得ることができるかもしれない．すなわち，特殊化を遂げた子孫がすべて同じ資源 A を利用している一方，ジェネラリストである子孫も資源 A をレパートリーとしてもち，他の資源利用においては重複が少ないという状況である．このような場合には，祖先型はおそらく資源 A への特化であり，ジェネラリストは派生した形質であろう．たとえば，オーストラ

表 3.1 最尤法で推測されたニッチ幅の祖先状態。G と S は、現存する種の共通祖先が、ジェネラリストであると推定されたか、スペシャリストと推定されたかをそれぞれ示す。推定された祖先状態が、統計的に有意に指示された場合には、太字で示す (Mooers and Schluter, 1999; Ree and Donoghue, 1999; Pagel, 1999)。[$S=G$] は、どちらの祖先状態も同じ尤度が同じであることを示す。結果の安定性を増す為に、どちら向きの変化の確率も等しいと仮定した (手法の詳細は、Schluter et al. 1997 を参照)。いくつかの分類群では、系統の枝の長さが不明であるため、すべての枝の長さが 1 であると仮定した。外群は一切使っていないが、加えたとしても結果に大きな違いはなかった。

分類群 (種数)	地 域	ニッチの比較に利用した形質	祖先状態	文 献
脊椎動物				
Sericornis (11)	オーストラリア、ニューギニア	生息地の数[a]	**S**	Christidis et al. (1988)
コウウチョウ *Molothrus*, オオコウウチョウ *Scaphidura* (5)	北, 中, 南米	宿主の種数[b]	S	Lanyon (1992)
ガラパゴスフィンチ *Geospiza*, ダーウィンフィンチ *Camarhynchus, and allies*[c] (15)	ガラパゴス	生息地の数	**G**	Grant (1986); Petren et al. (1999)
トカゲ属 *Ctenotus* (12)	オーストラリア	餌の種類[d]	$S = G$	Pianka (1986, 1998)
無脊椎動物				
ハムシ一属 *Oreina* (23)	ヨーロッパ	宿主植物の科数[e]	**S**	Dobler et al. (1996)
キイロショウジョウバエ *Drosophila* (42)	ハワイ	宿主の科数	**S**	Kambysellis and Craddock (1997)
チョウ属 *Papilio* (9)	北米	宿主の科数[f]	**S**	Scriber et al. (1995)
ツノゼミ *Enchenopa binotata* complex (9)	北米	宿主の種数[g]	S	Wood (1993)
トックリバチ *Anthidium* (28)	西ユーラシア	花粉源の数[h]	S	Müller (1996)
ヨーロッパチヂミボラ *Nucella* (6)	北半球	餌の種類と生息地の種類	**G**	Collins et al. (1996)
Partula (9)	モーレア島	餌の種類	G	Johnson et al. (1993)

Ophraella (12)	北米	宿主の種数[g]	G	Futuyma *et al.* (1995)
Timema (14)	北米	植物の種数	G	Crespi and Sandoval (2000)
Heliothis, Heliocoverpa, Australothis (21)	全世界	宿主の種数	G	Cho (1997)
Dendroctonus (19)	北米, 中米, アジア	宿主の種数の割合[k]	S = G	Kelley and Farrell (1996)
植物				
Dubautia, Argyroxiphium, Wilkesia (25)	ハワイ	生息地の数	**S**	Robichaux *et al.* (1990)
Dalechampia (24)	アフリカ, 中米, 南米	送粉者の種数	**S**	Armbruster and Baldwin (1998)
Brocchinia (13)	南米	生息地の数[m]	S	Armbruster and Baldwin (1998)
Monotropa, Pterospora, Sarcodes (4)	北米	寄生真菌の種数[o]	**G**	Cullings *et al.* (1996)
Aquilegia (15)	北半球	送粉者の種数	G	Hodges (1997)

[a] *S. frontalis* は生息地のジェネラリストとして数え, 他の種は熱帯雨林のスペシャリストとして数えた.
[b] *S. oryzivor* (1種の宿主) と *M. rufoacii* (7種の宿主) は, スペシャリストとして数え. 他の種はジェネラリストとして数えた.
[c] Petren *et al.* (1999) の作成したマイクロサテライトの系統樹に. *C. heliobates* と *C. pallida* の姉妹種であるとして加えた. *C. heliobates* は, 唯一の生息地のスペシャリストであると数えた. *G. scandens* をスペシャリストとして数えても結果は同じであった.
[d] スペシャリストは, 餌の種類の幅が3種未満の種とした.
[e] たった一種の植物を利用するもののみをスペシャリストとした. Scaptomyzoids は除外した.
[f] *P. garamus, P. palamedes, P. troilus* の三種がスペシャリストで. 他はジェネラリストである. *P. scamander* は, 宿主の情報がないため除外した.
[g] たった一種の宿主を利用する種をスペシャリストに含めた.
[h] Oligolectic 種もスペシャリストに含めた.
[i] 14種の17集団を含めた.
[j] 単食種と少食種をスペシャリストとした.
[k] 利用可能な宿主のうち半分以下しか利用していない種をスペシャリストとした.
[l] 図1.2の系統樹を利用した.
[m] スペシャリストには, *B. micrantha, B. paniculata, B. melanacra, B. prismatica, B. steyermarkii, B. maguerei* を含めた (Givnish 1998 私信).
[n] 明らかに区別されていない Monotropoideae については, ジェネラリストであると仮定した.
[o] 「オープンな」花をもつ種 (*A. ecalcarata*) は, 多くの昆虫に送粉されるであろうと推測されることから, ジェネラリストに含めた. *A. ecalcarata* は, 系統樹において多分枝を示すところに基根元に配置して解析した.

リアとパプアニューギニアに生息するヤブムシクイ（*Sericornis*：ホウセキドリ科の一種）11種のうち10種は，ほとんど熱帯雨林に制限されるのに対して，残りの一種は熱帯雨林に加え，他の森林や低木帯にも生息する．これは，熱帯雨林へ特化したスペシャリストが祖先型であることを示唆しており，資源の独自性を考慮に入れていなかった初期の解析結果とも合致する．

　逆のパターンからも情報を得ることができる．つまり，現存しているすべてのジェネラリストは，同じ組み合わせの資源を利用しているのに対して，スペシャリストは，資源のうちのそれぞれ異なる一部分を利用している場合である．このような場合，おそらくジェネラリストが祖先型であり，後にニッチ幅はせまくなっている．たとえば，腐生植物のギンリョウソウ類（菌根菌を介して他の植物から栄養素を得る外菌根性植物）のほとんどの種は，複数の同じような菌類を利用するのに対して，スペシャリストは，それらの一部のみを用いる（Cullings *et al*., 1996）．これは，先述のジェネラリストが祖先であったという推定を支持する（表3.1）．

　ここで用いた方法に潜在的に存在する問題は，もしすべての子孫が同じ状態（たとえば，すべてスペシャリスト）になってしまった場合には，祖先型はもう一方の状態（たとえば，ジェネラリスト）として決して再構築されることはないということである．しかし，ジェネラリストであった祖先種が，スペシャリストの子孫のみを残す可能性はあるし，その逆の可能性も同様にある．ガラパゴス諸島の地上フィンチ（*Geospiza*）が広い範囲の餌や生息地を利用しているからといって，彼らの祖先がスペシャリストであったという可能性は除外できない．大陸のフィンチは，おそらくジェネラリストではなかったことが知られているので（Schluter, 1988b），ガラパゴス諸島に最初に移住したフィンチが，スペシャリストであったというのはあり得る話である．

　Losos（1992）は，生態型を特殊化させたアノールトカゲの祖先が，スペシャリストであったのか，ジェネラリストであったのかを解析する際に，この問題を解決するべく別のアプローチを用いた．Losos は，祖先型が現存する生態型（図2.3参照）のどれかであるという仮定を用いる代わりに，まず，祖先の形態を推定し，この結果に基づいて生態型を推定した．彼の手法を用いて，プエルトリコ島の種の祖先種を再推定した（図3.3）．もっとも可能性

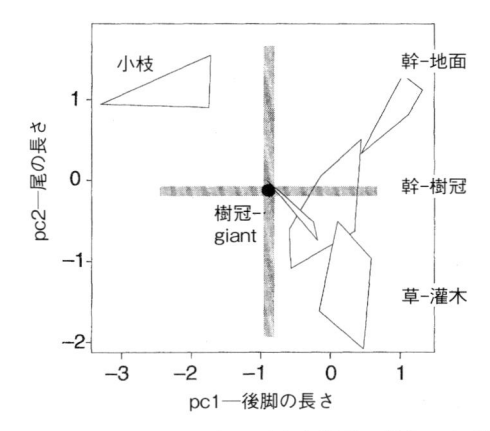

図 3.3 プエルトリコにおけるアノールトカゲ全生態型の祖先の表現型の推定（図 2.3 参照）．横軸と縦軸は，形態の第一，第二主成分（pc）をそれぞれ示す（Losos *et al.*, 1992）．軸のラベルには，その主成分にもっとも高いローディングをもつ表現型を記した．多角形の囲いは，それぞれの生態型に属する種（プエルトリコ島，ジャマイカ島，ヒスパニオラ島の種すべて）の平均値を囲ったものである．祖先型は，図 2.3 の系統樹に基づいて，最尤法で再構築した．灰色の太線は，支持限界（95%信頼区間のようなもの）を示す．Schluter *et al.*（1997）と Losos（1992）を改変して，Society for the Study of Evolution の許可を得て掲載．

の高い推定値は中間的表現型であり，したがって，祖先はジェネラリストであることが示唆された（Losos, 1992 参照）．しかしながら，祖先の表現型に関する信頼区間は，すべてのスペシャリストの表現型と重複していたので，祖先種がスペシャリストであったという可能性も除外されなかった（図 3.3）．

3.2.4 結語

　ニッチの幅は化石として残ることがないため，ジェネラリスト－スペシャリスト仮説を検証するためには，祖先型を再構築する方法に頼らざるを得ない．このアプローチは，必ずしも明確な答えを与えてくれるわけではなく，とくに，高い頻度で遷移が起こる場合には困難となる．もう一つ重要なことは，祖先型を用いる推定法では，スペシャリストとジェネラリストとの間の変遷が，種分化や絶滅とは独立であることを仮定しているということである．この仮定を妨げる要因については，これまで十分に注目されてこなかった．

この仮定を妨げるようなシナリオを，少なくとも二つ考えることができる．まず，祖先種が単一の宿主に特殊化しており，子孫種が長期間をかけて宿主の数を増やしていくというシナリオを考えよう．ある系統が，ある新しい宿主を獲得するときに種分化は起こるのだが，系統樹上の異なる枝の間で種分化率は異なっている．系統樹のいくつかの枝では，新しい宿主の獲得は決まって種分化を促進し，それによって二つの新しいスペシャリストへの分岐が起こる．系統樹の他の部分では，新しい宿主の獲得は必ずしも種分化を促進しない．そのような場合，ジェネラリストは系統樹上の根元から分かれた長い枝の先端で見られる一方，スペシャリストは短い枝の先端で見られることになる．このような場合，たとえ祖先種がスペシャリストであっても，ジェネラリストが祖先型であるかのように見えてしまう．ジェネラリストが高い絶滅率をもつ場合にも，同様の偏りを引き起こしうる．

　二つ目のシナリオは，一つ目とは逆のものである．ジェネラリストの祖先から派生した子孫が，たとえば，宿主が防御能を獲得することで，宿主になるレパートリー種数を減らすことを考えよう．新しい場所へ移住した際には，宿主がまだ防御を獲得していないために，宿主の防御作用は効力を発揮しない．ここで，新しい地域への移住も，種分化を引き起こすと仮定しよう．そうすると，根元から分かれた長い枝の先にはスペシャリストが，短い枝の先にはジェネラリストがいるという傾向が生じるであろう．その結果，間違って，祖先型をスペシャリストと推定してしまうことになろう．このような偏りを根拠にして，Rothstein *et al.*（未発表）は，Lanyon（1992）による托卵性コウウチョウの *Molothrus* と *Scaphidura* の祖先型を用いた再構築（最尤法で，スペシャリストが祖先型であると推定されたが，その支持率はあまり強くなかった（表3.1））を批判した．このコウウチョウの地理的分布は，むしろジェネラリストが祖先型であるとする考えを支持している（Rothstein *et al.*, 未発表）．

　祖先型をジェネラリストであると誤って推定してしまう一番目の偏りの方が，二番目のシナリオよりもおそらく一般的である．もしそうであれば，スペシャリストが祖先である頻度を過小評価しているかもしれない．

　まとめると，ジェネラリスト—スペシャリスト仮説を支持する結果はあま

りない．現存する系統の祖先型を推定した結果によると，スペシャリストも，ジェネラリストに劣らず祖先型に多いようである．実際には，スペシャリストの祖先型の方が一般的なのかもしれない．これらの結果は，適応放散と確認されていない系統についての結果も含んでいる．しかしながら，「適応放散と考えられる」事例だけに限ってみても，その結果は変わらない．ガラパゴスフィンチの場合のみ，（生息場所利用において）ジェネラリストが共通祖先型であるという証拠が得られた．わずかな子孫種を除いて，すべての子孫種はジェネラリストのままであり，特殊化の傾向はみられなかった．対照的に，ハワイの銀剣草の祖先型は，スペシャリストであると推定された．これらの結論は，用いた手法に内在する不確かさのゆえに，暫定的なものに過ぎない．しかしながら，たとえ特殊化の傾向が本当にあるとしても，それを検出するのは手法的に非常に難しいということになる．

　もし上記の解析が確かであるならば，この結果は，次の三つのことを意味する．一つ目は，ニッチ幅の進化の方向について予測できない．二つ目に，特殊化は，生態学的多様化の妨げとはならない．最後に，特殊化ではなく，新しい環境への継続的な拡散こそが，適応放散における主要な生態的傾向であるということである．

3.3　ニッチ拡張に関して繰り返し見られる法則

　新しい資源や環境への拡張は，適応放散における重要な課題であり，唯一の主要な生態的課題であるのかもしれない．この節では，この拡張が，ある一連の段階を経て起こる可能性について触れる．この問題は，これまで鳥類と顕花植物においておもに扱われてきたので，これらの分類群に焦点を当てる．ここでは大きな分岐にのみ注目し，後の節において，より小規模なニッチ分化の進行について考察する．

3.3.1　鳥類における'生息地最初 (habitat first)' の法則

　ニューギニア低山帯の鳥類相に関する Diamond (1986) の比較研究は，主

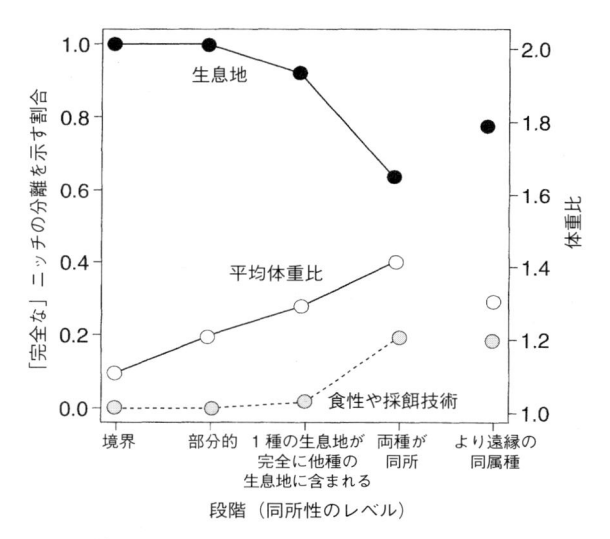

図 3.4 異なる異所的種分化段階にあるニューギニア低山帯に生息する鳥類の近縁種間でみられる資源の分化. 最後のカテゴリーは, かろうじて似ているので同属に入れられているというだけであり, あまり近縁ではない. Diamond (1986) より.

要な環境変数の軸に沿って起こる分岐の進行順序を検証しようとした, もっとも包括的な試みである. 彼の結果は, 生息地の分離が最初に起こり, 餌サイズや餌種類の分離がそれに続くというものであった.

Diamondは, この結論を導くにあたり, さまざまな種分化「段階」にあると推定される種の組み合わせについて, 種間差を測定することを行った. 種分化の段階は, 同属近縁種の地理的範囲の重複度合いによって, 間接的に計算されたものである*. 近縁種であるかどうかの判断は, 形態や行動および, さえずりの類似性に基づいて行われた. Diamondは, 種分化は異所的に起こると仮定したが, この仮定は, 鳥類においてはよく支持されている (Grant and Grant, 1997; Coyne and Price, 原稿). 時間の経過とともに, 新しく形成された種の生息範囲が, 徐々に同所的になると仮定した. したがって, 同所性がほとんどない状態は分岐の初期段階を示し, 部分的な同所性はその次の段

訳注*: 生殖隔離の程度を直接観察した「種分化」の段階ではない.

階を示し，完全な同所性は後期の段階を示すとされた．そこでは生態的差異として，「生息地」（標高，摂餌場所の高さや，植生タイプを含む空間的隔離のすべて），餌の種類や採餌方法，体の容積，餌サイズなどが記録された．

　生息地の重なりをもつ番いのすべてにおいて，生息場所に明らかな相違がみられた（図3.4）．平均体サイズの差は，初期段階には約1.1（餌サイズに関しては差がない訳ではないが，相当な重複が認められる）であり，完全に同所性を示す段階では，約1.4にまで広がっていた．採餌法や餌の種類の違いは，初期には些細なものであるが，その後ゆっくりと増大していく．その採餌技術や餌の種類の違いは，第三段階と第四段階の間で急上昇を示す．餌の分離が完全に起こった番い種の分岐の程度は急激な上昇にみえても，種間の平均値の差をみた場合には，おそらくもう少し徐々に分岐するのではないだろうか．個々の分類群をみていくと，必ずしもこのような平均的な傾向を示さない群も存在するかもしれない．たとえば，生息場所の分離に引き続いて，いくつかの分類群では体サイズの分化が起こり，別の分類群では餌や採餌様式の分化が起こる．少数の分類群では，体サイズと採餌の双方が分化する（Diamond, 1986）．これら二次的に生じた差異が大きくなるにつれて，生息地の違いは減少していくが，依然として重要であるのは変わりない．

　ここで用いられた手法は，理想的なものではない．その生態学的計測は，体の容積を除き，定性的で単純化され過ぎである．実際の種間の差は，そのように明確に区切れるものではないかもしれない（Christidis *et al.*, 1988）．地理的重複や分類学的類似性は，ニューギニア低山帯の限られた地域的範囲内においてさえ，年代の計測法として決して良質なものではない．ここでは多くの種が何度も繰り返し用いられており，個々の番い種は統計的に独立ではない．これらの問題にもかかわらず，このDiamondの研究は，後に続く研究の重要な礎の一つを築いたのは確かである．鳥類の異なる分類群が複数混ぜられて解析されたにも関わらず，その結論は実に分りやすいものであった．

　Diamondの結論は，その後，どのように扱われてきたのだろうか．いくつかの後続研究（Christidis *et al.*, 1988; Price, 1991; Richman and Price, 1992; Suhonen *et al.*, 1994; Robinson and Terborgh, 1995）は，これをむしろ支持するものとなっている．Diamondの調査で広義に定義された生息場所は，鳥類

の同所的姉妹種間におけるもっとも一般的な生態学的差異に拠っている．このことは，形質進化の速度に劇的な変化がないと仮定すれば，ほとんどの鳥類において，生息地の分化が分岐初期に生じることを意味する．形態サイズの違いは，より遠縁の同属種間でみられることが多い特徴である．

　なぜ，生息地が最初に分化することが多いのであろうか．この法則の例外について研究することで，その理由への洞察が得られるかもしれない．たとえば，ガラパゴスフィンチの近縁種は，同じ生息地や同じ標高に住む傾向があるが（Lack, 1947; Grant, 1986），嘴サイズや体サイズはとても異なる（たとえば，表2.2）．その餌の種類の大きなシフトは，多様化の初期と後期の両方において起こった（Schluter *et al.*, 1997）．このような典型的な傾向と例外的に逆転した現象は，ガラパゴス諸島の鳥類群集の種多様性がとても低いこと，有効な生息地や利用可能な資源の種類が異なっていること，最初の移入者がもつ固有の特性などに由来するのかもしれない．

3.3.2　顕花植物に見られる分岐の法則

　グラント（Verne Grant 1949）は，顕花植物の種判別に用いられる形質について，群間の差異を明らかにした．特定の媒介動物によって受粉されるような系統では，約40％の分類形質が（萼を除く）花の構造に関するものであるのに対して，不特定の昆虫や無生物因子（風や水）によって受粉される「選り好みの少ない（promiscuous）」被子植物では，わずか10％ほどのみが花の構造に関するものであった．後者の群では，栄養形質がより重要であると提唱した．グラントの主張は，顕花植物種間の本来の差異だけでなく，分類学者の習性をも反映しているのではあるが，これに基づいてニッチ分化について二つの仮説を立てることができる．(1) 特定の媒介動物によって受粉する系統では，花の形質における分化は，栄養形質のそれに先行する．(2) 不特定の媒介動物，もしくは無生物因子によって受粉する系統では，逆の順序となる．ここでは，生理的形質も栄養形質に含めた．ニッチ分化の順序に関する問題は，生息地や生理的性質の分化が先か，受粉様式の分化が先かである．

　分岐の法則は，二つの大きな問題と関わりがある．一つは，生殖隔離の至近要因に関するものである．つまり，系統分岐的に若い同所種間における遺

伝子流動の減少は，主として受粉媒介動物が異なることに由来するのか，あるいは異なる生息地への形態学的適応や生理学的適応の分岐に由来するのかである．もう一つの問題は，種分化の究極要因に関するものである．栄養形質の構造や生理にはたらく分岐自然選択（たとえば，Bradshaw, 1972）が原因で種分化が起こるのか，あるいは，受粉媒介者を介した花の構造にはたらく分岐性選択が原因で種分化が起こるのかである（Crepet, 1984; Kiester et al., 1984）．

　法則の二つ目の方が，最初のものよりも現実的かもしれない．広い種類の不特定な媒介動物を惹きつける多くの被子植物の系統では，多くの種が形態や生理に関する栄養形質の分化を示し，異常なほどの分化を示すものも多い（Heslop-Harrison, 1964）．ハワイ産植物に見られるほとんどの放散は，この範疇に該当する．銀剣草では，形態，生活史および生理における分岐が大きい（たとえば，図1.2）のに対して，その花は，小さく単純で地味な色をしており，あまり分化していない（Carlquist, 1974）．ハワイ産センダングサ属 *Bidens*（Ganders, 1989）や *Tetramolopium* 属（Lowrey, 1995）においても，花の構造には劇的な変異が認められない一方で，形態や生理には著しい分化がみられる．マクロネシア（アゾレス諸島など北西アフリカからイベリア半島にかけての群島地域）に生息するキク科マーガレット類 *Argyranthemum* 属（Francisco-Ortega et al., 1996, 1997）やガイアナの砂岩の卓状山地の *Brocchinia* 属（パイナップル科の食虫植物）も，この範疇に含まれる．

　それにもかかわらず，単純な花でさえ，配偶システムや受粉様式に影響を与える形質においては，栄養形質の分化を凌ぐ劇的な変化をするかもしれない．このような変化のいくつかは，生殖的隔離の直接的な原因となり得る．ハワイ産カーネーション類 *Schiedea* 属は，不特定の昆虫による受粉と風による受粉との間で，複数回の変容を経験している（図3.5）．これらの変容は，花の表現型と配偶システムにおける明確な変化と相関している（Sakai et al., 1997）．特殊化の少ない植物系統においてみられるもう一つの劇的な花の変化は，自家受粉への依存性の増加と関連して起こる花サイズの減少である（Stebbins, 1970; Ritland and Ritland, 1989; Wyatt, 1988; Husband and Barrett, 1993; Macnair and Gardner, 1998）．これは，新規な環境や周縁の環境に生息す

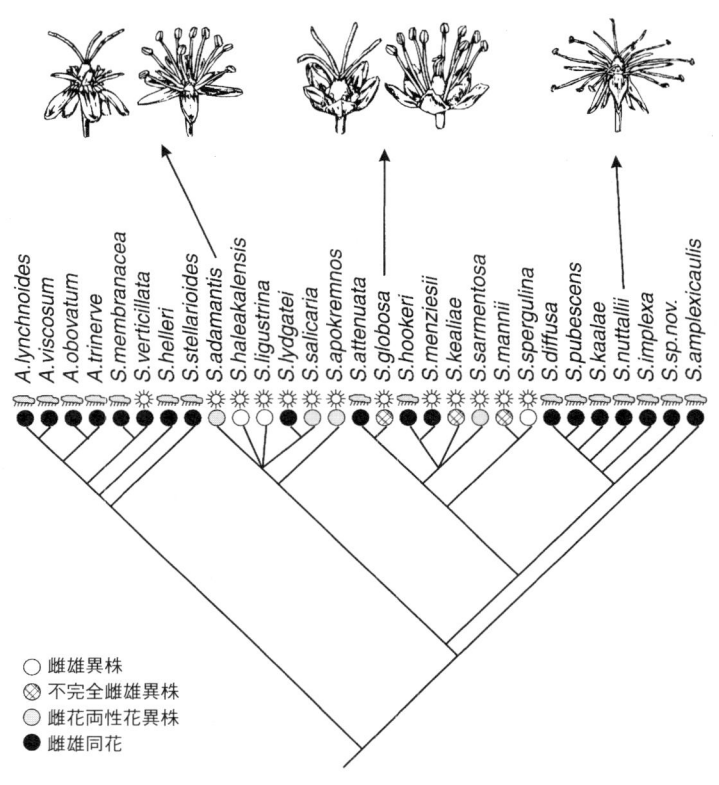

図 3.5 ハワイのカーネーション類 Schiedea における配偶システムの進化．両性同株（雌雄同体）は，特殊化していない昆虫による受粉か，自家受粉かを行う．雌雄異株（雄株と雌株），雌花同株（雌株と両性同株），雌雄混株 subdioecious（雄株，雌株，および両性同株）は，風によって受粉する．系統樹は，形態の特徴に基づく（Sakai et al., 1997）．枝の長さは，恣意的である．樹形の先端の印は，生息地が，乾燥地であるか湿潤地であるかを示す．生息地と配偶システム（雌雄同体か否か）の間には有意な相関が見られる（$\chi^2 \approx 12.0$, $P < 0.01$；枝の長さが均一であり，どちらの向きへの変化も同じ速度で進行することを仮定して，Pagel 1994 の尤度比検定を行った）．花の絵は，Cambridge University Press の許可を得て，Sakai et al. (1997) より転載．

る植物において，時々みられる．

　特定の媒介動物を介して受粉する植物で，花の分岐が栄養に関する分岐よりも速いという法則について，最初に検証されたのは，オダマキ属の近縁 2 種 *Aquilegia formosa* と *A. pubescens* の事例である（Grant, 1952）．これら 2

種の接触域では，それぞれが特定の標高範囲に分布することと，異なる受粉媒介者をもつことが，2種の共存にとってきわめて重要なようである．それらなしでは，遺伝子流動が起こり，種の崩壊が起こるかもしれない（第2章参照）．特定の動物によって受粉が媒介されるような他の分類群でも，近縁種間にみられる花の変異は，栄養形質の変化をはるかに上回る．よく研究された事例には，熱帯性蔓トウダイグサ科 Dalechampia 属（Armbruster, 1988, 1993; Armbruster and Baldwin, 1998）や，多くのラン科植物（たとえば，Berzing, 1987; Gill, 1989; Hapeman and Inouye, 1997; Chase and Palmer, 1997 参照）などがある．

しかしながら，表面的に形態的な差異がないからといって，必ずしも，生理機能の栄養形質の分化が存在しないという訳ではないこと（Heslop-Harrison, 1964）は，オダマキ属 Aquilegia formosa と A. pubescens における追加解析によって示されている．葉と幹の構造的類似性にも関わらず，これら2種は異なる土壌に生息し（Chase and Palmer, 1997），外部形態計測からは簡単に評価できないような何らかの生理的耐性において異なっているようである．したがって，この法則を検証するためには，生息地間での相互移植実験を行い，異なる生息地でのパフォーマンス低下の原因が，受粉媒介者の違い（花の進化）におもに由来するのか，あるいは，それに加えて，光合成能や成長の低下（栄養形質の分化）にも由来するのかを決定する必要がある．

3.3.3 種分化における生息地の傾向 (speciational habitat trends) と分類群サイクル (taxon cycle)

ニッチ分岐の法則はさらに進展し，分類群サイクル仮説に基づく適応放散の生息地モデルが生まれた．まず分類群サイクルを概説し，その後，そこから派生した概念について概説する．

分類群サイクル仮説は，群島に生息する分類群の分布と分化について観察されたパターンを説明するために，ウィルソン（Wilson, 1959, 1961）によって提唱され，Ricklefs and Cox (1972) によって改善された．これらのパターンは，四つの連続した段階に分類された．サイクルの第一段階にある種は，大陸から最近移住してきた種である．彼らは広く分布しており，あまり分化

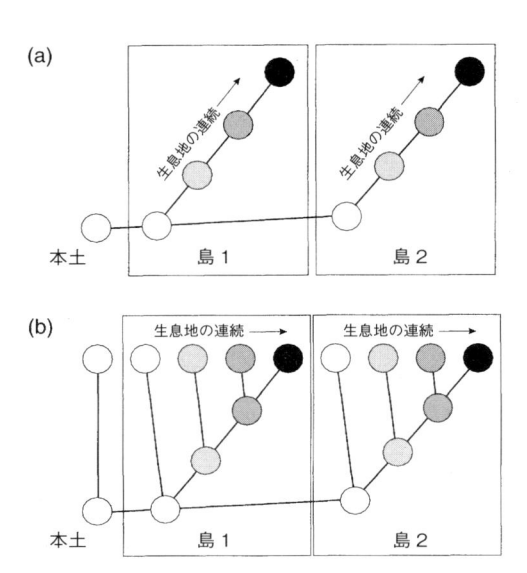

図 3.6 分類群サイクルを示す種（a），および種分化に生息地の方向性が見られる系統（b）のそれぞれについて島内での生息地の傾向を表す．白丸は，「周縁の」生息地を利用する系統を表す．丸の色が濃いほど，より「内部」の生息地を示す．

が進んでいない．第 2 段階の種は第 1 段階の種に由来し，まだ広い範囲に生息しているが，長期間にわたって群島に住み着いていた分，異なる島の間でいくつかの表現型分化を示している．第 3 段階と第 4 段階の種はさらに古く，多くの島では既に絶滅してしまったものもいる．彼らはまた，初期段階の種よりも，より高いレベルの分化をそれぞれの島の間で示す．サイクルにおける通常の終着点は，その系統のすべての種が絶滅することであるが，時折，最終段階の種が新たに生息地を拡張し，再び第 1 段階を作り出すことによって，新たなサイクルが開始する．Pregill and Olson (1981) は，西インド諸島の鳥類の分布パターンに関して，他の説明を提示した．さらに多くの検証が必要ではあるが，最近の分子データによると，小アンチル諸島の鳥類では，分類群サイクルの後半の段階にある種は，第 1 段階や第 2 段階にある分類群よりも確かに古くから，この群島に生息していたということが示された (Ricklefs and Bermingham, 1999)．

このサイクルに，生息地場所を重ね合わせると，興味深いことが分る（図

3.6 (a)). 第1段階の種は，サバンナや低木林のように，島の「周縁」に居住する傾向があるのに対して，後期段階の種はより「内陸の」熱帯雨林に居住している傾向がある（Wilson, 1961; Ricklefs and Bermingham, 1999）. このことは，どの分類群も，まず第1段階では周縁の生息場所から始まり，時間の経過に伴って，内側の環境にシフトすることを示唆する．

　異所的集団が異なった種を形成し，表現型および資源利用に関して分岐するという場合を除いて，厳密な分類群サイクルだけでは，適応放散は起こりにくい．このことは，あまり言われてこなかった．また，群島内で形成された種が分化して，同所的に生息していることは一般的ではない．もっとも良く知られている分類群サイクルの事例は，メラネシアのアリ類（Wilson, 1961）や小アンチル諸島の鳥類（Ricklefs and Cox, 1972; Ricklefs and Bermingham, 1999）であるが，これらでは，近縁種はめったに同じ島に生息しない．稀な事例としては，大陸から別々にやってきた移住者が原因である場合と考えられている（Wilson, 1961）.

　しかし，一つの群島やしばしば単一の島においても，その場所で種分化や生息地の分化を遂げた分類群が豊富に存在する例もある．大アンチル諸島のアノールトカゲは，いくつかの甲虫類，ヤモリ類，およびカエル類などと同様に，この範疇に入る（Liebherr and Hajek, 1990; Hass, 1991; Hass and Hedges, 1991）. Liebherr and Hajek（1990）は，そのような分類群で，生息地のシフトが，分類群サイクルでみられたのと同じような順序に沿って進行するのかどうかを問うた（図3.6 (b)）. 彼らは，生息地の変化を「分類群サイクル」と称したが，生息地の変異勾配自体は，分類群サイクルかどうかを検証する際に必要な条件という訳ではない．むしろ，「種分化の方向（speciational trend）」（Grant, 1989）は，周縁から内部への生息場所の変異傾斜に連動しているというのが彼らの仮説である．したがって，どの時点においても，分布範囲の内部の生息地を占める分類群は祖先型から大きく変化しており，種分化がもっとも起こりやすいであろう（図3.6 (b)）. 系統樹を用いて，その種と根元を共有する祖先の間の枝分かれの数が，一定の変異傾斜に沿った生息地の位置と正の相関を示すかどうかを調べることができる．

　群島における放散は，周縁から内部への生息地の変異傾斜に沿った種分化

の方向に従うのであろうか？今のところ，十分な証拠はないが，あまり正しくなさそうである．まず，島における放散は，島の外れの周縁生息地から始まることもあるにはあるが（たとえば，モーレア諸島の巻貝の一種 *Partula*），これは一般法則というほどではないようである．大アンチル諸島のもっとも祖先型のアノールトカゲは，湿った内陸の環境に生息する（図 2.3）．ハワイ産 *Tetramolopium* 属（キク科植物）の祖先は，おそらくニューギニアの熱帯性低山帯から移ってきた（Lowrey, 1995）．ヒスパニオラ島のオサムシ（Platynus fractilinea グループ）の放散は，高山の森林ではじまったようである（Liebherr and Hajek, 1990）．2 番目に，島における放散では，新しい生息地への拡散が，分布の周縁から内部へという方向性とは無関係にあるようである．たとえば，ハワイの *Tetramolopium* 属（Lowrey, 1995），大アンチル諸島のアノールトカゲ *Anolis*（図 2.3）やヒスパニオラ島のオサムシ（Liebherr and Hajek, 1990）は，乾燥した周縁生息場所へと拡散し，そこで放散を遂げた．

3.4 反復放散

詳細なニッチ利用の情報を無視して，複数の分類群に共通した傾向をみつけようとしても，大雑把で弱い傾向しかみつからないだろう．より狭い分類群に限定すれば，資源の分化についてもう少し強力な予測ができる法則をみつけることができるかもしれない．ここでは，類似した環境に生息する系統について，同じようなニッチの変化が繰り返しみられたような例について考察する．

3.4.1 最終氷期以後の魚類

もっとも簡明な事例は，以前まで氷河に覆われていた地域の湖に生息する魚類の若い番い種に見ることができる．つまり，そのような淡水魚は，北アメリカやユーラシアの北部において，約 15000 年前までこの地域を覆っていた広大な氷河シートが後退した後に，形成された湖に進入した系統である．移動できる経路の数が限られていたり，水系として接続していた期間が限ら

表 3.2 最近まで氷河で覆われていた地域に見出すことのできる系統的に若い同所番種の例

当面の種名	地　域	食　性	遺伝的距離
イトヨ 　*Gasterosteus aculeatus*	ブリティッシュコロンビア	沖合型（プランクトン食）と底生型（ベントス食性）	0.02/—/ 0.02-0.10
ホワイトフィッシュ 　*Coregonus clupeaformis*	東部カナダ，メーン	小型（プランクトン食性）と通常型（ベントス食性）	0.01/0.5/—
ホワイトフィッシュ 　*C. clupeaformis*	ユコン，アラスカ	多鰓耙型（プランクトン食性）と少鰓耙型（ベントス食性）	0.01-0.02/—/ 0.02/0.30
ブラウントラウト 　*Salmo trutta*	アイルランド	Sonaghen（プランクトン食性）と Gillaroo（ベントス食性）	0.04/—/0.08
ブラウントラウト 　*S. trutta*	スウェーデン	プランクトン食性とベントス食性	0.03/—/—
北極イワナ 　*Salvelinus alpinus*	スコットランド	プランクトン食性とベントス食性	0.02/—/—
北極イワナ 　*S. alpinus*	アイスランド	プランクトン食性，魚食性，小型ベントス食性，大型ベントス食性	0.001/—/ 0.01
ニジワカサギ 　*Osmerus mordax*	東部カナダ，メーン	小型（プランクトン食性）と通常型（ベントス食性と魚食性）	—/—/ 0.01-0.10

れていたりしたため，これらの湖への進入は困難であったであろう．また，海と繋がっている沿岸の湖は，海水耐性をもつ種しか生息が可能でなく，さらに，海水準の変化が起こったために，多くの湖は，ほんの僅かの期間しかアクセス可能ではなかった（McPhail and Lindsey, 1986）．海水耐性をもたない種は，退氷期に稀に起こる水系の変化によって，湖と川の繋がりが変化した際に内陸に分散できた（McPhail and Lindsey, 1986）．これらの湖の魚類相は，貧弱なままである．

　多くの系統が，氷期後以降に形成された湖に進入し，いくつもの同所的番い種（sympatric species pairs）が形成された．これら番い種は，どの分類群についてみても，もっとも若いものである（第7章では，これらの環境下で，種分化率が急速に増加する証拠について概説する）．表 3.2 には，同所型間の遺伝的距離が0よりも大きく，同類交配についての独立した証拠があり，環境により誘導されたのではなく，遺伝的に決定される形態的差異があると確認された事例を挙げた（Schluter, 1996b）．他の類似した事例（Behnke, 1972; Svärdson, 1979; Schluter and McPhail, 1993; Robinson and Wilson, 1994）のいく

つかは，型間の遺伝的分化に関する確認が欠けていたり，型間の生殖隔離が十分ではなかったり（たとえば，カナダ東部のカワマス；Dynes *et al.*, 1999）という理由により除外した．

これらの事例は，いろいろな面で，平行的な多様化の証拠を提供する．同所的番い種は，生態学的に高度に分化しており，異なる分類群にみられる番い種間でも資源分割の様式が似ているという傾向がある．一般的に，一方の種は浮遊性の動物プランクトン食性であるのに対し，他方の種は，沿岸域もしくはより深い水域の堆積物に棲む底生無脊椎動物や大型の餌を摂取する．この食性の違いと関連して，似たような一連の形態学的差異が見られる．プランクトン食の種はベントス食の種よりも，一般に細い口をもち，長い鰓耙を数多くもち，小さくて細身である．一連の形質の平行進化には，遺伝的制約もおそらく関与しているが（Schluter, 1996c），強い選択も関与している．さらに，置換（displacement）が反復してみられるパターンも，競争が分岐を促進したということを示唆する（第6章）．

二つよりも多いニッチに分化する場合についても，何らかの予測をすることは可能であろうか．この疑問を検討するのに有効な例はあまりないが，その数少ない事例に基づくと，三つのニッチの段階を，二つのニッチの段階の組み合わせとして把握ができるようである．たとえば，アラスカとアイダホに生息するラウンドホワイトフィッシュ属（*Prosopium*）3種から成る群集は，1種のプランクトン食性種と2種のベントス食性種から成り，前者は後者よりも深い水域に生息する（Lindsey, 1981; Smith and Todd, 1984）．いくつかのアイルランドの湖に生息するブラウントラウト（*Salmo trutta* 複合種）3種は，それぞれプランクトン食性，ベントス食性，魚食性である（Ferguson and Taggart, 1991）．アイスランドの湖に生息するホッキョクイワナ（*Salvelinus alpinus* 複合種）の4種の生態型は，プランクトン食性1種，ベントス食性2種（前者は後者よりも深い場所で生息する），魚食性1種から成る（Skúlason, 1989）．

平行進化は，表3.2に示されているよりも，実はもっと顕著な現象である．なぜなら，イトヨやレイクホワイトフィッシュなどいくつかのグループでは，その内でも，底生型と沖合型のペアが複数回生じたという証拠があるからで

表 3.3 各々の生態型に属するアノールトカゲの種数．ジャマイカとヒスパニョーラについ最近になって侵入した2種（ともに木の幹-地面型），絶滅してしまったプエルトリコの *A. roosevelti*（巨大な樹冠型），生態型の分類にうまくはめることのできない種については除外した．

生態型	種　数		
	ジャマイカ	プエルトリコ	ヒスパニョーラ
巨大な樹冠型	1	1	3
小枝型	1	1	3
木の幹-樹冠型	2	2	4
木の幹-地面型	1	3	5
芝生-草本型	—	3	6
木の幹型	—	—	5

ある（Schluter and McPhail, 1993; Bernatchez *et al.*, 1999; Taylor and McPhail, 原稿）．イトヨでは配偶者認知に関する形質で平行進化が起こり，したがって，種も平行して生み出されるのである（平行種分化；Schluter and Nagel, 1995; Rundle *et al.*, 2000）（第8章参照）．

3.4.2　アノールトカゲ

　大アンチル諸島におけるアノールトカゲ類の生態型は，反復放散の壮観ともいえる事例の一つである（第2章参照）．Williams（1972）は，止まり木利用の異なる六つの主要な生態型を記載した．すなわち，木の幹-樹幹型，木の幹-地面型，巨大な樹幹型，小枝型（樹幹の上にもいる），木の幹型，芝生-草本型である．同じ生態型に属するトカゲは，形態学的に類似している（図3.3）．Williams は，異なる島に生息する同じ生態型間で，形態学的および行動的類似性がみられる原因は，おもに平行進化および収斂進化によるものであり，共通祖先性によるものではないと提示した．この考えは，最近，分子系統解析によって確認された．つまり，どの生態型も，進化の過程で複数回生じたのだ（Losos *et al.*, 1998）．

　Williams は，異なる島にみられる生態型の数が，入れ子状になっていることに気付いた（表3.3）．すなわち，プエルトリコでは，ジャマイカと同じ四つの生態型のすべてに加え，芝生-草本型の生態型も見られる．ヒスパニ

オラ諸島では，プエルトリコ島で見つかった五つの生態型のすべてに加え，木の幹型の生態型が見られる．Williams (1972) は，三つの島のトカゲ類相は，同じ進化の進行過程における異なる段階を示すものと考えた．したがって，芝生−草本型の生態型は，プエルトリコ島において最近出現したものであり，木の幹型の生態型は，ヒスパニオラ諸島で，他の五つの生態型よりも後に出現した．Losos *et al*., (1998) の分子系統樹は，この概念と矛盾してはいなかったが，明白な確証を得ることはできなかった．しかしながら，彼らのデータによると，後に出現した派生生態型は，必ずしも同じ祖先型から生じた訳ではないことを示唆しており，さらなる検証作業が必要である．

3.4.3　その他の事例

生物相に収斂が起こる場合や，近縁の分類群が類似した環境下で独立して多様化する場合には，反復適応放散が起こる可能性がある．同所的に生息するトカゲ類 *Cnemidophorus* におけるサイズ置換の多くは，そういった事例である (Radtkey *et al*., 1997)．太平洋西部における，日本近海の小笠原諸島のカタツムリ類 *Mandarina* に見られる樹上生活，半樹上生活，地上生活への反復進化も同様である (Chiba, 1999a)．アジアと北アメリカで，樹上性ムシクイが独立して放散した例 (Price *et al*., 1998, 2000)，あるいは東アフリカの異なる巨大湖で独立して放散したシクリッドの収斂進化 (図 1.3) (Fryer and Iles, 1972; Schliewen *et al*., 1994) などは，もっと複雑な事例である．東アフリカの湖における類似した表現型の反復起源は，分子研究によって支持されているが，アノールトカゲの場合と同様に，シクリッドの生態型は，必ずしも同じ祖先型から生じた訳ではないのかもしれない (Kocher *et al*., 1993)．

西アフリカのクレーターによって出来たいくつかの湖における，9〜11種から成るシクリッドの小規模の放散では，必ずしも同じような種類の生態型が生じた訳ではない (Trewevas *et al*., 1972; Schliewen *et al*., 1994)．アジアのムシクイ類 (*Phylloscopus*) とアメリカ大陸のアメリカムシクイ類 (*Dendroica*) の放散は，形態や生態の多くの側面において著しい収斂が認められる一方で (Price *et al*., 2000)，興味深い違いもみつかった．たとえば，アメリカムシクイはアジアのムシクイ類よりも，体重が重く，果実をよく食べる．

3.5 適応放散の終結付近での表現型進化

　適応放散の過程にある系統は，種分化の爆発的増加を経験するが，新しいニッチの供給がなくなることなどが原因となって，後に減退する．そこから導きだされる予想として，生態学的拡張もまた次第に，同じ原因によって遅くなり，表現型分化が減少するであろう．このような出来事は，適応放散の終結を表しているのかもしれない．この予想と一致して，遠縁の種を基に計算した形態進化の速度は，分岐がより若い種に基づいた計算値よりも低い (Gingerich, 1983; Lynch, 1990).

　この節では，表現型進化のパターンと種数の増加率の減少との関連を検討する．よい情報はたいてい，化石記録から得られたものであり，長い時間軸と高次の分類学的位置を取り扱うものが多い．このような研究は，多様化の最終段階における種分化と形態的変化との関係を明らかにしてくれる．また一方で，これと類似した傾向は，低次の分類学的位置にある，より最近の適応放散でもみられるのだろうか．

3.5.1　大進化のパターン

　化石記録において，時間経過に伴って種数や形態的多様性が増減するパターンは，分類群間で大きく異なる (Foote, 1992, 1993; Roy and Foote, 1997). そうでありながらも，異なる分類群に共通して，三つの段階が認められた．三葉虫の例を図に示した（図3.7）．まずその系統の初期において，種数と形態の多様性が，ほぼ同時に急速に増加する．次に，種の多様性がピークとなり，種数の増加率が低下をはじめる．最後に，形態的多様性もピークを迎える．

　もしかすると，この最終段階の特徴が，もっとも厄介であるかもしれない．種数の減少に直面したとき，絶滅が純粋にランダムに生じる現象であれば，少なくともしばらくの間は，表現型の多様性は維持されるであろう (Foote, 1993; Roy and Foote, 1997). しかし，どのようにして表現型の多様性が増大し続けられるのかは明確ではない．可能性として放散の終息が始まると，極

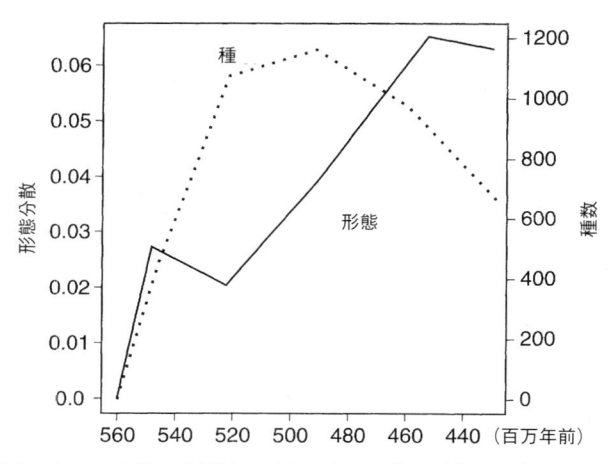

図 3.7 三葉虫において，種の多様性が頂点に達した後の形態学的多様性．頂点に達した後，両方が減少する傾向が見られる．形態の多様性は，2次元外形の種間表現型の全分散を示す．Foote (1993) を改変.

端な表現型を有する種の方が，「平均的な」種よりも長く存続できるのかもしれない．表現型の平均・中間的な種が絶滅することによって種数が減っていても，極端な表現型を持ったものは，形態的変異をいまだ増大させ続けている状況とも考えられる（Jernvall et al., 1996 も参照）．つまり，たとえ新しい種がもはや生じていなくても，絶滅に直面していない種は環境への適応を続けており，全体としてみると分岐が進行していることになるのかもしれない．

多様化する時間経過に応じて，表現型多様性や形態的多様性がどのように変化するかを，系統樹を用いて大規模に検証するということはまだ行われていない．もちろん，絶滅についての記録がないこと（大量絶滅を除いて；Harvey et al., 1994）から，そのような研究は，現存種に限られたものになろう．それにもかかわらず，種数の増加する速度が現在に向かって減少しているなら，系統樹はその傾向を検出する一助となるだろう．たとえば，鳥類の出現起源から，もっとも新しく誕生した鳥類の科の起源までの間で比較すると，鳥類の系統分岐した数が累積する率は減少したという傾向が見つかった（Nee et al., 1992）．しかしながら，この傾向は，鳥類系統のすべてについてみたも

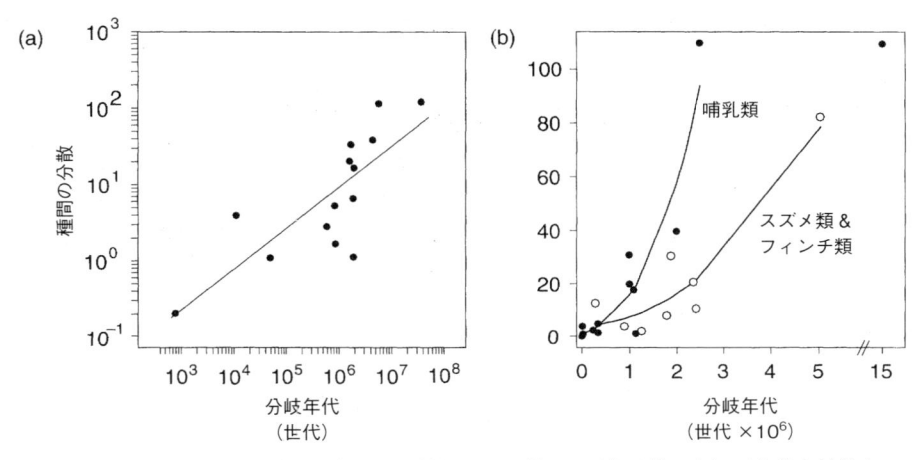

図3.8 共通祖先から分岐した年代の関数としての種間の形態分散．(a) 両変数を対数変換したプロット．一つの哺乳類の系統において，複数比較した平均値を示す．形態の分散は，集団内の分散に対する割合で示した (Lynch, 1990)．回帰直線の勾配は 0.5 であり，このことは，古い分類群のもつ形態の分散値が期待される値よりも低いということを示す．Lynch (1990) より改変後，転載．(b) (a) と同じデータを対数変換せずに示した．黒丸は哺乳類を表す．もっとも古い点以外のすべてについて，三次スプラインによって近似した．白丸は，いくつかの大陸のスズメとフィンチについて，嘴と体に関する五つの計測値に基づく (D. Schluter 未発表)．年代は，1世代1年として分子時計から推定した．Y 軸の寸法は，哺乳類のものと同じではなく，図に納める為に 300 倍した値である．三次スプラインにて近似した．

のではない．種分化率は，スズメ類（鳴き鳥）やコウノトリ目（ツル・サギ類，タカ，ほとんどの海鳥）では，現在，生存している鳥類の科の起源に向かって，増加して行くという傾向がみられる．

3.5.2 低次の分類学的位置で見られる傾向

大進化で見られた傾向は，低次の分類学的地位における適応放散でもみられるのだろうか．表現型の分岐速度が現在に近づくにつれ減少していくという傾向は，低次の分類学的位置においてもみられるようである（図3.8 (a)）．ここでは，私は，大陸の哺乳類と鳥類を用いて，低次の分類学的位置においてみられる分岐速度の減少傾向が，実は計測法に由来する誤りであること，さらに，分岐的に若い系統で種数が飽和したり，減少し始めたりした時にお

いても，表現型の多様化は進んでいるということを示した．

　哺乳類と鳥類について利用可能な計測値を用いて計算すると，形態形質の種間分散は，過去約 500 万世代の間に，おそらく加速的に増加してきたことが示唆された（図 3.8 (b))．この結論は，同じ哺乳類のデータセットを用いた Lynch（1990）の結論と矛盾する．彼は，哺乳類の頭蓋骨の種間変異と分岐年代の関係を対数—対数プロットで示し，分岐が進むにつれて増加率が減少することを示した（図 3.8 (a))．彼のプロットにおける回帰傾斜は約 0.5 であり，分岐率が時間経過と独立であるとする条件で期待される値の半分である．この明らかな矛盾を解決する鍵は，形態的変異と時間の関係では，Y 切片がゼロよりも大きいという事実にある（図 3.8 (b))．種間の最初の差異は，確かに小さいものではあるが，すぐにも現れる．したがって，もっとも若い種間比較の値は過大評価されることとなり，この速度は，時間経過とともに必ずしも一定に維持される訳ではない．もし分散が，必ずゼロを超えるなら，対数プロットは間違ってしまう．数百億世代が経過した後に初めて減少の兆候がみられるような哺乳類においてさえ，対数プロットを用いると，長期にわたって生じる増加を示すことができなくなってしまう（図 3.8 (b))．

　さらに，三つの「反復して起こった」適応放散を対象とすることによって，形態分化の傾向について調べよう．最初に対象とするセットは，大アンチル諸島の三つの大きな島，すなわちジャマイカ島，ヒスパニオラ島，プエルトリコ島におけるアノールトカゲの生態型である（表 3.3)．プエルトリコ島での放散がもっとも古く，ジャマイカ島がもっとも新しく，ヒスパニオラ島は中間の年代に位置する（Jackman et al., 1997)．二つ目の対象セットは，東アフリカのヴィクトリア湖（もっとも新しい)，マラウィ湖，タンガニーカ湖（もっとも古い）におけるシクリッド魚類の 3 集団（flocks）である（Fryer and Iles, 1972)．三つ目のセットは，ユーラシアとアメリカ大陸の樹上性ムシクイである（Price et al., 1998, 2000)．三つのセットいずれにおいても，セット内での放散は，互いに類似しているが，それぞれ異なる年代に起こったものであり，形態の種間分散に関する限り，同一の進行過程における異なる段階を示すものと考えてよいであろう（いくつかのグループは単系統ではなく，完全に独立ではないので，ここでは，放散という用語を緩和して用いている)．

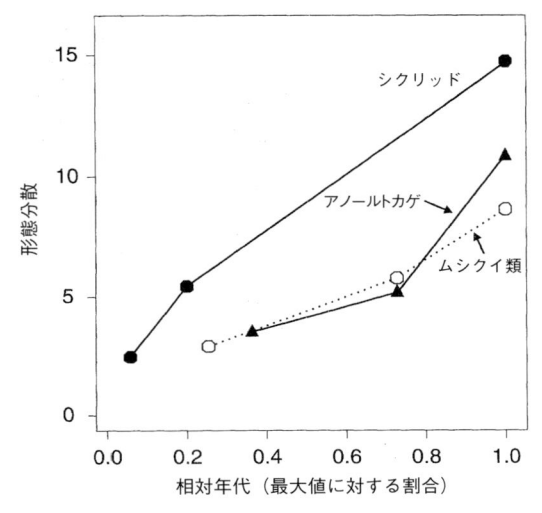

図 3.9 三つの「独立した」適応放散における,年代と種間の形態分散との関係.シクリッドについては,ヴィクトリア湖,マラウィ湖,タンガニイカ湖のシクリッドの椎骨数,縦列方向の鱗数,背棘数,尻鰭棘数,体長のデータ (Fryer and Iles (1972) の表 32) に基づく.各々の湖における分散は対数変換後,分布の上限と下限の差の二乗をとり,五つの形質の和をとった.各々の湖における放散の年代はミトコンドリア DNA の分子時計 (Meyer, 1993 ; McCune, 1997 も参照) に基づく.アノールトカゲのデータは,Losos (1992) より得た.3 島すべてに存在する四つの生態型についてのみ含めた(表 3.3).各々の島における各々の生態型の平均値は,体重,吻-総排泄口長,趾下薄板の数,前脚,後脚,尾の長さなどの外部形態の第一,第二主成分(それ以降の成分は捨てた)である.ある島における全分散は,第一主成分と第二主成分平均値の生態型間の分散の和である.相対年代は,ある島について Jackman et al. (1997) による系統樹の最古の枝から決定した.系統樹の枝の一つは,特定の島に生息する子孫種のみを含んでいる.時間は,ジャマイカ島の先端から系統樹を遡って,根元に達するまでの分岐の数を数えた.3 種のムシクイは,順に,アメリカムシクイ,アメリカ大陸の樹上性ムシクイ,およびユーラシアのメボソムシクイ属である.分散は,対数変換された瞼板長,翼長,嘴長,嘴高,嘴幅から成る五つの外部計測値における種の平均値の分散の和を示す (Price et al., 2000).時間は,正しいミトコンドリア DNA 配列 (Price et al., 1998 のアメリカ大陸のムシクイの配列データは間違っている;Price, 私信) を用いて,もっとも最初の分岐年代として計測した.

3 セットのすべてについて,もっとも古いグループで,形態の分散がもっとも高かった(図 3.9).このことは,表現型の分散が年代とともに増加し続けることを示唆する.そうだとすると,もっとも古いグループであっても,

形態的分岐は未だにピークに達していないと推論することは理にかなっているであろう．そのように，より古い放散が，より進行した後期の段階であるとみなすならば，アメリカ大陸のムシクイ，マラウィ湖とヴィクトリア湖のシクリッド魚類，そして，ジャマイカ島とヒスパニオラ島のアノールトカゲの生態型は，将来的には，現在の2倍以上の多様性を生み出すであろうことが期待される．

　形態の分散が継続的に増加していくことは，種数にみられる傾向とは対照的である．より古い年代に形成されたにもかかわらず，タンガニーカ湖の種数（約200種）は，ヴィクトリア湖の種数（現在記載されているのは約500種；O. Seehausen, 私信）やマラウィ湖の種数（約600種）よりも少なく，種数の増加率は減退することを示唆している．アジアのムシクイの系統の方が古いにもかかわらず，その種数は，アメリカ大陸の系統よりも少ない．ユーラシアのムシクイの系統樹で，現在を示す先端に繋がる枝が長いことも，このグループにおける種分化率が最近になって減少したことを意味しているのかもしれない（Price *et al.*, 1998）．大アンチル諸島における種数は，島の面積と相関しており（Losos, 1998），年代は若いにもかかわらず，面積の大きなヒスパニオラ島でもっとも種数が多い．しかしながら，もっとも古い島であるプエルトリコ島は，ややサイズが小さいにも関わらず，ジャマイカ島の2倍の種数をもつ．このことは，アンチル諸島では，多様性が未だに増加しているかもしれないことを示している．

　まとめると，上記の結果は，形態的多様性が増加を続けている間にも，種の蓄積率は減少しうることを示唆しており，これは，化石記録に見られるパターンと合致する（図3.7）．つまり，適応放散の終息期にみられる種数の減少と形態的多様性の減少は，異なる原因によるのかもしれない．

3.6　考　察

　シンプソンが推測したとおり，適応放散は，おおむね同じような経過をたどることが多く，細かい部分においても似た経過が繰り返されることがある．

このことは，近縁な系統が，同様の環境で適応放散をした場合に，もっとも顕著となる．大まかなスケールでみると，遠縁の分類群においてさえ，似たような順序で，資源利用（受粉媒介者，生息場所，餌サイズ）の種分化は進行する．したがって，巻き戻し過ぎさえしなければ，生命のテープを巻き戻しても，過去に起こったのと似た結果となるのであろう．ロソス（Losos, 1992）によると，強い種間相互作用の存在によって，この予測性はさらに高まる．種間相互作用があると，先に形成された種は，後に形成された種の利用できる資源を限定してしまう．

時間経過とともに，種数がどのように増えていくか，また，形態の分散がどのように拡大するかというパターンについても，繰り返しがみられるかもしれない．両者ともに，放散の初期には増大するが，適応放散の終末が近づいてくると，種数が減少しはじめる一方，新しい資源や環境への拡張は継続するということがあるようである．種間の形態分散は，永遠にではなくとも，放散が続く限り，時間とともに増大し続ける．当然のことながら，このことは，ニッチ拡張が衰えることはないということを示した訳ではない．ひょっとすると，種数がピークに達し，ニッチシフトが過去のものとなってしまった後にも，種は，ニッチへの形態的適応を獲得し続けているに過ぎないだけかもしれない．あるいは，これら双方が増加する適応放散の初期とは違い，適応放散の終末期では，種数と形態的変異の変化を引き起こす原因が別のものなのかもしれない．この適応放散の特性については，ほとんど研究されていない．

シンプソン（Simpsor, 1953）は，ニッチがより特殊化する傾向こそが，もっとも予測可能な適応放散の特性であると考えていたが，これは，一般的には正しくないようである．適応放散の創始種がジェネラリストであり，その子孫種が徐々にスペシャリストとして特殊化を遂げることを示唆するような系統学的な証拠はほとんどない．創始種がスペシャリストであり，そこから，スペシャリストとジェネラリストの子孫が派生すると推定される例もしばしばある．これらの結果は，系統学的手法に基づいているが，その手法の精度は不明である．このような理由から，他のアプローチや別のデータセットを用いて確認される必要がある．

特殊化に関するこれらの発見は，複数の分類群の放散を含む大規模な放散では，特殊化の傾向がみられるかもしれないという可能性を除外するものではない．しかしながら，スペシャリストとジェネラリストの間の推移が頻繁に起こることは，ある一定方向への強い傾向がある可能性が弱いことを示している．もし，この結果が正しいならば，少なくとも低次の分類学的地位についていうと，適応放散の過程における生態学的変化の進行に関するシンプソンの見方は，大きな改善が必要であろう．ニッチの再分割よりも，新しい資源や環境への拡張こそが，適応放散におけるとくに顕著な生態学的傾向であるということが明らかになってきたのである．

4

適応放散の生態学説

> 亜種あるいは種で見られるたいていの分化は，…適応帯の一部，ニッチ，…あるいは，選択風景の一区画における近接した小さな頂点の占有を示している．
>
> シンプソン（1953）

4.1 序 説

　適応放散，つまり，表現型や利用する環境の分化にともなって起こる急速な種分化の原因は何であろうか．この章では，適応放散の「生態学説」を形づくるアイディアを概観する．この学説は，適応放散とは結局のところ，環境や資源競争に由来して分岐をもたらす自然選択の産物であると主張する．この学説は，ダーウィン以来の博物学者の見解を統合して，おもにシンプソン（Simpson, 1944, 1953），ラック（Lack, 1947），ドブジャンスキー（Dobzhansky, 1951）らによって形成された．これは，生態学的多様化を説明する最終的な総合学説であるとして，現在にいたるまで受け入れられてきた．

　この学説および，この学説を生み出す契機となったいくつかの観察結果について，まず概説する．次に，補足点および代替となりうる仮説について，当時に比べると著しい発展がみられたので，これらについて整理してみよう．代替仮説のいくつかは，生態学説よりも以前から存在していたが，最近にな

って，より洗練されたものとなった．代替仮説には，遺伝的浮動，環境の違いとは無関係に起こる異なる有益遺伝子の固定，性選択，競争以外の生態学的相互作用に由来する選択などが含まれる．これらの考えのもととなる証拠については，後の章でふれる．

4.2 生態学説

　生態学説では，三つの過程を経て適応放散が起こるとする．最初の過程は，異なる環境への分岐自然選択の結果として生じる集団の表現型分化である．2番目の過程は，資源をめぐる競争によって生じる表現型分化であり，これには二つの要素がある．近縁種間で競争が生じると，それぞれの種が，異なる選択圧をもつ対照的な環境を利用するようになる．逆に，遠縁の離れた分類群との間で競争がない場合には，生態学的機会が生み出され，表現型の多様化が可能となる．適応放散の三番目の過程は「生態学的種分化（ecological speciation）」であり，これは表現型分化の原因，つまり異なる環境下での分岐による自然選択と，資源をめぐる競争によって種の形成が起こることである．

4.2.1　異なる環境下での分岐自然選択

　異なる環境への分岐自然選択においては，環境を利用するのに用いられる形質が，集団や種間で分化することの主要な原因となる (Huxley, 1942; Mayr, 1942; Simpson, 1944, 1953)．つまり，従来とは異なる環境を利用するようになる生物は，異なった形質の組み合わせをもつことが資源利用に有効となるために，各々が独自の選択圧下に置かれることとなる．

　異なる種がもつ表現型，とくに食物を採取したり咀嚼したりすることに使われる形質が，これらの仕事を果たすのに実にうまくできているという古くからの観察結果をみると，この仮説は簡単に導くことができる推論のようにみえるかもしれない．大抵のガラパゴス地上フィンチ *Geospiza* は種子を食するのだが，彼らは鈍い円錐形の嘴をもっている．一方，昆虫を食するムシクイフィンチ *Certhidae* は，小さくて尖った嘴をもち，これは葉や小枝から

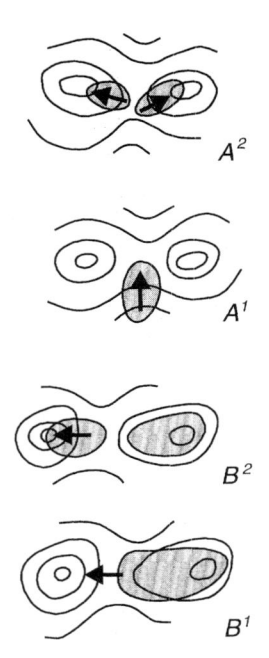

図 4.1 シンプソンの選択地形における分岐の様子．矢印は，進化の方向を示す．A では，丘を登ってきた一つの集団が二つに分かれて，二つの適応頂点を占拠する．B では，一つの頂点を占拠していた祖先集団が，姉妹集団を生み出し，姉妹集団が二つ目の頂点へと進化する．Columbia University Press の許可を得て，Simpson（1953, p. 153）から転載．

昆虫を拾い集めるのに向いている（図 1.1；Lack, 1947; Bowman, 1961）．顕花植物内のある近縁種間では，花弁が異なっているが（たとえば，図 2.5 参照），これは異なる種類の受粉者を介して花粉を受け渡しするのに向いている（Grant, 1949）．

　しかし，この分岐自然選択の存在は，集団が異なる淘汰圧にさらされているということ以上のことを意味する．この仮説の要点は，それらの中間表現型が低い適応度をもつということである．シンプソン（Simpson, 1944, 1953）は，ライト（Wright, 1931, 1932）の遺伝子頻度の適応度地形にならって，有名な「選択地形（selection landscapes）」（図 4.1）を用いてこの考えを図示した．シンプソンの図において，平面軸は形質を，高さが適応度を表す．等高線の

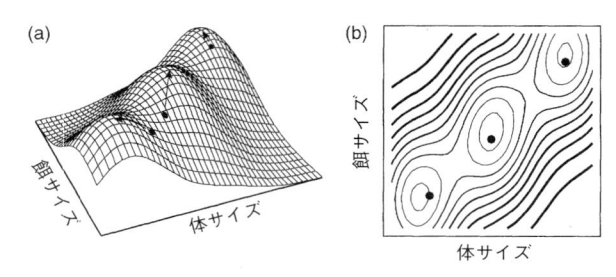

図 4.2 表現型の平均値と環境の相関を生み出す原因としての分岐自然選択．(a) 適応地形．ある表現型と資源の組み合わせにおける平均適応度が，地表の高さとして示されている．(b) (a) の平均適応度の地表の等高線．薄線は，もっとも高い平均適応度を示す．3つの集団の平均値が，頂点近くに来たところを示す．

起伏は，環境の特性で決まる．集団が分岐する仕組みは，そのうちのある集団が別の異なる適応頂点へと引き上げられ，頂点間に存在する適応度の低い谷間から離れていくことによる（図 4.1）．

生態学説によると，表現型と環境との間に相関が見られる理由は，分岐自然選択の仕業ということになる（図 4.2）．もし環境が離散的であったり，あるいは環境勾配に沿って不均等に適応点が存在したりする場合，選択地形に複数の頂点や谷が現れる．たとえば，アノールトカゲが利用可能な止まり木の太さには頻度分布の谷間が存在するため，止まり木の利用と四肢長について，複数の適応点が存在することとなる．これは，一つの表現型が，止まり木のすべての環境を利用できる訳ではない（つまり，トレードオフがあるに違いない）ことを仮定している．集団や種が異なる適応地点へと進化していくにつれて，四肢長と止まり木の太さの間に相関がみられるようになる．このシナリオがはたらくためには，一つの頂点から別の頂点へと集団が適応の谷を超えていく何らかの機構が必要である．シンプソンは，野外における環境変化が重要であると提案した．これについては，第5章で詳しく見る．

ライト（Wright, 1931, 1932）以降の多くの進化生物学者は，遺伝的浮動や集団サイズの瓶首効果（ボトルネック）による偶然の対立遺伝子の喪失，選択への相関的応答*などといった非適応的な過程も形質の分化に重要である

訳注*：ある表現型に選択が作用したときに，その表現型と相関のある別の表現型にも応答反応がみられてしまうこと．

ことを認識してきた（Huxley, 1942; Mayr, 1942; Dobzhansky, 1951）．シンプソン（Shimpson, 1944, 1953）は，適応頂点の間を移動することから，遺伝的浮動が重要かもしれないと提案している．「進化とは徐々に進行する適応過程のことであり，それ以外の何物でもない」と主張した，あのフィッシャー（1936）ですら，偶然による集団間や種間の違いが，相関する形質への自然選択の副産物として蓄積することを認めた．ダーウィンフィンチの適応放散の研究において，ラック（Lack, 1947, p. 79）は，「条件は多くの島で極端に類似しており，異なる島に生息する鳥の間に見られる嘴や羽の長さの違いは，偶発的で無意味なものにみえ，これらの違いの多くが純然に環境の違いとは無関係であるかもしれない」と論じている．

　この認識にも関わらず，最終的にラックは，集団間変異のほんの一部分だけが偶然によるものと結論し，ガラパゴスフィンチに関する彼の解釈は概して，分化における選択の役割が実に大きいものであるという大勢の意見に傾いていった（Gould, 1983）．ただし，集団間に見られる表現型の違いが生態学的な違いとうまく相関しているときに，つまり，形質分化が適応放散の基準に合致しているときに，非適応的過程もまた，分化において重要な役割を果たしていると議論した人は，1950 年頃には彼以外にほとんどいなかったということを指摘しておいた方がフェアであろう．

4.2.2　競争と生態学的機会

　生態学説の第二の過程は，資源競争の結果として生じる表現型分化である．競争とは，共通の資源を奪い合うことに由来する拮抗的相互作用が，表現型間で生じることである．マイヤー（Mayr, 1942），ラック（Lack, 1947），シンプソン（Shimpson, 1953）やその他の研究者は，資源競争こそが，適応放散における種間相互作用のなかでもっとも重要であると考えた．直接的な捕食という相互作用については，ごく稀に言及されるのみであった．競争は，その由来するところに応じて，二つの役割を果たす．放散過程にある系統内部で起こる異型間での競争は分岐を促進する一方，別の分類群に属する種間での競争は分岐を抑制する．

　ラック（1947）は，近縁種間の競争が分化に寄与するという考えを擁護した．

競争する種間で生じる分化こそが，共通祖先から，共存する2種が生み出される進化サイクルの最終段階であると考えた．「同じ場所で二つの型が出会い競合して，二つの種が形成されてくると……食性や生息域の分割，さらに特殊化が起こる．この繰り返しによって，ダーウィンフィンチでの適応放散が起こった」(Lack, 1947)．ラックは証拠として，同じところに生息している（同所 sympatry）近縁種間では，異なる地域に生息している（異所 allopatry）近縁種間よりも形質の差が大きいという例を挙げている．もっとも顕著な例は，コガラパゴスフィンチ *Geospiza fuliginosa* とガラパゴスフィンチ *G. fortis* に見られる．両種とも単独で生息している島では同じような嘴をもつが，共存している島では，コガラパゴスフィンチ *G. fuliginosa* は小さな嘴を，*G. fortis* は大きな嘴をもつ．後に Brown and Wilson (1956) は，他の鳥類で見られた同様の事例を列挙し，この現象を「形質置換 character displacement」と呼んだ．これら二つの論文の反響は大きかった．鳥類での実例しか挙げられていなかったけれども，資源競争が，環境という外的要因と同じくらい，適応放散にとって必須であると見なされるようになったのである．

　この仮説のもとでは，異なる環境への分岐自然選択に加え，競争もその選択の一翼を担うということになる．競争相手の生態型もしくは種は，環境の一部であるともいえる．しかし，異なる環境への分岐自然選択と競争による分岐とは分けて考えた方がいい．というのも，生態学説の中で競争が占める位置が特異であることと，分岐における競争の役割については大きな論議があるということが理由である（4.3.2節参照）．また，放散過程にある系統内部での種間相互作用と，外的環境による影響とを，分けて考えることは有用でもある．以上の理由から，私は，種間の相互作用について（第6章）と，環境が異なることに起因する効果について（第5章）を別々に扱う．本書では，同所での資源競争によって引き起こされる，ないしは，維持される形質分化を概して「形質置換」とよぶことにする．異所的種であっても，同所的種から由来したという場合では，この用語を用いる．というのも，異所的生息によって競争から解放された結果で起こる表現型のシフトは，同所で起こっていた置換を意味するものだからである．

近縁種間競争のコインの裏側にあたるのは「生態学的機会（ecological opportunity）」であり，これは形質分化さらに種分化の速度と程度を制御する主要な因子である．生態学的機会とは，簡単に定義すると，競争相手になる遠縁の分類群によってほとんど活用されていない，進化的な意味で利用可能な資源群のことである．この概念は，シンプソン（Simpson, 1944; 1953）の「適応地形」理論の基礎であった（一つの適応地形とは，ある特定の「生活様式」を構成する一連の類似した資源やニッチの集合をさす）．適応放散が起こるためには，「その地形が，そこへ新たに進入するグループよりも何らかの理由で劣っているグループで占められているか，あるいは空である必要がある」(Simpson, 1953; p. 207)．新しく進入することによって新しい選択圧に曝され，適応放散が刺激される．競争者がいないということは，「明らかに，ある適応頂点から別のより高い適応頂点への移動を容易にさせる」(Mayr, 1942; p. 271)．自然は，空のニッチを嫌うからである．

これに類すると思われる例がある．他の鳥との競争がなかったことが，ガラパゴスやハワイの島嶼にいるフィンチが「本来なら閉ざされていたかもしれない方向」（Lack, 1947, p. 118）へ，適応放散できた生態学的要因であるとみなされる．鳥類において，これほどの生態学的放散が，ガラパゴスやハワイでの例と同じくらいの短い年代で遂げたという例は他にない．同様に，ハワイとガラパゴスにおいて植物の進化が速かった理由は，在来種の多様性が低かったことによるのであろう（Carlquist, 1974）．

大規模な例を挙げると，有胎盤類が初期新生界に発展した理由は，白亜紀の末期に爬虫類が大量絶滅したことが原因であると考えられているし，オーストラリアで有袋類が多様化できたのは，有胎盤類がいなかったことによるとみなされている（Huxley, 1942; Simpson, 1953）．化石の大量データも，大量絶滅の後には，種分化と形態多様化の速度が上昇するということを示している（Jablonski, 1986, 1989; Sepkoski, 1996）．このような爆発的な多様化はふつう，大量絶滅が起こる前に多数派であった方の分類群ではなく，少数であった方の分類群で起こるという傾向がある．優位な分類群が他の分類群の多様化を抑制しており，優位な分類群が外因によって除かれたときにはじめて，もう一方の分類群が放散できるという解釈は理にかなっているだろう（Simpson,

1953; Stanley, 1979; Benton, 1983, 1987; Jablonski, 1986, 1989; Sepkoski, 1996).

　シンプソン（1944, 1953）は，生態学的機会が生み出されるルートとして，分布域の変化や絶滅によって競争の空白ができることを必要とはしない，第三のルートについても強調した．ある系統が，ひとつの「鍵形質（key character）」を獲得したり，複数の形質を同時に改変したりすることによって，新しいニッチへ達することができるようになったり，あるいは，先着の分類群との競争で優位に立てるようになったりするかもしれないと考えた．この形質によってどの程度までの多様化が可能となったのかをみることで，「この変化が，どれほどの適応機会を与えたのか」を知ることができる（Simpson, 1953, p. 223）．シンプソンは例として，げっ歯類における大規模な多様化は，一つの新しい形質，つまり「鑿のようになるまで絶え間なく成長する門歯」（Simpson, 1953, p. 346）によってはじまったのではないかと考えた．しかし，爆発的な放散と，ある形質との間に相関があることの理由は，「偶然」（Heard and Hauser, 1995）など他の理由によるのかもしれない．シンプソンが提案したメカニズムを確認する為には，二つのステップが必要である．一つは，鍵となる形質と多様化の相関を確認する必要がある．次いで，生態学的機会を別のメカニズムから区別しなければならない．

4.2.3　生態学的種分化

　他家受精する生物にとって，種分化は，適応放散に必須である．なぜなら，もし種分化による生殖隔離が存在しないとすると，集団間に蓄積した形態学的な違いが，同所域での交雑によって消されてしまうからである．シンプソン（Simpson, 1944, 1953）は，空の生態学的空間が存在することは，形態の分化のみならず種分化をも刺激するとした．他の分類群との競争が弱まり，生態学的機会が生まれたときに，分岐選択が強く作用することとなり，それによって，適応放散過程での種分化の速度を上昇させると考察した（Huxley, 1942; Mayr, 1942; Lack, 1947; Simpson, 1953）．シンプソン自身は，どのようにして生殖隔離が生じるのかについては，よく理解していなかったが，表現型の分化と関係がありそうだとは考えていた．というのも，分化も生殖隔離も，異なる集団が，別々の生態学的ニッチに適応していく過程で生じるからであ

る.

　マイヤー（Mayr, 1942）とドブジャンスキー（Dobzhansky, 1951）は，メカニズムに関してもっと正確に記述した．異なる環境に応じて表現型を分化させた集団の間には，交配前および交配後隔離が付随的に生じると考えた：「種間の違い，とくに生理学的生態学的特性に影響を与える違いの多くは，隔離機構となりうる」（Mayr, 1942, p. 59）．ドブジャンスキー（Dobzhansky, 1951）は，遺伝的不適合から生じる交配後隔離に関心があったようで，「生理学的な隔離機構は，自然選択の産物かもしれない…種がもつ遺伝型は，その種が生息する生態学的ニッチに適応するように，うまく統合された一つの系である．種間雑種の子孫で，異種の遺伝子が結びつくと，遺伝子の不調和が起こるかもしれない」と論じている．これは種分化の「副産物」メカニズムである．なぜなら，自然選択が生殖隔離に，直接的に作用する訳ではないからである．他の種分化機構として，強化（reinforcement），つまり不完全な交配後隔離が原因となって，進化する交配前隔離がある（Fisher, 1930; Dobzhansky, 1937）．環境による選択圧が，雑種崩壊や交配前隔離の一原因であるならば，強化も生態学的種分化の一部といえる．

　この考えに立脚すれば，生殖隔離が他の形質に対する選択の副産物としてのみ生じる場合であろうと，強化を付随する場合であろうと，種とは，究極的には分岐自然選択の結果生まれるといえる．これらの選択圧は，表現型や生態学的な分化をもたらすのと同じ過程，つまり環境と資源競争によって生じる．

　種分化に対する，このような完全淘汰主義的な考えは，上記の表現型分化に対するときほどには受け入れられなかった．その理由は，研究者が当時も現在も，種分化が，多くの非生態学的メカニズムによっても起こるということを認識しているからであろう．非生態学的種分化の例としては，安定集団での遺伝的浮動，創始者効果や瓶首集団による遺伝的浮動，性選択による種分化の一様式，同様の選択圧下にある異所集団間で異なった有益遺伝子が固定されることなどである．最後のメカニズムは，選択によって遺伝子が固定されるという意味では「適応的」である．しかし，環境の違いが必要という訳ではなく，選択も分岐的でない．倍数化は，植物で一般的に見られる種分

化の非生態学的メカニズムである（Niklas, 1997; Ramsey and Schemske, 1998）．倍数化による種分化は，環境の相違を要しないが，しばしばニッチシフトをともなう（Ramsey and Schemske, 1998）．

このように考えてみると，十分な時間があれば，非生態学的メカニズムによって，異所集団間にはいずれ遺伝的違いが生まれる．これら違いの多くは，生殖隔離が現在まだ生じていなくても，いずれは種形成を導くであろう．したがって，当面の主要な関心事は，適応放散において，生殖隔離がかなり急速に進化する理由が，分岐自然選択の作用にあるのかどうかにある．

4.3　拡張と代替説

生態学説に触発されて，その後の半世紀，適応放散の研究が活発化した．しかし，ここ数十年で，生態学説の三つの要素*をさらに拡張する，あるいは，それらに挑戦する新たな仮説が誕生した．これらすべてが正しいとすると，適応放散の過程は実に多様であるといえよう．少なくとも，生態学説が唱える適応放散のメカニズムと代替学説の，どちらが正しいかについて検証されなければならない．この章の後半は，こういった代替案のうち，もっとも重要なものについて述べる．

4.3.1　分岐自然選択にかわる代替説

ある分類群が適応放散の基準に合致する**ことは，そもそも分化に選択が関わったということを暗に示唆する．つまり，純粋に突然変異と遺伝的浮動のみで起こる偶発的な形質の変動によって，表現型と環境利用，さらに環境下での能力の間に，相関が生じることはほとんど起こりえないからである．生態学説は，この相関の理由を説明してくれる．しかし，観察結果だけからでは，この学説の中心となる主張，つまり自然選択が分岐的であるということを確証したことにはならない．まず，中間型の適応度が低いということを

訳注＊：分岐自然選択に由来する表現型分化，資源をめぐる競争，生態学的種分化の三つ．
訳注＊＊：適応放散の基準に関しては第 2 章「適応放散の検出」を参照．

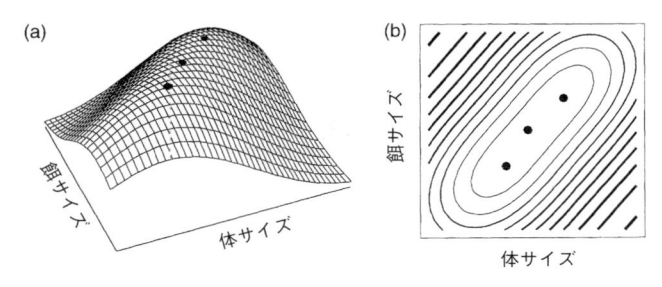

図 4.3 遺伝的浮動による適応の峰に沿った表現型と生態の分化．(a) 同じ適応度を示すような，表現型と環境とをつなぐ一つの広い峰からなる適応地形．黒丸は，峰に沿って分化した三つの仮想種の平均値を示す．(b) (a) の表面を平均適応度の等高線を用いて描いた．等高線の太さは，平均適応度が上昇するにつれて細くなるように描いた．

示す必要があろう．こうした検証がなければ，適応放散の必要条件である表現型と環境利用の相関は，他の理由で説明できてしまう．

たとえば，適応の峰に沿ったランダムな浮動である（Emerson and Arnold, 1989）．このモデルも，強い選択を仮定しているのだが，峰の頂点から外れたところのみで選択がはたらくとする（図4.3）．集団の平均値が偶然の乱れによって峰の上から転げ落ちそうになったとき，選択の作用によって再び峰に引き上げられる．なぜなら，他の場所では，表現型と資源が一致しないからである．しかし，その平均値は，以前とまったく同じところへは戻らないであろう．なぜならその広い峰の上に同じ適応度をもつ場所が，いくつも存在しているのだから．その結果，選択が分岐を好むのではなくても，集団が徐々に分岐していく．同様に，同じ谷から登り始めた集団であっても，遺伝的浮動や遺伝的構造における偶然の差異などが原因となって，それぞれ異なる道を登っていくこととなろう．峰の方向に応じて，表現型と資源の利用の間の相関が生み出される．

環境の変数は，生息地の外部環境特性ではなく，その効率性として定量化されているなら理にかなっているものだろう．四肢の短いトカゲは細い止まり木を好むが（図2.4），これは，ほんの少しだけ長い四肢をもっているトカゲが，太い止まり木では，適応度が多少なりとも低くなることを意味する訳ではない．資源が連続的に存在する場合，適応の峰に沿った浮動というのは

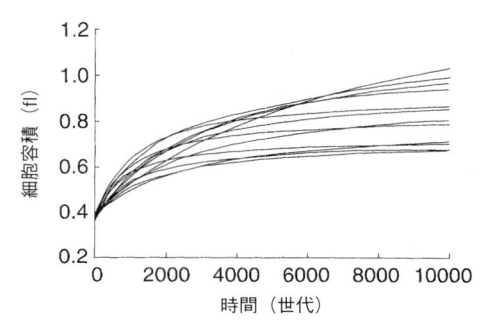

図 4.4 大腸菌の 12 集団を，同一の実験室環境下で 1 万世代経代した際の，細胞サイズの変化．Lenski and Travisano（1994）から，米国科学アカデミーと著者の許可を得て掲載．

簡単に想像できる．しかし，資源が非連続的であったとしても（たとえば，生息地），ある表現型による利用範囲が十分に広く，谷をまたいでいれば，浮動は起こりうる．環境が空間的に分断されている（たとえば，乾燥地帯と湿潤地帯）ことは，適応頂点が複数存在することの保証とはならない．なぜなら，種の地理的分布の限界自体が進化し得るし，浮動し得るからである（Kirkpatrick and Barton, 1997）．

上述のモデルを改良したものが，高低差のある峰であり，これは，峰の片方で適応度が低く，他方で適応度が高いというものである．平衡状態では，どの集団も同じ平均値をもつと期待されるが，有利な遺伝子を導入する速度に集団間の違いがあると（たとえば，集団サイズの大きさの違いによって），峰筋の尾根に沿った異なる地点で，しばらく立ち往生する集団が現れてくるであろう．このように，分岐選択がなくても，（一時的に）表現型と環境の相関が生まれる．

これと関連する仮説は，分岐が一様な選択への応答として起こったという仮説である（Cohan and Hoffman, 1986; Cohan et al., 1989）．たとえば，Lenski and Travisano（1994）は，大腸菌の 12 集団に同一環境下で 1 万世代の選択をかけた．すべて同じ地点から開始したので，すべての集団での遺伝分散は，当初は同じである．外部環境が同じであるにも関わらず，体サイズは分岐していった（図 4.4）．もし異なる系統が同じニッチを利用している場合には，表現型と環境の相関が生まれることはないであろうし，適応放散と間違って

解釈されることもないだろう．しかし，ニッチ分割に相関がみられたならば，この結果は，適応の峰に沿った異なる地点を示すか，(もっともありそうなことは) 異なる複数の適応頂点の存在を示している．後者の場合，必ずしも，分岐自然選択の仮説と合致しない訳ではないが，なぜ異なる頂点へとそもそも分岐していくのかを説明するためには，異なる突然変異の歴史ということを考えに入れる必要がある．

　適応の峰という考えが正しいかどうかについては議論する必要があるが，はっきりしていることは，比較法による証拠だけで，分岐自然選択についての証拠とするには十分でなく，さらなる検証が必要ということである．そのような検証法について考案することは，適応放散の研究者にとって興味深いことである．次に必要なことは，本学説が唱える通り，選択面の等高線が，本当に外部の環境によって決まるのかの検討である．また，適応頂点と谷の形が，何らかの内部の制約によって決まるという代替の説明も成りたつ．適応頂点は，環境への最適の組み合わせという訳ではなく，形態学的・解剖学的に，あるいは発生学的にもっとも簡単に作れる表現型と資源利用を示しているだけかもしれない．最後に，適応頂点間のシフトの原因となる代替メカニズムの検証も必要であろう．とくに，遺伝的浮動と環境変動である．これらに関する証拠については，第5章で述べる．

4.3.2 競争にかわる代替仮説

　1950年頃までに，形質置換が適応放散に必須であること，外部環境からだけでは，放散の過程にある系統の内部で生みだされた同所的な種間の表現型の多様性を，十分に説明できないということは共通の認識であった．ガラパゴスフィンチがその良い例で，ラック (Lack, 1947) の結果は，競争が同所的な種間の違いに，影響を与えるとする一般認識とよく合致していた．

　この共通認識は，その後の生物学者の間では意見が分かれるようになり，形質置換が自然界において，どれくらい一般的なのかが疑われるようになった．このような流れは，二つの議論をもたらした．一つは，野外実験の結果，自然環境が変化するのは一時的であり，食物が不足するのは稀であることが示唆されたことである．これによって，形質置換を引き起こすのに必要な選

択圧はかなり弱く，断続的で十分な効果がないと考えられるようになった（Wiens, 1977）．この断続的な選択が分岐の妨げとなるかどうかについては，議論の余地が残っている（たとえば，Gotelli and Bossert, 1991 参照）．

2番目の議論はもっと重要で，形質置換それ自体の例が稀であるという議論である．同所において表現型が分岐する原因は，なにも競争だけではない．形質置換と考えられているいくつかの例では，他の代替仮説の方がうまく現実のデータを説明できることがある．たとえば，Grant（1975）は，ゴジュウカラの同所集団の間で嘴長の違いが大きくなるのは，地理的変異の傾向が平行であることによる偶然の結果であり，類似した環境に対する反応であるとした．この他の例においても，代替の説明と区別できるほどの十分な情報がないという場合が多い．そして最後に，同所において表現型の違いが大きくなること自体が本当かどうか，疑わしいとされるようになった．新たな統計解析を用いて再計算された例によると，同一コミュニティ内での種間の形態学的相違は，種をランダムに集めたヌル（null）集団と比べても，大抵の場合，さして大きいわけではないことが分かった（Strong *et al.*, 1979; Simberloff and Boecklen, 1981; また Grant, 1975 も参照）．これらの例は，適応放散における形質置換に言及したものではないが，多くの分析では近縁種を扱っており，適応放散にも応用できるものであろう．

これらの分析に対しても，多くの反論や反証が出された（手法的な問題や反証などについては Gotelli and Graves, 1996 を参照）．現在議論の的となっているのは，種間差のヌル頻度分布を作る統計学的手法の妥当性である．とくに問題となるのは，これらヌル分布自体も既に競争によって影響されたものを含んでいるのではないか，という議論である（Grant and Abbott, 1980; Colwell and Winkler, 1984）．いずれにせよ，このような新しい手法を用いたことによって，形質置換と考えられていた実例においても，弱点が存在するということが明らかとなった．

ここ数十年で，競争に加え相互作用も，同所における近縁種間での分岐を促進するという新たな見識が付け加えられた．たとえば，同じ食物を共有する種間でも，異なる成長段階において，お互いを捕食し合うというギルド内捕食が広く見られ（Holt and Polis, 1997），これも分岐を促進するであろうと

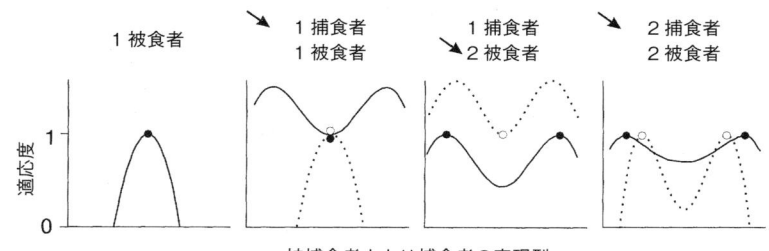

図4.5 Brown and Vincent（1992）の相互作用する二つの栄養レベルに見られる相形成．被食種の適応度関数は実線で，捕食種の適応度関数は点線で示した．最初の図は，人口学的進化的平衡点に存在する単一種を示す．黒丸「●」は，平均表現型と平均適応度を示す．2番目の図では，特殊化した捕食種が加わった後に，被食種の適応度が変化する．捕食者の平均表現型（白丸○で示す）は，もっとも頻度の高い被食種の表現型を利用するように進化し，そうすることによって，元来の平均値の両側に「敵のいない空間」を作り出す．これによって，最初の位置と異なるところに，新しい被食種2種が進化することとなる（3番目の図）．この変化はまた，捕食者の適応度関数を分断させる．最後の図は，二つの被食種と二つの捕食種から成る群集における人口学的進化的平衡状態を示す．

考えられる．残念なことに，こうした相互作用下での分岐に関する研究は，あまり進んでいない．

また，「見かけ上の競争（apparent competition）」は非常に興味深い相互作用であり，コミュニティを形成することに重要な役割を果たすとされ，生態学者の注目を集めている（Holt and Lawton, 1994）．このメカニズムは相互拮抗的で，共通の捕食者や寄生虫を共有する種間で起こる．見かけ上の競争では，一方の被食種の密度が上昇すると捕食者（あるいは寄生虫）の頻度も上昇し，間接的に，もう一方の種の捕食圧も上げてしまう．これは食物をめぐる競争と似ているがゆえに，生態学的な実験においてその競争と勘違いされることがある．しかし，相互作用は，下位ではなく上位での栄養段階で起こるのである．「敵のいない空間」を資源ととらえることによって，これを競争と考えることができるかもしれない（Ricklefs and O'Rourke, 1975; Jeffries and Lawton, 1984）．

見かけ上の競争による形質置換は，理論的に可能である（図4.5）．被食種は，捕食者を共有する度合いを下げる，すなわち，捕食による適応度への強い影

響全体を下げるように，表現型と生息地の利用を分岐させるかもしれない（Ricklefs and O'Rourke, 1975; Brown and Vincent, 1992; Abrams, 2000）．この考えは，どのようにして相互作用が，分岐を引き起こすかに関する初期の考えを，大幅に進展させた．なぜなら，食物をめぐる競争はしていないが，共通の捕食圧が存在する種に，見かけ上の競争という考えが適用できるからである．これは，異なる宿主につく昆虫のように，お互いには出会うことのない種間にも適用できるかもしれない．

共通の敵をもつ種間で，見かけ上の競争は不可避というわけではない．捕食圧を弱めることに関する間接的な相互依存もありそうである（Abrams and Matsuda, 1996）．その上，見かけ上の競争が起こる場合であっても，分岐が起こるとは限らない（Abrams, 2000）．共通の捕食者をもつことによって拮抗的に相互作用し合う被食者は，防護器官を増やすなど捕食者に対する防御を平行進化させるかもしれず，分岐ではなく収斂が起こるかもしれない．適応放散における共通の敵の役割は，まだはっきりしていない．

4.3.3　生態学的機会を生み出す代替メカニズム

生態学的機会を生み出す別の形の相互作用について，新しい考えが提唱された．生物不毛の群島では，競争者だけでなく，捕食者も欠いている．これは，競争相手の分類群がいない位のインパクトを，適応放散に加える．当初は，このトピックに関して余り注目されてこなかった．適応放散の古典的教科書では，捕食についてあまり言及されていない．捕食圧は被食者の適応放散を阻害する場合と，促進させる場合とがあるかもしれない．

捕食圧が，被食者の形態学的分化や種分化を，遅くさせる機構が複数存在する．このような場合には，捕食圧から解放されたときに，適応放散は起こる．もっとも単純な考えは，捕食には種間競争を弱める作用があり（たとえば Gurevitch *et al.*, 2000 参照），本来は種間分岐を促進させるはずの競争を減少させるという考えである．2番目に，被食者の密度が低い場合には，被食者集団が十分に長く存続できないであろうという考えがある．つまり，分岐と種分化が可能となるくらいの長い間，存続できる集団が減ってしまうということである．この効果は，辺縁に存在する新規な環境においてもっとも強

く,そこでは捕食圧の増大がなかったときにのみ,集団はかろうじて存続できるのであろう.

3番目に,捕食圧の存在下では,実現可能な形態学的変化に制限が生じてしまい,ニッチシフトのコストが上昇する(Benkman, 1991).資源消費の効率化に加えて,捕食者からの逃避も改善する必要がある場合には,祖先が利用していた資源から新しい資源へとシフトできる確率や,速度は減少するであろう.このように,捕食者が存在する場合,ある適応地帯に進入するために必要な「鍵となる」適応が余分に必要であることとなり,被食者の多様化を停滞もしくは遅延させることになるだろう.

捕食者の効果は,Ehrlich and Raven (1964) がいうところの相互作用しあう系統間で生じる,「逃避と放散」の共進化仮説の中心テーマである.彼らは,宿主種の系統と寄生種の系統は,互いに多様化と停滞を繰り返すと提案した.彼らの考えのもととなった観察結果は,維管束植物類を餌料とする昆虫が異常なほどに多様で,植物という宿主を比較的高度に特異化していること,および植物食性の昆虫と被子植物が新生代に明らかに同時に多様化したことなどにある (Strong et al., 1984; Farrell, 1998).彼らの考えによると,昆虫と餌としての植物とは,防御と反防御の絶え間ない軍拡競争の関係にあり,その各々の系統での多様化は,そちらの系統が一時的に優勢になったときに起こるというものである.ある植物種が,それに寄生する昆虫を取り除く化学物質を発明したとすると,その幸運な系統は適応放散の速度を加速させる.時間がたつにつれて次第に,昆虫は何らかの対抗策を進化させて,植物の防御能に打ち勝つようになる.まだ利用されていない多様な植物資源に出会うたびに,昆虫の系統は適応放散を遂げる.草食昆虫による捕食圧が高まると,植物の多様化は停滞させられる.植物がまた新たな防御能を獲得すると,このサイクルが繰り返されるのである.

捕食の役割を支持するものとして,古生物学の記録は,長期にわたる軍拡的進化が,捕食者が被食者をとらえる能力(たとえば,貝殻を割る能力)や被食者が捕食者から身を守る能力(たとえば,より割れにくい貝殻;Vermeij, 1987, 1994参照)においてみられることを示唆している.この傾向は,新たな防御能を獲得した被食者の系統が,選択的に増えることによって起こるの

であり，防御能を欠く系統が全体的に変化したことによるのではない (Jablonski and Sepkoski, 1996). 捕食者への抵抗をもつ系統が発展し，弱い抵抗しかもたない系統が（完全に絶滅しないまでも）衰退したことは，前者が捕食圧から「解放」されたことによって起こったのだといえるかもしれない．よりよい防御能をもった系統が現れることによって，捕食者がより効率を上昇させ，劣った防御能をもつ系統を衰退させるというメカニズムは，資源競争ではなく「見かけ上の競争」である．

　上記のシナリオにおいては，捕食が被食者の適応放散を抑制するのだが，適応放散を促進させる別の状況があるかもしれない．捕食の危険があると，被食者間には避難先における資源をめぐる競争が強く生じ (Holt, 1987; Mittelbach and Chesson, 1987)，他の面での資源利用の分化も促進されるであろう．捕食はまた，ある領域における利用可能なニッチの多様性を上昇させるかもしれない．なぜなら，異なる環境下では，被食者にとって異なる逃避戦略が有効となるからである（たとえば，McPeek, 1990b, 1995)．これを支持するように，たいていの水生無脊椎動物では，異なる種は捕食圧の異なる生息地を占めるということが認められている (Wellborn et al., 1996)．最後に，捕食は，「見かけ上の競争」（上記参照）による被食者の分岐を促進する．

　適応放散において，捕食が最終的にどのような影響を与えるのかは，捕食者の系統と被食者の系統とがもつ特性に依存する．たとえば，捕食者が被食者の動態をどの程度制御するのか，捕食者は被食者の数に制限されるのか，異なる成長段階における被食者の負荷の受けやすさはどうか，捕食者の餌の種類の範囲はどうか，異なる環境での被食者の行動の柔軟性はどうか，捕食のリスクを減少させる戦略の多様性はどうか，捕食リスクの環境間でのトレードオフの強さはどうか，などに捕食効果の強さは大きく依存する．自然界において，多様な結末がみられることは驚きではない．

　シンプソンの生態学的機会という概念は，静的で単純に過ぎる．彼の「適応地形」は，有限個の関連ニッチから成り，そのニッチが利用されている際には，利用する系統における適応放散を刺激する生態学的機会を提供する．放散が進むにつれて，これらのニッチは埋まっていき，この過程は徐々に止まる．この適応放散におけるニッチ充填モデルとは対照的で，もっと動的な

考えが,後に,Whittaker (1977) によって力説され,他の研究者によって共鳴された.

Whittaker (1977) は,種の多様性は自己増殖的な過程で進化し,ニッチの数はおそらく決定因子ではないという代替仮説を唱えた.この推測の基盤となっているのは,新しい種がコミュニティに(移住や進化によって)加わるということは,別の栄養段階にある種(たとえば,それを捕食する種)が入ってくるのを促進する資源が提供されるという考えである.このように種が加わると,それはさらに新たな種が加わることを促進し,繰り返されていく.「二つの相互作用するグループ,つまり資源と捕食者の多様性は,進化的な時間を経るにつれて相補的に徐々に増加していく」(Whittaker, 1977, p. 24).Brown and Vincent (1992) の2栄養段階モデルは,Whittakerの意図したところ(図4.5)と近いかもしれない.彼らのモデルでは,一連の被食者と一連の捕食者が競争することによって共進化が起きるが,もし異なる栄養段階間の相互作用がないと仮定すると,たった1種の被食者からなる安定なコミュニティしか生まれない.

Whittaker (1977) の考えによると,種の多様性が増すほど,その進む速度が速まるはずであるが,この理由のために多くの古生物学者は,この考えを懐疑的に捉えた.化石記録で見ることの出来る多様化の速度は,多様性が高いときではなく,大量絶滅が起こった後などの多様化の休止期に高いことが一般的である(Jablonski and Sepkoski, 1996).Brown and Vincent (1992) のモデルでは,新しい種が加わるごとに,さらなる種の追加が可能かどうかは当てにならなくなっていき,より多くの特殊な条件が必要となる.したがって,連続的に多様性が上昇していく考えは,おそらく間違いであろう.たとえ動的なニッチといえども,遂には枯渇してしまうであろう.

しかし,元来の静的ニッチ充填モデルが,適応放散や多様性の構築過程で起こりうる興味深い現象を,見逃しているのは事実である.ある種は,他の種に対して,直接的に(餌として,相互扶助,共生宿主として)あるいは間接的に(たとえば,栄養循環を通じて)資源を提供し,このようなメカニズムは,少なくとも一時的には,種々の生物において多様化を大いに促進させることであろう.したがって,Whittakerの相互促進の考えは,生態学説の重要な

拡張であり，適応放散を研究する者は注目すべきものである．

4.3.4 種分化の代替メカニズムおよび種分化の役割

非生態学的種分化——生殖隔離を引き起こすような遺伝的変化は，非生態学的メカニズムによっても生じるため，生態学的メカニズムと代替メカニズムとを比較検証する必要がある．これら代替説について簡単に説明しよう．

遺伝的浮動は，安定したサイズ（必ずしも小さくなくてもいい）の異所集団間に，生殖隔離を引き起こすような遺伝的変化をゆっくりと構築する（Lande, 1985; Barton and Rouhani, 1987）．あるいは，生殖隔離を引き起こす遺伝的変化は，創始者効果つまり，ごく少数の個体が新しい集団として創始され，遺伝子の確率的なサンプリングによって生じるのかもしれない（Mayr, 1954; Carson and Tempelton, 1984; but see Barton, 1989, 1998; Rice and Hostert, 1993; Coyne et al., 1997; Rundle et al., 1999）．異なる集団において，同一の有益遺伝子がまったく同一の順序で現れることは決してないであろうと考えられ，環境とは無関係に，異なった集団は異なった有益遺伝子を蓄積させるであろう（Fisher, 1930; Barton, 1989; Orr, 1995）．三つ目のシナリオでは，自然選択が原因となって対立遺伝子の固定が起こるのではあるが，そもそもの分岐の原因は偶然による．これを私は，生態学的種分化とは分けて考える．なぜなら，二つの集団が対比的な環境に置かれることが，必須の条件ではないからである．

倍数化は，植物ではかなり一般的であるが（Stebbins, 1950; V. Grant, 1981; Rieseberg, 1997; Ramsey and Schemske, 1998），低次の分類群での適応放散においても重要かどうかはまだ解析されていない．倍数化が適応放散に関わるという可能性を否定することはできないが，おそらくほとんどの適応放散においては，倍数化は種分化にともなわない．たとえば，ハワイの銀剣草は4倍体であり，おそらくタールウィード（樹脂を分泌する植物の総称）の *Madia* と *Raillardiopsis* との間で，太古に交雑が起こったことに由来すると思われるが，銀剣草内の種分化において，交雑や倍数化が重要であったと示す事実はない（Robichaux et al., 1990; Baldwin, 1997）．

種の存続と種分化の速度——もし適応放散における種分化が，しばしば非生態学的メカニズムをともなうものであれば，種分化の速度が上昇する理由について代替の説明を考えねばならない．ひとつは，集団の存続である．つまり，生態学的な過程は，生殖隔離の形成速度に対して（Schluter, 1998）影響を与えるのではなく，種分化しうる集団の存続確率に対して影響を与える場合が考えられる（Mayr, 1963; Farrell *et al.*, 1991; Allmon, 1992; Heard and Hauser, 1995）．この考えによると，新しい環境下において，種が急速に蓄積する理由は，より多くの集団が生殖隔離の形成にいたるまで長期にわたって，絶滅を逃れたことによるとされる．たとえば，新規の環境では，競争者や捕食者がいないことによって，集団サイズが大きくなり絶滅の危機が減少する結果，より多くの集団が種分化を遂げることが可能となるだろう．生殖隔離自体は，環境とは直接結びつきのない多くのメカニズムによって進化するとされる．この考えは，生態学説とは対照的である．生態学説では，分岐選択が最も強いときに，生殖隔離がより急速に進化すること（Schluter, 1996）が原因となって，適応放散中に種分化の速度が上昇すると考える．これら二つの過程を区別するためには，種分化の速度を系統樹の枝分かれから計測するだけではなく，生殖隔離が形成される速度についても推定することが必要である．

性選択——多くの適応放散の例において，適応放散の産物である種は，環境を利用することに関わる表現型だけでなく，種内での交配確率を決定することに利用される二次性徴も異なっている．種ごとにみられる「二次」性徴の違いは，あまりにも顕著で，他のすべての可視的な特徴の知覚できる変異を看過させるほどであるが，環境の利用という観点からみるとまったく任意的にみえる．適応放散との関係は，どのようなものであろうか？

　オスでよく見られる装飾的な形態やディスプレイは，爆発的な適応放散の典型的な特徴であることが多い．たとえば，800種以上からなるハワイショウジョウバエの適応放散では（Kambysellis and Craddock, 1997），オスは概して，頭，口，足首が特異な形をしており，際立った体色や模様で飾られていて，これらはすべて求愛行動中の巧妙な誇示行動に利用される（Spieth, 1974）．2番目の例として挙げるヴィクトリア湖のハプロクロミス属シクリッドは，ひ

ょっとすると地球上でもっとも急速な適応放散の例かもしれない（McCune, 1997）．これらシクリッドの同所的な近縁種は，交配前隔離の重要な要素である色が異なっている（Seehausen *et al.*, 1998）．他の東アフリカのシクリッドでも似た状況である．このようなパターンがあるがゆえに，種分化と性選択，つまり表現型間で交配確率が異なることの間に，因果関係があるという仮説が提唱されている（West-Eberhard, 1983; Dominey, 1984）．West-Eberhard（1983）は，種分化と性選択（もっと一般的にいえば，「社会的選択」）の関係について，いくつかの議論，たとえば生殖隔離が副産物として生じる過程の確かさや多様性について議論している．

適応放散の生態学説を唱えていた研究者たちは，任意的な二次性徴については，あまり注目しなかった．性選択および生殖隔離の進化に関する理論が発展したのは，その後のことであった（Lande, 1981, 1982; West-Eberhard, 1983; Schluter and Price, 1993; Ryan and Rand, 1993; Liou and Price, 1994; Pomiankowski and Iwasa, 1998; Payne and Krakauer, 1997; Rice and Holland, 1997; Higashi *et al.*, 1999）．それ以前には，二次性徴の違いは，おもに交雑確率を減少させるべく進化した形質，つまり「隔離機構」の一つであるとみなされていた（West-Eberhard, 1983）．これらは強化や生殖形質置換の産物であり，種分化の比較的後期における同類交配において重要であるとみられていた．しかし，性選択は種分化において，もっと積極的な役割を果たすということが，現在明らかになっている．たとえば，性選択は，強化を促進する（Liou and Price, 1994; Kirkpatrick and Servedio, 1999）．

性選択は，種分化の初期にも役割を果たすかもしれない．まず，生態学的文脈で性選択を考えてみよう．二次性徴の進化が起こる一つの単純なメカニズムは，異性を選択する個体（一般にはメス）が「受信者バイアス」をもち，もう一方の性（オス）がそのバイアスを利用するという過程である．たとえば，ミズダニは水中で餌となる橈脚類の出す振動によって橈脚類を感知するが，ミズダニのオスは，この振動を模倣した信号でメスを誘い（惹き付ける）のである（Proctor, 1992）．したがって，メスが潜在的にもっている選好性（ないしは感受性）は，感受様式への自然選択の副産物として進化することとなる．しかし，この過程の最良の例とされるケースにおいても，近縁種のメスが同

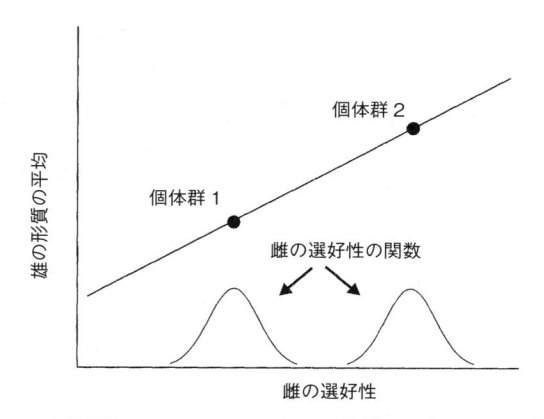

図 4.6 フィシャーの性選択のモデルによると，平衡線が存在し，この線に沿って集団の平均値は浮動しうる．平衡線上のすべての点では，オスの形質に対してはたらく性選択と自然選択が平衡状態にある．メスの形質に対する直接選択は存在しないと仮定されており，メスの形質は，オスの形質に対する性選択と相関して進化する（Lande, 1981）．これらの平均値が十分に異なっているような集団は，互いに生殖隔離されることになるだろう．Price（1998）から，王立協会の許可を得て改変後，掲載．

じバイアスを共有しているという事実から，種分化におけるこのメカニズムについてはまだ不完全であるといえよう（Ryan, 1998）．別のモデルにおいては，オスの適応度を示すシグナルや，シグナル伝達の特性が環境とともに変化することを仮定したところ，メスの選好性が急速に分岐することがわかった（Schluter and Price, 1993）．

　交配前隔離は，環境とは独立して，性選択によって進化するのかもしれない．フィッシャー過程は古典的なモデルであり，オスの形質が自然選択ないしは性選択に対して進化することと相関して，メスの選好性も進化すると措定する（Lande, 1981; Kirkpatrick, 1982a）．これはメスの選好性に対して自然選択が働かないことを仮定しているモデルであり，図 4.6 の直線上に無数の平衡点が存在する．集団は，直線上を自由に浮動でき，選択とは無関係にメスの選好性とオスの形質が浮動しうる（図 4.6）．このモデルは，単一の形質に対して作られたものであるが，さらに付加的な形質が加わると，分岐はもっと起こりやすくなる．この理論を少し改変することによって，メスの選好性に小規模な地理的変異があるとするもの（Turner and Burrows, 1995; Payne and Krakauer, 1997) や，オスの形質とメスの選好性が連続的に変化を続けるというモデル (Pomiankowski and Iwasa, 1995) などが提唱され，これらは集団間に交配前隔離が容易に生じる可能性を強く支持している．他の理論では，オスが受信者バイアスを利用したり，受精成功率を上昇させるための戦略をとったりすることに対して，メスが対抗策を進化させるとする（「チェイス-アウェイ」；Rice and Holland, 1997). そのメスにおける対抗策と，それに対するオスにおける対抗策とが増幅すると，環境間の違いがなくても生殖隔離が進化する (Palumbi, 1998; Rice, 1998).

　これらの理論は，おもに動物に当てはまるものである．風や動物によって花粉の搬送が必要である顕花植物においては，自然選択と性選択の違いがはっきりしない．その理由は，花粉の授受を高めることで交配確率を上昇させることができるが，これは同時に外的環境への適応でもあるからである．しかし，花粉管の成長率が異なったり，選択的な果実を発育不全にさせるという戦略は，メスが任意にオスの形質への選好性を示したり，メスのバイアスをオスが利用することへの抵抗策を，進化させることを示しているのかもしれない (Charlesworth et al., 1987).

　生態学的メカニズムのもとでは，性選択による種分化は，生態学説を拡張させるものとなる．しかし，代替仮説のもとでは，性選択は非生態学的種分化の速度を促進する．したがって，生態学説の正当性は，適応放散の過程での種分化における性選択の役割を検証することに依拠している．

種分化によって促進される適応放散？——種分化における性選択の役割という問題は，環境が選好性の分岐に関わっているかどうかという問い以上に重要となる．それは，適応放散における他のいろいろな局面に，種分化が，大きな役割を果たしているかもしれないことを示している．

　適応放散における表現型の多様化は，種分化を促進するメカニズムなしには極端に限られたものとなる．生態学説では，副産物メカニズムが（ひょっとすると強化とも組み合わさって）この機能を果たす．したがって，この理論のもとでは，適応帯が占有されている場合はいつでも，種分化は不可避であることとなる．しかし，分岐自然選択にさらされていても，実際には，種分

化が非常に難しいもので，不可避でもなく，急速に容易に起こるものでなかったとしたらどうだろう？この場合，種分化自体が律速段階*となり，性選択も含めた生殖隔離の進化を促進するどのようなメカニズムも，それぞれが独立して適応放散を促進することとなる．

もし種分化が適応放散の律速段階にあって，種分化を促進するメカニズムをある系統のみがもっていて，他のグループがもっていない場合，それ以外の条件が同一であると仮定すると，前者の系統で適応放散が促進されるに違いない．これによって，なぜ性選択と適応放散が関連していることが多いかの理由を説明できる．同様に，異所的隔離を引き起こす地理的状況が欠することで，種分化が抑制されることがあるかもしれない (Ross, 1972; Cracraft, 1985). 孤島ココス島の 15 番目のフィンチ *Pianoroloxias inornata* は，決して適応放散を遂げなかった．おそらく，これはココス島の近くに他の島がないことと，ココス島が小さい島であり，島の中に異なる集団間の遺伝子流動を防ぐような物理的障壁がないことが理由なのだろう (Lack, 1947).

種分化を律速段階とする考えは，適応放散における「鍵となる」突然変異や進化の鍵革新の役割について，より注意深い検討が必要ということを示す．ひょっとすると，そのような革新が適応放散と関連があるという理由は，生態学的機会を促進することではなく，種分化の速度を上昇させることによるのかもしれない．たとえば，オダマキの多様化は，蜜距の進化と関連がある (Hodges, 1997; 7 章). この関連が存在することの一つの解釈は，蜜を分泌する距状突起によって，受粉と生息地の空白のニッチで形成される適応帯へ進入することが可能となったとするものである．別の解釈は，長い舌をもつ受粉者が高度に特化していることによって，その革新が種分化の速度を上昇させたとするものである．これによって，それまでには不可能であったほどの短期間に，多くの新種を，隣接する異なった生息地に形成することが可能となった．以上の理由から，適応放散の生態学説を検証するためには，適応放散における種分化の役割を明確にさせておく必要がある．

訳注*：何らかの反応がいくつかの段階を経て進行する際，そのうちで進行速度がもっとも遅い段階であり，したがってこの速度で全体の速度が規定される．

4.4 考　察

　適応放散の生態学説とその補足，さらに代替仮説についての実証的研究が求められている．表現型の適応地形の形状について知ることは，分岐自然選択による表現型分化の仮説を検証するために必要である．生態学説を完全に検証するためには，分岐選択が存在することを示し，かつ適応の峰に沿った浮動などの代替仮説が棄却される必要がある．比較法によって，表現型と環境の連関を証明するだけでは不十分である．適応地形の形と特定の資源環境の特徴との関係を明らかにすることも必要である．

　表現型分化における近縁種間にある競争の役割ついては，反論に照らせ合わせて再検討されねばならない．資源競争は，分岐における重要な因子なのだろうか，あるいは，その重要性を過大評価し過ぎなのだろうか？もし，他の環境はそのままにしておいて，種間競争だけを自然界から取り除くことができたならば，それでも適応放散は質的に同じものになるのだろうか？また，共存種間にある他の相互作用の貢献は重要なのだろうか．

　生態学的機会は，適応放散における律速段階なのだろうか？あるいは，種分化は，初期の理論研究者が想定した以外の役割も果たすのだろうか？たとえば，多くの新種がまず生み出され，その後に表現型の分化が生じて，多様な生態学的ニッチを利用するように進化することはあるのだろうか？とくに興味が持たれるのは，革新的な形質の果たす役割である．つまり，複数の適応帯へ侵入を可能にする入場券（つまり鍵革新）としてはたらくのだろうか，あるいは種分化の促進因子としてはたらくのだろうか？

　最後に，適応放散の過程で，新しい種を生み出すメカニズムについて言及せねばならない．種分化は，純粋に生態学的な過程なのか，あるいは環境とは独立して起こる偶然の過程なのか？分岐選択が生殖隔離の進化の背景にある主要な力であるのか，あるいは生殖隔離が進化する他の多くの機構に比して小さい役割しかもたないのか？もし，後者なら，適応放散の特徴である種分化速度の上昇をいかにして説明するのか？

　続く四つの章では，どれだけ，これらの挑戦に応えることができ，どのよ

うな重要な問題が未知であるかについて要約する．

5 異なる環境間でみられる分岐自然選択

> 自然を完全に記載するためには，（選択地形にある）すべての要素を，殆ど常に変化するものとして描写するべきである．つまり，平板な静的地形ではなく，上昇，低下，融合，分裂，平行移動などを繰り返す海のように．
> ―シンプソン（1953）

5.1 序説

　生態学説によると，分岐自然選択（divergent natural selection）が，適応放散における表現型分化の究極的な原因である．分岐選択の源は二つあり，一つは集団間あるいは種間での環境の違い，もう一つは種間の競争である．この章では，前者について検討する．まず，表現型質の適応地形についての概念を整理することからはじめる．次に，環境に由来する分岐自然選択の証拠について述べよう．

　分岐自然選択説を証明するためには，二つのことを証明する必要がある．まず，表現型に対する選択が分岐的であり，異なった環境を利用する集団の平均値を分岐させるということを明らかにせねばならない．もし，これが正しければ，野外における集団の平均値は，適応度地形（fitness landscapes）

における頂点と対応しており，頂点の間には適応度の低い谷間が存在するはずである（図4.2）．代替となる仮説は，分岐そのものが選択されることなしに，表現型の平均値が分岐するという考えである（たとえば，図4.3）．2番目として，分岐選択のメカニズム，つまり環境特性がどのようにして分岐選択を生み出すのかを明らかにすることが必要である．分岐選択の検証および分岐選択のメカニズムに関して，どれほど理解が進んだかについて要約する．それらのメカニズムの普遍化のために用いたアプローチでデータを統合し，それらのアプローチの長所短所についても評価できるようにしたい．

最後に，自然界において分岐自然選択が一般的であることに起因する，別の問題について言及する．つまり，選択作用だけでは，ある集団を低い適応度の谷間を超えて，一つの適応頂点から別の頂点へと移動させることができないということである．果たして表現型の分化は，一般にどのようにして始まるのであろう？

5.2 自然選択と適応地形

特定の表現型が，別の表現型よりも，有意に高い生存率や繁殖成功率をもつ場合に，自然選択がその集団に対して作用する．この過程を視覚的にとらえるために，水平軸が表現型を表し，それぞれの表現型に対応する地点での高さが，適応度を表すような地表面を考えよう．この例えをうまく活用させるために，2種類の地表面，つまり，**適応度関数**（fitness function）と**適応地形**（adaptive landscape）を区別する必要がある．これらは，お互いに関連があるのだが，その違いは重要である．シンプソンの「選択表面（selection surface）」を再引用し説明することで，この違いを明らかにしてみよう．後述するが，分岐自然選択を理解するためには，ライト（Wright, 1932）が考えていたような，遺伝子頻度を基盤にする選択表面よりも，表現型に対する適応地形の方が妥当である．

分岐自然選択の仮説を発展させるために，まずここでの外部環境は，そこに生息する種によって変化させられることはないと仮定しよう．つまり，種

が環境を変化させることによって，種自身ないしは他種に対する選択圧を変化させるような複雑な因子をここでは無視することにする．もちろん単純化に過ぎるのではあるが，環境をこのように取り扱うことには利点がある．環境における多くの重要な特性は，少なくともある一定の期間は，その種によって変化させられることはないので，こうした処理は，最初に行う近似としては理にかなったものである．種が環境を変化させ，相互作用するという証拠については第6章で扱う．

5.2.1 自然選択は適応度地表面にある

適応度関数（適応度地表面［fitness surface］）f は，**個体**のもつ生存率や繁殖成功率の期待値を，表現型による関数として表したものである（図5.1（a））(Pearson, 1903; Lande, 1976, 1979; Phillips and Arnold, 1989; Schluter, 1988a; Schluter and Nychka, 1994)．単一形質 z について，個体のもつ生存率や繁殖成功率 W は，次式で表される．

$$W = f(z) + \text{error}$$

$f(z)$ は，値 z の地点における地表の高さを表す．つまり，その表現型をもつ個体がもつと期待される適応度である．W は，表現型 z をもつ個体の実際の適応度であり，偶然の作用（誤差項として組み込んである）があるゆえに，期待値と一致することは稀である．もし W が生存（0か1か）を表す場合，$f(z)$ は表現型 z をもつ個体の生存**確率**を表す．このような関数の例が，図5.1（a）に示してある．複数の形質 $\boldsymbol{z} = \{z_1, z_2, z_3, \cdots, z_m,\}$ に対する選択については，次式で表せる．

$$W = f(\boldsymbol{z}) + \text{error}$$

方程式 f は，研究対象としている単一集団がもつあらゆる表現型はもちろんのこと，可能なすべての表現型について，個体にはたらく選択を記述する．ゆえに，f の性質について調べることが，集団への自然選択や，その進化的

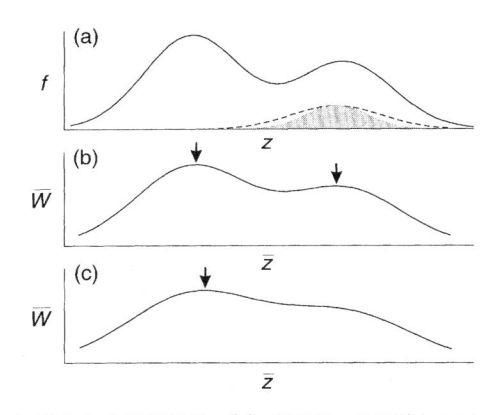

図 5.1 連続形質 z にはたらく自然選択．(a) 表現型 z の関数として，個体の生存率，あるいは，繁殖成功率の期待値 f を表す適応度関数．灰色の部分は，ある仮想集団における表現型の分布を示す．点線は，表現型がより広い分布を示すような 2 番目の集団を示す．(b) (a) の灰色で示した表現型分布に相当する適応地形．矢印は，二つの適応頂点の場所を示す．特定の $\bar{z}$ 値における $\overline{W}$ を計算するにあたっては，$\bar{z}$ に表現型分布の中心を設定し，存在する個体すべての平均 $f(z)$ を計算した．(c) (a) における（広い分布を示す）2 番目の集団の適応地形．一つの頂点しか存在しない．Kirkpatrick (1982b) より改変．

結末を研究するうえでの出発点となる．適応度関数は，複数の最大点（頂点），複数の最小点（谷），そして複数の屈折点をもつような複雑なものと成りうる．

適応度関数 f とは，環境利用に使用される形質という観点から，外部環境を記述したものと考えることが有用である（選択が，密度や頻度に依存する場合には，この見方は不十分である；第 6 章参照）．たとえば，乾期におけるダーウィン地上フィンチ個体の生存率は，嘴のサイズと形とに依存する．なぜなら，これらの形質が，特定のサイズと固さの種子を収穫する能力を決定するからであり，そのような特定の種子は他の種子と同程度に豊富に存在する訳ではないからである (Boag and Grant, 1981; Price et al., 1984a; Gibbs and Grant, 1987)．したがって，嘴の形質に対して適応度関数をつくると，その関数は，どのようなサイズや固さのタネが豊富であるのかを表現していることになる．適応度関数については，計測した個体の生存率や妊性から部分的に推定できる (Lande and Arnold, 1983; Endler, 1986; Manly, 1985; Phillips and Arnold, 1989; Schluter, 1988a; Schluter and Nychka, 1994; 総説は Brodie et al., 1995) (Box 5.1)．

Box 5.1　適応度関数の推定

適応度関数 f は，個体のもつ表現型 z に応じた適応度の期待値 W を表す．

$$W = f(z) + \text{ランダムエラー}$$

$z = \{z_1, z_2, ..., z_m\}$ は選択下にある m 個の形質を表す．集団内の個体の生存率や繁殖成功率に関するデータから，関数 f 自体，あるいはその関数の特徴について推定することがわれわれの目標である．これには，2 通りの方法がある．一つ目の方法は，f をできるだけ正確に直接推定することである．もう一つの方法は，f に関して，もっとも重要であると思われる係数に焦点を当てるという方法である．

f の形については，あらかじめ分らないことが多いので，できるだけ数少ない前提条件を用いることが最善である．近年，いくつかのノンパラメトリック回帰分析法が開発され，応用されるようになったが，なかでもキュービックスプライン法 (Schluter, 1988a; Hastie and Tbshirani, 1990 に要約) と局所加重回帰法 (LOWESS; Chambers et al., 1983) がもっとも広く利用されている．ここでいう「ノンパラメトリック」とは，推定値 f の周りの残差の分布について言っているのではなく，f を記載する方程式のパラメーター推定については関心が無いということを意味する．むしろ，推定表面 f について可視化することが最終目的である．

複数の形質群 z について適応度関数を推定することは，より困難である．一つの解決策は，網羅的に探索して得られた全表面の中でもっとも興味深い少数の面（単一変数など）についてのみ可視化することである (Schluter and Nychka, 1994)．このアプローチは，「一般相加モデル」を複雑な回帰面に当てはめる方法の特別な応用例である (Hastie and Tbshirani, 1990)．

もう一つの方法は，適応度関数の詳細は無視し，集団分布の変化と関係のある係数についてのみ焦点を当てることである．もっとも有用な係数は，方向性選択を記載する係数，すなわち選択差 $s = \{s_1, s_2, \cdots, s_m\}$ と選択勾配 $\beta = \{\beta_1, \beta_2, \cdots, \beta_m\}$ である (Lande and Arnold, 1983)．ベクトル β の方向は，適応度地形におけるもっとも急峻な上り坂の向きを示す．その長さは，その方向への地形の勾配，つまり集団平均値を引き上げる強さを表す (Lande, 1979)．各々の β_i は，形質 i にはたらく方向選択の強さを表す．各々の s_i はトータルの選択，つまり形質 i にはたらく直接選択と，その形質に相関のある他のすべての形質にはたらく選択に由来する選択の和である．β は，選択によって好まれる方向を多変量で表す．s は，実際に集団が向かう方向を示す．表現型質の間に相関

がある場合，これら二つの方向は必ずしも同一にはならない（Lande and Arnold, 1983）．

s と β については，個体の表現型 z と，その個体の生存率や繁殖成功率 W を用いて，Lande and Arnold（1983）の方法にしたがって，市販の統計パッケージの多変量回帰を利用すると計算することが可能である．そのようにして得られた β の推定は，形質間に強い相関がある場合には，正確でないかもしれない．さらに，相関のある形質が選択下にあるにもかかわらず解析に含められなかった場合には，β_i の推定は誤っているかもしれない．これらの問題点および解決策については，Endler（1986）や Mitchell-Olds and Shaw（1987）に詳しい．選択が集団間で分岐的であるかどうかを知りたい場合には，s と β の双方が，選択と分岐の方向を知るために有用であるため，この双方を推定することが賢明である．

集団分散にはたらく選択を記載するために，いくつか他の係数も提唱されている（Lande and Arnold, 1983）．ややこしいことに，これらの係数は，古くは，分断選択，安定化選択，相関選択（correlational selection）の選択差や選択勾配を記載するものとされてきたが，これは誤っている．なぜなら，これらの係数は，適応表面における凹凸の存在を示してはくれないからである．曲線選択（Curvilinear selection）の係数とでも読んだ方が正確であろう（Schluter, 1988a; Phillips and Arnold, 1989; Brodie *et al.*, 1995）．したがって，これらの係数は，われわれの目的に取っては，あまり有用ではない．むしろ，回帰法を用いて f を直接推定することの方が，より多くの情報を与えてくれる．

5.2.2 表現形質の適応度地形

表現型分布に対して f がもたらす最終的な効果は，平均値をある方向へと導引するということである．導引する方向は，適応度関数の最高点や集団内での最高の適応度をもつ表現型の方向を，常に向いているわけではない．むしろ，集団の**平均**適応度がもっとも急激に上昇する方向へと，集団平均値は導引される（Lande, 1976, 1979）．この方向，つまりこの上昇は，選択勾配 β と表す．遺伝的バイアスがなければ，この勾配の方向は，平均表現型の進化の方向でもある．（第9章では，遺伝的バイアスが，表現型分化に与える影響について議論する．）

自然選択によって選好される方向，あるいは選好されない方向は，集団の

平均適応度を表記する地表面によって，視覚的にとらえることができる．この地表面の水平軸は，上記と同じく表現形質であるが，平均表現型 z における高さは，$W(z) = W(z_1, z_2, \cdots, z_m)$ という式で表される．この z_i は，集団における形質 i の平均値である．この地表面 W が，表現型の**適応地形**である（Lande, 1976, 1979；適応地表面［adaptive surface］，適応地形図［adaptive topography］，平均適応度関数［mean fitness function］とも呼ばれる）．選択勾配 β は，集団平均の地点における適応地形の多次元タンジェント（勾配）である．

適応地形は，それに相当する適応度関数と似てはいるが，頂点と谷がより少なく，凹凸がはっきりしない．たとえば，図5.1（b）と図5.1（c）の適応地表面は，集団における表現型のばらつき（図（b）では，図（c）より大きい）が，その平均値に関わらず常に一定である条件下で，図5.1（a）の適応度関数をもとに計算されたものである．図（c）の地形は，たった一つの頂点をもっており，適応度関数が二つの頂点をもっていること（図（a））とは対照的である．この場合，選択は小さい平均表現型を好み，これは図5.1（c）の左側の頂点に相当する．たとえ集団が適応度関数 f の谷を横切ったとしても，この間，平均適応度は上昇し続けるであろう．

適応度関数 f と同様に，適応地形は外部環境の特徴を表している．W と外部環境とのつながりは，適応度関数 f と環境とのつながりに比べて弱い．なぜなら平均適応度は，集団内の表現型の頻度分布に依存するからである．単に，形質の表現型分散を増加させるだけでも，適応の頂点と谷は完全に消えてしまう（Kirkpatrick, 1982b; Whitlock, 1995；図5.1（c）と図5.1（b）を比較）．集団の頻度分布の形に影響を受けやすいにも関わらず，表現型の適応地形は，選択の過程を視覚的にとらえるのに有用な道具である．また，適応地形の特徴は，適応度関数 f つまり外部環境に大きく依存するため，たいていは解釈が簡単である．

5.2.3 遺伝子頻度の適応地形

かつて適応地形は，表現型ではなく遺伝子頻度に対して記述された（Wright, 1932）．この場合，適応地形の各々の軸は，二種類の対立遺伝子をもつ遺伝

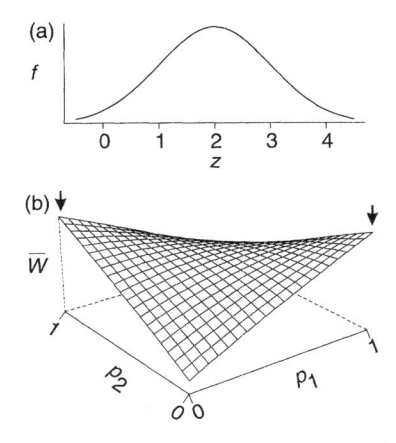

図 5.2 安定化選択下にある表現形質を制御する二つの遺伝子座における遺伝子頻度に対応した適応度地形．(a) 単一ピークの最適表現型をもつような選択．(b) その形質の相加遺伝因子 x のもととなる二つの非連鎖遺伝子座における，対立遺伝子頻度の関数としての適応度．各々の遺伝子座において，二つの対立遺伝子は 0 の状態と 1 の状態とをもつ．p_1 と p_2 は，それぞれ 1 番目と 2 番目の遺伝子座が 1 の状態である頻度を示す．x は，四つすべての対立遺伝子の状態の合計であり，0 から 4 の値を取り得る．遺伝子座はハーディワインバーグの平衡に従い，連鎖不均衡も示さないと仮定する．z は，x と環境偏差（平均値 0，分散 1 の自然分布に従うと仮定）の合計で決まる．二つの最適点は，矢印で示してある．中間の遺伝子頻度をもつ個体は，遺伝（および表現型）分散が大きくなるため，適応度が低くなる．

子座の一つに相当する．特定の対立遺伝子頻度の組み合わせをもつ集団の平均適応度は，その地点での高さとして表記される．表現型に対するシンプソン（Simpson, 1944, 1953）の適応地形は，ライトの遺伝概念を改良したものである．ここに，表現型と遺伝子型の形式間の重要な違いについて指摘し，なぜ前者の方が，現在の文脈では有用であるかを説明しよう．

表現型と遺伝型の適応地形は，原因結果の関係にある．つまり，表現型の違いに基づく適応度の差分こそが，ある対立遺伝子より別の対立遺伝子が好まれるのかどうかを決め，したがって，遺伝的地形における平均適応度が上昇する方向をも決定する．しかし，遺伝型と表現型は，一対一の関係にはない．表現型に対する適応地形における唯一の頂点が，遺伝的地形においては，複数の頂点となるかもしれない．なぜなら，複数の遺伝型が同一の表現型を

もつ可能性があるからである．単純な例として，図5.2に，相加的な効果を
もつ二つの遺伝子座によって支配されるような形質を示す．この場合，中間
的な遺伝子の組み合わせにおいて平均適応度は低くなるが，この低下は表現
型地形における最小値，あるいは環境勾配における資源の最小値に相当して
いるわけではない．非相加的な遺伝的相互作用は，表現型と遺伝型の適応頂
点の一致についてさらに複雑化させるが，基本的な結論は変わらない．遺伝
的な適応地形と環境との間には対応がないので，どのような環境要因が，集
団に対してはたらく自然選択の主要な要素であるのかを決めることが重要と
なるのである．

　もう一つの重要な違いは，表現型地形におけるある領域が，遺伝型地形の
どの次元にも相当しないかもしれないということである．表現型の上では変
異に富んでいるが，遺伝しない形質などは，その一例である．もっと興味深
い例としては，極端な表現型に対する選択をより正確に計測するために，人
工的に作られた新しい表現型である．それは，たとえば，鳥における卵数へ
の選択を計測するために，巣に卵を加える（あるいは巣から卵を除く）とい
うような，鳥自身からすれば，その形態や生殖代謝を変化させる操作によっ
てはじめて生まれる表現型である．このようにして作られた変異は，少なく
とも想像しうる時間軸では，遺伝的変異に対する選択によっては生み出しえな
いだろう．3番目の例として，図5.1（a）の二峰性の適応度関数を考えてみ
よう．二峰性の表現型頻度分布をもつ集団が存在すれば，図5.1（a）に示さ
れた一峰性の集団よりも高い平均適応度をもつかもしれない．しかしながら，
（多型の進化を除いて）二峰性の頻度分布は，遺伝的に達成するのが難しいと
もいえよう．

　したがって，表現型の適応地形は，形質に対してはたらく選択圧を可視化
するのには向いているのだが，これだけでは集団がどのように進化するのか
についての予測はできない．自然選択によって起こる進化における遺伝的制
約については，第9章で論じる．

5.2.4　分岐自然選択

　分岐選択とは，二つ以上の集団の平均値をそれぞれ異なる適応頂点へと分

岐させる自然選択のことであるといえる．適応放散の生態学説のもとでは，集団が分岐する理由は，表現型の適応地形において，それぞれの集団が異なる頂点へと引き上げられることによる（たとえば，図4.2参照）．環境勾配の異なる地点において，適応度が不均等であるがゆえに，こういった頂点が作り出されるのである．

次に続く四つの節で，この仮説を検証するための，四つの主要なアプローチについて概観しよう．要するに，中立期待値との比較，相互移植実験，分岐自然選択の直接計測，資源の分布からの適応度地形の推定である．他章と同様に，できる限り広く文献を概説する，つまり，狭義の適応放散に当てはまる有名な例のみに限定しない．

5.3 中立期待値との比較

実際に観察される集団間の分化の度合いと，突然変異や遺伝的浮動のみによって期待される量（中立期待値）とを比較することで，分岐選択を検証する方法がいくつかある．以下に，三つの方法を紹介しよう．Q_{ST}法，中立速度テスト，そして量的形質遺伝（QTL）効果テストである．

Q_{ST}法（Spitze, 1993）は，移出入者の交流がありながらも，分化した同種内集団について応用できる．量的形質の分化と，核マーカー遺伝子座の対立遺伝子頻度の分化は，双方が選択下にない場合，似た値となるはずである．移出入（交流によって集団を似たものにさせる）と突然変異と遺伝的浮動（集団の分化を促進させる）の影響下では，表現型における全遺伝分散（集団間分散と集団内分散の和）のうち集団間の分散の割合は，核マーカー遺伝子座のそれと等しいと期待される（Lande, 1992）．

量的形質における集団間遺伝分散の割合は，次式で計算できる．

$$Q_{ST} = \frac{V_{AB}}{V_{AB} + 2V_{AW}}$$

ここで，V_{AB}とV_{AW}は，それぞれ集団間および集団内の相加遺伝分散であ

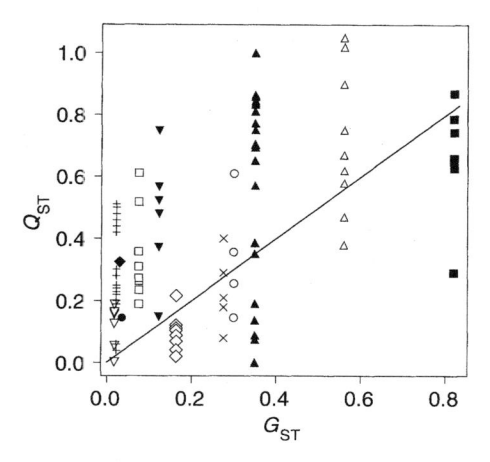

5 異なる環境間でみられる分岐自然選択

図 5.3 量的形質の集団間変異（Q_{ST}）と仮想中立遺伝子の集団間変異（G_{ST}, あるいは，遺伝子座について F_{ST} を合計した値）の比較．同じ印は，同じ種についての異なる形質を示す．直線は，$Q_{ST} = G_{ST}$ を示す．Lynch et al.（1998；この論文の引用文献も参照）の図 6 をもとに，各々の形質についてのデータを示すように改変し，また，オオカワラヒワ Carduelis chloris（Merilä, 1997）とマツムシソウ属 Scabiosa（Waldmann and Andersson, 1998）2 種のデータを追加した．種は，左から右へヨレハマツ Pinus contorta（▽）Carduelis chloris（+）フユナラ Quercus petraea（◆）ショウジョウバエ一種 Drosophila buzzatii（●）サンジソウ Clarkia dudleyana（□）Scabiosa columbaria（▼）S. canescens（◇）ミジンコ一種 Daphnia obtusa（×）D. pulex（○）ウマゴヤシ Medicago trucatula（▲）キイロショウジョウバエ Drosophila melanogaster（△）シロイヌナズナ Arabidopsis thaliana（■）を示す．

る（Spitze, 1993）．この量を，核遺伝子における対立遺伝子頻度の集団間分散の計測値 F_{ST}（あるいは，多遺伝子座の場合は G_{ST}）と比較する．Q_{ST} が，G_{ST} を超えていると，量的形質に対する選択の可能性が示唆される．つまり，量的形質における遺伝分散が単純に相加的で，移住率が低いことを仮定している．

自然界では，Q_{ST} が F_{ST} を超えることはしばしば見られ（図 5.3），分岐選択が表現型分化を促進することは一般的であると示唆される．調べられた大抵の種において，少なくとも一つの形質において分岐選択が示唆された．しかしながら，Q_{ST} は非常に変化に富んでおり，いくつかの形質はあきらかに中立的期待より遅く分岐する．もし G_{ST} が大きい場合，Q_{ST} が G_{ST} を超え

る余地がなくなるので,この手法は,おもに G_{ST} が 0.5 以下のとき(つまり,遺伝子流動もこの範囲を超えない場合)に有用である.体サイズと相関のある形質は,G_{ST} よりも上にいく傾向がある(たとえば,ミジンコ2種で調べられている:Spitze, 1993; Lynch et al., 1998).

中立速度テストでは,ある量的形質において観察された分岐速度を,突然変異や遺伝的浮動だけの仮説の下で期待される速度と比較する(Lande, 1977; Turelli et al., 1988; Lynch, 1990; Martins, 1994).中立速度は,その量的形質における突然変異に由来する分散を推定することによって計算できる.突然変異と遺伝的浮動のみの影響下(つまり,移出入あるいは選択がない条件)では,集団や種の平均値の分岐は時間に沿ったランダムウォーク(ブラウン運動)に似ているはずである.この場合,種1と種2の表現型の平均値間の分散(つまり,$V_B = 1/2(\mu - \mu 2)^2$)は,2種がかつて最後に共通子孫をもっていたとき以来,世代 t の数と比例して上昇すると期待される(Lynch, 1990; Martins, 1994).

$$V_B = \delta t$$

期待分岐速度 δ は,突然変異によって一世代あたりに追加される遺伝分散の上昇 V_M に比例する.

$$\delta/2 = V_M$$

対数変換した形質について,V_M/σ^2 は通常 10^{-4} から 10^{-2} の間にある:ここに σ^2 は,種内における形質の表現型分散である(Lande, 1976; Lynch, 1988).したがって,中立の期待下では,速度

$$\Delta = \delta/2\sigma^2$$

も,この範囲に入ると期待される.この方法は,種間の違いが遺伝すること,集団内における遺伝分散が相加的であること,遺伝環境相互作用がないこと,

Box 5.2　系統樹を用いた表現型進化の速度の推定

　ある系統において，表現型進化の速度を，種の平均値と系統関係を用いることによって推定することができるかもしれない．一番単純な方法は，表現型進化を，時間に沿ったランダムウォーク（ブラウン運動）であると仮定するものである．つまり，ある二つの種の間の分散は，共通祖先から分岐した時間に比例して増加する

$$V_B = \delta t.$$

われわれの目標は，速度 d を推定することとである．まず，最初の方法は，系統樹の内部のすべての枝 i において，祖先型の状態 μ_i の最尤度（「最小自乗」）を計算することである（Martins and Garland, 1991; Schluter *et al.*, 1997）．次に，系統樹の各々の枝に沿った変化の2乗を加重して和を取ることによって，偏りのない δ の推定を行うことができる．

$$\hat{\delta} = \frac{1}{N} \sum_{i=1}^{N} \sum_{j=1}^{2} \frac{(\mu_i - \mu_j)^2}{t_{i,j}}$$

（Schluter *et al.*, 1997）．N は，系統樹における枝分かれ（祖先種）の数を表す．j は，祖先種 i から生まれた子孫種の一方を表し，別の種の祖先になるのかもしれないし，系統樹の先端になるのかもしれない．枝の長さは，時間 $t_{i,j}$ である．もし，t が時間ではなく，世代数で計測された場合，$\hat{\delta}$ の観察値を，中立モデルの期待値と比較できるかもしれない（本文参照）．この計算において，種の平均値のサンプル誤差は無視できること（たとえば，各々の種のサンプルサイズが大きいこと）を前提としている．Martins（1994）は，サンプル誤差の補正も含め，$\hat{\delta}$ を計算する別の方法を考えた．

　$\hat{\delta}/N\delta$ は，自由度 N の χ^2 分布に従い（Schluter *et al.*, 1997），δ の95％信頼区間は，以下の式で計算できる．

$$\frac{\hat{\delta}}{2N\chi^2_{0.975,N}} \leq \delta \leq \frac{\hat{\delta}}{2N\chi^2_{0.025,N}}.$$

集団間の遺伝的浮動がないことを仮定している．

　分岐年代が明らかであれば，ある系統について，分岐速度 δ が推定でき（Box 5.2），次に，$\varDelta$ について，上記の方法で求めることができる．$\varDelta$ が中立期待

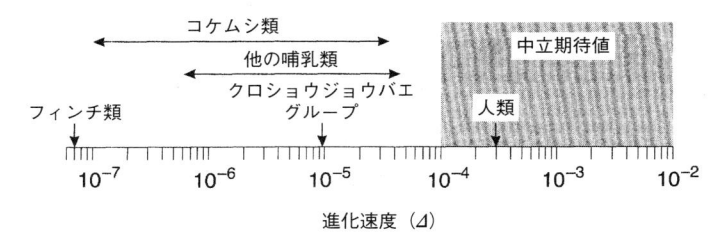

図 5.4 中立期待値と比較した種間分岐速度．人類を含む哺乳類の結果は，化石，および，現存系統における同属内の種，あるいは，近縁属の頭骸骨や歯の計測値に基づく (Lynch, 1990)．コケムシ類 Bryozoan の結果は，Cheetham and Jackson (1995) をもとに，個虫の形態の分岐度を示す．ショウジョウバエ属の結果は，Spicer (1993) をもとに，成虫の頭や羽の計測値の分岐速度を示す．彼の示した種間比較の P 値の中央値から，D の中央値を，分岐年代が 3×10^7 であると仮定して計算した．ヒワ類 (Cardueline finch) のデータは，Björklund (1991) から計算した．速度は，種内の σ が 0.05 であり，分岐年代が 2 千万年であると仮定して，平均嘴と体の計測値における属間の分散に基づいて計算した．どの速度も，対数変換した値から計算した．

値を超えるなら，分岐選択が示唆される．

Q_{ST} 法で明らかになったことと一見矛盾するようだが，中立速度テストによると，分岐はふつう中立期待値よりも遅く，数オーダーも遅いという例も多い（図 5.4）．調べられたケースの中には，いくつもの哺乳類群が含まれているが，一般的に，哺乳類は分岐自然選択のもとで急速に分化したと考えられている (Simpson, 1953)．もっとも遅い速度は，ヒワ類 Cardueline finches で見られたが，これは生態学的に多様である (Newton, 1972)．これらには，アオカワラヒワ *Carduelis chloris* が含まれ，すでに見たように（図 5.3），比較的急速に分岐した集団から成る．

三つ目の方法は，二つの集団ないしは種間で異なっている量的形質について，その**遺伝効果の方向***を明らかにすることである (Orr, 1998a)．この QTL 解析によってデータが得られ，2 種間の違いに寄与するプラスとマイナスの因子の数を明らかにする．プラス因子の数が，遺伝的浮動による期待数より多い場合，観察される形質の種間差を生み出すのに必要な遺伝子数を考慮に入れた上で，分岐自然選択の証拠と見なすことができる．これを Orr

---

訳注＊：種 A が種 B よりも高い形質値をもつ場合に，種 A のアリールが種 B のアリールよりも形質値を上昇させる効果があるのか，低下させる効果があるのかということ．

(1998a)は、ある事例に応用した。それは、オナジショウジョウバエ *Drosophila simulans* とモーリシャスショウジョウバエ *D. mauritiana* のオスの生殖器の構造の違いである。プラス因子の数（8遺伝子座のうち8個）は偶然よりも多く、分岐自然選択（この場合、分岐性選択も）が示唆された。この手法は、遺伝子座間の完全な相加性（つまりエピスタシスがないこと）を仮定している。

5.3.1 結語

　中立期待値を比較することによって、いくつかの形質については、分岐自然選択がしばしば表現型の分化の原因になることが示唆された。これを支持する証拠はおもに、種内の集団間比較に適用された Q_{ST} 法から得られている。対照的に、中立速度テストは、種間の形態解析の結果によると、分岐選択をあまり支持しない。選択は分岐を促進するよりもむしろ、抑制するようである。この矛盾はどうやったら解けるのか。ことによると、初期には分岐選択がはたらいていたのだが、いったん種が別々の適応頂点にたどり着いてしまうとそれ以降は分化が進まなくなり、長期的に見ると表現型進化の速度が中立期待値を超えることがなくなるのかもしれない。

　しかし、もっともありそうな説明は、中立速度テストは、Q_{ST} 法に比して分岐自然選択を検出する感度が低いということであろう。突然変異は、適応度に影響を与える他の形質に対しても影響を与えるため、中立速度テストにおいて、帰無仮説を棄却する基準として使われる突然変異の分散（およそ 10^{-4}–10^{-2}）に、有害な突然変異も含まれている（Turelli *et al.*, 1988）。有害突然変異を除外すると、**中立条件下での**期待分岐速度は、おそらく大幅に低くなるであろう。

　Q_{ST} 法にしても、中立速度テストにしても、分岐自然選択を検証する際に、中立条件を帰無仮説とすることが必ずしも適当ではないがゆえに、どうしても限界がある。適応の峰に沿った浮動（図4.3）の場合、中立条件で期待される速度よりも分岐速度が低くなると予測される。その理由は、峰の頂きに沿った浮動に対して特異的に寄与する突然変異は、より稀であるからである。したがって、峰の概念に基づく帰無モデルを用いた場合には、帰無モデルは

容易に棄却されてしまうであろう．中立モデルは，分岐選択がない場合に期待される表現型分化の度合いを過剰評価してしまうことが理由で，あまり強力な方法ではない．QTL効果テストは，まだ有効性が検証されておらず，その検定能力が他の方法と比較して優れているのかどうかについては，まだ不明である．

　これら三つの手法はいずれも，それだけで分岐自然選択の目標やメカニズムに関する情報を得ることはできない．したがって，これらの手法は生態学仮説の一部分については検証できるのであるが，次節で述べるような「表現型について解析する」アプローチと一緒に併用されるべきである．

5.4　相互移植実験

　異なった環境に移植された表現型の挙動を計測することによって，その環境における選択圧に関する十分な情報を得ることができる．この方法のもととなる論理は単純である．分岐自然選択の仮説のもとでは，表現型の分化が起こることの理由は，形態や生理の形質の最適値が環境間で異なっていることによるとされる（図5.5）．新しい環境下での選択は，形質の平均値を新しい最適値へと近づけていき，そこでの平均適応度を上昇させるが，それと同時に以前の環境下での平均適応度は低下させる．この予測される低下について，移植実験によって検証できる．

　この節では，表現型において分化の見られるような型，集団，近縁種などのパフォーマンスについて，双方の環境下で相互移植実験を行った結果について概説する（図5.5）．また，ある集団の個体を二つ以上の環境に移植し，それぞれの環境での適応度の間の遺伝相関を調べるという方法についても言及する．この2つ目のアプローチは，下記の理由により，既に分化した集団の相互移植よりも劣っているが，頻繁に用いられる手法であるので，ここでも議論する．

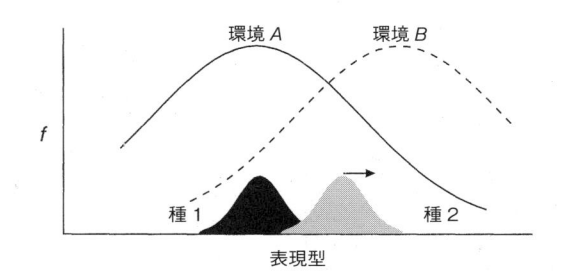

図 5.5 環境間で相互移植された集団のパフォーマンスのトレードオフが，分岐自然選択によって生じる．環境 A と B のもとでの，単一形質 z に対する適応度関数を示した．塗りつぶし部分は，2 種の分布を示す．種 1 は，環境 A に生息し，種 2 は，環境 B に生息する．種 1 は環境 A のもとで最適である．種 2 は，最近になって種 1 から分岐し，2 番目の環境へ移住した．矢印は，新しい最適値への分化の方向を示す．分岐が進行すると，種 2 の環境 B での平均適応度の上昇と並行して，環境 A へ再移植された際の平均適応度は減少する．

5.4.1 相互移植の 4 例

Encelia—沿岸生息域から内陸の砂漠まで，気温と湿度の勾配に沿って，11 種のキク科植物 *Encelia*（Asteraceae）が分布している．Ehleringer and Clark（1988）が，沿岸域と砂漠に生息する種について光合成能を調べたところ，少数の形態形質にみられる分化が，異なる環境下でのパフォーマンスに影響を与えるということがわかった．

どちらに生息する種においても，温度は，光合成能に対して，同様の効果をもたらした．寒冷な沿岸域の植物においても，高温の乾燥地の植物においても，光合成能は 30 度で最高となり，45 度では組織障害が起こる．しかし，これらの種は，葉の軟毛において顕著な違いがみられる．寒冷な湿潤生息地の葉は，葉の表面に毛がほとんど生えていないが，乾燥生息地のものは高密度の毛が生えている．砂漠に生息する種 *E. farinosa* では，密に生えた毛が太陽光の吸収を約 17% にまで減少させるが，毛をもたない沿岸種 *E. californica* や毛を剃った *E. farinosa* では，50% も吸収する（Ehleringer and Clark, 1988）．結果として，*E. farinosa* において葉の温度は低下し，水分喪失が減少することによって，暑くて乾燥した条件下での光合成の効率を高めることとなる．

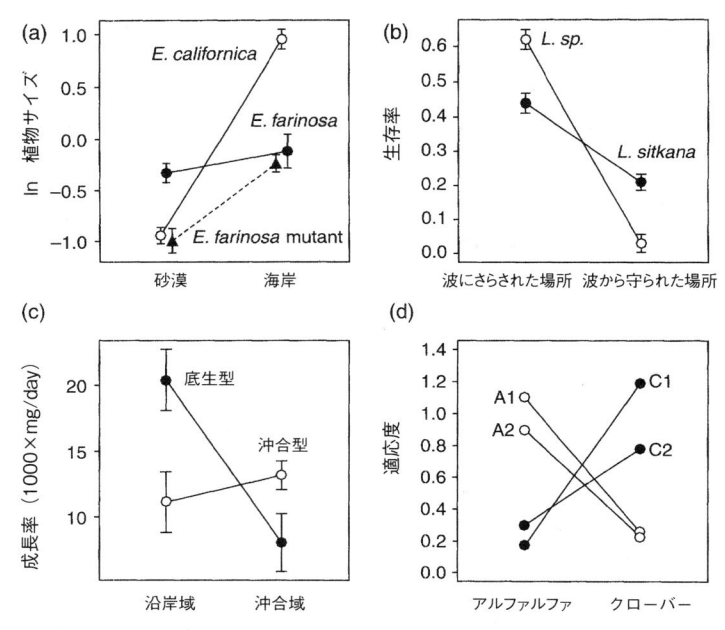

図 5.6 四つの相互移植実験における平均パフォーマンスと適応度．縦の線分は，標準誤差を示す．(a) *Encelia* の 2 種について，砂漠（アリゾナ州フェニックス）と海岸（カリフォルニア州アーバイン）での共通飼育実験下での平均サイズをしめす．サイズは，野外に移植されて自然の降雨条件に曝された 8 ヶ月後に，個体が地表を覆う面積 m^3 として示した．植物のサイズと種子の生産には強い相関がある．Ehleringer and Clark (1988) の表 9.2 のデータに基づく．(b) 波に曝された環境と，波から守られた環境へ移植された潮間帯のタマキビ貝 *Littorina* 貝 2 種における夏場の生存率．データは，Boulding and Van Alstyne (1993) の表 III による．1987 年の，場所 FW と場所 ND のデータを利用．(c) 囲いを用いることによって，湖内のそれぞれの型が好む空間へと移植された底生型と沖合型イトヨ（*Gasterosteus* spp.）の平均成長率．Schluter (1995) の 2 年分のデータを合わせて示した．(d) 二つのアルファルファ畑（A1 と A2）と二つのクローバ畑（C1 と C2）から得られたアブラムシ（*Acyrthosiphon pisum*）のクローンを，異なる植物へ移植した際の平均適応度．適応度は，クローンの寿命と妊性の計測に基づいて，集団成長率として示した．Via (1991) を改変．

相互移植実験によると，乾燥地域では，*E. farinosa* の成長の方が，*E. californica* よりもよく，沿岸域では逆の結果となる（図 5.6 (a)）．乾燥地での成長を高める主要因は軟毛であろう．なぜなら，毛をもたないような *E. farinosa* の変異体は，*E. californica* と同じくらいのパフォーマンスしか示

さない．しかし，この変異体は，寒い湿潤地帯においても，野生型ほどのパフォーマンスを示すことがないため，未知の形質も関与していると考えられる．

潮間帯の巻貝——波のきつい露出した岸壁に生息する潮間帯の腹足類は，護岸された海岸のものに比して，小さく，殻が薄く，大きな殻口と足をもつのがふつうである．Boulding and Van Alstyne（1993）は，ワシントン州海岸のタマキビ貝 *Littorina* の2種について，こうした違いを生み出すメカニズムについて調べた．*L.sitkana* は，海岸護岸された場所に生息し，*L.* sp.（未記載の種）は，波にさらされた海岸に限られている．

標識再捕獲を用いた相互移植実験によると，種の生存の順位列は，環境間で逆になるパターンが示された（図5.6 (b)）．このパターンは，生存率にかなりのばらつきはみられるが，場所，成長段階や年齢に関わらず，いずれにおいても確認された（Boulding and Van Alstyne 1993）．護岸された海岸において，生存率が異なることの主要な原因は，細い殻や大きな殻口をもつタマキビ *L.* sp. に対するカニによる強い捕食である．護岸された場所から回収された *L.* sp. の殻は，カニの捕食を示すようにはぎ取られていた．

飼育下において，タマキビ *L.* sp. は海岸のカニにより好んで食され，少々の波力にも定着することができない．逆に，*L.* sp. は，露出した岸壁では，*L.sitkana* よりも生存できた（Boulding and Van Alstyne 1993）．実験によると，*L.sitkana* は，*L.* sp. よりも波によって，容易にはがされてしまうということが分かった．*L.sitkana* は，露出された海岸でも護岸された場所と同じ位の生存率をもつので，これだけでは，なぜ *L.sitkana* が，露出した岸壁に居ないのかについて説明できない．著者らは，冬期に成長率が大きく低下することが原因ではないかと推測している．

淡水イトヨ——北半球の，かつて氷河で覆われていた地域では，多くの湖に，形態的に分化した若い番い種（species pair）が存在する（表3.2）．同所的な番い種の間で資源が分割される仕方は，どれも似ているという傾向がある．大抵の場合，一方の種（沖合型 limnetic）は沖合でプランクトンを食し，他

方の種（底生型 benthic）は水辺で底生の餌を採ったり，水底の堆積物を摂餌したりする．この生息地の分割に関連して，一連の類似した形態分化が起こる．プランクトン食の種は底生食性の種よりも，小さく細っそりしており，細い口と長くて多くの鰓杷をもつ．

イトヨ番い種について行われた生息地間移植は，成長率において明らかなトレードオフがあることが示された（図 5.6（c））．どちらの種も，自らの生息地では，他方の生息地でよりも約 2 倍の速度で成長する（Schluter, 1995）．このパターンは，大きな飼育水槽に再現した生息地の間で相互移植することによって，観察された摂餌行動の違いと一致していた．これは，成長率がおもに摂餌効率によって規定されていることを示唆する．底生種はより大きい餌を摂餌することができるため，水辺の堆積物を 1 回つつくことによって採取できる餌の量は，沖合種よりも底生種の方が 5 倍多かった．逆に沖合種は，よく浮遊するプランクトンを捕獲し摂取する効率が高いため，開けた水域で餌を摂餌する効率は，底生種よりも沖合種の方が 3 倍高かった（Schluter, 1993）．

エンドウヒゲナガアブラムシ Pea aphid—Via（1991）は，宿主の赤クローバーとアルファルファの栽培地から，エンドウヒゲナガアブラムシのクローンを採集し，その宿主を交換した際の各々の適応度について調べた（図 5.6（d））．彼女の実験では，両型間に形態学的・生理学的な違いがあるかどうかについて，事前にわかっていなかったという点で，上記の 3 実験とは異なっている．異なる環境下におかれた種間では，明らかな形態の違いがなくても，相互移植実験をするまで気づかれない生理学的分化の蓄積を明示する例であり，4 番目の例として含めた．各々の宿主における適応度は，元来の種の方が移住種よりも 5 倍高かった．適応度の差の基盤となっている表現型については，まだ分かっていない．

5.4.2 一般的なパターン

同属の種，種内の近縁集団，集団内の異なる形態型（以後，「型」type とよぶ）を用いた相互移植の例に関する文献を検索した（表 5.1）．表現型の分化が，

あらかじめ知られていた事例についてのみ注目する（なぜなら，我々はそれを説明しようとしているのだから）．異なる環境に生息する集団間での表現型の違いに関して，事前の知識なしに行われた相互移植実験（たとえば，Via, 1991）については除外した．というのも，そのような事例でトレードオフが見られなかったとしても，あまり有益な情報とはならないためである．つまり，形態や生理の分化が進行中でない限り，トレードオフは予測できないのである（図 5.5）．しかしながら，ここに含めなかったが，近縁種で大きなトレードオフが見られた事例もある．

パフォーマンスや適応度については，文献で計測調査されているものを利用した．複数の計測値がある場合には，これらの積を用いた（たとえば，生存×妊性）．次いで，すべての計測値は，自然対数変換（頻度の場合は，1を足した後に対数変換）をした．トレードオフは，二元配置分散分析における表現型と環境との間の，相互作用に由来する分散の割合として計測した．この量は，型間の平均適応度の違いが，どの程度環境に依存するのかを表す．相互作用について，他型の生息環境においてパフォーマンスが良かった場合には負の値で示し，逆の場合，つまり期待される方向がみられた場合*には，正の値で示した．

トレードオフは頻繁にみられ，比較的大きいこともしばしばである（表 5.1；図 5.7）．逆に，型間のパフォーマンスの違いは（環境をとおして平均すると），比較的小さいことが多い．結果として，図 5.6 にある例の通り，各々の型の平均値を結ぶ線は大抵の場合，交差する（42 例中 36 例）．このような場合は大概，本来の型の方が，外来の移植種よりも優れている．もっとも顕著な例外は，砂漠のスズメ *Amphispiza* 属にみられた．どちらも他方の生息地での摂餌の方が優れていたが，その違いはあまり大きくはない（Repasky and Schluter, 1996）．

最後に，図 5.7 の「環境」による高い分散に示されるように，（表現型をとおして平均すると）一方の環境でのパフォーマンスは，他方におけるパフォーマンスよりも優れていた．この効果は，上節に挙げた 4 例中 3 例でも認め

訳注＊：本来の生息環境でパフォーマンスが良い場合．

表5.1 表現型の異なる型間,集団間,種間で行われた相互移植実験のまとめ.表現型 (P),環境 (E),相互作用 (P × E) のそれぞれが説明する分散を三つの分散の合計で割った (つまり,三つの要素のすべてに同じように貢献する項目は除外した).単純化のために,二つの環境に二つの表現型のみが存在するという条件で計算した.この際,複数の表現型や環境を利用した移植実験については,各々の表現型について,他のすべての表現型と比較した際のすべての計算値の平均を取ることで計算した.表中の「直線の交叉」は,二つの異なる環境下で計測した値を結んだ直線が交叉するかどうかを表す.P × E の列における負の値は,相互作用が期待された方向とは逆になったもの (つまり,本来の生息地において適応度がより低くなったもの) を示す.

分類群	比較	N[b]	計測値	E	P	P×E	直線の交叉	文献
脊椎動物								
ノドクロヒメドリ Amphispiza spp.	A	2	摂餌速度	22	22	-56	有	Repasky and Schluter (1996)
アノールトカゲ Anolis spp.	A	2c	走行速度×つまずく頻度	77	5	17	有	Losos and Sinervo (1989)
カジカ一属 Artedius spp.	A	2	攻撃の成功率	98	2	1	無	Norton (1991)
イトヨ属 Gasterosteus spp.	A	2	成長率	32	1	67	有	Schluter (1995)
マンボウ Lepomis gibbosus	C	2	体長	26	3	71	有	Robinson et al. (1996)
マンボウ Lepomis spp.	A	2	摂餌速度	1	72	27	無	Wemer (1977)
イスカ属 Loxia spp.	A	4[d]	摂餌速度	82	6	12	有	Benkman (1993)
コーラスガエル Pseudacris spp.	A	2	幼生の生存率×サイズ	14	1	85	有	Skelly (1995)
コーラスガエル Pseudacris spp.	A	2	幼生の生存率×サイズ	73	7	20	有	Smith and van Buskirk (1995)
アカチャタネワタリキンバラ Pyrenestes ostrinus	C	2	摂餌速度	89	0	11	有	Smith (1987)
スキアシガエル類の一種 Scaphiopus multiplicatus	C	2	生存率	29	2	69	有	Pfennig (1992)
スキアシガエル類の一種 Sceloporus undulatus	B	2	成長率	21	23	56	有	Niewiarowski and Roosenburg (1993)
無脊椎動物								

5 異なる環境間でみられる分岐自然選択

種			形質					文献
ミジンコ *Daphnia pulex*	B	2	生存率	24	64	13	無	Hebert and Emery (1990)
オオムネアカハバチ *Dolerus* spp.	A	2	幼生の生存率×成長	2	7	91	有	Barker and Maczka (1996)
イトトンボ一種 *Enallagma* spp.	A	2	生存率	7	34	59	有	McPeek (1990b)
ドクチョウ属 *Heliconius erato*	B	2	寿命	0	8	92	有	Mallet and Barton (1989)
ドクチョウ属 *Heliconius cydno*	C	2	寿命	14	19	67	有	Kapan (1998)
カメムシの一種 *Jadera haematoloma*	B	2	生存率×繁殖力	9	19	72	有	Carroll et al. (1998)
タマキビの一種 *Littorina saxatilis*	C	2	生存率	19	9	72	有	Janson (1983)
タマキビの一種 *Littorina saxatilis*	C	2	生存率	3	5	92	有	Rolán-Alvarez et al. (1997)
タマキビの一種 *Littorina* spp.	A	2	生存率	83	0	16	有	Boulding and Van Alstyne (1993)
ハムシの一種 *Neochlamisus bebbianae*	B	2	生存率	0	0	100	有	Funk (1998)
アゲハチョウ属 *Papilo* spp.	A	2	生存率	28	23	49	有	Thompson et al. (1990)
ナナフシ類 *Timema cristinae*	C	2	生存率	32	2	66	有	Sandoval (1994)
植物								
ハルガヤ *Anthoxanthum odoratum*	B	6	生存率×サイズ	4	21	75	有	Davies and Snaydon (1976)
ヨモギ属の一種 *Artemisia tridentata*	B	2	適応度	65	9	26	有	Wang et al. (1997)
オオフタバムグラ *Diodia teres*	B	2	生存率×繁殖力	56	0	44	有	Jordan (1992)
Encelia spp.	A	2	成長率	59	3	38	有	Ehleringer and Clark (1988)
ハナシノブ科の一種 *Gilia capitata*	B	2	適応度	0	45	55	有	Nagy and Rice (1997)

分類群	比較[a]	N[b]	計測値	E	P	P×E	直線の交叉	文献
シンフネソウ属の一種 *Impatiens pallida*	B	2	適応度	89	1	9	有	Bennington and Mcgraw (1995)
シンフネソウ属の一種 *Impatiens pallida*	B	2	花粉除去	35	42	23	無	Wilson (1995)
シンフネソウ属の一種 *Impatiens capensis*	B	2	花粉除去	21	69	10	無	Wilson (1995)
アヤメ属 *Iris* spp.	A	2	生存率×サイズ	7	37	56	有	Emms and Arnold (1997)
アヤメ属 *Iris* spp.	A	2	生存率	1	1	99	有	Young (1996)
ミズホオズキ属 *Mimulus* spp.	A	2	成長×生存率	0	18	82	有	Hiesey et al. (1971)
キキョウナデシコ *Phlox drummondii*	B	7	適応度	64	13	24	無	Schmidt and Levin (1985)
ハナシノブ属 *Polemonium viscosum*	B	2	生存率	11	3	86	有	Galen et al. (1991)
ヘラオオバコ *Plantago lanceolata*	B	3	生存率×繁殖力	44	14	42	有	Van Tienderen and van der Toorn (1991a)
ヘラオオバコ *Plantago lanceolata*	B	5	13ヶ月までの生存率	92	2	-5	有	Antonovics and Primack (1982)
キンポウゲの一種 *Ranunculus lingua*	B	2	花の数	52	0	48	有	Johansson (1994)
ハイキンポウゲ *Ranunculus repens*	B	2	サイズ (葉の数)	63	5	32	有	Lovett Doust (1981)
アキノキリンソウ *Solidago virgaurea*	B	2	光合成の能力	98	0	2	有	Björkman and Holmgren (1963)[e]

[a] A は種間，B は種内の集団間，C は種内の型間． [b] 表現型の数． [c] *A. gundlachi* を，他のすべてを混ぜたものと比較した．
[d] 三つの相互比較の平均値． [e] Heslop-Harrison (1964) より引用．

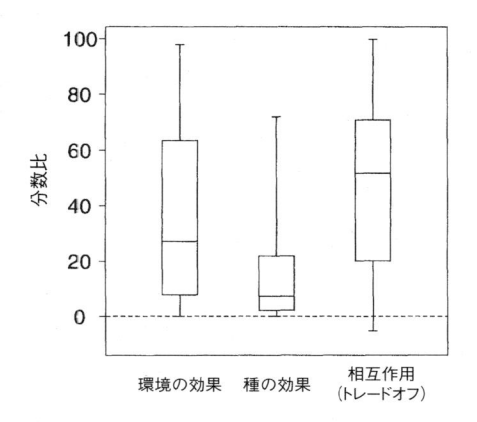

図 5.7 相互移植実験において，表現型，環境，それらの相互作用によって説明されるパフォーマンス（あるいは適応度）の分散比を示すボックスプロット．予想と反対の向きに見られた相互作用（元来の生息地において適応度が低くなる）を負の値で示した．縦の直線は，観察された値の範囲を示す．ボックスは第 1，第 3 四分位を示し，ボックス内の水平直線は中央値を示す．-56 の相互作用値は除外した．データは表 5.1 による．

られた（図 5.6）．結果として，ある型は，他方の型よりも，環境間でのパフォーマンスの変動がより大きくなる．それゆえに，表現型が分化すると，特殊化への程度も異なってくるという規則性が得られる．

表現型と環境との間の相互作用として定量されたトレードオフは，脊椎動物や植物（それぞれ，中央値 23.5% と 40%）よりも，無脊椎動物でより強くみられた（69.5%，KW-test，$\chi^2 = 6.27$，$P = 0.04$）．また，生存率が適応度に含まれている方が（中央値 69%），生存率が含まれていない場合よりも，トレードオフは強かった（24%，$\chi^2 = 12.97$，$P = 0.0003$）．研究されたすべての無脊椎動物で生存率が計測されたのに対して，他の生物では 1/3 でしか生存率は計測されなかったので，分類群の効果と生存率の有無の効果のどちらが主要因なのかは厳密には分らない．表現型の異なる範疇（形態型，集団，種など）間で，トレードオフに違いはなかった．

5.4.3 環境間の遺伝的相関

トレードオフを検出するための似たような方法として，二つ（あるいはそれ以上）の環境で計測されたパフォーマンスの間の，遺伝的相関を計測する

という方法がある．環境 A で計測されたパフォーマンスと環境 B で計測されたパフォーマンスを，その個体の別々の「形質」として取り扱い，異なる環境に置かれた類縁個体の間の類似性から，遺伝的相関を推定する（Falconer, 1981）．負の遺伝相関は，トレードオフを示す．この方法には欠点があるが，まだよく使われているので，ここで言及しておこう．

　この方法の基礎となる論理は，相互移植実験を支持する論理と似かよっている．もしある表現型質が，異なる環境下では異なる最適値をもつ場合（図5.5 の形質 z），どのような集団においても，集団内では高い z 値をもつ個体は環境 B では高い適応度をもつが，環境 A では低い適応度をもつはずである．一方，低い z 値をもつ個体は環境 A では高い適応度をもつが，環境 B では低い適応度をもつはずである．もし表現型質 z が遺伝するなら，環境 A と環境 B でのパフォーマンス間の遺伝的相関に対する貢献は負の効果となるはずである．たいていの形質が同じようにふるまうならば，全体的な遺伝的相関もまた負の値になるはずである．

　しかし，前提条件のうち，少なくとも二つがあり得ない条件であることから，この方法には欠点がある．まず，調べられた集団の平均値 z' が，二つの環境下での最低値の間に存在するときのみ，形質 z は，負の遺伝的相関に貢献しうる（Price and Schluter, 1991）．この領域が唯一，z の変異が，環境 A と B とで適応度に反対の効果をもたらす場所である．もし集団が自身の環境（たとえば，A）における平衡点に近い場合，A におけるパフォーマンスと B におけるパフォーマンスの間に期待される相関は，ゼロになる．なぜなら，集団中の半分のみが B における適応度の上昇につれて，A における適応度の低下を導くような領域に入るからである．他の半分は，もう一方の最適点に近く，B における適応度が上昇するにつれて，A における適応度も上昇する領域にあり，前者の効果を相殺してしまう（図5.5）．最適点が変動する場合や，双方の環境が新規である場合などに起こりうるのだが（Service and Rose, 1985; Price and Schluter, 1991; Joshi and Thompson, 1995），もし，集団が二つの最適点で挟まれる領域の外に存在する際に，z の変異は，環境 A と B における適応度に対して同様の効果をもたらし，正の遺伝的相関が生まれるであろう．

2番目に，この検証法の前提となっているのは，環境 A と B における適応度の間の遺伝的相関に対する z の貢献は，他の共変化する遺伝的変異には影響されないことである (Fry, 1993). 一般的に期待されているとおり，たとえば，個々の個体がわずかに有害となる変異をもつ程度に，変異がある場合は (Charlesworth, 1990; Houle, 1991)，この前提は満たされない. 有害な突然変異を少ししかもたない個体は，どちらの環境においても良いパフォーマンスを示す傾向があることによって，形質 z の効果は相殺され，環境間での適応度の遺伝的相関が負ではなくなるかもしれない (Joshi and Thompson, 1995).

多くの研究の結果は，環境間の遺伝的相関はたいていゼロに近いか，正であることを示す (Rausher, 1984; Jaenike, 1990; Joshi and Thompson, 1995; Fry, 1996). Via (1991) の研究（図 5.6）は，アルファルファとクローバーにいるアリマキの適応度の間に強い負の遺伝的相関があることから，例外と見なされることが多い．しかし，異なる宿主植物から採集されたクローンアリ間で（つまり集団間で），遺伝的相関が計算されたので，彼女の研究は，5.4.2 節で見た通り，実際には相互移植実験といえる．同じ種の宿主植物から採集されたクローンを用いて計測された場合，環境間の遺伝的相関は随分と低い (Via, 1991).

5.4.4 結語

ここで出典した文献に大きな偏りがないとすると，異なる環境に生息する異なる表現型をもつ形態型間や集団間，そして種間において，明らかなトレードオフが存在することが多いと結論できる．このようなトレードオフは，二つの環境が対比的な選択圧をもつ場合に予測できる結果である．それゆえ，これほど普通に見られること（図 5.7）は，分岐自然選択の仮説と一致している．それに比して，2 箇所以上の環境でのパフォーマンス間の集団内遺伝相関は，たいていゼロに近いか，わずかに正である．しかし，負の遺伝相関が期待されるのは，たいていの集団において実現しそうにない条件のもとでのみである．

移植実験の方がさらに優れている点は，選択についての生態学的メカニズ

ムに関する情報も与えてくれるという点である．移植実験では多くの場合，どの形質が環境間でのパフォーマンスの違いに貢献しているのかを同定することに成功しているし，トレードオフの基礎となる環境要因についても，少なくともその一部は明らかにしてきた．実際，多くの脊椎動物や昆虫以外の無脊椎動物の事例は，特定の形質や環境要因を念頭において行われたものであり（顎のサイズと餌の大きさ；脚の長さと止まり木の太さ；貝殻の固さと捕食圧），環境の間で観察された形質の違いに対する生態学的仮説の予測を検証するように，大抵の実験はデザインされている．2-3の例では，葉毛を剃る（Ehleringer and Clark, 1988），嘴の先をハサミで切るなど（Benkman and Lindholm, 1991），移植された個体の表現型を整形的に変化させることによって，特定の形質の寄与についてさらに検証している．昆虫や植物の場合には，どの表現型に由来してパフォーマンスの違いが生じるのかについては，ほとんどわかっていない．

相互移植実験のもつ主な欠点は，中間的な表現型の適応度が，中間的な環境において検証されていないという点である．これが問題となる理由は，適応の峰に沿った浮動によっても，ある状況ではトレードオフが予測されうるからである．小さい嘴のフィンチは，大きい嘴のフィンチよりも小さな種子を食する効率が高く，大きな嘴のフィンチは大きな種子を食するのが得意である．しかし，中間的な嘴をもつフィンチが低い適応度をもつのでない限り，選択は分岐的ではない．それゆえに，適応の峰の仮説を除外するためには，中間的な環境が稀であるか，存在しないか，（存在するにしても）中間型にとって利用不能といったさらなる証拠が必要である．このような証拠は入手できないかもしれない．

異なる宿主を利用するように特化した近縁の昆虫間の場合には，中間的な環境がそもそも存在しないので，この問題の影響はおそらく少ない．離散的な異なる環境に生息するような移動性の少ない種（植物など）についても，あまり問題とならない．最後に，交雑によって中間型が生まれない（たとえば，2型を区別する対立遺伝子が強い優勢を示すなど）場合についても問題がない．逆に，同所的に存在する異なる脊椎動物の表現型を，異なる資源の間で「移植」した研究については，適応の峰の可能性が除外できない場合が多い．ト

レードオフの強さに差は見られない (Kruskall-Wallis test, $\chi^2 = 0.845$, $P = 0.36$) が，後者については，さらなる分岐選択についての検証が必要である．

5.5 自然選択の直接計測

　分岐自然選択の検証法の三つ目のものは，適応度や適応度の構成要素（生存率，繁殖成功率），さらには，野外における表現型のパフォーマンスを直接計測することである．もし選択によって，本当に量的形質の集団間分化が起こるのであれば，次の二つのうちどちらか一つが起こるであろうと予測される．もし既に平衡に達しているなら，各々の集団において，平均値の周囲では安定化選択がはたらいているはずである．あるいは分化が進行中の場合には，反対方向を向く方向性選択として，分岐選択が検出できるはずである．これらの組み合わさったパターンは，一方の集団のみが平衡に達しているときにみられるであろう．量的形質にはたらく選択を推定する方法については，Box 5.1 に要約してある．以下に，分化集団に対する選択の方向について概説していく．

5.5.1　分断選択 (disruptive selection) によって明らかとなる適応頂点

　分断選択 (disruptive selection) とは，ある一つの集団における，表現型の分布の中に，適応度の最小点が存在することを表す．分岐選択 (divergent selection) とは，集団の平均値を異なる方向へと引っ張る選択のことであり分断選択とは別のものである（分断選択が一つの集団を二つに分断する際には，この違いは曖昧になる）．しかしながら，変異に富んだ集団にはたらく分断選択を調べることによって，より変異の少ない集団における適応地形に関する情報を得ることができる．

　アフリカフィンチのアカクロタネワタリキンパラ *Pyrenestes ostrinus* の生存パターンは，この考えを例示している（図5.8）．この種には，二型の嘴がみられ，単一遺伝子座における二種類の対立遺伝子によって決定される (Smith, 1993)．各々の型は，異なるスゲの種子を食する．大きい嘴をもつ方が，よ

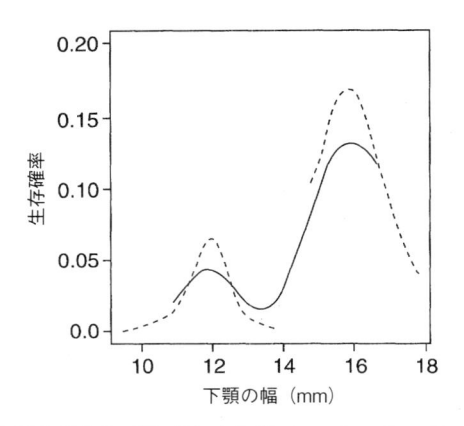

図 5.8 アカクロタネワタリキンパラ（black-bellied seedcracker *Pyrenestes ostrinus*）の雛における嘴の幅と生存確率との関係．この集団には，嘴の幅の異なる 2 型が存在する．点線は，それぞれの型に対して別々に推定した適応度関数 f を示す．曲線は，Smith (1993) の図 1 (a) から，キュービックスプラインによって推定された．実線は，同じ環境下での単一型の種の適応地形を推定したものである．単一型の集団の嘴の幅が 5% の分散係数をもつ自然分布であると仮定して，図 5.1 と同様に f から地形を計算した．

り固いタネを食する．何千もの個体識別をした若い鳥の生存を 7 年にわたって観測した結果，嘴に対する二峰性の選択が明らかとなった（図 5.8）．二つの頂点の間には，中間地点付近に深い適応の谷が存在する．この適応関数を用いて，典型的な単一型で構成される種（変動係数が約 5%）について適応地形を作ることができる．その結果として，二峰となる（図 5.8）．

変異に富む集団に対してはたらく分断選択の別の例として，アメリカ北西部にある種が乏しい湖にみられるパンプキンシードサンフィッシュの形態形質（Robinson *et al.*, 1996; Robinson and Wilson, 1996）や，ガータースネークの捕食防御形質などがある（Brodie, 1992; Brodie *et al.*, 1995）．これらの例では，集団の平均値に対する適応地形は，まだ明らかにされていない．

5.5.2　異なる平均値の付近ではたらく安定選択

もし別々の集団が，異なる適応頂点の頂きに存在する場合には，各々の集団内においては，安定化選択がみられるであろう．平均値に近い表現型は，極端な表現型よりも，高い適応度をもつはずである．

たとえば，Benkman（1993）は，アメリカ北西部のアカイスカ（Loxia curvirostra）の4「型」（おそらくは種）について調べた．各々の型は，離散した土地に異なって分布している毬果植物のセイヨウツガ（western hemlock fir），アメリカトガサワラ（douglas fir），ポンデローサマツ（ponderosa pine），ロッジポールマツ（lodgepole pine）に依存する．これらのフィンチは，交差した両嘴を利用して毬果植物のマツカサの殻を剝き，種子を取り出す．閉じたマツカサからタネを取り出す速度は嘴の厚さに依存し，特定のマツカサに要する速度は，それを主食とする「型」の嘴サイズで最大となる．同様のパターンは，皮を剝く際に種子を固定することに利用される口蓋の溝の幅についても見られる．摂餌効率は，適応度ではないが，閉じたマツカサに対するエネルギー摂取効率は，おそらく嘴のサイズと形にはたらくもっとも強力な選択圧であろう（Benkman, 1993）．他の例は，驚くほど少ない．ガラパゴスのダフネメジャー島のサボテンフィンチ Geospiza scandens の嘴は，ふつう安定化選択の下にある（Boag and Grant, 1984; Price et al., 1984b）．逆に，同属のガラパゴスフィンチ G. fortis の嘴は，生活史，年，世代などによって変化する方向性選択の下にある（Boag and Grant, 1981; Price and Grant, 1984; Price et al., 1984a; Gibbs and Grant, 1987a）．この場合にも，嘴にかかる選択はある一定の幅で振動しているが，長期的に見れば，十分に安定化選択と見なすこともできる．

　一般に，安定化選択は，方向性選択と比べて稀なように思われているが，この結論は誤っているかもしれない（Endler, 1986）．大概の証拠は，形質の分散の変化のみに基づいているが，これは方向性選択によって，むしろ引き起こされるからである．また，集団内の表現型の範囲内に適応度の最高点が存在することが，直接的に検証された例はほとんどない（Schluter, 1988a）．さらに，自然選択に関する大抵のデータは，時間上のある一点についての，あるいは，ある一つの成長段階についての断片的なスナップ写真にしか過ぎない．方向性選択が別の成長段階で計測された場合には大抵，最初の方向性選択と反する方向であることが多い（Schluter et al., 1991）．したがって，一生を通じての選択の結果が，安定化であるのか否かについては多くの場合不明である．

5.5.3 二つの環境での選択の計測

量的形質に対する方向性選択は，地理的に隔離された異なる環境に生息する集団を同時に用いて，あるいは異なる資源を利用する同所の形態型や近縁種（移植種については後に扱う）を用いて計測できる．このようにして，分岐自然選択の検証を行うことができる（表 5.2）．この結果は，複数の形質ではなく，単一の形質に対する選択差に基づいたものである．なぜなら，関連のある複数の形質に対するランダムな選択係数でさえ，大抵は方向が異なっており，パターンを見出すのが複雑になるからである．データの数は少ないし，いずれも選択の断片的な「スナップ写真」に過ぎず，長期の現象を反映していないかもしれない．しかしながら，その傾向は示唆に富んでいる．いくつかの例では選択のメカニズムは不明であるが，環境との相関や形質の機能などから推測することはできる．少なくとも 2 例では，選択の対象について，実験的に検証された（アマガエルの一属 *Pseudacris* とイトトンボの一属 *Enallagma*）．

分岐選択は，比較的広く見られ，半分以上の例で観察された（表 5.2）．収斂選択（convergent selection）は，係数が方向性に関してランダムであれば，分岐選択と同じくらい一般的なはずであるにも関わらず，実際には稀である．ある一例で，明らかな収斂選択が見られた（この例では，集団間の違いは遺伝によるのではなく，環境によって誘導されるものである：Dudley, 1996a）．平行選択（parallel selection）（双方の集団で同じ方向にはたらく選択）は，分岐選択と同じくらい一般的である．

直接計測によって，分岐選択が広く観察されたという事実は，適応頂点が複数存在するという考えと合致する．しかし，平行選択を示す例が多いということは予期していなかったことであり，説明を要するだろう．種間における形質の違いは中立であるのかもしれない．あるいは，ひょっとすると現在観察できる選択圧から，分岐の原因となった過去の選択圧は必ずしも予測できないのかもしれない．近縁の種は，分岐の最中や分岐後に，種々の環境変動に対して同様に反応するはずである．他の説明としては，適応度の計測が不完全であったことが理由であるか（たとえば，ヨコエビ類 *Gammarus* の場合，一方の環境では，大きな体や長い触角のサイズが生存に有利であっても，おそら

5 異なる環境間でみられる分岐自然選択

表 5.2 同所近縁種間 (A),集団間 (B),型間 (C) で平均値が異なっている表現型に対して作用する自然選択の方向.ある一時点における方向性選択圧に基づいて計算した.分岐と収斂は,分岐と収斂が起こる場合がある.表中の「平行」は,両方で同じ方向の方向性選択が働いていることを示す (必ずしも選択圧の強さが同じであるとは限らない).

分 類 群	比較する群	形 質	適応度の計測	選択の方向性	選択の実体	文 献
遺伝基盤があるもの						
コーラスガエル *Pseudacris triseriata*	C	体形	成長と生存率	分岐	捕食と資源獲得	Van Buskirk *et al.* (1997)
ムシクイ類 *Vermivora* spp.	A	営巣場所 (ニセアカシアの幹)	巣の存続	分岐	捕食	Martin (1998)
イトトンボ科	A	尾部のラメラのサイズ	生存	分岐¹	捕食	McPeek *et al.* (1996)
Enallagma spp.						
ヨコエビ類 *Gammarus minus*	B	体と触覚のサイズ	繁殖成功率と繁殖力	分岐	オス間競争と資源獲得	Jones *et al.* (1992)
		目のサイズ		分岐		
ヨコエビ類 *Hyalella azteca*	B	体サイズ	生存率	分岐	捕食	Wellborn (1994)
ツリフネソウ属 *Impatiens* spp	A	萼片の開口	花粉の除去	平行	送粉者	Wilson (1995)
ツリフネソウ属 *Impatiens pallida*	B	高さと葉の面積	適応度	平行	資源獲得	Bennington and Mcgraw (1995)
		開花時期		分岐¹	干ばつを逃れる	
オオバコ属 *Plantago lanceolata*	B	サイズと成長型	種子の量	平行	—	Van Tienderen and van der Toorn (1991b)
遺伝基盤のないもの						
コーラスガエル *Pseudacris triseriata*	C	尾の形	成長と生存	分岐	捕食と資源獲得	Van Buskirk *et al.* (1997)
カナヘビ属 *Lacerta vivipera*	B	体サイズ	生存	平行	—	Sorci and Clobert (1999)
オニハマダイコン属 *Cakile edentula*	B	水利用の効率,葉のサイズと気孔伝導度	果実の量	収斂¹	水の利用	Dudley (1996a)
		光合成効率	果実の量	平行	水の利用	

く他方の環境では反対である；Jones *et al.*, 1992; Culver *et al.*, 1995)．あるいは全体的な活性が形質と適応度と相関しており，その効果を取り除かなかったことが理由であると考えられる（Price and Liou, 1989; Rausher, 1992を参照）．

5.5.4　移植集団における選択と進化

現在の（分化が生じて以降の）選択の方向が，分岐を引き起こした当所の方向とは同じではないかもしれないがゆえに，野外集団に対してはたらく選択を計測する検証法には問題がある．かつて起こった選択圧を再現する方法の一つは，一方の集団あるいは両方の集団を，互いに他方の環境へと移植し，移植された個体群にはたらく選択の方向が，そこに本来生息する集団の平均値を指す方向であるかどうかを決定することである．非連続的な多型に関する結果は，既に示したが（「C」型の相互移植：表5.1），いずれの場合も（9例中9例），分岐選択の仮説を支持した．ここでは，連続形質に関するいくつかの結果について概説する．

移植された際に，そこに元来生息していた集団の表現型を好むような選択がはたらくという古典的な例は，グッピー *Poecilia reticulata* にみることができる（Reznick *et al.*, 1997）．グッピーを捕食圧の高い場所から低い場所へと移植する実験が2回行われたが，いずれの場合にも，数年以内に，繁殖時サイズと繁殖年齢とを上昇させるような進化的変化が起こった．これは，捕食圧の低い場所に，元来見られる表現型である．逃避行動も，同様に減少した（O'Steen *et al.* 未発表）．移植後の生存率と繁殖成功率については調べられなかった．同様に，Losos *et al.*（1997）は，ブラウンアノールトカゲ *Anolis sagrei* を元のある集団から，細い止まり木しか利用できない複数の島へと移植した．後脚が短くなる方向への平行進化がみられ，これは，このような細い止まり木を利用するトカゲから，期待される方向であった（図2.4）．しかし，これらの変化は進化ではなく，形質の可塑性を表しているだけかもしれない（Losos *et al.* 2000）．

逆に，Bennington and Mcgraw（1995）の結果は，期待と完全には合致しなかった．湿潤な平原および乾燥した丘の中腹に，ウスキツリフネソウ *Impatiens pallida* の生態型を相互移植し，移植個体についてある形質にはた

らく選択圧を計測した．丘の中腹へと移植されると，平原の生態型植物は，開花時期を早める方向への強い選択が働き，これは在来型における早い開花時期から期待されたものであった．しかし，丘の生態型植物が，平原へ移植された際には，開花時期に対する選択は観察されなかった．また，どちらの場所でも，在来型と移植個体ともに，大きな葉を持った背の高い植物が選好さるという，予想に反した選択が観察された．この平行選択は，これら二つの形質が，全身的な活性という計測されなかった形質と，相関していたことが原因の一つであろう．

5.5.5 雑種移植個体における選択と進化

かつて作用した選択圧を再現するもう一つの方法は，両親種の中間的な形質を示す雑種を作出し，双方の親種の環境へ置くことである．これは，両方の親種の環境における選択を計測することのできる一般的な「調査法」であるとともに，F2雑種を用いた場合には，親種を判別できるような形質について，より多くの遺伝的な表現型変異を得ることができるという利点がある．

この類の最初の研究としては（Hiesey et al., 1971），モンキーフラワー（ベニバナミゾホオズキ）*Mimulus cardinalis* と同属の *M. lewisii* の間のF2雑種を，親種の野外生息地と同じ高度の調査地点（StanfordとTimberline）に移植し，進化的変化を調べたものがある．どちらの地点においても，人為的操作の入らない条件下でF2を受粉させると，「自発性発芽」の形質は，在来種の方向へとシフトした．中間的な高度の地点（Mather）では，F2の子孫は形質の二峰性が見られ，分岐選択が示唆された．

Jordan（1991）は，ハーブの一年生草オオフタバムグラ *Diodia teres* について，沿岸と内陸の集団の間の雑種を，在来種の生息地へと移植した．集団間で異なる六つの形態形質に対して，はたらく選択が調べられた．作られた種子の数が，（メスにおける）適応度として計測された．結果は，様々であった：つまり選択勾配で見ようと，選択係数で見ようと，六つのうち四つは，両方の環境で同じ方向へと選択された．沿岸部においては，元来の形質が選択によって好まれる傾向が見られたが，内陸では見られなかった．なお，進化的応答についてまでは，計測されなかった．

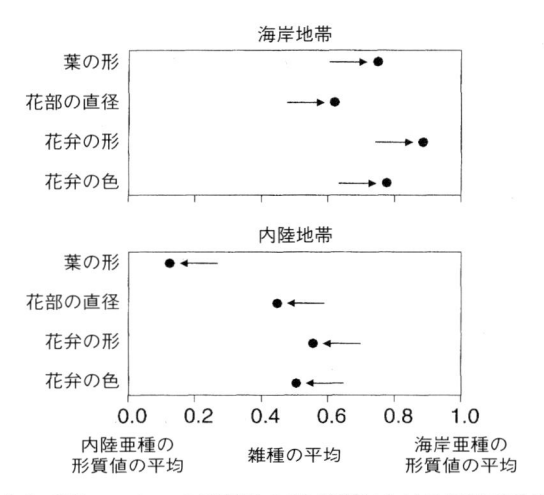

図 5.9 形態の異なる *Gilia capitata* の亜種間の F3 雑種における相対形質値の平均．形質値は，純粋な亜種が両極端になるように，0 から 1 までの単位に変換した．F3 は，両種の本来の生息地，つまり，海岸近くの浸潤地帯と内陸の乾燥地へ移植された F2 に由来する．矢印は，それぞれの場所において，F2 に対して働いた選択に対する進化的応答の方向を示す．すべての例において，雑種集団は，そこに本来生息する亜種の方向へと進化した．すべての計測値は，温室で育てた植物に基づく．Society for the Study of Evolution の許可を得て，Nagy（1997）を改変．

Nagy（1997）は，さらに発展させた実験デザインを用いて，注意深くコントロールされた条件で，受粉し作出された F3 において，進化応答を計測した．1 年草のギリアカピタータ *Gilia capitata* の 2 亜種の F2 が，カリフォルニアの沿岸の砂丘と内陸の茂みへと移植された．（メスのみの）適応度は，開花として記録された．ついで，F2 について，ある一つの植物の花粉プールへの寄与が，おおよそ花の数と比例するように，研究者の手によって受粉された．このようにして作成したタネの無作為抽出サンプルを実験室内で育成し，F3 世代における形態形質の平均値が，共通環境下での元来の F2 における平均値と比較された．F2 と F3 の植物の平均値の違いは，進化的応答を表す（図 5.9）．その結果：八つの実験中七つにおいて，在来の表現型（どちらの環境でも，弱い相関の見られる四つの形質）が選択によって選好さることがわかった．八つすべての事例における応答は，在来種の方向に向かうこ

とが明らかになった（図5.9）．

5.5.6 結語

多くの例において，方向性選択と短期的な進化応答の計測結果は，分岐自然選択の仮説と合致することがみられた．親種や，それらの間の雑種を，環境間で移植した実験を用いることによって，直接的な証拠が得られた．非連続的な形質の違いを示す型を，環境間で移植する実験では，必ず分岐選択が示された．それを量的形質の選択を計測する移植実験では，常にではないにしても大抵の場合には，支持する結果が得られた．つまり，既に分化した型を用いた選択実験では，収斂選択よりも分岐選択や平行的な選択が一般的であることを示している．後者は，種間差が適応的ではなく中立的であるという考えとも合致するが，むしろ環境の変動に対して近縁種が，共通の応答を示すことを反映しているのかもしれない．異所的集団に対する安定化選択や，変異に富む単一の集団内での分断選択の証拠は多くないが，適応地形が複数の頂点や谷をもつという考えを支持する．

選択を観察することよりも，実験的なアプローチの方が優れている点は，（現在のではなく）分岐をもたらした過去の選択圧を再現することができるという点である．選択への進化応答を計測する移植実験は，野外集団への選択を単に観察するよりも強い証拠を得ることができるのだが，研究例はまだ少ない．もっとも，選択のみを抽出して計測するよりも，短期的であっても進化そのものを計測した方が，より信頼できるかもしれない．なぜなら，すべての適応度に関わる要因を考慮し，より長い期間に渡ってはたらく選択の総和をみることができる上に，全体的な活力と形質との相関という問題も除外できるからである．

5.6 環境から適応地形を推定する

環境特性および表現型が，個体のパフォーマンスへどのような影響を与えるかに関する知識が十分にあれば，各々の表現型について適応度を推定する

ことが可能である．このような適応地形は，地形上のある地点で現在生息している種について，推定された適応表面をつなぎ合わせて外挿することから得られるだけでなく，生態学的メカニズムから構築することもできる．自然界には実際に存在しない表現型についても，その適応度を推定することが可能かもしれない．実際に存在する表現型は，この頂点に相当するといえる．期待される表現型の平均値と観測結果とを比較することによって，分岐選択について検証できると同時に，重要な環境因子について示唆することもできる．

5.6.1 嘴のサイズに関する適応地形

このアプローチは，穀食性ギルドに属するガラパゴス地上フィンチのさまざまな種や集団において，嘴のサイズを予測するのに利用された（Schluter and Grant, 1984）．ある島に仮想的な単独種が生息すると仮定すると，個体の嘴にはたらく自然選択によって，集団の平均嘴サイズは，集団密度をほぼ最大にする値になるはずであるというのが，その基礎となる考えである．この仮定は，特定の条件下においてのみ理論的に正当である．ガラパゴスフィンチでは，この条件はある程度満たされているが，全体としてはそうではない（Brown and Vincent, 1987; Taper and Case, 1992a, b; Fear and Price, 1998）．

以下に，仮想の単独フィンチの期待集団密度を計算する過程を要約する．まず，15 のガラパゴス島において，数回の乾期における種子の量を推定する．各種のタネの密度を，平均サイズと固さとともに記録する．次に，特定の平均嘴サイズをもつフィンチ集団が，利用することのできる種子のサイズと堅さの上限と下限を決める．これらのフィンチでは，種子の固さの上限が，嘴サイズを決定するもっとも重要な要因である（図 2.2）．これは，行動に起因する限界ではなく，物理力学的限界である．限界を超えた固さの種子は，繰り返し試みられても（あるいは，あったとしても），フィンチによって滅多に砕かれることはない（Schluter and Grant, 1984）．利用される種子の下限は，種子のサイズによって決まる．あるサイズよりも小さな種子は，無視される．これは，行動の限界であり，嘴や体のサイズが大きくなるにつれて，小さなタネを食することの相対的な利点が減じることに起因すると考えられる．ど

こに限界があるかの正確な値は，予想される嘴サイズに大きな影響は与えなかった．

特定の平均嘴サイズをもったフィンチに，利用可能な範囲内に含まれる種子の総密度が計算され，次いで，フィンチの期待密度へと変換される．実際に知られている種子の密度，フィンチの密度，フィンチの体重（これは嘴サイズと正の相関がある）の間の関係に基づいて，この変換は行われる．代謝需要に基づく一般的な変換法を用いた場合にも，似たような結果が得られた（D. Schluter 未発表）．この仮想単独フィンチについて，世界中で観察されるフィンチの最小嘴サイズから最大嘴サイズまでの範囲で，予想される集団密度を計算することによって，適応地形が作られた（図 5.10）．

その結果，作り出された適応地形は，多くの頂点と谷をもち，凹凸の形となった（図 5.10）．凹凸が生じる直接的な原因は，種子という資源が，環境において離散的な性質もつことにある．島における植物の多様性は，小さい島においてとくに低く，種子サイズや固さの勾配は非連続となるのである．たとえば，ダフネメジャー島における大抵の種子（図 5.10 左上）は小さくて柔らかく，これらが最小の嘴サイズにおける低い頂点を決定する．中間的な固さの種子をもつ2種が島に豊富に存在することが原因となって，中間的な嘴サイズのところに適応頂点が生じる．他の島には，非常に固い種子が豊富にあり，それが原因となって，非常に大きな嘴サイズのところに3番目の頂点ができることが多い（たとえば，ヘノベサ島とマルチェーナ島；図 5.10）．

ガラパゴス諸島でのフィンチ集団の平均嘴サイズは，適応地形の頂点に比較的良く合致しており（図 5.10），分岐自然選択仮説ならびに種子のサイズや固さの分布が，この選択の原因であるという考えを支持する．嘴サイズの平均は，もっとも高い頂点の右に位置する傾向があるが（図 5.10），これは，種子とフィンチの密度の間の変換が単純化されすぎていること，あるいは大きいサイズに付随する他の利点が存在することを反映しているのかもしれない．

5.6.2　他の例

Armbruster（1990）は，新熱帯区に生息する樹脂を作るツル性植物の1

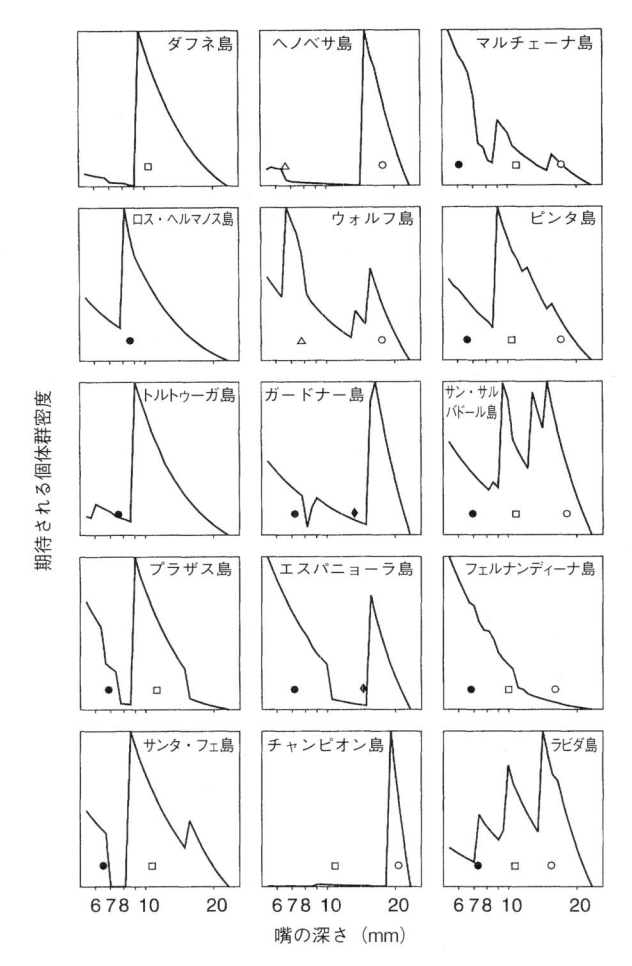

図 5.10 ガラパゴス諸島の 15 の島における平均嘴サイズの適応地形.曲線の高さは,穀食性フィンチに対する集団密度の期待値を示す.いずれの図においても,縦軸の最大点が集団密度の期待値の最大値になるようにプロットした.各々の島におけるオスの地上フィンチの嘴の深さの平均は,以下の印で示されている.コガラパゴスフィンチ（●）,ハシボソガラパゴスフィンチ（△）,ガラパゴスフィンチ（□）,オオサボテンフィンチ（◆）,オオガラパゴスフィンチ（○）.チャンピオン島やその近傍の大型フィンチは,絶滅した.University of Chicago Press の許可を得て,Schluter and Grant (1984) から改変.

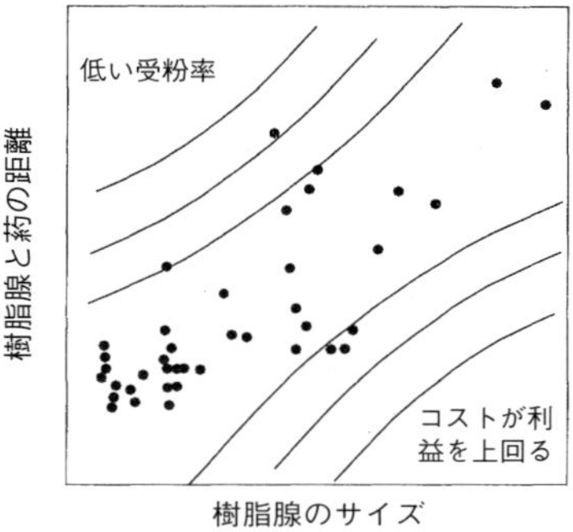

図 5.11　新熱帯区のケショウボク属 *Dalechampia* の花における樹脂腺のサイズ，および，腺と葯の間の距離の平均値に対する適応地図．この推定値は，花粉の除去の計測値に基づいているが，樹脂産生にともなうコストも考慮している．等高線は，左下から右上へと連なる平均適応度の峰を示す．印は，ケショウボク属のさまざまな種の平均値を示す．University of Chicago Press の許可を得て，Armbruster（1990）を改変．

グループ（トウダイグサ科ケショウボク属 *Dalechampia*）の受粉効率（花粉の届く効率と分散効率）を，樹脂腺の平均サイズ，ならびに樹脂線と葯の間の平均距離の関数として予測した．自然界に存在する花がもつ形態よりもすいぶん大きな腺面積をもつもの，あるいは，ずいぶん短い樹脂線—葯間の距離のところに，単一の頂点が存在することが予測された．樹脂生産にコストがあることを推定すると，平面は両方の形質が低い極から，両方が高いもう一方の極へと広がる脊梁をもつ峰へと変わる（図 5.11）．大抵の種は，この峰に沿って存在する（Armbruster, 1990）．

この結果は，分岐選択よりもむしろ，適応の峰に沿った浮動が，種間で見られる花の構造の変異の原因であることを示唆する．しかし，この解析では，すべてのサイズのハチが，あらゆる場所で同じくらい均等に分布していることを仮定している．したがって，資源の分布に偏りがあることに由来する小さな影響についても，検出できないであろう（Armbruster, 1990）．Armbruster は，他のケショウボク属 *Dalechampia* などの植物種と，受粉者を共有することに由来する種間競争の効果が存在するがゆえに，その峰は実際の峰ではないという仮説を立てた．後の比較研究のいくつかは，この結果を支持した（Hansen *et al.*, 2000）．第 6 章では，種間相互作用が適応地形の形

に対して与える影響に立ち戻ろう.

　Kingsolver (1988) は，寒冷環境において，チョウのモンキチョウ属 *Coliadine* と *Pierine* の温度調節能を，翅の末端部，近位部，中間部におけるメラニン量の関数として予測した．このチョウ2属の間には，翅を広げて日光浴する行動に違いがあることが原因で，異なる組み合わせの地点にパフォーマンスの頂点が存在すると予測された．これらは離れた系統間での相関をみたものであって，属内種間における翅のパターンの多様性を，異なった生息環境の関数として予測することを意図したものではない．

5.6.3　結語

　実際に，適応地形を描いてみることの利点は，第一理論（分岐自然選択の考え）を用いることによって，平均表現型について予測することができる点である．ガラパゴスフィンチの適応地形は，複数の適応点が存在すること，さらに，頂点の間に急峻な適応の谷が存在することを示す．島間で，地形は異なっており，フィンチの嘴もそれに応じて変化する．これは，分岐自然選択こそが，このグループにおける表現型分化の原因であるという仮説を支持する．嘴と頂点とが一致することは，分岐自然選択の主要な担い手が種子であると正確に同定されていることも支持する．逆に，ツル性植物のケショウボク属 *Dalechampia* における花の形の適応地形では，頂点が見られなかった．このグループにおける分化は，適応の峰に沿った浮動と矛盾しない．

　しかし，フィンチにおける地形は，たった一つの形態形質，嘴のサイズについてのみ作られたに過ぎない．さらに複数の形質を加えると，見かけ上の頂点がつながって，適応の峰が生じ，頂点が消えてしまうのだろうか (Whitlock *et al.*, 1995)？　この可能性に対する主なる反論は，確かに複数の形質が種を区分するのではあるが，それらはともに変化することが多いというものである．穀食性のジェネラリストにおける集団間や種間の変異のほとんどは，体サイズと顎筋量を含む複数の形質の組み合わせからなる単一の次元においてみられる．嘴の厚さは，単にこれら一連の形質が知覚できる指標に過ぎない．この制限を与えると，仮想適応の峰に沿った中間的な過程となりうる形質の組み合わせを想像することはできるけれども，ガラパゴスフィンチが今だか

つてそこに達しなかったことはあり得なさそうである．

　種子に基づいて計算された適応地形の形と，実際の野外集団にはたらく自然選択に関するデータとが一致する場合には，分岐選択に対する証拠はさらに強力となるだろう．

5.7　適応頂点のシフトはいかにして起こるのか？

　先に概説した証拠によると，分岐選択こそが，異なる環境を利用する集団間での表現型分化の主要な原因であること，ならびに適応地形がしばしば複数の頂点と谷をもつことを示唆する．分化した集団や種は，別々の頂点領域に存在するようである．この結論は，新しい問題を提起する．頂点同士は，定義上，低い適応度の谷によって隔てられており，それらを超えることには選択によって妨げられるはずである．では，そもそも頂点シフトはいかにして起こるのか？この問いは，集団や種の表現型の分化の初期メカニズムに関わる．野外集団から得られた情報には限りがある．現在の考えは，それぞれのメカニズムの信憑性に大きく依存している．以下に，主要なアイディアについて概観する．

5.7.1　2種類の頂点シフト

　これまでに提唱された頂点シフトの原因は，根本的に異なる二つの範疇に分類できる．まず，選択の作用によって，適応の谷を渡るということが考えられる．普通は，低い適応度の谷が適応頂点を分断しているのであるが，適応地形自体が変形して谷が一時的に消失した際に集団が横切り，分化が始まった際にまた谷が現れるということがあるかもしれない．この考えは，適応地形は常に変化しているということ，さらに，適応度が上昇する（つまり，適応地形の丘を登る）方向へしか進化は起こらないとするフィッシャー（Fisher, 1930）の考えに由来する．しかしながら，この説明には，いろいろなメカニズムが含まれている．外部環境が変化して，適応関数が変動し，適応地形が変化するかもしれないし，あるいは，表現型の頻度分布（たとえば，集団分散）

が変化することによって，地形が変わるかもしれない．前者の変化は，純粋に適応的な過程であり，自然界に一般的にみられ不可避なものである．後者の変化の原因についてはよくわかっておらず，決定論的な力（たとえば，選択や移住）やランダムな力（たとえば，遺伝的浮動，突然変異，その他の偶発的な出来事）によるのかもしれない．

二つ目の範疇に入る頂点シフトは，集団が，適応地形の丘を遠足のように軽く下って谷を過ぎてしまうことによって起きる．このような急速な移行は，遺伝的浮動で始まり，拮抗する自然選択が存在していても起こってしまうとする考えである（Wright, 1931, 1932）．この頂点シフトモデルでは，地形が変動しないことを前提としている．地形が一定であることは，必ずしも遺伝的浮動が役割を果たすことを必須としないが，もし変動が頻繁に起こるのであれば，自然選択によって，頂点を分け隔てている谷が速やかに横断されて，遺伝的浮動の果たす役割はとても小さいものになるだろう．

5.7.2 自然選択による頂点シフト

環境の地理的変異——もし環境や適応頂点の場所が，単純な2島モデルにおけるのと同じように，島ごとに異なっている場合，頂点シフトは単純であろう（図 5.12）．まず，ある集団の少数個体が，異なった地形をもつ新しい島へ上陸したときに変化が始まる．新しい島での新しい適応頂点へ登坂することによって，もとの集団とは表現型の異なる姉妹集団が生み出される．この集団が再び最初の島へ帰着すると，更なる少しの登坂によって，最初の島における頂点シフトが完成される．中間段階にとどまった集団が絶滅していなければ，中間段階の集団をみることによって，頂点が辿った道筋を明らかにできる．この時点で，図中の島「A」における2型は同所2種として，あるいは交雑と選択のバランス下にある変異に富んだ単一種として存続するかもしれない．あるいは，2型間の遺伝子流動が強い場合には，同所2型のうち一方が完全にいなくなってしまうかもしれない（いなくなる方は，必ずしも低い頂点にいる方ではないだろう）．

この地理的変異モデルは，それを支持する証拠を，自然界に多くみつけることができる唯一の頂点シフトのメカニズムである．異なった環境は，異な

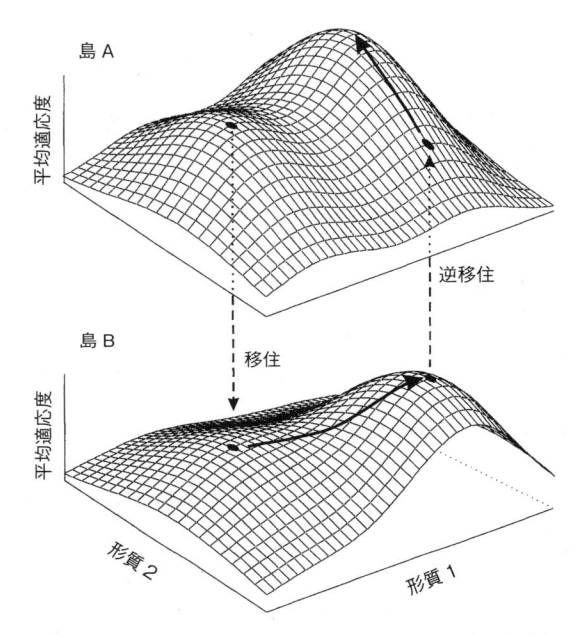

図 5.12 適応頂点シフトの空間モデル．二つの島は，二つの表現形質について，平均適応度の地形が異なっており，とくに，その適応頂点の位置が異なっている．最初の島から，2番目の島へ移住した後，再び，元の島へと戻ることによって，谷を横切る必要がなくなる．点は集団の平均を示す．実線と矢印は各々の島における進化の上昇方向を示す．

った適応地形をもつ．たとえば，実験的に作出された雑種が，異なる親種の環境へ移植された後に辿る進化の道筋（たとえば，図5.9）は，これ以外に説明することは難しい．ガラパゴスの島間で，利用できる種子のサイズや固さに変異があることによって，フィンチの平均嘴サイズに対する適応地形が非常に異なったものとなることがある（図5.10）．図5.12に例示したような過程が，ガラパゴスフィンチにはたらいていることを想像するのは容易であり，新規の島への移入と出身島への帰還を繰り返すことによる分化過程が，フィンチにおける種分化の初期段階や表現型の多様化の説明として好んで用いられる（Lack, 1947; Grant, 1986）（しかし，形質置換は，既にその役割を終えたと考えられている；第6章を参照）．フィンチにおいて，かつてどのような順番で島に（すなわち，適応頂点に）移住が起こったのかについては不明であるが，

分子解析がいずれ解明の一助となるであろう．

　Fear and Price（1998）は，このモデルを改訂して，新しい環境において，表現型の可塑性が，表現型の新たな頂点へのシフトを誘導するのであれば（West-Eberhard, 1989 を参照），可塑性が頂点シフトを促進するという考えを提唱した．

環境における時間的な変異——環境は時間的にも変化し，環境利用に関わる形質の適応地形を変化させる．この過程を視覚的にとらえるためには，図 5.12 の二つの適応地形が，単一の島における異なる時間的な段階を示すと想定すればよいだろう．

　選択係数の時間的変異については，頻繁に記述されているものの（Price *et al.*, 1984a; Gibbs and Grant, 1987a; Schluter *et al.*, 1991），適応地形の時間的変動について，野外から得られたデータは乏しい．ガラパゴス島における嘴サイズの適応地形について繰り返し推定された結果，頂点の絶対的な高さや位置が，かなり変化することが分かった（図 5.13）．これらの推定は，雨期から乾期へのスナップ写真に過ぎず，実際には，乾期と次の乾期との間の変化という方がおそらく重要であろう（Price *et al.*, 1984a; Gibbs and Grant, 1987a）．時間的変化が適応頂点のシフトを促進すると想定するのは，理にかなっているであろうが，直接的な証拠はない．

資源の枯渇——消費による資源の枯渇は，異なる表現型の適応度を劇的に変化させうる．種内および種間競争の進化的結末についての理論研究は多くなされ，適応度関数の変化として図示されている（Wilson and Turelli, 1986; Taper and Case, 1992b; Dieckmann and Doebeli, 1999）．基本的な過程は，直感的に理解しやすい．資源の枯渇によって，適応地形上で種の平均値の上にくぼみができる．それまで占められていた頂点は，近接する谷の低さまで削られてしまうかもしれない．このような頂点の低下によって，集団がより高い頂点へ移行することが促進されたり，同じ資源に依存していた別の集団の移行が引き起こされたりするかもしれない．残念ながら，その多くは理論によるものに過ぎない．資源の枯渇によってもたらされる適応表面の変化は，自然界で

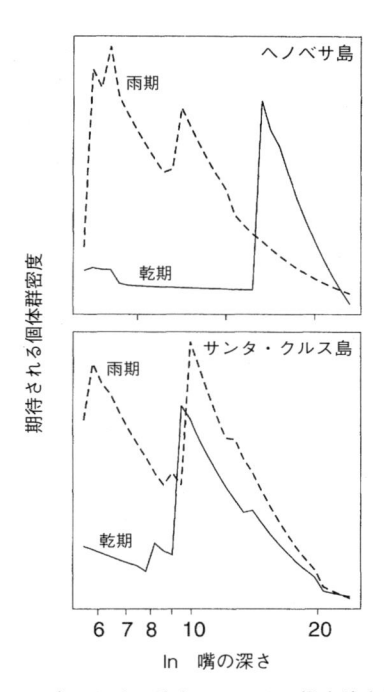

図5.13 ガラパゴスの二つの島における地上フィンチの推定適応地形の季節変動．折れ線は，同じ年の雨期の中期（破線）と乾期の中期（実線）を示す．

はほとんど記述されていない（第6章参照）．

頂点の分裂と特殊化の進化——適応表面の形は，外部環境によってすべて決まる訳ではない．どのように資源が利用されるのかにも依存する．たとえば，資源勾配は，（利用可能な種子サイズカテゴリーのように）離散的に分布する場合，各々の表現型が勾配に沿った広い範囲の資源を利用可能であるならば，平滑な単峰性の適応関数となるであろう．しかし，狭い範囲の種子サイズしか利用できない種の場合には，適応表面（とそれに相当する適応地形）はより凹凸に富んだものとなるであろう．この場合，かつて単独の頂点を占有していた別々の種は特化を進め，徐々に，どちらの種によっても超えることのできない適応度の窪みによって分断されるようになるかもしれない．

相関応答——適応地形の最適点よりも下に平均値があるような形質は，方向選択下にある別の形質と遺伝的に強く相関している場合には，新しい最適点へと向かって隣接する谷を下っていくかもしれない (Price *et al.*, 1993)．この場合，前者の形質シフトによる適応度の一時的な低下は，選択下にある形質の変化にともなう適応度の急激な上昇によって代償され，全体としての適応度は低下しない．

表現型分散のレベルの変化——ある形質の平均値に変異があることによって，適応表面よりも平滑な適応地形が生まれる．なぜなら，平均適応度は，表現型の分布域全体の個々の個体の平均であるからである（図5.1）．同じ理由で，遺伝的分散の上昇であれ，環境に由来する分散であれ，表現型の分散が上昇することによって，適応地形はより平滑となる．結果として，小さな頂点が失われ（図5.1），より高い頂点へとせき上がっていくであろう (Kirkpatrick, 1982b; Whitlock, 1995)．

　遺伝子浸透，突然変異の蓄積，表現型の可塑性など，いくつのも過程によって，表現型の分散は上昇する．集団のサイズが減少する瓶首効果の後などによく起こるのだが，遺伝的分散であれ，環境分散であれ，集団の分散が偶発的に上昇することがある (Whitlock, 1995)．これは，遺伝的浮動が表現型適応地形の頂点シフトにおいて，役割を果たす複数のメカニズムの一つに過ぎない．

同一の選択に対する分岐応答——適応地形の形は，少数の形質について考慮しただけでも複雑なものであり（たとえば，図5.10），もっと多くの形質が変化する際には，さらに複雑となる．もし新規の環境における集団が，選ぶことができるような頂点が近くに多数存在する場合，実際に登坂した頂点は，偶然に決まることが多い．同じ平均表現型からはじまった集団は，必ずしも同じ頂点に終着するとは限らない（第4章；図4.4）．

　集団間で，複数の形質の間において遺伝的共分散が異なっている場合，たとえ同じような選択を受けても，集団が同じように分化するとは限らない．これは多変量に対する選択への応答が，これらのパラメーターによって強く

影響されることによる(第9章).異なる突然変異が蓄積されること(Fisher, 1930)や,形質間の表現型共分散における遺伝要因と環境要因が遺伝的浮動で変動することなども,形質の分散や共分散に偶然の影響を与える過程である(Whitlock, 1995).選択作用の違いも直接的に,あるいは同類交配や組み替えのレベルへの影響を介して,共分散を変化させる(Williams and Sarkar, 1994).

5.7.3 頂点シフトと遺伝的浮動

平均表現型の浮動による頂点シフト——遺伝的浮動は広く見られるが,適応放散における表現型の分化に,どの程度貢献するのかについては未知である.適応の峰に沿った遺伝的浮動は,平均表現型や環境利用において集団が分岐する様式の一つである.浮動は,もっと多くのはたらきをもつかもしれない.たとえば,集団を,適応の谷を通して,新しい頂点へと連れていくかもしれない.遺伝的浮動による平均表現型の頂点シフトが,ある一定の集団サイズやカタストロフィックな集団サイズの低下において,どの程度あり得るのかを調べた理論研究は多く存在する(総説はBarton, 1989; Coyne *et al.*, 1997).結果だけいうと,適応の谷が浅い場合,また集団サイズが小さいときに,頂点シフトは起こりやすい.これらの条件が大概において正しいならば,浮動に由来するシフトは,実際に考慮するべき作用である(しかし,適応の谷は,しばしば深いということを追記しておく;図5.10).

浮動による頂点シフトを支持する理論は,変化しない適応地形について作られたものであるが,そのような地形は,少なくとも環境利用に利用される形質に関しては存在しない.適応表面の地形において少しの分散しか許さない場合,浅い適応の谷というのは,もっとも長続きしない特性の一つである(Whitlock, 1997).浅い谷は往々にして消えてしまい,そのような場合には頂点シフトは選択によって起こる方が容易であろう.浅い適応の谷が長続きしないことは,浮動をともなう頂点シフトの別のメカニズムの実現性にも影響するが,それについては次に議論する.

平衡推移シフティング・バランス——ライト(Wright, 1931, 1932)は,浮動,

移住，選択からなる特定の組み合わせによって，適応頂点間の移行（常に低い方から高い方へと移動）が起こる適応進化過程を構想し，これを「平衡推移シフティング・バランス」と呼んだ（総説は，Provine, 1986; Coyne et al., 1997; Wade and Goodnight, 1998）．この過程がはたらくためには，大きな集団が，お互いに遺伝子交流の少ない局所的な任意交配小集団（deme）のネットワークとして構造化されていることが必要である．シフティング・バランスは三つの過程から成る．まず最初に，遺伝的浮動によって，ある局所的な任意交配小集団の一つが適応の谷から，より高い頂点領域へと近づく．2番目の過程では，方向選択の働きによって，その任意交配小集団の平均形質値は新しい頂点へと移動していく．3番目に，そのようにして獲得されたより高い適応度のゆえに，その任意交配小集団が多くの移住者を新たな任意交配小集団へと移行し，遂には，彼らも同じ高さの頂点へと引き上がる．

　この過程の重要性をめぐる議論は，いまだにみられ（Coyne et al., 1997; Wade and Goodnight, 1998; Coyne et al., 2000），本書で総説することは限界を逸脱している．自然からのデータがほとんどないので，この議論の多くは，特定の要素の実現可能性に関するものに過ぎない．この過程に反する二つの議論は，生態学的な観点によるもので，この過程の遺伝学的な困難さ（Coyne et al., 1997）と同じくらい重要である．その一つは，現実の集団が，シフティング・バランス過程を満たすための集団構造をもっているという証拠がないという点である．もう一方は，適応地形，とくに環境から資源を抽出するのに関わる表現型質の適応地形が，この理論を保証するほどに安定ではなさそうという議論である（Whitlock, 1997）．適応頂点間の谷が浅い場合には，第一と第三の過程がもっともありそうである．しかし，そのような谷は，現れたり消えたりして，現実の集団では，選択による頂点シフトを急に引き起こすであろう．

■5.8　考　察

　適応放散の生態学説によると，環境の違いに由来する分岐自然選択が主要

な原因となって，表現型の分化が起こる．この主張は，異なる種が異なる環境を利用するように適応するということだけでなく，分岐選択下では，集団や種の形質の平均が引き離されて，中間的な表現型がより低い適応度をもつことも意味する．

　分岐自然選択が，重要な形質の分化を機能的に説明する唯一ではない．別の説明としては，頂点が分断していないような適応の峰に沿って，突然変異と遺伝的浮動によって種が分岐することが考えられる．この代替過程では，形質がそうでなくても，種間の違いは中立である．適応の峰は自然界に多く存在し，ここで概説した多くの例では，その可能性を除外することは困難である．この原因の一部は，多くのデータが，分岐選択と適応の峰に沿った浮動の区別を，念頭に置いて集められた訳ではないことに由来する．多くの実験は，「選択」と「非選択」，つまり完全に平らな適応地形で表現されるケースとを区別をするようにデザインされている．この「非選択」仮説は，その分類群が適応放散の表現型に関する基準（第2章）を満たしている場合には，その時点で，既に非現実的な仮説である．したがって，今後，分岐選択について調べる研究においては，中間型の適応度を評価することに重きがおかれるべきであろう．このような探求は，選択のメカニズムをいっそう努力して解明することによって，さらに強固なものとなるだろう．なぜなら，中間型の適応度が適用される中間的環境がどのようなものであるか，また，そのような中間的な環境が，自然界にどれほど普遍的に存在するのかについて明らかにしてくれるであろうからである．

　データは，実に多様な分類群を網羅しているが，その大抵において，適応放散の基準のすべてを満たすことが示されていない．したがって，適応放散の基準に合致するもののみを解析した場合に，結果がどのように変わるのかについて知ることも重要である．最低でも，環境と相関して分岐したことがわかっている形質について，重点的に調べられるべきである．なぜなら，そのような相関を説明することが，われわれの最重要目的であるからである．

　これらの限界について目を背けるわけにはいかないが，全体としてみると，分岐自然選択を支持する証拠が多い．いくつかの表現型質における集団間分化は，少なくとも分化の初期段階においては，中立遺伝的マーカーの分化よ

りも早い．峰に沿った浮動では，純粋な中立的期待値よりも遅い分化になるはずと予想できる．移植実験ではほとんど常に，在来の表現型は移植表現型よりも高い適応度をもつ．このような環境間でのトレードオフの程度は，大抵において大きい．もっとも不明な点は，中間的な環境というものが存在する場合に，中間型の適応度がどのようなものとなるのかということである．自然選択と進化を直接計測した結果も，地形が複数の頂点をもつという考えを支持する．分化の初期段階を再現するような撹乱実験においてもそうである．少なくとも，ある一例においては，資源の利用の測定に基づいて推定された表現型質の適応表面は，集団や種の平均が適応頂点の近くに存在しており，それらは，より低い適応度の谷によって分断されているという証拠を提示する．

　これらの結果を合わせて考えると，この分化過程は，他の何ものよりも生態学説に合致していることを明らかに示している．過去50年以上に渡る実証研究において，表現型の分化におけるシンプソンの多峰性頂点モデルは非常に有用であった．環境中のニッチに相当する適応頂点は，自然界における表現型への選択を実にうまく表している．集団や種は，しばしば適応の谷をはさんだ反対側に位置しているようにみえる．まだ解明されていないもっとも重要なことは，共通祖先から生じた2集団が，いかにして現在の位置まで辿り着いたのかという道筋である．自然界における頂点シフトのメカニズムについては，ほとんどわかっていない．

　適応地形における地理的変異についての証拠は，強固である（たとえば，図5.10参照）．適応頂点の時間的変異については，あまり報告がない．その実現可能性について支持する議論は多くある．適応頂点の場所や高さの時間的および地理的な変異によって，集団が一つの頂点から別の頂点へ移行することが促進される過程を予想することは容易であるが，自然界からの具体的事例を示すことはできていない．適応度が一時的に低下する遺伝的浮動をともなう頂点シフトは，他のメカニズムよりも実現可能性が低いが，それを否定するデータも存在しない．遺伝分散や表現型分散における偶発的変化の影響が大きいという可能性はあるのだが，自然界からの証拠はあまりないのである．

6

分岐と種間相互作用

～～～～～～～～～～～～～～～～～～～～～～～～～～～～

> 二つの型が同じ場所で出会い新しい種が形成されると…餌や生息地の分割が起こり，特殊化が進行する．この過程が繰り返されることによってダーウィンフィンチの適応放散が起こった．
>
> ラック（Lack, 1947）

▌6.1 序　説

　初期の博物学者は，資源をめぐる種間競争が，適応放散における表現型分化における二つ目の主要な原因であると考えた．この考えによると，共有する資源が枯渇することによって，種はそれぞれ新しい種類の資源を利用する必要に迫られ，それぞれが対照的な選択圧に曝されることとなる．ラック（Lack, 1947）は，この考えを強く主張した一人である．彼は常に，ガラパゴスフィンチにみられる顕著な形態の多様性について，種間競争を用いて解釈した．小型と中型の地上フィンチは，共存している場所では嘴のサイズが大きく異なっているにもかかわらず，単独で生息している場所では嘴のサイズが類似しているという彼が示した例は，競争が表現型の分化を引き起こす例として，今だにもっとも頻繁に引用されるものである．これは，当時の大抵の博物学者を説得させるに十分であった．

つい最近になって懐疑的な視点が生まれ，表現型分化における競争の役割に関する証拠の質や完全性について懸念が抱かれ，それらに焦点を当てた一連の厳密な研究がなされた (Grant, 1957; Strong *et al.*, 1979; Connell, 1980; Simberloff and Boecklen, 1981; Arthur, 1982; Gotelli and Graves, 1996)．これらによって多くの情報が収集された後，ここ数年は収束している．この章では，表現型分化における競争の役割について，近縁種を用いて行われた観察，予測，実験などから得られた証拠を重点的に概説する．

競争が表現型分化にとって重要であるかどうかだけでなく，競争以外の近縁種間における相互作用も重要な問題である．顕著な適応放散，とりわけ脊椎動物の例においては（図1.1, 1.3），生み出された別々の種が，短期間のうちに，異なる餌を利用するようになるだけでなく，食物連鎖網の異なる栄養段階を占めるようになることが知られている．種間に複雑な相互作用が存在することは間違いなく，これらが生態学的分化において果たす役割の大きさについての評価は今後の課題であろう．近年，理論生態学者は，2種だけで共通資源を奪い合うという単純な相互作用を記載する数式から，捕食者を共有することに由来する相互作用，あるいは，捕食者─被食者関係なども組み込んだ複数種間の関係について記載するような，より包括的なモデルへと焦点を移してきた．適応放散の研究者も同様に，その焦点を移すべきなのだろうか？現段階では，この問いに対する答えはわからない．この章の後半では，競争以外の相互作用が，適応放散において果たす役割を検討した理論と実例を紹介する．

6.2　競争者間での分岐

分岐的「生態学的形質置換（ecological character displacement）」―つまり，資源をめぐる種間競争によって引き起こされる，ないしは維持される表現型の分化過程―が，どのような条件下で生じやすいのかについて解析した理論研究は，実に多く存在する．そうした理論研究のなかでも，分岐を引き起こすメカニズムを理解することに，あるいは後の節に提示されるデータのパタ

ーンを理解することに一助となるものについてのみ紹介する．もっと網羅的な理論研究の総説については，Abrams（1986）や Taper and Case（1992b）を参照されたい．

6.2.1　概念的枠組み

　資源競争に由来する自然選択にみられる一つの重要な特徴は，ある表現型の適応度が，**全**個体の密度だけでなく，異なる表現型の**頻度**にも依存するということである（たとえば，Slatkin, 1979, 1980; Taper and Case, 1992b）．この過程は，二つの種および餌の資源勾配（たとえば，餌のサイズ）に沿って，利用できる能力を決める一つの連続形質 z（たとえば，体サイズ）を組み込んだモデルで，もっとも単純に示すことができる．

　これらの要素を組み込んだ適応度関数は，競争に関する通常のロトカーボルテラ方程式を拡張して表記できる：

$$f(z) = 1 + r - \frac{r}{K(z)} \sum_{i=1}^{2} \int p_i(x) \alpha(z, x) N_i \, dx$$

(Slatkin, 1980)．N_i は種 i の密度，$p_i(x)$ は表現型 x の頻度を表す．$K(z)$ は「資源関数」であり，間接的に各々の表現型 z をもつ個体にとって利用可能な餌を表す（「環境収容力（carrying capacity）」; Roughgarden, 1972, 1976; Slatkin, 1980）．$K(z)$ は正規（ガウス）分布，つまり中央に一つの頂点をもった左右対称的な釣り鐘状の分布をすると仮定されることが多い．ガウス分布における釣り鐘状の幅は，利用可能な資源の範囲を間接的に反映している．定数 r は双方の種における集団の瞬間増加率を表し，z とは独立した関係にあると仮定する．

　$\alpha(z, x)$ は表現型 z をもつ個体と，表現型 x をもつ個体との間の競争の強さを表す．この競争関数は，表現型間で資源利用がどの程度重なっているかを表している（Roughgarden, 1972, 1976; Taper and Case, 1985）．$\alpha(z, x)$ はふつう $x = z$ のとき，つまり完全に資源が共有されているときに最大値を取り，x の値がより小さくなったり，より大きくなったりしたときに減少すると仮定される．この減少の度合いは，別のガウス分布によって記載でき，その釣

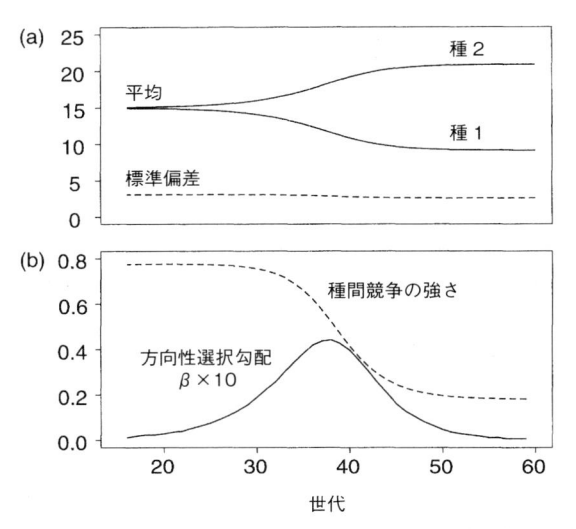

図 6.1 適応に関わる量的形質の分岐的形質置換（Doebeli, 1996）．（a）2 種の平均値と標準偏差の時間変化を示す．初期には，ほとんど違いのないところから始まる．最初は，分岐はゆっくりであるが，種が分岐をするにつれて速度は加速化して行き，平衡点に近づくにつれて，また遅くなる．最初の 15 世代は，進化がまったくみられなかったので，図には示さなかった．遺伝率を 1 と設定したため，進化の速度は自然界ではあり得ないほど早い．（b）分岐を起こす選択の強さ，および種間競争の強さの時間的変化．競争の強さは，2 種の表現型のペア間での $\alpha(z, z')$ の平均値である．選択の強さは，方向性選択勾配（第 5 章）である．種間競争の強さは，中間の強さのところでピークを示す．Ecological Society of America の許可を得て，Doebeli（1996，私信）の図 1（b）に基づき改変．

り鐘状の幅は，各々の表現型によって利用される資源の幅を反映する．利用可能な幅が広いときには，$\alpha(z, x)$ は，z と x の間の距離が広がるにつれてゆっくりと減少し，資源共有の程度が高いことを表す．表現型間の距離が上昇するにつれて，$\alpha(z, x)$ が急激に減少する場合，資源の共有の度合いが低く，狭い範囲の資源しか利用できないことを意味する．

上述の方程式の総和を取ることによって，表現型 z をもつ個体が同種であれ他種であれ，他個体から受ける全体の競争量を記載できる．したがって，この全競争量は，すべての表現型の密度と頻度とに依存する．適応度 $f(z)$ は，全競争量が上昇するにつれて減少する．逆に，密度 N_i が低く，コミュニティ内の個体の表現型が，お互いにあまり類似していないときには高くなる．

形質置換に関する多くのコンピューターシミュレーションは，上記の適応度関数に基づいて行われてきた（たとえば，図6.1）．ふつうシミュレーションは，各々の種におけるzの平均値と分散の初期値を設定することから始まる．集団に属するすべての構成員の適応度分布に基づいて，各々の平均値に対する選択差が計算される．次いで，これらの選択差を用いて，次の世代における平均値の変化が計算される（第9章）．次世代における集団サイズは，現在の世代における表現型の平均適応度から計算される．平衡に達するまで，これらの計算が多くの世代に渡って繰り返される．分岐過程を早く再現するために，zにおける変異のほとんどは遺伝によって決まると仮定する．変異に非遺伝的要因が大きい場合には，分岐の速度は遅くなるが，それ以外の結果は変わらない．また，変異は連続的であり，多くの遺伝子座の相加的効果で決まると仮定される．上限と下限は，種内の遺伝分散として設定されることが多い．もっとも単純な仮定では，分散が小さく一定であるとされる．これは，分散が平均値よりもゆっくりと進化し，無限に拡大する訳ではないとする事実を踏まえたものである（Grant and Price, 1981; Taper and Case, 1992b; Bell, 1997 内の文献参照）．図6.1に示した例では，形質変異に関する遺伝的基盤に基づく制約下で，分散が進化することを仮定している（Doebeli, 1996）．また，$a(z,x)$ が一定であること，すなわち，利用可能な資源の範囲が一定であることも仮定されている．資源利用の範囲が進化することを組み込んだモデルについては，Taper and Case（1985）を参照されたい．

6.2.2 複数の適応頂点

分岐形質置換は，上記の条件では容易に生じ，その程度は平均値の初期条件，$K(z,x)$ や $a(z,x)$ の詳細，遺伝分散の進化に対してかかる制約などに依存する．それゆえに，同所に生息する種間の違いは，資源の分布のみによって起こると仮定した場合よりも，種間競争の存在下では大きくなり，種間競争が分岐自然選択の要因の一つとなりうるという直感を，これらの理論研究は確認するものである．資源の奪い合いによって，種間の表現型の違いが大きくなるのである．他の複合要因がなければ，資源の密度に対して「正の反応（positive response）」が起こる．つまり，生物は，より豊富な資源を活

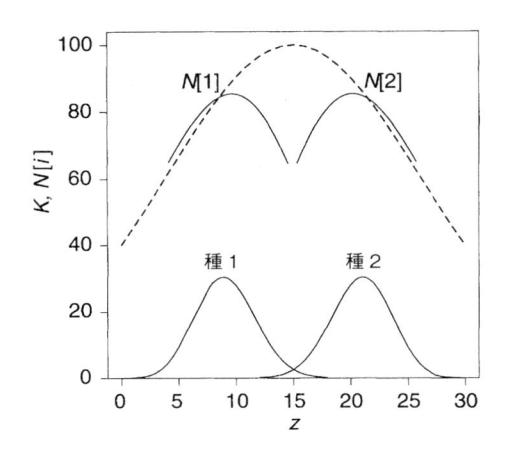

図 6.2 平衡状態（つまり図 6.1）における 2 種の表現型分布と条件付き集団サイズ．点線は収容能力関数 $K(z)$ である．$N[1]$ は種 1 の「条件付き集団サイズ」，つまり，他方の種の平均表現型と集団サイズを，生態学的進化学的平衡の値に固定した際に，平均表現型の関数として表される集団サイズのことである（Roughgarden, 1976）．$N[2]$ は，種 2 における同様の値である．

用する能力を高め，より乏しい（あるいは，枯渇してしまった）資源を利用する能力は低下させる．上述のようなモデルは，資源の密度が明らかに含まれていないが，全集団サイズによって反映されている．

　これら単純な仮定の下では，ある単一集団の表現型の平均値は，資源分布（ここでは，環境収容力曲線 $K(z)$ で表現される）の頂点へと進化する．この傾向は，二つ以上の集団が存在するときに，種は，他種による資源の減耗によって拮抗し，そうでなければ，豊富ではない資源を利用するように，資源分布の両極に向かって進化する．進化的および人口統計学的な平衡に達すると，2 種は，資源勾配の中間点では共通の資源を利用するが，それぞれは正反対の両端の資源を利用する（図 6.2）．

　結果として，2 種間の競争は，資源関数そのものが一つの頂点しかもたないと仮定したとしても，平均表現型の二つの適応頂点を生み出すこととなる．これらの頂点のおおよその位置を示すためには，各々の種の達成可能な集団サイズを表現型に対してプロットすればよい．形質置換の最終過程における平衡段階にある二つの種について考えてみよう．平衡点での集団サイズと種

1の表現型の平均値を一定と固定した上で，種2の集団サイズを異なった平均値の点にプロットしていくと，種2における集団サイズの頂点は，資源関数 $K(z)$ の右側に現れる（図6.2）．同様に計算すると，種1の頂点は $K(z)$ の左側に現れる．これら二つの曲線は，Roughgarden（1976）が「条件付き集団サイズ」と呼んだもの，つまり他種との資源競争を考慮した上で，資源に依存して決まる集団サイズを表す．

もちろん，「適応頂点」の概念は直観的でわかりやすいが，種間競争がこれを理解しにくくさせている（Fear and Price, 1998）．外部環境によって種の平均が変化するごとに，「頂点」の位置は変化する．さらに悩ましいことに，選択が頻度依存の場合には，集団の平均値が適応頂点と一致する値へ進化が起こる訳ではないことである（Wright, 1959; Lande, 1976; Roughgarden, 1976; Abrams, 1989; Taper and Case, 1985, 1992b）．上記の単純な前提条件が満たされていないと，「正の反応」は見られなくなる．たとえば，大きい個体が小さい個体へ多大な影響を与える反面，小さい個体が大きい個体へ小さな影響しか与えないというように，競争に非対称性がある場合，平衡時の平均サイズは，集団サイズが仮に減少するにしても，資源の頂点に相当するところよりも大きくなると期待される．適応度の頂点は，せいぜい頻度依存に由来する偏差を計算する基準点としかならない（たとえば，Day and Taylor, 1996）．競争が強い非対称性をもっており，資源が関与する以外の選択も存在する場合には，この偏差はさらに大きくなる．もちろん，条件付き集団サイズにおける頂点が，互いに競争する種の自然界における平均表現型を，かなり正確に予測できることも多いのだが（6.4.2節），常にそれが期待できる訳ではない．

6.2.3 違いの初期条件

これらのモデルでは，初期段階での種間の違いが小さい場合には，種間競争がたとえ非常に強くても，分岐自然選択は弱くなり，表現型の分化速度は遅くなる（Slatkin, 1980; Milligan, 1985; Doebeli, 1996; 図6.1（b））．競争が強いのに，分岐選択が弱いというのは逆説的にみえる．しかし，重要な数値は，種間競争の強さではなく，分岐とともに種間競争が減少する速度である．種がお互い近くに分布しており，資源利用において重なりが大きいときには，

この速度は遅くなる．種間距離が中程度のときに選択の強さは最高となり，種間の違いが大きくなると，選択圧は低下する．この結果の詳細は，モデルに依存するし，どれだけ頑強かについては未知である．

　この結果の重要な点は，形質置換は，既に種がある程度分化しているときに起こりやすいということである．つまり，他の要因によって，まず分化が起こると，競争者間での分岐がさらに起こりやすくなる．たとえば，近縁種が地理的に隔離されたとき，遺伝的浮動や地理的差異に由来する分岐自然選択（第5章）により表現型の違いがいったん生じると，その後，二次的に両種が接触したときに，同所における種間競争によって，この初期の分化が大きくなることである．これは，ガラパゴスフィンチ間の違いの原因として，ラックが想定していたものでもある（Lack, 1947; Grant, 1986）．これらは，単一形質 z にのみ注目されている．しかし，種間における他の形質の初期分化が，z における形質置換を引き起こすこともある（Milligan, 1985）．初期分化が形質置換を増長させると考える二つ目の理由は，それがなければ，競争によって相互排除が起こるかもしれないからである（Milligan, 1985）．

6.2.4 資源関数

　資源関数における少なくとも二つの特徴が，形質置換の結果を変化させる．まず，資源の幅であり，つまり資源の分布が広いほど，最大の分岐が起こると期待される（Slatkin, 1980; Taper and Case, 1985, 1992b; Doebeli, 1996; Drossel and McKane, 1999）．上述のモデルにおいて，資源の幅は幅の広いガウス曲線 $K(z)$，あるいはガウス関数よりももっと頂上がなだらかな資源関数（たとえば Slatkin, 1980），あるいは，二つ以上の頂点をもつ関数（たとえば，図5.10）によって表すことができる．K の有効な幅は，他の分類群が資源勾配の一部を占有している場合には，より小さいものとなる．

　形質置換の結末は，資源分布の偏りや非対称性によっても影響される．他の条件が同じであれば，資源関数が非対称的なときほど，分岐が大きくなると期待される．偏った資源分布の例として，$K(z)$ の頂点（あるいは，複数頂点をもつ資源関数における最高頂点）が中間点ではなく，z 値の許容範囲の一端に存在することで表すことができる（Slatkin, 1980）．この場合の分岐は，

非対称的になるはずである．つまり，一方の種の平均値は，同所であれ異所であれ，資源頂点の近くにあるはずで，他方の種は，同所に存在する場合には，資源頂点から随分と遠くへ推移してしまうはずである．

6.2.5 結語

　形質置換が起こる過程には，理論的なさしたる障壁がない．難題は，この理論が，低次の分類群でみられる適応放散において実際に作用しているのかどうかを把握することであろう．形質置換は頻繁に起こるのか？起こるとしたら，理論の予測する特徴と合致するのか？大抵の研究は，最初の問いに集中しており，二つ目の問いについてほとんど注目されていない．ここには，少数の予測についてしか挙げなかったが，その他にも同じくらい重要なものがある．たとえば，集団サイズが上昇するほど，分岐の程度が大きくなるというもの（Abrams, 1986）である．

　資源ダイナミックスを明確に取り入れた形質置換のモデルについて，ここでは紹介をしなかった（Lawlor and Maynard Smith, 1976; Rosenzweig, 1981; Taper and Case, 1985; とくに Abrams, 1986, 1987, 1990）．種が，豊富な資源に対して正の反応を示す限りにおいて，このモデルが分岐形質置換に関して行える予測は，上記のものと質的には似ている．しかし，さらなる特徴を付加することによって，資源の減耗に対して，もっと複雑な反応を示すこともあり得る．例えば，資源が栄養上の観点から代替不可能である場合や，代替資源が限られていたり，捕食者が存在していたりして利用できる資源に限りがある場合などには，収斂あるいは平行シフトが起こりうる（Abrams, 1986, 1987, 1990, 1996）．他にも，2 種以上を含むモデル（Taper and Case, 1985），環境の変異を組み込んだモデル（Gotelli and Bossert, 1991），あるいは，まれにしか利用しない資源を利用することにはたらく形質を制御する遺伝子に，有害突然変異が蓄積するとするモデル（Kawecki and Abrams, 1999）などがある．

　収斂は，理論的には可能であるのだが，種が近縁であり，形態的に似ている場合には，分岐がもっとも一般的な結末である（実際，収斂する形質置換の例は知られていないが，誰も注目してこなかったというだけかもしれない）．このように，競争は，分岐自然選択の担い手の一つである．この過程は，種間の

形質の平均間に，適応の谷を作り出し，両種を分岐させる．分岐形質置換を示すことは，適応地形が平板な峰であったり，分岐が浮動や突然変異によって起こったりした訳ではないことを示す証拠といえよう．適応の尾根仮説（第5章を参照）の代替仮説を検証する際は，競争について考えられなければならない．

6.3 観察に基づく証拠

　形質置換の証拠には，観察，予測，実験に基づいたものがある．観察法とは，現存種の違いのパターンから競争の効果について推論することである．予測というアプローチとは，最適化モデルを用いて形質置換のもとで期待される平均表現型を計算し，競争を組み込まない代替モデルによる予測値と比較することである．実験による方法とは，表現型の異なる近縁種を加えたり，除いたりすることによって，競争，自然選択，進化に対してどのような変化がみられるかを直接計測することといえる．化石の連続性を調べることは，観察的である．なぜなら，メカニズムについて与えてくれる情報は，現存集団についての地理的連続性の情報と（変化の方向が自明であることを除いて）似ているからである．観察による証拠は，間接的であってもわかりやすい．また，収集しやすいため，豊富に利用できる．

　この節では，観察に基づく分岐形質置換の証拠について総説する．それに続く二つの節では，予測および実験に基づく証拠を概説する．系統内での相互作用の結果を把握したいので，近縁種間での置換の例についてのみ言及する．つまり，これは属内の種についてを意味する．もっと離れた種間での置換については，第7章において，他系統が適応放散へ与える影響という文脈で言及する．

6.3.1　野外に見られる3パターン

　分岐形質置換の観察証拠は，3種類のパターンから形づくられる．もっとも一般的にみられるものは，**同所における分化の拡大**である（表6.1）．つまり，

表 6.1 近縁種間での形質置換．つまり同所域において表現型の分化が増大する例．判定基準の 1 から 6 については，本文を参照．表中の［比率］は，異所域において (a) あるいは同所域において (s) 2 種の平均値を割ったもの．表中の「対称性」は，2 種間の置換の割合，つまり，両方の種が同程度に置換したか 2 種のうちは片方の種だけが置換したかを表す．同所と異所の形質平均値の比をまず計算し，対数変換後，小さいものを大きいもので割った．「対称性」の値は，0 (異所と同所の種で比較した際の表現型シフトが 2 種のうち片方だけでみられる場合) から 1 (異所と同所の種で比較した際の表現型シフトが両方の種で同程度みられる場合) の値を取る．

種	形質	比率 (a)	比率 (s)	対称性	1[a] 遺伝基盤	2[b] 偶然性の除外	3: 表現型分化	4 資源利用のシフト	5 同所と異所の間での環境の相違	6[d] 競争の存在についての独立した証拠	文 献
脊椎動物											
● イトヨ *Gasterosteus aculeatus* complex	体サイズ	1	1.55	0.89	L	M	R	餌と生息地	捕食者	E	Schluter and McPhail (1992); Schluter (1994); Pritchard and Schluter (manuscript)
	体形	1	1.98	0.57							
● サッカー *Catostomus discobolus, C. platyrhynchus*	鰓耙数	—	—	—		M	I, R	—	物理環境[e]	—	Dunham *et al.* (1979)
● コレゴヌス *Coregonus sartinella, C. clupeaformis*	鰓耙数	—	1.91	—		M[f]	I	—	—	—	Lindsey (1981)
● *C. clupeaformis* Atlantic, *C. clupeaformis* Acadian	体サイズと鰓耙数	—	1.82 1.15	—		M	I, R	—	—	—	Fenderson (1964); Bernatchez and Dodson (1990)
● ブルーギル *Lepomis gibbosus, L. macrochirus*	体形	—	—	—		M	I, R	餌と生息地	捕食者と湖環境	E	Robinson *et al.* (1993); Werner and Hall (1976, 1977, 1979); Robinson and Wilson (1996, 2000)
● キュウリウオの属 *Paragalaxias dissimilis, P. eleotroides*	鰓耙数と体形	1.10	1.75	—		—	R, P	餌と生息地	捕食者と湖環境	—	McDowall (1998)

179

種	形質	比率 (a)	比率 (s)	対称性	1a 遺伝基盤	2b 偶然性の除外	3c 表現型分化	4 資源利用のシフト	5 同所と異所の間での環境の相違	6d 競争の存在についての独立した証拠	文献
● ガンギエイの属 Raja erinacea, R.ocellata	歯列の数	—	1.68	—	—	—	—	—	—	—	McEachran and Martin (1977)
● アメリカサンショウウオ属 Plethodon cinereus, P. hoffmani	鱗状骨／歯骨比	1.04	1.35	0.70	—	M	R	餌	—	E	Adams and Rohlf (2000)
● スキアシガエルの一属 Spea bombifrons, S. Multiplicata	表現型多型	—	—	—	L	M	R	餌	—	E	Pfennig and Murphy (2000)
● アノールトカゲ属 Anolis wattsi group, A. bimaculatus group	顎長	1	1.81	0.64	—	M, P	R, P	微小環境	—	E	Schoener (1970); Lasos (1990c); Pacala and Roughgarden (1982, 1985); Rummel and Roughgarden (1985)
● 砂漠トカゲ類 Cnemidophorus tigris, C. hyperythurus	体長	1.04	1.52	0.82	—	M, P	I, R, P	餌サイズ	—	—	Case (1979); Radtkey et al. (manuscript)
● アシナシトカゲ類 Typhlosaurus lineatus, T. gariepensis	頭長	—	1.24	—	—	S	I, R	餌	—	—	Huey et al. (1974)
● ヒルヤモリ属 Phelsuma sundbergi, P. astriata	体長	1.12	1.45	0.19	—	M	I, R, P	餌	—	D	Radtkey (1996)
● ガラパゴスフィンチ属 Geospiza fortis, G. fuliginosa	嘴高	1.19	1.56	0.72	F	M	I, R	餌	種子	F	Grant and Schluter (1984); Schluter et al. (1985); Grant et al. (1985)

種	形質	比				出典
● ミミジロカイツブリ属 Rollandia microptera, R. rolland	嘴長	—	1.71	—	S	I, R	—	Fjeldså (1983)
● カンムリカイツブリ属 Podiceps taczanowskii, P. occipitalis	嘴長	—	1.66	—	S	I, R	餌	Fjeldså (1983)
● カンムリカイツブリ属 Podiceps gallardoi, P. occipitalis	嘴長	—	1.15	—	S	I, R	—	Fjeldså (1983)
● カンムリカイツブリ属 Podiceps griseigena, P. cristatus	嘴長	1	1.24	0	S	I, R	餌	Fjeldså (1983)
● カイツブリ属 Tachybaptus rufficollis, T. novaehollandiae	嘴長	1.09	1.32	0.91	S	I, R	—	Fjeldså (1983)
● コタタンミソスイ Myzomela pammelaena, ノドアカミソスイ M. sclateri	体重$^{1/3}$	1.06	1.17	0.07	M	I, R	—	Diamond et al. (1989)
● アメリカムシクイ類 Dendroica dominica, D. pinus	嘴長	1.01	1.22	0.21	—	I, R	微小環境	Ficken et al. (1968)
● シジュウカラ属 Parus ater, Two other Parus	体重$^{1/3}$	—	1.06	—	F	I, R	微小環境	Alatalo et al. (1986); Gustafsson (1988); Alatalo and Gustafsson (1988)
● ヨーロッパモグラ類 Talpa europea, T. romana	頭蓋骨サイズ	1.05	1.03	—	—	I	—	Lay and Capanna (1999)
● トガリネズミ類 Neomysfodiens, N. anomalus	顎サイズと顎形	1.02 —	1.04 —	0 0	—	I	—	Racz and Demeter (1999)
● トガリネズミ属 Sorex minutes, S. araneus	顎サイズ	1.28	1.41	0.20	—	I, R	—	Malmquist (1985)

6　分岐と種間相互作用

種	形質	比率 (a)	比率 (s)	対称性	判定基準						文献
					1ª遺伝基盤	2ᵇ偶然性の除外	3:表現型分化	4資源利用のシフト	5同所と異所の間での環境の相違	6ᵈ競争についての存在についての独立した証拠	
● アカネズミ属 *Apodemus sylvaticus, A. flavicollis*	体長	—	1.08	—	—	M	I	—	気候	—	Angerbjom (1986)
無脊椎動物											
● タマキビガイの一属 *Hydrobia ulvae, H. ventrosa*	殻長	1.03	1.53	0.72	—	M	I, R	餌	生息地	E	Fenchel (1975); Fenchel and Kofoed (1976); Saloniemi 1993); Gorbushin (1996)
● タマキビガイの一属 *Littorina saxatilus, L. arcana*	渦幅	—	1.03	—	—	Mʲ	I	—	—	—	Grahame and Mill (1989)
● バミューダカタツムリ類 *Poecilozonites discrepens, P. circumfirmatus*	螺塔高と殻の形	1.08	1.25 1.25	0.45 0	—	S	I	—	—	—	Schindel and Gould (1997)
● ヒメカタマイマイ *Mandarina hahajimana, other Mandarina*	殻長, 殻高, 殻色	—	—	—	—	—	I, R	生息地	—	—	Chiba (1996, 1999b)
● チトラスオオカブト属 *Chalcosoma atlas, C. caucasus*	体長	1.09	1.27	0.88	—	M	I, R	生息地	—	—	Kawano (1995)
原生生物											
● 放散虫の一属 *Eucyrtidium matuyama, E. calvertense*	体幅	1.09	1.59	0.86	—	S	I	—	—	—	Kellogg (1975)

植物

● キク目スティリディウム属 Stylidium diuroides[k], その他の Stylidium 属	ずい(蕊)柱長	—	1.77	—	—	M	I	—	—	Armbruster et al. (1994)
● ケショウボク属 Dalechampia scandens とその他の Dalechampia 属	蜜腺面積 柱頭と蜜腺の間隔	—	—	—	—	M	I	送粉者	—	Hansen et al. (2000)
● オランダフウロ属 Erodium cicutarium, E. obtusiplicatum	競争能力	1.11	1.28	0.19	L	—	I	すべて	E	Martin and Harding (1981)

[a] I, 実験室内での検証；F, 野外での検証.
[b] M, 同所と異所間での集団分布値の平均値が異なる；P, 表現型シフトが系統関係から推定される；S, 同所と異所の境界領域において突然のシフトが見られる.
[c] I, 種内変異；R, 同所における種の平均値が異所でみられる最大値や最小値よりも大きい、あるいは、小さい、P, 系統関係からシフトを推測した.
[d] E, 野外実験；D, 個体数に負の相関が見られる；F, 餌資源の不足や枯渇.
[e] 標高、流水量、勾配、経度、緯度.
[f] ミスコが多い湖といない湖との差：$F_{1,19} = 38.67, P < 0.0001$.
[g] 対称性は、狭い同所域と最も近づけた同所域における競争係数の比率で表した。現在観察される競争は直接干渉による競争であるが、過去の資源をめぐる競争が原因で進化したと著者らは主張している.
[h] 古くから存在する同所域と最近までに $H.$ $ulvae$ のサイズへ与える $H.$ $ventrosa$ の効果は統計的に有意であった. 被覆率で補正すると効果は減少したが、有意ではあった.
[i] 同じ生息地で補正しても $H.$ $ulvae$ のサイズへ与える $H.$ $ventrosa$ の効果は統計的に有意であった. 被覆率で補正すると効果は減少したが、有意ではあった.
[j] 四つの同所集団と六つの異所集団の比較：$F_{1,8} = 7.95, P = 0.022$.
[k] 同一の送粉者の花粉付着部位の置換があることは、生殖干渉が少なくともある程度は関与していることを示唆している.
[l] 競争能力の評価には、各々の種が同じ頻度であるという前提が必要であるが、種子の量で計測した. 競争実験は、野外ではなく、実験室内で行った. 競争能力と同所と異所間での環境の違いに対してではなく、競争実験中の環境要因を除外したに過ぎない.

183

種間の表現型の分化は，2種が共存している（同所の）場合の方が，別々に生息している（異所の）場合よりも，大きいということである（Lack, 1947; Brown and Wilson, 1956）．アノールトカゲとイトヨの例について，図6.3に示す．

2番目によく見られるパターンは，**形質の過分散**（「一定のサイズ比」ともいう）であり、それは，あるギルドに属する種の平均的表現型が，サイズなどの形質に沿って，ランダム分布と比較してより均一に分布しているということである．たとえば，イスラエルの小型在来ネコの犬歯の平均直径を順番に並べると，種間間隔に驚くほどの規則性が見られる（図6.4）．この例では，性的二型も存在し，異なる性別を異なる「形態種」として扱っている．形態種の間の違いの最小値は 0.62 mm であり，これは異常に大きい．つまり，最小値と最大値との間に，ランダムに四つの平均値をサンプリングしたときに，種間の違いの最小値が 0.62 mm か，それ以下となるのは，1000分の1の確率しかない．**形質が広く散らばっている**ことは，形質置換の必要条件という訳でもないし，形質置換において頻繁にみられるという訳でもない．競争が，単一の資源勾配に沿ってのみ起こり，資源の頻度分布や勾配に沿った資源利用が対称的であり，形態と資源利用の相関が線形的であることなどの，特定の条件を満たしているときのみにみられると期待される（Taper and

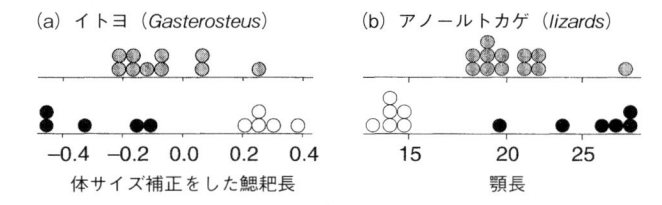

図 6.3 ブリティッシュコロンビアの海岸域の小さな湖におけるイトヨ（*Gasterosteus* spp.）の種間（a），および，北小アンチル諸島のアノールトカゲ種間（b）において，同所における違いの誇張．丸印は，集団平均値を示す．白丸で示された種は，黒丸で示された種と同所に存在する．灰色の印は，異所性集団を示す．（a）における体形は，サイズ補正後の形質の合成変数であり，集団間の変異のもっとも多くを説明する値である．右側の集団は，左側の集団に比して，長い鰓耙，細い口，ほっそりした体形を示す．点は，オスとメスの平均値を示す．イトヨのデータは，Schluter and McPhail（1992）による．アノールトカゲの顎の長さは，Schoener（1970）と Losos（1990*c*）のオスの値を用いた．

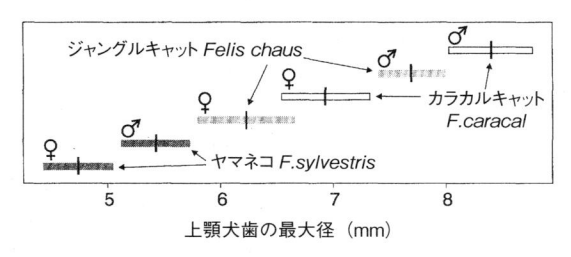

図 6.4 ネコ科の上顎の犬歯の最大径の種や性間の差は，異常なほど一定である．平均と標準偏差を示す．Dayan *et al.*（1990）から，University of Chicago Press の許可を得て掲載．

Case, 1985）．これらの条件が満たされていないときには，類似した表現型がまったく存在しない代わりに，類似の表現型を示す種の頻度が低いなど，形質置換の痕跡がみられるであろうと期待される（たとえば，オオタカ属 *Accipiter hawks* やスティリディウム属 *Stylidium* トリガープランツなど：表 6.2）．

3番目に期待されるパターンは，独立して進化した系統間で，同様に再現されたギルド構造が存在するという，**種と種のマッチング**である（表 6.3）．マッチングがみられるためには，ある群集内の形質の平均値があらかじめ予測された分布（たとえば，一定のサイズ比など）に従うことは，必ずしも必要ではない．似たような環境において進化する群集間に，似たような形質の分布が繰り返し進化する傾向があることのみが条件である．有意なマッチングがみられるということは，種が，ニッチのカテゴリーにランダムに配置されている訳ではなく，少なくともその一部は，種の形質が種間相互作用の結果生じたものであることを示唆する．二つの実例については，第3章で既に議論した．つまり，大アンチル諸島の異なった島々にて独立して進化したアノールトカゲの生態型（表 3.3），および氷河期以降に形成された湖で，進化した魚類のプランクトン食性とベントス食性の番い種（表 3.2）である．マッチングは，収斂とは異なる．収斂とは，複数の現存する群集が，それぞれの祖先間よりも，より似ているということを指す（Schluter, 1986, 1990; Schluter and Ricklefs, 1993）．

表 6.2 近縁種間での形質置換の例：形質のばらつきや多様な例が観察された例．形質のばらつきを含めた同属の一部に過ぎないかもしれない（次章の表 7.1 を参照）．まとめに利用した同属の同所種の数を括弧内に示した．同属内の例は，別の属をもとめた．ただし，別のコミュニティに属するものについては，別々にリストした．表中の「比」は，近縁種間の比（大きい種を小さい種で割った比）の平均値．判定基準の1と5はすべての例で満たされている．

種	形質	比	判定基準						文献
			1^a 遺伝基盤	2^b 偶然性の除外	3^c 表現型分化	4 資源利用のシフト	5 同所と異所の間での環境の相違	6 競争の存在についての独立した証拠	
脊椎動物									
● オバシギ属 Calidris (9)	嘴長	1.08	F	M	—	—	All	—	Eldridge and Johnson (1988)
● クサシギ属 Tringa (3)	嘴長	1.22							
● オオタカ属 Accipiter 12 × (2)^e	翼長	1.38	F	M	—	餌サイズ	All	—	Schoener (1984)
● 森林性のハイタカ属 Micrastur (2)	翼長	1.52							
● ヒメコンドル属 Cathartes (3)	頭蓋骨長	—	F	M	—	—	All	—	Hertel (1994)
● ハゲワシ属 Gyps (3)	頭蓋骨長	—	F	M	—	—	All	—	Hertel (1994)
● ハゲワシ属 Gyps (4)	頭蓋骨長	—	F	M	—	—	All	—	Hertel (1994)
● アガモ属 Anas (2-5)	体サイズ	—	F	M	=	摂餌水深	All	—	Pöysä et al. (1994)
● ガラパゴスフィンチ属 Geospiza (2-5)	嘴高	1.43	F	M	I	種子サイズ	All	—	Case and Sidall (1983); Grant and Schluter (1984); Grant et al. (1985)
	嘴長	1.37							

分類群	計測形質	比					出典
●ダーウィンフィンチ属 *Camarhynchus* (2-4)	嘴長	1.37	F	M	—	餌サイズ	All	—	Case and Sidall (1983);
●鳥の多くの属 Many bird genera	嘴と体の形	—		—[f]	—	餌, 食性	All	—	Karr and James (1975)
●ネコ *Felis* (3)	口	1.37	F	M	—	—	All	—	Kiltie (1984)
●ネコ属 *Felis* (6)[g]	犬歯径	1.13	F	M	—	—	All	—	Dayan et al. (1990)
●キツネ属 *Vulpes* (3)	頭蓋骨長	1.17	F	M	I	—	All	—	Dayan et al. (1989b);
	裂肉歯長	1.19							Dayan et al. (1992)
●イヌ属 *Canis* (2)	頭蓋骨長	1.31							
	裂肉歯長	1.33							
●イタチ属 *Mustela* (3)[g]	頭蓋骨長	1.13	F	M	I	餌サイズ	All	—	Dayan et al. (1989a);
	裂肉歯長	1.20							Dayan and Simberloff (1994a)
●アレチネズミ属 *Gerbillus* (3)[h]	歯列長	1.21	F	M	—	餌	All	E	Yom-Tov (1991);
	頭蓋骨長	1.15							Abramsky et al. (1990)
●キヌゲネズミ科の一属 *Meriones* (2)	歯列長	1.31							
	頭蓋骨長	1.12							
●カンガルーネズミ属 *Dipodomys* (3-4)	大歯幅	1.18	F	M	I	—	All	E	Dayan and Simberloff (1994b);
	袋のサイズ[1/3]	1.15							Brown and Munger (1985);
●ポケットマウスの一属 *Perognathus* (3)	大歯幅	1.19							Heske et al. (1994)
●ポケットマウスの一属 *Chaetodipus* (4)	袋のサイズ[1/3]	1.12							
	大歯幅	1.09							

6 分岐と種間相互作用

187

種	形質	比	判定基準						文献
			1[a] 遺伝基盤	2[b] 偶然性の除外	3[c] 表現型分化	4 資源利用のシフト	5 同所と異所の間での環境の相違	6[d] 競争の存在についての独立した証拠	
● アレチネズミ属 *Gerbillus* (2)	大歯幅	1.06	F	M	—	—	All	—	Parra *et al.* (1999)
● ネズミ科の一属 *Hylomyscus* (2)	大歯幅	1.24	F	M	—	—	All	—	Parra *et al.* (1999); Gautier-Hion *et al.* (1985)
	大歯径	1.20							
● キリス属 *Funisciurus* (2)	大歯幅	1.11	F	M	—	—	All	—	Parra *et al.* (1999); Emmons (1980)
● ヨルマウス属 *Calomys* (2)	大歯幅	1.15	F	M	—	—	All	—	Parra *et al.* (1999)
	大歯幅	1.09							
● ナンベイヤチマウス属 *Akodon* (2)	大歯幅	1.32							
● アブラコウモリ属 *Pipistrellus* (2)	歯列長	1.20							Yom-Tov (1993a)
	頭蓋骨長	1.45							
● キクガシラコウモリの一属 *Rhinolophus* (2)	歯列長	1.32							
	頭蓋骨長	1.39							
● ツームコウモリ属 *Taphozous* (2)	歯列長	1.36							
	頭蓋骨長								

6 分岐と種間相互作用

分類群	形質	比				検出次元			文献
●フクロネコ属 *Dasyurus* (4)[g]	犬歯の強度	1.51	F	M	I	餌サイズ	All	—	Jones (1997)
	筋肉サイズ／餌サイズ	1.19							
無脊椎動物									
●三葉虫 *Odontochila* (2-5)	下顎長	1.37	F	M	—	—	All	—	Pearson (1980)
●オサムシ類の一属 *Therates* (4)	下顎長	1.27	F	M	—	—	All	—	Pearson (1980)
植物									
●キク目のスティリディウム属 *Stylidium* (2-5)[i]	Flower column reach	1.72	F	M	I	—	All	—	Armbruster *et al.* (1994)
●アカシア属 *Acacia* (4)	開花時間	—	F	M	—	送粉者	All	—	Stone *et al.* (1996)
●オオムバナ属 *Heliconia* (5)	開花時間	—	F	M	—	送粉者	All	—	Stiles (1977); Cole (1981)

[a] F, 野外調査（同所で明らかな違い）．[b] M, 有意な散らばり．[c] I, 種内変異あり．[d] E, 野外実験；F, 餌の不足と枯渇．
[e] この表では2種のみだが，Schoener (1984) は3～4種で同様の報告をしている．
[f] 一つの科において，同属種は期待値よりも似ているが，統計検定結果は報告されていない．
[g] 別々の性を異なる「種」として扱った．
[h] 種間干渉競争が実験的に示された．
[i] 同じflower columnの位置をもつ同所種の平均値から比を計算した．検出されたニッチ分離は，おもにハチの体のどの部位に花粉を付着させるかの違いに由来する．つまり，効果の少なくとも一部は生殖的干渉による．

表 6.3 近縁種間での形質置換の例：種と種のマッチング．まとめて解析できる例は，別属であっても一つに合めた．複数の事例で満たされていれば，判定基準を満たしているとした．判定基準 1 と 5 は，すべての例で満たされている（本文参照）．

種	形質	判定基準						文献
		1[a] 遺伝基盤	2[b] 偶然性の除外	3[c] 表現型分化	4 資源利用のシフト	5 同所と異所の間での環境の相違	6[d] 競争の存在についての独立した証拠	
●氷河期以降に出現した湖の姉妹種	ベントス食とプランクトン食	L, F	M[e]	I, R, P	生息地	All	E	Table 3.2
Coregonus E. Canada (2) コレゴヌス								
Coregonus Yukon (2) コレゴヌス								
タイヘイヨウサケ属 *Salmo* (2) イワナ属								
Salvelinus Scotland (2) イワナ属								
Salvelinus Iceland (2) キュウリウオ属 *Osmerus* (2)								
大アンチル諸島のアノールトカゲ 3 × (4–6)	生態型	F	M[f]	P	生息場所の枝	All	E	Table 3.3
●地中海のフィンチ	体サイズ	F	M[g]	—	—	All	—	Schluter (1986, 1990)
アトリ科の一属 *pipilo* (2)								
ミヤマシトド属 *Carpodacus* (2)								
ヒワ属 *Zonotrichia* (2)								
カナリア属 *Carduelis* (2)								
カナリア属 *Serinus* (2)								

[a] L，実験室内の検証；F，野外での検証．
[b] 類似性は統計的に有意 (Schluter 1990)．
[c] I，種内での地理的変異；R，同所域での種の平均値が異所域における最大値よりも大きい，あるいは最小値よりも小さい；P，系統関係からシフトが推測された．
[d] E，野外実験．
[e] 氷河期以降に形成された湖における二つの独立した種ペア（表 3.2 参照）に対する実際の P 値はうんと高いと思われる。生態型への種の分布は偶然よりもばらついている（分割表の検定 $\chi_2^2 = 0$, $P < 0.001$）．他の例も加えると実際の P 値はうんと小さいと思われる．
[f] 個々の生態型に分類される種の割合は，種間でおおまかに似ている（四つの生態型のみでの検定；$\chi_2^2 = 0.87$, $P = 0.01$）．
[g] コミュニティ間での平均体サイズの違いは，偶然では説明できないほど小さい (Schluter 1990)．

6.3.2　形質置換の必要条件

　六つの必要条件のうち，どれだけ満たしているかを基にして，形質置換が観察された根拠を評価した（表 6.1-6.3）．これらの六つの基準は，かつて研究者が議論したもの（たとえば，Grant, 1972; Arthur, 1982; Strong *et al.*, 1979; Taper and Case, 1992b）の中でも重要なものを，Schluter and McPhail（1992）が編集することによって得られた．これらのどの基準も満たさないものについては除外した．

(1) 集団間，種間の表現型の違いに遺伝的基盤が存在する

　同所的生息と異所的生息の間での平均値のシフト（表 6.1）が，遺伝に基づくものであると示されなければならない．問題となっている形質が遺伝的要因をもつことを示しただけでは，集団内に遺伝分散が存在することを示しただけに過ぎず，不十分である．また，ある形質が，ある場所において，環境の影響を非常に受けやすいからといって，遺伝的基盤の可能性を除去するものではない．

　集団間の違いは遺伝的要因をもつことが多く，表 6.1 に挙げた多くの事例においても，この基準は満たされているであろう．巻貝のタマキビガイ *Hydrobia* の例は，結局のところ条件を満たしていないかもしれない．*H. ulvae* と *H. ventrosa* との間の競争によって成長率に変化が起こり，前者はより大きな貝殻を，後者はより小さな貝殻をもつようになる（Gorbushin, 1996）．同所的および異所的集団を用いた共通飼育実験の実施はまだなく（ただし，別の集団を用いた実験として，Grudemo and Johannesson（1999）を参照），その結果は不明であるが，とりあえず表 6.1 に含めた．形質の過分散がみられたすべての事例（表 6.2），および種と種のマッチングがみられるすべての事例（表 6.3）において，遺伝に関する基準は満たされていると仮定した．つまり，これらのパターンは同所的に生息する種の平均値に基づいたものであるが，その違いは少なくとも部分的には遺伝的に決定されているとした．

　同所域で観察されたシフトのうち，非遺伝的な原因によって起こるものも，興味深い現象である（Robinson and Wilson, 1994）．同所における初期分化を生み出すことによって，その後の形質置換を促進するかもしれない．また，

競争に応答して，可塑性そのものが進化するかもしれない．唯一知られている例はスキアシガエルの一種 Spadefoot toad（*Spea multiplicata*）であり，このオタマジャクシは，別のスキアシガエルの一種 *S. bombifrons* と同所的に生息する集団では，肉食性という表現型の発現率が低下する（Pfennig and Murphy, 2000）．

(2) **パターンの原因として，偶然の可能性が除外できる．**

ある一つの島に同所生息している2種と，異なる島にそれぞれ生息している2種の場合について，集団の平均値をランダムに個々の島に割り当てると，4分の1の確率で同所のペアが，より大きな分化を示すことになる．これほど高い確率で間違ってしまうということは，偶然の産物である可能性を除外する必要があろう．そのためには，多数の集団について，同所性と異所性との間で，頻度分布の違いがあることを示すべきである．この基準に関する検証は，一時的なものでしか過ぎない．なぜなら，系統関係に由来する，あるいは近傍の集団間の遺伝子流入に由来する非独立性についての補正がなされていない．Hansen *et al.*（2000）は，これらの問題を克服する方法を考案したが，あまり広く利用されていない．

形質の過分散については，実際の群集における種間サイズの違いのパターンを，ある確率分布（一様分布や自然対数など），あるいは実際の平均値をランダム化して得た経験的な分布から作出した，表現型の「ナル」分布と比較することによって検証できる．ナル分布の選別は重要であり，多くの論争はこの点に集中している（Gotelli and Graves, 1996）．種と種のマッチングは，二つ以上の群集間の違いが，ランダムな集まりにおいて期待されるものよりも，有意に小さいことを示すことで検証することができる（Schluter, 1990）．

(3) **集団や種間の違いは，単に種の選別ではなく，進化シフトを示す．**

資源をめぐる競争によって，表6.1-6.3にみられるパターンが生じるメカニズムには二つある．一つは，同所的生息における進化的分化であり，これは資源をめぐる競争が原因となって生じる形質置換のことである．もう一つは絶滅によって種をふるい分ける選別であり，これは進化的過程ではない

(Strong et al., 1979; Case and Sidell, 1983; Waser, 1983). この二つの過程は，お互いに関連がある．形質置換とは，種ではなく，遺伝型の「選別」であるといえるからである．一方の過程を積極的に引き起こす生態学的環境は，同時に，他方も進んで引き起こすことが多いであろうし，選別は，本当の形質置換と同時に起こることが多いのかもしれない (Grant and Schluter, 1984; Schluter and Grant, 1984; Losos, 1990c; Armbruster et al., 1994). 下記のうち一つ以上の条件が満たされた場合に，この基準が満たされていると仮定する．まず，同所性と異所性の違いが種内のものである；次に，同所的生息における種間の平均値の違いが，異所的集団における平均値の分布よりも大きい；最後に，系統樹における形質の変化から，シフトが示唆されるといった基準である．

(4) 資源利用のシフトと形態やその他の表現型の分化とがマッチしている

共有する資源の枯渇によって競争が生じると仮定されているので，形質の平均値と資源利用の間で相関が示される必要がある．どの検証法が適切であるについては，どの証拠について調べるかに依存する．同所的生息における分化の拡大の場合（表 6.1）には，同所と異所の間で資源利用のシフトが起こっていることが示される必要がある．形質の過分散や種と種のマッチングを証拠に用いる場合（表 6.2, 6.3）には，資源利用の散らばりが形態のパターンと相関があることを示さなければならない．表 6.2 において，資源利用の散らばりは形態のパターンと相関があることを明示しよう．

(5) 同所と異所との間に存在する環境の違いという要因がコントロールされている必要がある

観察研究につきまとう問題は，その背景となる原因については不明なままであることである．競争以外の環境動因を，すべて除外することは不可能である．しかし，明らかな代替となる動因（たとえば，資源の利用率）については，除外するよう努めなければならない．表 6.1 に挙げた例においても，同所性と異所性の間で，資源の違いが知られている例もいくつか存在する（トカリネズミ属 Sorex の食物の種類，トカリ目スキンク科の一属 *Typhlosaurus* にお

ける生息地など)が，これが，同所における分化の拡大の原因ではないと考えられている．形質置換の例として考えられているもののうち，これらの違いを組み込んでも，なお残るものがいくつかあるか数えてみた．たとえば，ガラパゴス地上フィンチにおいては，主要な資源である種子の島間での違いを考慮しても，形質置換が成立した (Schluter and Grant, 1984; Schluter et al., 1985)．タマキビガイの例では (Saloniemi, 1993)，特定の生息地の変数の違い (遮蔽物の程度を示す指標) がシフトの多くを説明したが，それでもなお，形質置換は完全に消えなかった．形質の過分散や種と種のマッチングの場合には，同所にあって同一資源を使用できると考えられる種間で比較がなされるので，この基準は満たされているものと仮定した．

(6) 表現型の似た者同士が資源をめぐって競争するという証拠が，別に独立して得られる必要がある

資源をめぐる種間競争が，置換の原因と提起され，種が実際に競争していることを示せば，その事実はさらに確実となる．闘争や繁殖をめぐる干渉，「見かけ上の」競争 (敵のいない空間をめぐる競争)，ギルド内捕食といった別の相互作用も，同所での分化拡大や形質の過分散，種のマッチングなどを引き起こすかもしれないがために，これは重要なことである．闘争によって起こる分岐も，資源をめぐる競争に応答して闘争が進化したのであれば，形質置換とみなすことが可能であるかもしれないが，検証の必要はある．なぜなら，別の相互作用 (たとえば，見かけ上の競争やギルド内捕食) によっても，干渉の進化を引き起こすかもしれないからである．競争に関しての，実験と観察に基づいて得られた証拠について検討した．

ゲンゴロウ類 Dytiscid は，この基準を満たさない例である．この甲虫では，体サイズの過分散がみられるが，野外で見られるような個体密度のもとでは，食物の制限はみられないという実験結果が得られた (Juliano and Lawton, 1990a, b)．もしこれが正しければ，資源をめぐる競争が，過分散のメカニズムとなっている訳ではない．したがって，この事例は，競争に着目して作成した表からは除外した．しかし，未知の相互作用が，このような分化を引き起こしたのかもしれないという捨て切れない可能性は残っている．

この六つの基準に，厳密に従うことを提唱しているのではない．形質置換に関して観察した証拠の完全さを，計測する指標として示したものである．今のところ，これらの基準を一つ一つ検討することによって，形質置換のみが，同所的生息における分化拡大，形質の過分散，種と種のマッチングの唯一の原因ではないことを改めて知ることができる．一つの基準を満たしているということは，それに対応する代替仮説が検証され，少なくとも一度は棄却されたことを意味する．すべての基準が満たされたからといって，形質置換が示された訳ではない（われわれは，ここで，観察証拠についてしか取り扱っていないのだから）が，代替仮説が棄却されるほど，より確からしさは増す．

Robinson and Wilson（1994）は，すべての想定される例に六つすべての基準を満たすというのは，あまりに過剰な基準であると考え，ある基準が一部の事例においては満たされることによっても，全体的な結論を得るための証拠としては十分であると考えた．彼らの考えは，ある一つの大規模な事例（たとえば，氷河期以降にいくつもの系統で独立して分散した硬骨魚：表6.3）のような，十分に均質な一連のデータ群に当てはめるときには，理にかなっている．しかし，そうした共通要因の少ない事例群については，あまり当てはまらない．しかし，逆もまた真である．コジュウカラ属 *Sitta* における形質置換（Grant, 1975）が棄却されたからといって，鳥類から得られた他の例について，その価値を下げるものではない．この理由から，私は，普遍的なメッセージを得る目的の際に，一事例ずつ考察するという方法を採択するのである．

6.3.3 証拠

文献検索の結果，少なくとも二つの同属の種を含む64の事例において，六つの基準のうち一つ以上が満たされていた（表6.1-6.3）．ここに，「事例」とは，それぞれ特有の種のペア（表6.1），種の集合体（表6.2），集合体の集まり（表6.3）を意味する．下記の要約は，この61例に基づいたものであり，校正段階で加わった新しい3例（イモリの一属 *Plethodon*，スキアシガエルの一属 *Spea*，ケショウボクの一属 *Dalechampia*；表6.1）については，含まれていない．

61事例のうちの多くは，興味深いものである．うち23例は，少なくとも四つ以上の基準を満たしており，「強い候補」と考えてよい．また，5例では，

すべての基準が満たされていた．200以上の種が，この表に含まれている．非対称的な分化もあるので，すべてにおいてシフトがみられる訳ではない．表6.1のデータは，4種中3種以上という割合で，同所での置換が見られるということを示す．半分以上の例において，両種ともが置換していた（置換の対称性が0.5以上）一方で，残りの例では，置換は一種のみに限られていた（置換の対称性が0.5以下）．もし，これが一般規準であり，形質置換が原因であるならば，置換を受けた種の数は150を超える．これは，個々の事例内でみられる独立して起こった複数の置換（たとえば，イトヨ（Schluter and McPhail, 1992）や，トカゲの一属 *Cnemidophorus*（Radtkey *et al.*, 1997））を計数していないので，より少なめに見積もった値である．

どの事例も，観察に基づく証拠に過ぎず，反論することは可能である．しかし，このリストは，分岐的な形質置換を支持するパターンをみつけることが，困難ではないことを意味する．また同時に，代替仮説では，うまくこれらのパターンを説明するにいたっていないことも示唆する．この支持する証拠のほとんどが得られたのは，最近のことである．10年前であれば，ほんの4例くらいしか「強い候補」がなかったのではないだろうか．

どの基準が，もっとも満たされないことが多いのだろうか（表6.4）？もっともわずかにしか示されていない証拠は，資源をめぐる種間の競争である．この競争について，現在存在する証拠の多くは，観察記載に基づいたものであり，実験に基づいたものではない．種間で負の相互作用がみられたすべての実験を計数したが，そのうちの数例では，実際に，資源競争が原因であったことは確認されていない（代替の相互作用が除外されていない）．他にまた，どの基準が満たされていないことが多いかは，それぞれのパターンに依って異なる．同所における分化拡大については，その分化の遺伝的基盤に関する証拠が欠けていることが多い（表6.1）し，同所的生息と異所的生息の間の環境の違いに対するコントロールがされていないことも多い（資源利用のコントロールがなされた例は，たった一例である）．形質の過分散については，パターンが種の選別ではなく進化的過程に由来するという証拠，および形態におけるパターンが資源利用の違いと合致している証拠が欠けていることが多い（表6.2）．

表 6.4 表 6.1-6.3 に挙げた 61 の例のうち，六つの判定基準のそれぞれを満たす形質置換の例の数

判定基準	例の数
偶然の除外	51
分岐	39
環境要因の除去	36
遺伝基盤	33
資源利用	30
種間競争	13

6.3.4 栄養レベルによって生じるバイアス

　観察データにみられるもっとも特徴的なパターンは，肉食性生物において形質の過分散が，他の食性の生物に比して，広くみられることである（表6.5）．次いで，それは草食生物（おもに granivore），一時生産者（植物）の順にみられる．微生物食性（microbivore）やデトリタス食性（detritivore）における形質置換の例は，非常に少ない．これには，少なくとも五つの説明が考えられる．

(a) 形質置換は，もっとも強い種間競争を経ている栄養段階において，もっとも頻繁に観察される．肉食動物は捕食者に影響されないので，他の栄養段階に比して，強く競争の影響を受ける．一方，低い栄養段階では，資源と捕食の双方によって制約を受ける．

　この説明には，いくつもの反論がある．たとえ食物網の頂点にたつ生物であっても，資源だけではなく，寄生虫や病気による制約は受ける（Marcogliese and Cone, 1997）．ここに示した多くの肉食動物の例では，必ずしも食物網の頂点にいる訳ではなく，それ自身も捕食される．低い栄養段階の生物であっても，捕食されることが少なく，おもに資源利用が制約となる場合もある（たとえば，Osenberg and Mittelbach, 1996）．また，この説明では，低い栄養段階間でみられる頻度の違いを説明できない（表6.5）．植物よりも肉食動物において，資源による制約が重要であると考えるに足る理由はない．

表 6.5 表 6.1-6.3 に挙げた例の栄養段階

栄養段階	例の数
肉食	35
植食,種子食,雑食	14
一次生産者	5
腐食動物,デトリタス食	4
微生物食	2

(b)表現型や生態学的分化の主要な原因は,資源をめぐる競争よりもむしろ,直接干渉やギルド内捕食である(Polis *et al.*, 1989 を参照).肉食生物では,明白な理由から,ギルド内捕食がよく見られる.

種間での殺し合いは,肉食哺乳動物で一般的であり,同じくらいのサイズの種間で起こることが多い(Palomares and Caro, 1999).これは,他の分類群の肉食動物にも当てはまるかもしれない.しかし,これによって,低い栄養段階の間でみられる多くの形質置換の変異が,どうやって説明できるかははっきりしない.

(c)肉食動物は,その資源が栄養上,代替可能であるため,他の栄養段階の生物に比して,競争に応答して分化しやすいかもしれない.草食生物や植物の場合は,その資源が,必須栄養素において異なるため,形質置換はもっと複雑なものとなり,収斂をもたらすかもしれない(Abrams, 1986, 1987, 1990).

残念ながら,どのような栄養段階であれ,形質収斂のよい例は存在していない.Abrams(1996)は,誰も注目してこなかったからであると述べている.

(d)低次の栄養段階の方が,種の多様性に富んでおり,種間で見られる競争の結果が希薄してしまう.形質置換が起こったとしても,弱く,見い出しにくいものとなる.

多様性に富んだ肉食動物群にあっても，近縁種間で形質置換がみられることが多いという観察事実は，この考えと矛盾している（表6.2と第7章を参照）．

(e)栄養段階間での変異は，単に発見しやすさのバイアスに由来する．形質置換は，資源利用と直線的な相関を示すような計測の容易な形態形質において，もっとも容易に検出できる．これは，他の下位の栄養段階よりも，肉食動物においてよくあてはまる．

検出のバイアスは，すべてを説明できないにしても，部分的には原因となっているであろう．肉食動物における，形態と資源利用の間の単純な相関は，他の栄養段階においてよりも頻繁にみられる．単純な線形関係は，穀食性生物においてもみられ，草食生物にみられた事例の大半を穀食性生物が占めている（表6.5）．表現型と資源利用との間の単純明快な関係というのは，植物やデトリタス食性生物においては稀である．植物の近縁種間の違い（とくに植物的機能の違い）や，草食生物（とくに，葉食性昆虫）の近縁種間の違いを特徴付けるのは，生理的違いによることが多く，これらの違いを見つけ出すことは嘴や体や歯のサイズを計測するほど容易ではない．

6.3.5 対称性

同所的生息域での表現型分化の拡大において，両種で分化が対称的におこるか否かは，その同所における形質の平均値の違いの大きさと相関がある（図6.5）が，これは理論的予測とは逆の相関である．置換が比較的対称である場合に，同所域でのサイズ比はより大きくなり（平均1.55, $n=8$），置換が非対称であるときに小さくなる（平均1.29, $n=7$）（マンホイットニー検定 $U=52$, $P=0.006$）．

分化の程度が非対称になることは，資源勾配における非対称性を反映しているのかもしれない．しかし，資源の非対称性は，分化を抑制ではなく，促進すると考えられている（Slatkin, 1980）．したがって，自然界における対称的な資源勾配は幅も広く，その広い資源の幅が大きな置換を引き起こしやすいのだとすれば，この矛盾は理解できるかもしれない（Slatkin, 1980; Doebeli,

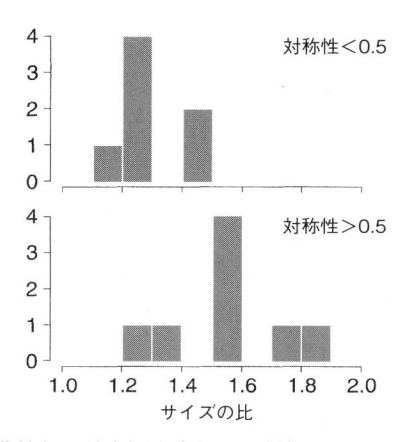

図 6.5 形質置換の対称性と同所域と異所域での形質の比．データは表 6.1 の中から，同所と異所の計測値が完全なものを用いた．対称性は，同所と異所の間での種間のシフトの比を，小さいシフトを大きなシフトで割ることによって得た（表 6.1 参照）．対称性は，0（2 種のうち一方のみが，異所域から同所域へのシフトを示す）から 1（両種がともに同程度シフトする）までの値を取る．

1996)．資源勾配は，競争相手となりうる群が存在しないときに，もっとも広い幅をもつ．つまり，もっとも大きな，かつ対称的なシフトの例は，種の乏しい環境下でのものである（たとえば，イトヨ，アノールトカゲ，トカゲの一属 *Cnemidophorus*．ガラパゴス地上フィンチ *Geospiza*；表 6.1）．

6.3.6 形質比

置換後（つまり同所域での）の形質比は，様々で，必ずしも大きいという訳ではない（範囲：1.03–1.98；平均 1.33；表 6.1，6.2）．この範囲は，ランダムな分布と変わらない（Eadie *et al.*, 1987）．観察比の本格的な分析は行われていないが，同所域におけるサイズの違いが形質置換に由来するものであるのかどうかについて，形質比の程度はほとんど情報を与えてくれないと結論できるかもしれない．

6.3.7 結語

自然界に，どのようなパターンがよくみられるのかについて，文献のみに

基づいて判断するのは困難である．なぜなら，肯定的な結果が主に文献化される傾向があるからである．このリストは，形質置換の一般性を過大評価しているのだろうか？もっとも馴染み深い顕著な適応放散の多くは，結局，リスト表に入ることができなかった．ハワイの生物群は一つも含まれていないし，ガラパゴスの生物についても一例しか含まれていない．シクリッドの放散においては，形質置換の例は知られていない．したがって，このリスト表は，過大評価したものなのだろうか？

ひょっとするとそうかもしれない．しかし，反対の要素も考慮する必要がある．つまり，形質置換が存在したとしても，同所域での表現型分化の拡大，形質の過度の分散，あるいは種と種のマッチングといった，明確な痕跡を残すことは稀であろう．なぜなら，置換の観察証拠が得られるためには，減多にない条件が満たされている必要があり，そうでないと明瞭なパターンがみられない．同所域における分化拡大がみられるためには，実際に存在する異所域と同所域の間での環境の違いを凌駕する非常に強い効力が必要である．形質の過分散に関する統計の検出力は弱い（Losos *et al*., 1989）．これらは，資源利用と線形の関係にある単一の形質についてのみ置換が起こることを，ふつう前提としている．さらに，過分散の検定は，すべての種によって示された形態の多様性を用い，これらの限られた範囲内でどのように配置しているかを検証する．しかし，そもそも競争が，この多様性を生み出すことに役立ったのかについては検証できない．マッチングの検証も，同様の問題がある．

これらの理由によって，形質置換の観察証拠だけでは，表現型の多様化において，近縁種間での競争の役割を完全に明らかにはできないのである．これらの弱点の幾つかは，次に述べる二つのアプローチによって克服できる．

6.4　予測に基づく証拠

分岐的な形質置換についての二つ目の証拠は，種間競争を組み込んだ適応進化のモデルを用いて，平均表現型がうまく予測できるということから得ら

れる．資源関数や適応地形といった資源に由来する自然選択を推定することが，予測にとって必須である．形質置換は資源のみに基づく予測よりも，競争を組み込んだ方がよりうまく予測できるかどうかをみることによって検証することができる．

6.4.1 資源に対する正の応答

分岐的形質置換の理論は，資源密度に対する「正の応答（positive response）」，つまり，生物がより豊富な資源をより利用し，稀な資源はあまり利用しないという傾向に基づいている（Abrams, 1986, 1987）．この傾向自体については，殆ど検証されたことがない．

水生等脚目は，確かに正の応答を示す（図6.6）．異所域に生息する2種は，その生息河川に豊富に存在する餌（真菌類）条件下において，より高い生存率を示す．生存率が高いことは，その真菌類がもつ特異的な毒素に対して耐

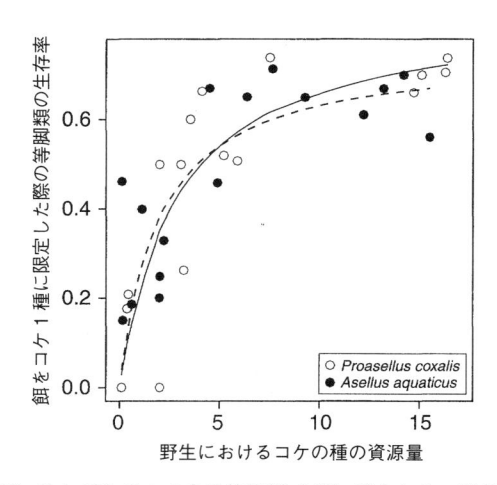

図6.6 異なる河川に住むデトリタス食性等脚類2種に見られた，資源量に対する「正の反応」．X軸は，河川におけるコケ16種の資源量，つまり，30ペトリ皿辺りのコロニー数を示す．Y軸は，実験室内にて，餌をコケ1種に限定した際の等脚類の生存率を示す．野外採集種のF1子孫について計測した．曲線は，酵素の反応速度式を示すミカエリス-メンテン方程式で，最小二乗法によって適用したもの（破線は P. coxalis, $R^2 = 0.73$．実線は A. aquaticus, $R^2 = 0.60$．いずれも等脚目ワラジムシの一属）．データは Rossi et al.（1983）による．

性を示し，栄養素を代謝する能力を進化させたことを表している（Rossi et al., 1983）．逆に，野外に稀なカビが生息するもとでは，その等脚目はうまく生存できない．同所では，どちらの種も異所域で利用するカビの一部にしか特化しておらず，このパターンは弱まる．しかしながら，もっとも豊富な真菌類が，どちらの種によっても利用される（Rossi et al., 1983；この例では，同属の種ではないので第7章に示す）．

ガラパゴス地上フィンチの適応地形（図5.10）の頂点は，種子資源の分布における頂点を反映している．頂点と嘴との一致は，島において利用可能なもっとも豊富な種子の種類を利用するように，フィンチが進化したことを示す．単発の事例についても，頂点は嘴サイズを予測する．つまり，嘴は，適応頂点の近く，あるいは頂点に存在する（図5.10）．

6.4.2 証拠

予測アプローチは，バハ・カルフォルニアのトカゲの一属 *Cnemidophorus*（Case, 1979）と，ガラパゴスの地上フィンチ *Geospiza*（Schluter and Grant, 1984; Schluter et al., 1985）で試されたのみである．どちらも，平均表現型を予測するために「条件付け集団サイズ」が用いられた（Roughgarden, 1976；図6.2参照）．Case（1979）は，昆虫の豊富さ，食物の重なり，トカゲの集団サイズの計測値を用いて，このトカゲ *Cnemidophorus* の体サイズの範囲について，利用能力 K を推定した．推定された K 曲線は，80 mm の頭胴長に一つの頂点を持った．同所的生息地での最適な体サイズは，55 mm と 90 mm であった．これは，観察された同所域での平均値 57 mm と 85 mm によく合致している．2種は必ずしも頂点，つまり 80 mm の両側に等しい距離の位置に存在するのではないが，この理由は，大きい個体の方が小さい個体よりも，競争において有利であるためかもしれない（Case, 1979）．同所域での2番目に最適な体サイズは，85 mm と 100 mm であったが，これは観察結果とは合致しない．

Schluter and Grant（1984；Schluter et al., 1985）は，同様のアプローチを用いた．しかし，この場合には，資源が離散的な性質をもつために，連続的な競争関数ではうまくいかないかもしれない．さらに，ガラパゴス島での種

子の生産が一定していないことから，一般的な分岐形質置換の集団ダイナミックスの前提が満たされていない．そこで，ある特定の嘴サイズをもつフィンチ集団に利用可能な資源は，他種がそれを利用している場合には，単純に割り引くということにした．それによって，どのような割り引き方をするかに関わらず，非常に一定した結果が得られた．次に，シミュレーションによって，それぞれの島での嘴サイズを予測した（図5.10参照）．その予測値は，観察値とよく合致していた．

6.4.3 結語

予測アプローチは，単にパターンを観察するアプローチよりも強力である．なぜなら，形質置換がないという統計的な「帰無」仮説に対する代替モデルを，作る必要があるからである．予測の価値は，予測するために付加する必要な情報量によって計ることができるかもしれない．予測はまた，既に存在する多様性の再配置だけでなく，多様性の起源についても言及してくれる．Case（1979）や Schluter and Grant（1984）の予測は，島に現存する種サイズの範囲から決定されたものではなく，したがって，形質置換のパターンに基づいた証拠のいくつかを悩ます循環論法という問題にはなりにくい（総説には，たとえば Gotelli and Graves, 1996 を参照）．

条件付き集団サイズを用いて，形質置換の際の平均形態を予測することにともなう問題点については，既に議論した（たとえば，Case, 1992b; Brown and Vincent, 1987）．つまり，予測が必ずしもうまくいくとは限らないのである．しかしながら，トカゲやフィンチの例においては，予測は比較的うまくいった．このことは，非対称性の競争や他の要因が，これらの例においては，あまり大きな影響を与えなかったことを示唆する．

■ 6.5 野外実験による証拠

野外で競争に関する実験を行った例は多く存在するにも関わらず（Schoener, 1983; Connell, 1983; Gurevitch *et al.*, 1992），形質置換を起こしたと考えられて

いる種に限ると，まだ十分な例数について調べられていない．しかしながら，形質置換と考えられている例のいくつかで，種間の負の相互作用が確認されており（表6.1-6.3），資源の枯渇がそのメカニズムであると知られていたり，考えられていたりする（たとえば，ブルーギル属 *Lepomis*, カンガルーネズミ属 *Dipodomys*, フウロソウ科の一属 *Erodium*）．

形質置換に関する仮設で，より特定の予測を，検証した野外実験はさらに稀である．古典的な競争実験にとどまらず，例えば，形質置換の過程で，相互作用の強さがどのように変化したか，さらに，第二の近縁種が環境に加わったときに，種にかかる自然選択圧がどのように変化するかについて調べられなければならない．以下に，この分野での最新の知見を概説する．ここでは，野外での形質置換の事例についてのみ注目する．実験室内でのアズキゾウムシ属 *Callosobrunchus* の形質置換実験結果については，Taper and Case (1992b) に総説がある．

6.5.1 実験の種類

これまで，2種類の実験が行われてきた．一つ目は，分岐が進むにつれて，種間競争が弱くなっていき，現存する種間にはかつて存在していた強力な相互作用があるかどうかを検証する実験である（Connell, 1980 を参照）．これは，「置換前」と「置換後」を模倣し，それらの種間競争の強さを比較することによって検証できる．たとえば，Pacala and Roughgarden (1985) の野外飼育実験によると，カリブ島セント・マールテン島のアノールトカゲの同所域の2種は形態が似ており，それら2種間の競争は，より大きな形態分化を示すセント・エウスタティウス島の2種間の競争よりも強力である．

Pritchard and Schluter（未発表）は，イトヨを用いてこの仮説を検証した．小さな湖にイトヨの同所種のペアすなわち，プランクトン食性（沖合型）とベントス食性（底生型）の2型が存在し，湖に単一種しか存在しない場合には，その単一種は2型の中間型となる傾向が常にある（図 6.3）．間接的な証拠によると，単一種は進化の初期段階を示しており，遅れて湖へ侵入したプランクトン食性の海産種によって，単一種の段階から底生型の表現型へと置換されたと考えられている（Schluter and McPhail, 1992）．人工池を用いることに

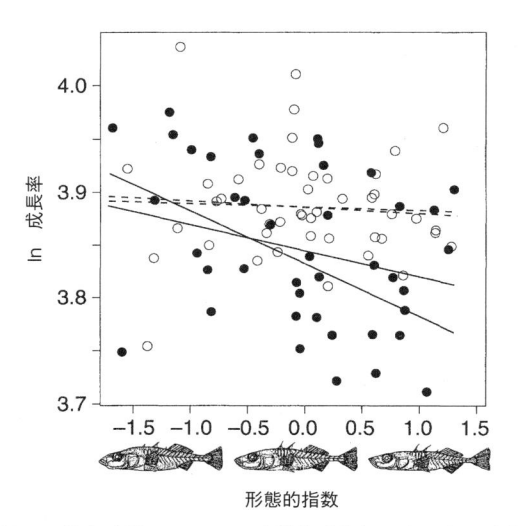

図 6.7 イトヨを用いた競争実験において，分岐を引き起こすような自然選択．丸印は，動物プランクトン食性の競争者（沖合型）が共存する場合（黒丸），および共存しない場合（白丸）において，中間型の種における表現型と成長率の関係を示す．二つの池を，それぞれ二つに区分し，片方を実験サイド，他方をコントロールサイドとし，二つの池のデータをプールした．直線は，各々の池について，動物プランクトン食性の競争者が共存する場合（実線），および共存しない場合（点線）について，成長率の対数を形態に回帰したもの．形態軸に沿って左側には，より底生型に似た魚，右側には，より沖合型に近い魚が来るようにプロットとしてある．各々の印は，三つの近くの点の平均である．Schluter（1996）より University of Chicago Press の許可を得て掲載．

よって，Pritchard and Schluter（未発表）は，遡河回遊型イトヨとの競争は，底生型（置換後）との間よりも，単一種（置換前）との間において，より強いということを示した．

二つ目の実験は，資源競争による自然選択下で，同所種間の分岐が起こりやすいかどうかの検証である．イトヨの中間種にかかる選択について，単独で存在する場合と，プランクトン食性の種（沖合型）と共存する場合との間で比較された（Schluter, 1994）．後者は，いくつかの湖で起こった遡河回遊型イトヨによる二度目の侵入後，間もない頃の「置換前」条件を模倣している．形質置換の仮説によって予測された通り，プランクトン食性種の存在下では，中間種の中でも，より底生型に近い表現型をもつ個体が自然選択によって選好された（図 6.7）．プランクトン食イトヨよりも形態が異なっていれ

ばいるほど，受ける影響は少なく，もっとも底生型に近い表現型をもつ個体では，成長の抑制はみられなかった．これらの成長率の差異は，沖合型イトヨの密度が高い池ほど大きかった．この実験は一世代についてのみ行われた（春に稚魚の段階で魚が池に放流され，秋に未成熟成魚の段階で回収された）．したがって，進化ではなく，選択が計測されたことになる．Schluter（未発表）は，後の実験で，種間競争による分岐自然選択が，頻度依存性であることを示した．中間種がプランクトン食性の種（沖合型）と一緒に放流された場合と，中間種が底生種と一緒に放流された場合とでは，中間種に対してはたらく選択は，予想した方向と異なっていた．つまり，中間種は，追加されたそれぞれ競争相手よりも，できるだけ異なった表現型をもつ個体の方がより選択によって選好された．

6.5.2 結語

野外実験は，進化研究における最後の未開拓領域であり，まだ十分になされていない．したがって，適応放散における分岐形質置換の役割を知るためには，その大部分を，間接証拠に頼らざるを得ない．さらなる実験が行われることによって，今後の数十年でこの状況は大きく変わるであろう．

6.6 分岐を促進する他の相互作用

適応放散の生態学説によると，資源をめぐる種間競争が，分岐を引き起こす主要な原因である．先の節では，分岐における競争の役割を示す証拠を紹介した．しかし，分岐に対する，このような古典的な見方はどこまで完璧なのだろうか？近縁種は，さまざまな形で相互作用し，それらもまた分岐を促進するかもしれない．実際，形質置換と考えられている表6.1-6.3に挙げた例においても，資源をめぐる競争以外の原因があるのかもしれない．たとえば，共通の捕食者をもつことによって，被食種間での拮抗作用が生じ，種間競争と似た生態学的・進化学的効果をもたらすことがありうる（Holt, 1977; Doebeli, 1996; Abrams, 2000）．競争も，「見かけ上の競争（apparent competition）」も，

双方の種にとって利することのない相互作用である．しかし，特定の種のみが利するような消費的相互作用（exploitative interaction）（たとえば，捕食，相互依存，間接的促進作用）も，分岐を促進するかもしれない．この節では，そのような可能性について概説する．

代替相互作用と分化の関係については，その明確な例は少なく，十分な数の文献を挙げることができない．Juliano and Lawton（1990a, b）は，形質置換の6番目の判定基準が満たされなかった例について提示した．彼らは，ゲンゴロウ類における形質の過分散の原因として，競争以外のメカニズムが存在するかもしれないことを示唆しているが，よい代替仮説を思いつくにはいたらなかった．支持する証拠がないということは，競争以外の相互作用が比較的重要ではないということを意味するのかもしれない．しかし，単に，その進化的結果について，計測しようとする努力があまりなされなかっただけかもしれない（Abrams, 1996, 2000）．代替相互作用による分岐の理論も，あまり発展していない（しかし，Abrams, 2000; Doebeli and Diechmann, 2000 も参照）．そこで，可能性のあるいくつかの例について焦点を当て，今後さらに注目が集まることを期待しよう．

6.6.1　見かけ上の競争（apparent competition）による分岐

「見かけ上の競争」（「敵のいない空間をめぐる競争 competition for enemy-free space」とも言われる）は，ある被食種の数が増えることによって，他の被食種への捕食圧を上昇させ，後者の集団サイズを減少させ，ときには絶滅にまでいたらしてしまうときに起こる（Holt, 1977; Ricklefs and O'Rourke, 1975; 総説は Jeffries and Lawton, 1984; Holt and Lawton, 1994）．見かけ上の競争は，短期的には，前者の被食種の数が増えることによって，捕食者による探索効率を上昇させることによって起こるかもしれないが，長期的には，捕食者の集団サイズが増えることが必要である（Holt and Lawton, 1994）．捕食者が被食者を含む空間を自由に移動できる場合には，見かけ上の競争は，比較的広い範囲にわたって起こる．つまり，特殊化が進んで（たとえば，別々の宿主に棲息するなどの理由によって）決してお互いに出会うことのない種間にも起こるかもしれない．この話題を概説するにあたり，「捕食」という用語を，捕食者，

寄生虫，病気，草食動物などによる消費も含めて用いる．

　見かけ上の競争によって起こる進化的結果を直感的に理解するために，まずは，その逆を考えてみよう．被食者が捕食者にとって侵害や有害であり，この効果を自己顕示する目立つ色彩や行動のようなシグナルの**収斂**（convergence）が種間で起こりやすくなる（ミュラー擬態）．収斂が選好される理由は，シグナルの多様性が少ないほど，捕食者が学習しやすく，したがって，死亡率を下げられるからである．しかし，被食者が食されやすく，隠蔽や逃避などに頼っている場合には，似た種が共存することは，全体の捕食率を上げてしまうであろう．このような場合，被食者は特定の逃避法をめぐって「競争」し，分岐が起こりやすくなる．このようなメカニズムによって，単一種内に，色彩や行動の多様化が生まれた例がいくつか知られている（Clarke, 1962; Owen, 1963; Owen and Whiteley, 1989）．しかし，見かけ上の競争に由来する種間分岐についての，強固な証拠が存在する例はない．

　見かけ上の競争が分岐を促進するシナリオは，環境の構造，選択下にある形質の種類，捕食者の特殊化の程度，被食者間での初期段階での分化の度合いなどに応じて様々である．見かけ上の競争が，分岐ではなく，被捕食種間に平行的な変化をもたらす状況はいろいろ考えられる（Abrams, 2000）．分岐が起こるもっとも単純なシナリオは，近縁種が侵入してきて，共通の捕食者の密度も上昇することによって，被食種が元来いた生息地から出て行かざるを得なくなるという過程であろう．この過程がはたらくためには，初期段階において，被食種間に，捕食者に対して著しく異なる対照的な脆弱性が存在することが必要であり，その初期の違いがさらなる分岐を遂げていくことによって起こる．ことによると，捕食率の勾配に沿った近縁種の分岐（たとえば，Wellborn *et al.*, 1996）や，異なる捕食者をもつ環境間での分岐（たとえば，McPeek, 1990a）は，この種類のメカニズムによるのかもしれない．しかし，このような例だけから，見かけ上の競争が原因として，分岐が起こった証拠とすることはできない．なぜなら，捕食者を介する相互作用なしでも，単に，捕食圧の異なる環境間での分岐自然選択によっても生じるかもしれないからである．

　Holt（1977）は，被食二種において，捕食者による捕食率が，被食種の連

続形質 z の値に依存するという条件を考えた．z の頻度分布が重なる場所では，被食者全体の頻度が上昇することによって，捕食者の頻度も上昇して，捕食圧が強くなり，被食種間の分岐が起こりやすくなるかもしれない．もっと複雑な条件では，被食者間の資源競争も存在し，被食者の分岐に応答して捕食者自身も進化する（Brown and Vincent, 1992；図 4.5 も参照）．被食者間での資源競争も，見かけ上の競争も，その強さは表現型の類似度に依存し，見かけ上の競争が資源競争を相補して，資源競争のみでは起こらない条件下でも分岐を引き起こすかもしれない．被食二種が完全に同一な条件下におかれると，平衡点において，被食種の数はどちらも，捕食と資源をめぐる競争の両方によって制約を受けている．被食二種のおかれた条件に違いがある条件は，試されていないが，ひょっとすると一方の被食種が捕食を逃れるのに有利で，おもに食物によってその制約を受けるのに対して，他方の被食種が資源をめぐる競争では有利で，捕食には弱いという進化的平衡をもたらす結果になるかもしれない（Holt *et al.*, 1994; Abrams, 2000）．

　見かけ上の競争によって，一旦，被食種が分岐すると，お互い競争していた捕食種間においても分岐が生じ，その捕食圧によって，被食種にさらなる分岐が起こるかもしれない（Brown and Vincent, 1992）．捕食者と被食者間での分岐多様化のサイクルは，Whittaker（1977）が唱えた「相互作用する栄養グループ間での多様化の相互促進」（p40）の名残りとみることもできる．Whittaker は，この過程が無限に上昇することを想像したが，Brown and Vincent のモデルは，多様性の構築と分岐の過程は，進行するにつれて起こりにくくなり，最終的には停止するとした．

　見かけ上の競争によって分岐が起こったと考えられる野外での実例には，隠蔽性のガ種間における外見や行動の分化（Ricklefs and O'Rourke, 1975），開けた土地に営巣する鳥における営巣の微環境の多様性（Martin, 1988），抱卵中のドクチョウ属のメスに攻撃されるトケイソウ属の種間における葉形の変異（Gilbert, 1975; 図 6.8），捕食寄生者によって攻撃されるオークスズメバチの虫癭の形（Askew, 1961），などが含まれる．これらの例の多くでは，種間にみられる，外見の尋常でない著しい分化を説明するために，見かけ上の競争がもち出される．しかし，捕食者による扱いを困難にする形質（体サイズ

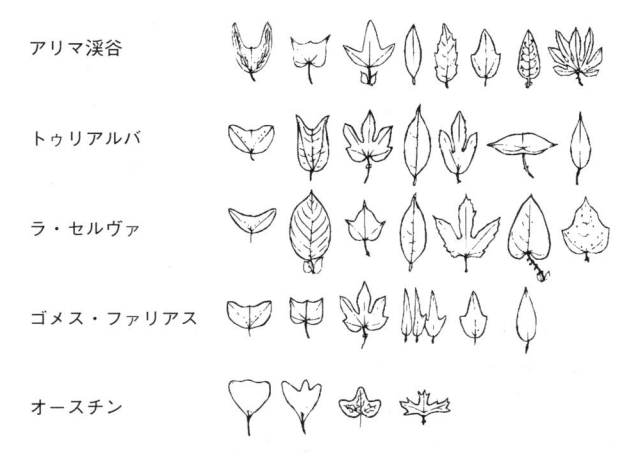

図 6.8 さまざまなトケイソウ属の (*Passiflora*) 種のツタの葉形. ここでの仮説は，各々のトケイソウ属の種がもつ異なる葉の形は，視覚を用いて産卵する葉を探索するドクチョウ属による知覚を最小限にするようにできているというものである. 図は，Lowrence E. Gilbert と Peter H. Raven の編集した *Coevolution of Animals and Plants*, Copyright© 1975, 980 から，University of Texas Press の許可を得て掲載.

など) の分化や生息地利用の分化も，見かけ上の競争の影響を受けるであろう.

　資源競争による形質置換に対して，適用された六つの判定基準に相当するものを，見かけ上の競争にも適用すると，そのほとんどの基準が満たされていない (表 6.1-6.3). 六つの基準を見かけ上の競争に適用すると，以下のようになる.

(1) 集団や種間での表現型の違いは遺伝に基づく.
(2) パターンの原因として，偶然が除外される.
(3) 集団や種間の違いは，進化的推移を示しているのであり，種の選別によるものではない.
(4) 捕食者に対する感受性における推移は，形態や他の表現形質の変化と合致している.
(5) 同所域と異所域間の環境の違いがコントロールされている.
(6) 表現型の似た個体は，見かけ上の競争を介して，相互作用している証拠が独立して存在する.

　上述の多くの例は，基準(1)を満たしているが，他の基準を満たしているも

のは，ほとんどないであろう．また，分岐の予測や実験による見かけ上の競争に関する検証もない．40年前に考えだされ（Jeffries and Lawton, 1984），20年前に日の目を見て（Holt, 1977），進歩がほとんどないようにみえるかもしれない．しかし一方で，形質置換に関する最良の証拠のほとんどは，10年以内に得られたものであり，Brown and Wilson (1956) の古典論文のあとに蓄積された．したがって，見かけ上の競争による分岐もすぐに注目を浴び，その重要性が計測されるようになるであろうと楽観視することができよう．

6.6.2 食物連鎖分岐のメカニズム

競争も，見かけ上の競争も，異なる栄養段階の生物を介する相互作用である．したがって，食物網の段階によって，資源と捕食者のどちらから受ける制約の方が重要であるかが異なっているとすれば，資源と捕食者のどちらが種間分岐にとって重要であるかは，食物網の位置に依存することとなる．たとえば，高い栄養段階における種間（たとえば，肉食動物やその寄生虫，しかしときに草食動物も）での分岐は，おもに形質置換の影響を受け，低い栄養段階では，見かけ上の競争が重要となるはずである．Hairston, Smith, and Slobodkin (1960) は，食物網の高い位置にいる種（たとえば，肉食動物）は，被食者に制約を受けるまでその数を増やし続け，その被食種（たとえば，草食動物）は，捕食者によっておもに制約を受けることとなり，さらに下のレベル（たとえば，一時生産者）では資源に基づく制約が生まれることとなるであろう．Oksanen et al. (1981) は，この「HSS仮説」*をさらに重層な段階をもつ食物網にまで発展させた．

HSS仮説を種間相互作用に基づく分岐進化の問題にまで拡大すると，古典的な形質置換は，食物網の奇数番号の段階（つまり，最上段階，3番目の段階など）で，よくみられ，見かけ上の競争による分化は，偶数番号の段階でよく見られると予測される．しかし，この進化HSS仮説には，二つの問題点がある．まず，一つおきの栄養段階において，捕食者と資源の各々によって制限を受ける証拠に明確なものがない（DeAngelis et al., 1996; Osenberg and

---

訳注＊：HSS は Hairston, Smith, Slobodkin の3名の頭文字．

Mittelbach, 1996). さらに重要な問題点は，すべての栄養段階において，捕食者に抵抗力をもつ種が存在し，捕食者に対して脆弱な種に由来する効果を部分的に代償するということである (Hunter and Price, 1992; Strong, 1992; Osenberg and Mittelbach, 1996; Leibold et al., 1997)．また，単純なモデルでは，多くの種が雑食性であり，二つ以上の栄養段階の被食種をもつという事実を無視している (Spiller and Schoener, 1996)．したがって，ほとんどの栄養段階では，資源と捕食の双方による制限を受けるのかもしれない．

　高い栄養段階では形質置換が，低い段階では形質置換と見かけ上の競争による分岐が起こりやすいと考えるのが現実的かもしれない．この結果は，Brown and Vincent (1992) のモデルでもよく見られたが，彼らは，被食者によって利用される資源の進化については考慮に入れなかった．進化的HSSの実例を得るためには，可能な限り広く網羅した範囲のリストを作り，その栄養段階に基づいて分析していくことが必要であろう．しかし，そのようなリストはまだ作成されていない．

　二番目の反論は，栄養段階間での相互作用は，単純な競争や見かけ上の競争よりも，もっと複雑な間接的相互作用を引き起こすというものである．たとえば，単に捕食者を共有するだけでは，見かけ上の競争が自発的に引き起こされる訳ではない．弱い競争が引き起こされるだけであったり，見かけ上の相互依存すら引き起こされたりするかもしれない (Abrams and Matsuda, 1996)．後の節で，異種間での共生と分岐の関係について考察する．

6.6.3　直接的な侵害相互作用 (Directly harmful interactions)

　直接的な侵害相互作用は，近縁種間の生態学的分岐や形態学的分岐の原因として軽視されて来た．「直接」の意味するところは，異なる種に属する個体が，お互いを捕食しあう，あるいは生殖的相互作用 (reproductive interaction) や，拮抗的相互作用 (antagonistic interaction) をするということである．(消費的相互作用 (exploitative interaction) は，低い栄養段階の他種，あるいは無生物栄養素を介しており，間接的な相互作用である．)

　拮抗的干渉は，よく散見される．Robinson and Terborgh (1995) は，アマゾンの近縁鳥類間で見られる生息地の分割は，おもに種間攻撃によると考

えた．形質置換の例に挙げた種の中にも（たとえば，アノールトカゲ属，シジュウカラ属，オオタカ属），種間攻撃は広くみられ，詳しく調べられていない多くの事例においても，存在する可能性がある．種間攻撃は，行動シグナルの収斂を引き起こしやすいかもしれない（Cody, 1973）が，空間的分離を引き起こすことによって，種を異なる環境に留めるように，他の形質に対して分岐自然選択がはたらくかもしれない．

種間攻撃そのものが，資源競争に応答して進化したものである場合には，一般的な生態学的形質置換の延長線上で分岐が起こったということになる．しかし，さらに拮抗的相互作用について追求するべき理由がいくつかある．資源競争そのものが分岐を促進しなかったり，あるいは，むしろ抑制したりする場合にも，分岐を促進するかもしれないからである．種間攻撃は，資源競争以外の過程，たとえば，「見かけ上の競争」に応答して進化するかもしれない．また，それは種内相互作用における攻撃行動の副産物として，付随的に生じるかもしれない．

干渉は，生殖の過程で付随的に生じるかもしれず，生殖形質置換（reproductive character displacement）や強化（reinforcement），つまり，交雑頻度を下げる形質の進化を引き起こすかもしれない（Butlin, 1989; Howard, 1993; Liou and Price, 1994; Noor, 1995; Satre *et al.*, 1997; Rundle and Schluter, 1998; Kirkpatrick and Servedio, 1999）．しばしば，交雑頻度を下げる形質は，生息地の選好性や送粉者などといった生態学的形質であることが多い（Waser, 1983; Armbruster *et al.*, 1994）．その結果，生殖形質置換は，種間のニッチの分岐も促進する．生態学的形質置換と考えられている幾つかの例では，実際には別のメカニズムで生じたのかもしれない（たとえば，Stylidium; Armbruster *et al.*, 1994）．

6.6.4 消費的相互作用（Exploitative interactions）

これまでの多くの研究は，近縁種間の分岐を引き起こす相互作用として，相互に拮抗し，両方の適応度を下げるような相互作用のみに注目してきた．しかし，種がしばしば（おそらくは常に）他の種に対して，新しい生態学的機会を与えるように進化するとすれば，その結果として多様性が生み出され

6 分岐と種間相互作用

○ 活動的な送粉者
● 送粉しない裏切り者（cheaters）

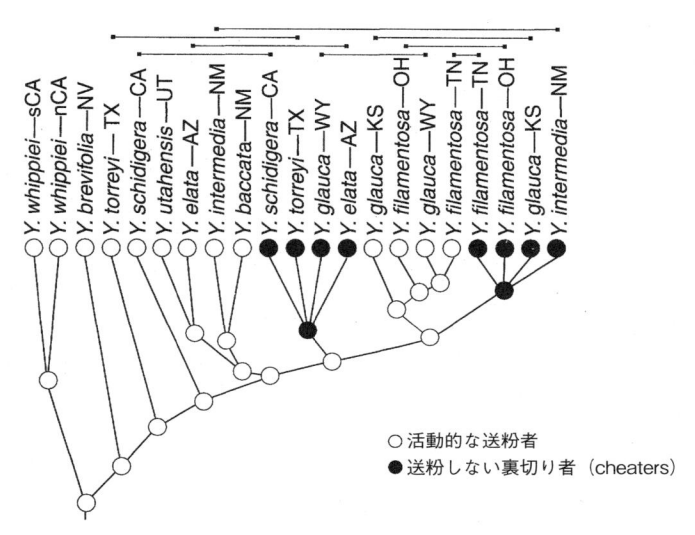

図6.9 宿主として利用するリュウゼツラン科ユッカ属 *Yucca*，および，生息地に基づいて分類されたユッカ・ガ yucca moth 集団（*Tegeticula*）の系統樹．大抵のガ *Tegeticula* は，ユッカ *Yucca* の花を積極的に受粉する（○）が，二つの種では（'裏切り者'；●），この行動を独立して失った．受粉を行わないガは，ユッカ・ガによって受粉されてできた花の果実に産卵し，生まれて来た子供は，その種子を食べる．祖先型の推定において，受粉行動の喪失は不可逆的であると仮定した（Pellmyr et al., 1996）．水平線は，同じ *Yucca* を宿主として利用する受粉者と種子の捕食者のペアを結んだもの．Pellmyr et al.（1996）の図1に基づく．系統樹は，各々の裏切り者（cheater）の種が単系統となるように変更した（Pellmyr and leebens-Mack, 2000 を参照）．

ることもあるであろう（Whittaker, 1977）．消費的相互作用は実際に近縁種間で進化するであろうか？また，適応放散において分岐を促進するのであろうか？

ユッカ・ガ Yucca moth（Tegeticula）は，わかりやすい例の一つである（Pellmyr *et al*., 1996; Pellmyr and Leebens-Mack, 2000）．*Tegeticula* 属に属する大抵のガは，宿主であるリュウゼツラン科ユッカ属 *Yucca* の未受精卵子に少数の卵を産みつけた後，受粉する．多くの卵を産卵しすぎて，卵子の多くを破壊してしまうと，数日以内に，ユッカ属 *Yucca* は果実を作れなくなってしまうので限られた数の卵しか産卵できない．そこで，産卵時期を遅らせ，花ではなく果実に産卵するように進化したガが，少なくとも2種知られてい

215

る．このような「裏切り者（cheaters）」によって，かなりの数の種子が破壊される．これらは，ユッカ・ガの系統内において，受粉に関わる行動が二次的に失われたことに由来する（図 6.9）．受粉するガの系統は 13 あるが，そのうちの八つでは，同じ宿主に対して受粉しないガを他の系統に見つけることができる（図 6.9）．受粉しない種は，自らの産卵の前に，他のユッカ・ガによる受粉が行われることに依存しているので，その進化は，系統内における促進的相互作用（fascilitative interaction）によって促進される分岐の最良の証拠のひとつである．

別の例として，ある共生種（mutualist）が，同じ資源を利用する他の共生種の出現を促進することがる．たとえば，ある一種の顕花植物の数が増えると，送粉者の数が増え，他の顕花植物種に対しても新たな資源を提供することとなる（Rathcke, 1983; Waser and Real, 1979; Stone et al., 1996）．送粉しないガと同じように，蜜をもたない「裏切り者」となった花の種もいる (eg. Chase and Hills, 1992)．

他にも，近縁種間で見られる消費的相互作用には，直接的捕食や寄生といったものがある．社会性昆虫，とくにハチ目では，実にさまざまな社会性寄生がみつかっている（Wilson, 1971）．これらは，餌泥棒（kleptoparasitism）から，一時的寄生（女王の交換と最終的にはワーカーの交換），奴隷制（幼虫の盗難），（恒久的女王交換とワーカー相の喪失）などがある．ある属に属するハチ類の 10％ほどの種は，近縁種の恒常的な寄生虫である（Wilson, 1971）．100 種以上の寄生アリが知られているが，多くの場合，宿主は近縁種である．寄生にいたる道筋は様々である．アリにおける寄生は，捕食の関係から，あるいはほとんど中立の関係から，また巣の共有などの相互扶助から生じる（Wilson, 1971）．

近縁種間での捕食や寄生は，魚において一般的に見られる．種間捕食は，マラウィ湖，タンガニイカ湖，ビクトリア湖の在来種シクリッドでみられる．ビクトリア湖のシクリッドの約 40％は魚食性で，他のシクリッドの卵や稚魚を食する（Fryer and Iles, 1972）．これらの湖では，約 9 種のシクリッドは，シクリッドを含む他の魚の鱗を餌とする．Fryer and Iles（1972）は，この鱗食いは，ある事例では草食（岩をこする）から，また別の事例では直接捕

食から進化したと提案している．

　近縁種間での捕食は，本来ならば，同じ栄養段階を占めていたであろうと思われる種間でみられることが多い（「ギルド内捕食」; Polis et al., 1989; Holt and Polis, 1997）．行動によって引き起こされるニッチシフトの多くの例では，この相互作用が原因となっているかもしれない（Polis et al., 1989）．結果として，ニッチに特異的な選択圧の変化が見られ，形態や生理といった，ニッチ利用に関わる形質の進化的分岐も蓄積させるかもしれない．ギルド内捕食の進化的結果については，まだモデル化されたり，記載されたりしたことはない．

6.6.5　食物網の進化

　上記の議論の多くは，同じ栄養段階に位置する近縁種間での分岐を，促進する相互作用に関するものであった．しかし，動植物で見られる顕著な適応放散の中には，存在する食物網が乏しいときに起こり，複数の栄養段階にまたがった種の系統が生まれるものもある．重要なことに，これは，どのようなタイプの相互作用が，分岐を引き起こしたのかについても教えてくれる．つまり，資源競争のみを扱った理論では，非常に乏しい段階から食物網を生み出す放散過程を説明できないことは明らかである．

　新しい栄養段階の進化は，脊椎動物において特に急速である．草食（とくに，種子と葉）と肉食（とくに昆虫）の種間での転移や異なる肉食性（草食動物を食するか，肉食動物を食するか）の種間の転移は，もっとも一般的である．ガラパゴスフィンチでは，種子を主食にするか，昆虫を主食にするかの転移が1-2回あったし，昆虫食から葉食への切り換えは一度あった（図1.1）．草食フィンチのすべては，繁殖期には雑食性であり，昆虫も食するのであるが（Grant, 1986），このような雑食性が，栄養段階間の転移を促進したのかもしれない．

　シクリッドは，切り換え名人である．西アフリカカメルーンにあるクレーター湖 Barombi Mbo 湖の単系統のシクリッドは，たった11種しかいないが，デトリタス食や微生物食，植物プランクトンや大型水生植物食，昆虫食，魚食を含む（図6.10）．この100万年以内に生じた約2-3回の種分化ごとに，

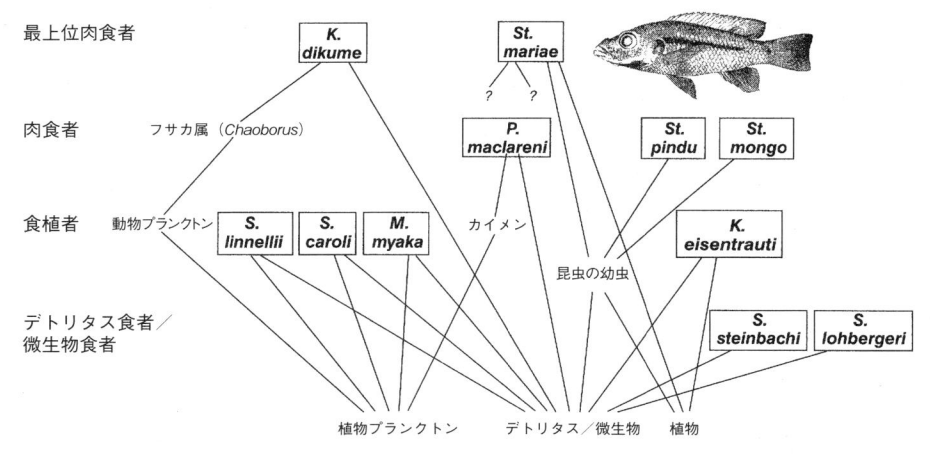

図 6.10 西カメルーンのクレーター湖 Barombi Mbo の単系統の 11 固有種間の栄養関係を示した食物連鎖の一部（Trewevas et al. 1972; Schliewen et al., 1994）．これらのシクリッドは，単系統を示し，過去数百万年の間に同所で生じた（Schliewen et al., 1994）．雑食性は，もっとも高い栄養レベルに属する．もっとも良く利用される餌のみを示した．ストマテピア属 *Stomatepia mariae* は魚食性であるが，実際に何を食べているかは不明である．他に 5 種が生息している（2 種は魚食性であり，他の 3 種は昆虫食性で水面から昆虫を採る）．この図は，Trewevas et al. (1972) の食物網を縮小したものである．Cambridge University Press の許可を得て掲載．

一つの新しい栄養段階が生まれたという計算になる（Schliewen et al., 1994）．東アフリカの湖のシクリッドも，種群内で多様な栄養段階を含む（Fryer and Iles, 1972）．栄養段階の転移は，他の種においても稀でなく，特に，頂点にある肉食性と中間肉食性の段階との間の転移は多い（eg. Westneat, 1995; Hynes et al., 1996）．

栄養段階の変異は，おもに高次の分類群間でみられるということから，無脊椎動物おける転移の速度は，おそらくそれほど高くはない．すべての昆虫綱は，同一の栄養段階に属するかもしれない（Southwood, 1972）．植食性，つまり高等植物の生きた組織を食することは，50 回以上，昆虫において，肉食やデトリタス食の祖先から生じた（Mitter et al., 1988）．これは，とても多い回数にみえるかもしれないが，昆虫の種数と比べると少ないものであり，近縁種間での生態的転移に，もっとも一般的であるという訳でもない．植食

性は，ハエ目において，他の昆虫類の目よりもよくみられる（Mitter *et al.*, 1988）が，ほとんどのハワイのショウジョウバエは，腐生生物食性である（ある系統の幼虫は，クモの卵に寄生する；Carson and Kaneshiro, 1976）．

栄養段階の転移は，例外はあるものの，植物では稀なようである．肉食性の種は稀ではあるが，パイナップル科の一種 *Brocchinia bromeliads* では，少なくとも一度は獲得され，喪失したようである（Givnish *et al.*, 1997）．この属には，非肉食性種であっても，窒素を固定できるものがおり，死んだ植物，腐食した植物，昆虫の死骸などのさまざまな資源から栄養を得る種がいる．

栄養段階の変更や，それを引き起こす種間相互作用が，適応放散においてどれほど重要であるのかは，このように分類群によって異なる．段階間（食物網の「高さ」）での転移を引き起こすのと同じ相互作用が，段階内（食物網の「幅」）の相互作用と同じであるとは考えにくい．栄養段階間で転移が起こる際に，どの方向に起こるのが一般的であるかについては，まだ分からない．高い栄養段階への転移は，少なくとも一つの方向（たとえば，捕食者を捕食する方向など）に起こりやすいのかもしれないが，低い段階への転移の場合はどうであろうか．これらの問いにますます注目して研究が進められると，分岐一般を支配する相互作用が明らかとなるかもしれない．

6.7 考　察

データの全体を通して見ると，生態学説が予測した通り，競争の役割を支持するものが多い．証拠の質は，前章で議論した分岐自然選択に関する証拠と同じくらいである．興味深く，示唆に富む例は実に豊富であるが，その大抵は何らかの点で不完全であり，強固な証拠をもつ例は少ない．一方で，その反証も少ない．まだ不確かな点はあるが，適応放散において競争による分岐を，十分な証明がないとして軽視する理由はない．形質置換の証拠はないか少ないとする考えが，今だに生態学の文献で広くみられるが，このような主張をすることは，ますます難しくなってきたといえる．この章で要約した結果は，このような認識はもはや時代遅れであり，放棄してしまった方がよ

いことを示している.

　しかし，競争と選択の動態，形質置換を引き起こしやすい条件，形質置換の過程の詳細に関して，まだわからないことも多い．証拠としてパターンの解析に依存し過ぎである．分岐様式（対称性や程度など）の違いが生じる原因については，まだ曖昧な点が多い．また，形質置換の多くの例は，肉食動物から得られたものであり，特定の栄養段階に出版された文献は偏っている．このことは，食物網レベルの位置が形質置換による分化の起こりやすさに，影響を与える可能性を示唆すると同時に，見つけやすさに起因するバイアスも，おそらく何らかの役割をはたしているであろうと考えられる．

　理論研究は，多様な条件において形質置換が容易に起こるということを示すこと以上に，実証研究に貢献できていない．これは，大抵の証拠が記載的段階にとどまっていることにも原因があり，実験研究がもっと広く行われるように変わっていかねばならない．Slatkin（1980）の量的遺伝モデルは当初，形質置換によって有意な分岐が起こることは滅多にないことを示したかにみえたが，さらなる研究により，この結論は，資源関数の形と対称性に強い制限を加えたこと，および形質の分散が容易に変化することを前提としたことに問題があった（Slatkin, 1980; Milligan, 1985; Taper and Case, 1985; Doebeli, 1996）．Wiens（1977）は，環境はあまりにも変化に富み，形質置換による分岐は起こりにくいとする重要な反論を提唱したが，十分な支持を得ていない．理論研究によると，変化しやすい環境でも分化が起こることが示された（Gotelli and Bossert, 1991）．形質置換の例の中でも，もっとも強く支持されているガラパゴス地上フィンチの例では（表6.1），その生息環境が非常に変化しやすいことが知られている（Grant, 1986; Gibbs and Grant, 1987a, b）．Connell（1980）は，競争はとても稀で安定的に起らず，さまざまなコミュニティで置換を引き起こすほどの効果がないと提唱した．しかし，むしろこれは，置換がまったく起こらないのではなく，「散在した」置換になるという議論になるはずである．いずれにせよ，以下の二つの理由によって，これは些細なことである．まず，分岐は，種が少ない環境でよく起こること，次いで，共通の祖先種の表現型からはじまった初期段階では，若い種は，種間で高い生態学的類似性（つまり，競争が起こりやすいこと）がみられることが，理由となる．

Abrams (1986, 1987, 1990) は，分岐以外の結末（たとえば，平衡シフトや収斂）が起こると予測される条件を挙げたが，彼の考えを検証するには，その実例が発見されるまで待たねばならない．

　適応放散における相互作用について，もっとも未解明なことは，資源競争以外の相互作用がどの程度，分岐に寄与するのかという情報である．見かけ上の競争の役割はありそうだが，その実例は少なく，さらなる検証が必要である．競争と見かけ上の競争のメカニズムについて考察する過程で，それらの起こりやすさが，食物網の栄養段階における位置に関係しているかもしれないことが明らかとなったが，まだその確たる証拠はない．他の直接的および間接的な相互作用によっても，近縁種間での分岐は促進されるかもしれないが，これについても，その証拠は乏しい．

7

生態学的機会

> それまでのものとは異なった，新しい適応型が生まれてからしばらくすると，その分類群は，著しい多様化を遂げる．…未開拓であり，そうであるがゆえに，生態学的に空いている生息地へ移住した後にも，同じような多様化が起こり，このとき急速に始まる．
>
> シンプソン（Simpson, 1953）

7.1 序　説

　最も顕著な適応放散がみられる場合，ある分類群は，それに属する生物種が一般的に利用する資源の範囲を超えて，多様な資源を利用することがある．このような場合，その種は，その地域には生息していないか，少数しか生息していない遠縁の分類群に属する種が，通常利用している資源まで利用する．たとえば，孤島に生息するフィンチの場合，通常の種子に加えて，多様な分類群が生息する本島ではウグイス，キツツキ，ミツスイなどによって食されている他の食物資源をも利用する．有胎盤類があまり生息していないオーストラリアでは，有袋類が見事な多様化を成し遂げており，そこで進化した多様な表現型のなかには，オオカミ，トガリネズミ，モグラなど，他の大陸で繁栄している有胎盤類に類似したものが見られる．

このような観察結果に基づき，ラック（Lack），マイヤー（Mayr），シンプソン（Simpson）らは，他の分類群に競争相手がいる場合には適応放散が妨害され，その競争相手がいない場合には適応放散は促進されると推論した．彼らは，表現型の進化や種分化というものは，他の分類群と競争することの負荷から解放されるような，生物相が乏しい（depauperate）環境下でこそ起こると考えた．この考えが，「生態学的機会」の仮説の基となっている．適応放散が起こるためには，適応地帯が形成されているだけではなく，その適応地帯が空白であったり，十分に活用されていなかったりすることが必要なのである．

　ある遠く離れた群島に移住したり，大絶滅の時期を生き抜いたり，環境の激変期によい場所に潜んでいたりすることが契機となって，ある系統群は，まだ利用されていないニッチに入り込むことができるだろう．しかし，シンプソン（Simpson, 1953）は，さらにもう一つのメカニズム，すなわち進化的新規性の獲得「鍵革新（key innovation）」を重要視した．この考えを用いると，なぜ生態学的に有用な形質が最初に現れた時期と，大規模な適応放散の時期との間に相関があるのかを説明できる．「どのような過程によってであれ，将来を先取りする適応を獲得することによって，身体的な移動や生息環境の生態学的な変化を伴わずとも，新しい地域を占めることは可能となるだろう．…放牧家畜となった馬は，どこか他の場所へ移り住んで放牧家畜へ変化したわけではない…（p. 207）」．彼が提唱した，鍵革新仮説は，適応放散と生態学的機会とを結びつける考えの中でも独自なものである．

　この章では，おもに低次の分類群における適応放散を用いて，生態学的機会の仮説の基盤となる証拠を検証し，そのメカニズムについても考察する．そもそもは，おもに大規模なパターンを説明するために提唱された過程が，現存種においてもその識別特性が認められるかどうかについて明らかにすることが，私の目指すところである．なぜなら，メカニズムについて研究する際には，現存種がより有用であるからである．

7.2 生態学的機会と形態分化

この概念が形作られた当初より，生態学的機会の基盤となっているのは，豊富な資源ならびに競争からの解放である．資源そのものが計測されることはめったになく，大抵の検証は競争相手の有無に偏向している．たとえば，Benton（1996a, b）は，四肢動物（両生類，爬虫類，鳥類，哺乳類）のそれぞれの科の隆盛や拡張が，その繁栄時期に他の四肢動物によって利用されていなかった資源を，利用する方向へと向かっているかどうかを検証した．化石が残っており，また，2種以上が存在するようなすべての840科について，大まかな生態学的特徴（たとえば，食性（肉食性，雑食性，草食性）や生息地（陸上，淡水，海水，樹上，空中，地中））を検証することによって，四肢動物の長い歴史を通じて，明らかに大多数の科（74-87％）は，その繁栄時期に四肢動物の他科が，利用していなかった空白のニッチにおいて生じたということを示した．

次節では，他の系統群に競争相手が存在するかどうかが，形態や資源利用の分化の方向や程度に影響を与えるのかどうかについて，現生の生物集団でみられるパターンを見い出すことによって考察する．

7.2.1 遠縁の分類群間でみられる分岐的形質置換

遠縁の分類群の間で，形質置換が存在することは，ある系統の構成種が，別の系統の構成種の形質進化に制約を与えていることを強く示唆する．異なる属にある種の間で，形質置換が観察された例は，少なくとも25例ある（表7.1）．これらのうち14例については，同属に属する種間データも含まれており，これらは表6.2と表6.3に既出である．同属種について行ったのと同様に，各々の事例について，いくつの判定基準を満たしているかを数え，単純な代替仮説と比較することによって，どの程度，形質置換の仮説と合致するかをみることができる．3分の1以上（11）の例で，六つの判定基準のうち四つ以上が満たされている（つまり，適応放散の「強い」候補である）．また，競争が相互作用のメカニズムであるという証拠が，もっとも満たされること

表 7.1 異なる属など遠縁の分類群間での形質置換の例．ここに挙げた例のいくつかは，表 6.2 にも含まれている．共通した属や種が扱われている場合には，一つの事例の中に，複数種をまとめて示した．形質の過度なばらつきが見られたすべての例において，判定基準の 1 と 5 は満たされていた．

種	形質	最大の分類群間距離	判定基準						文献
			1[a] 遺伝基盤	2[b] 偶然性の除外	3[c] 表現型分化	4 資源利用のシフト	5 同所と異所の間での環境の相違	6[d] 競争の存在についての独立した証拠	

同所において表現型の分化が増大

種	形質	最大の分類群間距離	1[a]	2[b]	3[c]	4	5	6[d]	文献
● コレゴヌス（シナノユキマス）の一種 *Coregonus hoyi*	鰓耙数	目	—	—	I	生息地, 餌	—	D	Crowder (1984, 1986)
ニシン科アロサ属 *Alosa pseudoharengus*	—								
● コレゴヌスの一種 *Coregonus* sp.	鰓耙数	目	—	M	I	餌	複数[a]	D	Westman *et al.* (manuscript)
数種のプランクトン食の魚	—								
● イワナ属カワマス *Salvelinus fontinalis*	鰓耙数	目	—	M	I	生息地, 餌	—	D, E	Magnan (1988); Lachance and Magnan (1990)
サッカー科の一属 *Catostomus commersoni*	—								
● コガラパゴスフィンチ *Geospizaf uliginosa*	ふ蹠長	門	—	M	I	餌	—	—	Schluter (1990)
ダーウィンクマバチ *Xylocopa darwini*	—								
● イスカ *Loxia curvirostra*	嘴サイズ	綱	—	—	I	餌	餌の量	D, F	Benkman (1989, 1999)

種	形質	分類				出典
● アメリカアカリス *Tamiasciurus hudsonicus*	—					—
● ヨスジクサマウス *Rhabdomys pumilio* ヒトスジクサマウス *Lemniscomys griselda*	頭蓋骨長 —	属	L	S	I	気温 —	Yom-Tov (1993b)
● 等脚類の一種 *Asellus aquaticus*	餌	属	L	—	I	餌の量	Rossi *et al.* (1983)
● 等脚類の一種 *Prousellus coxalis*	餌	属	—	—	—	—	
● シロツメクサ *Trifolium repens*	競争能力	網	L	M	I	—	Evans *et al.* (1985, 1989); Turkington (1989); Lüscher *et al.* (1992)
ホソムギ *Lolium perenne*	競争能力						E

形質の過度なばらつき

種	形質	分類				出典
● シギ類，3属13種	嘴のサイズ	属	F	M	—	すべて	Eldridge and Johnson (1988)
● タカ類，5属中異なる属の7対	翼長	属	F	M	—	すべて	Schoener (1984)
● 旧世界ハゲワシ 7属9種 5属8種	頭蓋骨長 頭蓋骨長	属	F	M	—	すべて	Hertel (1994)
● 新世界ハゲワシ 5属7種 6属6種	頭蓋骨長 頭蓋骨長	属	F	M	—	すべて	Hertel (1994)
● ネコ科，2属4種	口	属	F	M	—	すべて	Kiltie (1984)
● イヌ科，4属4種 イヌ科，2属5種	裂歯長 頭蓋骨長 裂歯長	属	F	M	—	すべて	Kieser (1995) Dayan *et al.* (1992)

種	形質	最大の分類群間距離	1[a] 遺伝基盤	2[b] 偶然性の除外	3[c] 表現型分化	4 資源利用のシフト	5 同所と異所の間での環境の相違	6[d] 競争の存在についての独立した証拠	文献
●イタチ科とジャコウネコ科 6属6種	犬歯径	科	F	M	—	—	すべて	—	Dayan *et al.* (1989a)
●ハイエナ, 7属7種	裂歯長	属	F	M	—	—	すべて	—	Werdelin (1996)
●コウモリ, 6属9種	歯列長 頭蓋骨長	目	F	M	—	—	すべて	—	Yom-Tov (1993a)
●アレチネズミ, 3属6種	歯列長 頭蓋骨長	属	F	M	—	餌	すべて	E[e]	Yom-Tov (1991); Abramsky *et al.* (1990)
●ポケットネズミ類, 3属8種	犬歯幅 袋のサイズ	属	F	M	I	—	すべて	E	Dayan and Simberloff (1994a); Brown and Munger (1985); Heske *et al.* (1994)
ポケットネズミ類 3属7種	犬歯幅								
●ネズミ科, 5属6種	犬歯幅 犬歯径	属	F	M	—	餌	すべて	—	Parra *et al.* (1999); Gautier-Hion *et al.* (1985)
●ネズミ科, 5属7種	犬歯径	属	F	M	—	—	すべて	—	Parra *et al.* (1999)
●リス科, 6属7種	犬歯径	属	F	M	—	餌	すべて	—	Parra *et al.* (1999); Emmons (1980)
●げっ歯類, 5属6種	犬歯幅	科	F	M	—	—	すべて	—	Parra *et al.* (1999)
●被子植物, 7属141種	開花時間	科	F	M	—	時間	すべて	—	Stiles (1977); Cole (1981)

種と種のマッチング

	体サイズ	科	F	M	すべて	
●地中海フィンチ、12属20種	野外での検証			—	—	—	すべて	Schluter (1986, 1990)

a L, 実験室内での検証：F, 野外での検証．
b M, 平均値の集団分布が異なる：P, 系統関係からの推定：S, 時間と空間による検証であり弱い．
c I, 種内変異：R, 同所における種の平均値が異所値よりでみられる最大値や最小値よりも大きい、あるいは、小さい．P, 系統関係からシフトを推測した．
d E, 野外実験：D, 個体数に負の相関が見られる：F, 餌資源の不足や枯渇．
e 干渉競争が Abramsky et al. (1990) にとって実験的に示されている．

表7.2 もっとも遠い分類群間の距離に基づいて，形質置換の例を分類．表6.1-6.3に挙げた属内のカテゴリー（つまり「種」）の61例のうち，17例については表7.1にも挙げた通り遠縁の分類群も含んでいるので，ここでは「種」のカテゴリーには含めなかった．

分類群間の距離	例数
種	44
属	17
科	4
目	4
綱	2
門	1
界	0

が少ない判定基準であった．

　異なる分類群（属やそれ以上）の構成種からなる例は，同属内の種のみの例に比して少ない．分類群間の距離が増すにつれて，例数はますます低下する（表7.2）．異なる属間での形質置換の例の多くは，分類学的に非常に近いカテゴリー間，つまり同じ科内の異なる属の種の間でみられたものである．分類学的な距離が大きい例は，ほとんどない．もしかすると分類群間の距離が大きくなるにつれて，競争の起こりやすさや，競争に由来する自然選択の強さも，低下するのかもしれない．もしそうであるならば，生態学的機会とは，おもに，それほど遠く離れていない系統群を構成する種との競争から解放されることである．あるいは研究の偏り（進化研究は近い分類群に注目することが多い），または系統距離が大きくなることによって形質置換が検知しにくくなること（離れた分類群に存在する種間での形質置換は，あまり似ていない形質で起こりやすい）によって，この傾向がみられるのかもしれない．

　共通の資源をめぐって遠縁の種が競争する際に，進化の歴史上，長きに渡ってその資源を利用してきた系統群に属する種（たとえば，蜜を利用するミツバチ）の方を在来者（incumbent），また他方（たとえば，蜜を利用するフィンチ）を新参者（newcomer）と呼ぶことが多い．このような場合，同所域で出会った際には，在来者の方が，新参者よりも小さな表現型の変化を示さないで

あろう (Schluter, 1990). この可能性を検証したデータはほとんどない. しかしながら，双方の種で表現型シフトが計測された例（表7.1）について検討してみると，形質置換が非対称性を示していることがみてとれる（ミズムシ類の Asellus と Proasellus, あるいはシャジクソウ属（クローバー）*Trifolium* とホソムギ属 *Lolium*）．

7.2.2 島嶼および大陸での形態分化

　競争相手が少ないような生物の乏しい環境下では，形態分化は促進されるのであろうか．島嶼と大陸との比較を行うことによって，この問いについて考察してみよう．フィンチ（アトリ科）が，この観点からもっとも調べられた分類群である．種分化の単位時間当たりであれ（図7.1），回数当たりであれ（Schluter, 1988c），大陸におけるフィンチの分化は，ガラパゴスやハワイのフィンチと比較すると，実にゆっくりとしており，あまり目立ったものではないようである．分岐的形質置換の起こる可能性を同じ条件にするために，完全に同所の種に制限して比較を行ってみても，同様の結果が得られた．また，ガラパゴスにおける地上フィンチ *Geospiza* のように，種子を食するものにのみ制限して比較しても，同様の結果であった（図7.1）．

　ガラパゴス島における被子植物のほとんどすべての種の種子は，地上フィンチ類のどれかの種に食される．どれにも食されないような少数の種子はおそらく毒をもっている（Schluter, 1988c）．殻食鳥類のキガシラハワイマシコ *Psittirostra* 属などハワイのフィンチのほとんどは，根絶させられてしまったという歴史があるために（Olson and James, 1982），ハワイについての似たようなデータはない．しかし，ハワイのフィンチは，ガラパゴスの地上フィンチよりも多様な嘴サイズをもつ（Schluter, 1998）．これらに比して，大陸では，フィンチによって利用されることのない種子が多く存在し，とくに非常に大きい種子や，しばしば非常に小さい種子も利用されないことが多い（たとえば，図7.2）．さまざまなサイズの種子が利用されている大陸においては，大きな種子を利用している種は，小さな種子を利用している種とは，異なる亜科や異なる科に属している．しかしながら，種子サイズと頻度の分布（たとえば，図7.2）や植物分類群の種組成など資源基盤については，島嶼と大陸

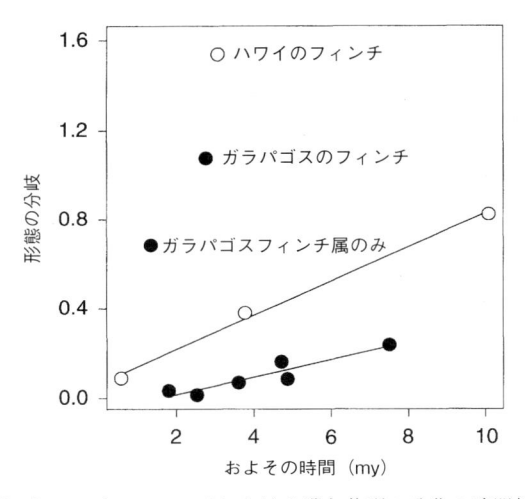

図 7.1 ガラパゴスとハワイのフィンチにおける嘴と体型の分化の時間経過を，大陸の近縁種と比較して示した．印は，ガラパゴス産ホオジロ類 emberizine（●）とハワイ産ヒワ類 cardueline（○）を示す．各々の系統の時間の推定値は，Nei と Rogers のアロザイム距離の 1/18 単位，あるいは，ミトコンドリア配列の 0.5％の違いが 100 万年に相当すると仮定した上で，系統樹の先からもっとも深い底（すべての系統樹は現存種を含む）までの長さの 2 倍で計算した（Zink, 1991; Klinka and Zink, 1997）．形態の分岐は，形態進化の速度を時間とかけることによって得た．速度は，Schluter *et al.* (1997) の方法を用いて（ボックス 5.2），データにブラウン運動を当てはめた際の拡散係数として計測した．四つの形質，翼の長さ，足根の長さ，嘴長，嘴の深さの種の平均値の対数変換の主成分分析（それぞれの系統について別々に主成分分析を行った）の最初の 2 成分の速度の和を示した．本土の emberizine は，左から右へ *Melospiza* 属，*Spizella* 属，ミヤマシトド *Zonotrichia* 属，*Ammodramus* 属（ミトコンドリア DNA），(*Zonotrichia proper*, *Melospiza* 属，*Junco* 属，*Passerella* 属を含む) '*Zonotrichia*' の系統，*Ammodramus*（アロザイム）である．本土の cardueline は，左から右へ *Loxia curvirostris* complex，ヒワ *Carduelis* 属，*Carduelis* 属，*Carpodacus* 属，シメ *Coccothraustes* 属，*Loxia* 属を含む cardueline の系統である．系統樹は，Yang and Patton (1981), Marten and Johnson (1986), Groth (1993), Zink and Avise (1990), Johnson *et al.* (1991) による．計測値は，Amadon (1950), Grant *et al.* (1985), Schluter (1988c, 未発表), C.W.Benkman（未発表）による．

の間で類似が見られる．

　フィンチで見られた島嶼における適応放散のパターンは，競争からの解放を表しているとする仮説に合致している．種子をめぐる競争者としてもっとも考えられるのは，他の系統の鳥類（ハト，オウム，ウズラ），あるいは齧歯

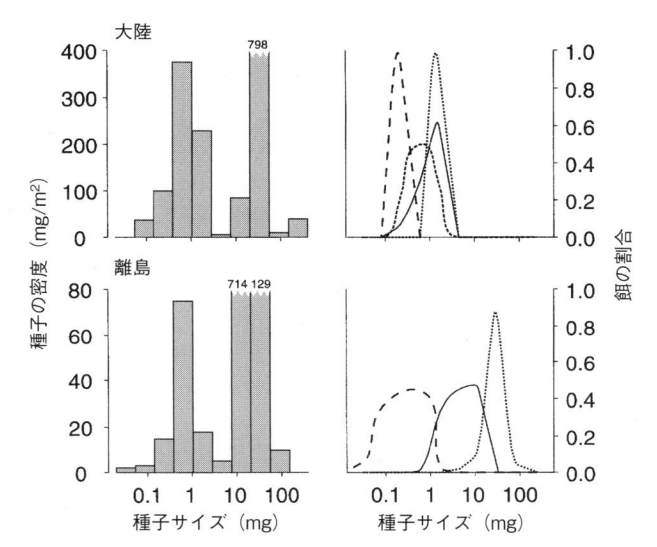

図 7.2 ガラパゴス島およびアフリカ大陸のケニアの類似環境において，フィンチによって利用される種子．ガラパゴスフィンチは，左から右へ，コガラパゴスフィンチ，ガラパゴスフィンチ，オオガラパゴスフィンチである．ケニアの種は，アカバネカエデチョウ，マミジロスズメハタオリ，ハイガシラスズメ，シロガシラウシハタオリである．Schluter (1988c) を改変．

類やアリなどの穀食動物であろう．ひょっとすると捕食圧が低いということも，島嶼における形態の放散に一役かっているのかもしれない．ガラパゴスやハワイのフィンチで見られる最大の嘴は，大陸で見つけることのできるものよりも，グラム体重当たりで換算すると大きい (Benkman, 1991)．大きな嘴は厄介でもあり，厄介な嘴を持ち上げたり急に動かしたりするためには大きな投資が必要で，捕食者がいるような大陸では，そのような大きな嘴の価値が減ってしまうのかもしれない (Benkman, 1991)．このように，嘴サイズの範囲の極における分化は遅くなるのであろう．

ハワイにおける他の適応放散の例についても，ハワイショウジョウバエやその近縁種にみられたのと同様に (Carson and Kaneshiro, 1976)，大陸よりも島嶼において，形態や生態のより大きな多様性を示すようであるが，十分に定量的に分析されていない．たとえば，銀剣草（図 7.3 (a)）やセンダングサ属 *Bidens*（図 7.3 (b)）における最大高の分散は，大陸における類似種のそ

233

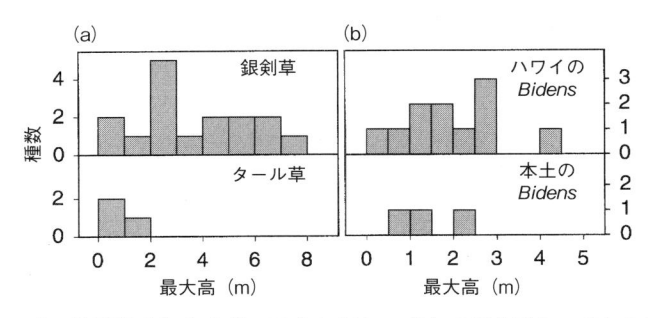

図 7.3 ハワイの銀剣草（a）およびハワイの *Bidens*（b）の最大高を，本土のものと比較．ハワイの種の最大高は，Wagner *et al.*（1990）による．銀剣草の姉妹種を含むカリフォルニアタール草の高さは，Munz and Keck（1970）による．本土の *Bidens* 3 種 (Helenurm and Ganders, 1985) の高さは，Wagner *et al.*（1990）と McKenny（1968）による．

れよりも大きい．

アンチル諸島の大きな島と近傍の大陸とに生息するアノールトカゲの場合には，これは成り立たない．中央アメリカには少なくとも一回，島からの移住が起こり，これら移住者のうちの一つが約 200 種を生み出した．大陸における系統の祖先は，後にジャマイカにおいて放散したアノールトカゲの祖先でもある（Irschick *et al.*, 1997; Jackman *et al.*, 1997）．大陸とジャマイカの系統は，姉妹群であると言ってもいいかもしれない．大陸の一部の種については調べられている．予期せぬことに，大陸における系統はジャマイカの種に比べて，形態の多様性が低いということはなかった（図 7.4）．利用される止まり木の種類も，大陸の方が少ないということはなかった（Irschick *et al.*, 1997）．競争種（と捕食者）が多いことが原因となって，大陸における形態進化の速度が低下したり，表現型の多様性が低下したりすることはみられなかったのである．

7.2.3 北方の湖で見られる種内放散

形質置換の理論研究によると，競争相手が除かれた場合には，形質分散は増加すると予測され，その程度は，遺伝的条件および特定の表現型がどの程度，広い資源を効率的に消費できるのかに依存すると考えられる（Roughgarden,

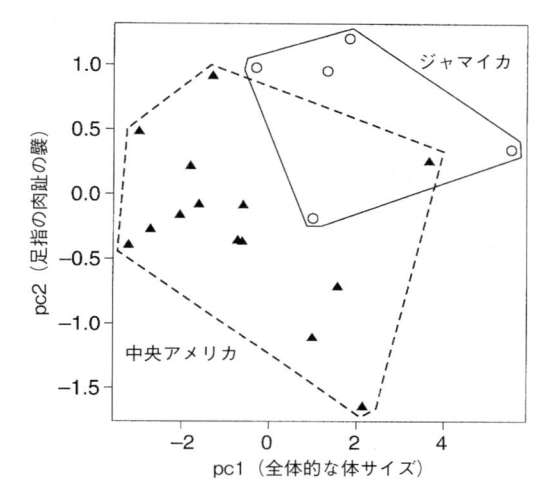

図 7.4 島（○）と本土（▲）のアノールトカゲの形態．各々の点は，種の平均を示す．島の点は，ジャマイカのものであり，本土の点は，中央アメリカのものである．これらの系統は，比較的最近の共通祖先を持っており，姉妹群かもしれない（Jackman et al., 1997）．六つの形態形質について，対数変換した種の平均値の相関マトリックスから抽出された主成分を示す．pc1 は，全体的な体の大きさを表す一方，pc2 は，おもに足指の肉趾にある襞の数を表す．二つの軸は，形態の変異の 86% と 8% を説明する．データは，Losos（1990a）と Irschick et al.（1997）による．

1972; Van Valen, 1965; Slatkin, 1980; Taper and Case, 1985; Doebeli, 1996）．この結果は，生態学的機会を検証するために，別の方法が存在することを示唆している．つまり，生息する種が少ない環境では競争者も少なく，形質分散が増加するはずであることを検証するのである．

形質置換の際に，形質分散がどのように変化するかについては，一定していない．生息する動植物種が少ないような環境では，分散が上昇することもあれば，しないこともある．表（6.1-6.3, 7.1 節）に記載した形質置換の例においては，同所域においてよりも，異所域において分散が大きいという例はほとんどない．たとえば，単独種として生息するイトヨ（図 6.3 (a)）は，番いの種がいる場合に比べて，より形態が多様であるということはない（D. Schluter 未発表）．

それにも関わらず，非常に形質分散が高い例は，生息している種数が乏し

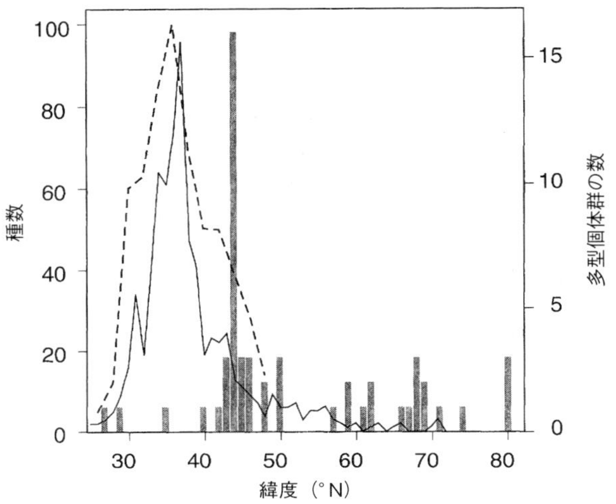

図 7.5 北米北部の異なる緯度における魚の種内の「栄養多型」の例（ヒストグラムと右の軸を参照）．魚種の多様性も参考のために示した（線と左の軸を参照）．実線は，分布の緯度の中央値に対する種数のヒストグラムを示している．破線は，北緯 48 度までの緯度について，その緯度に生息する魚種の数を示す（左軸の 5 倍の単位で読むこと）．種内の多型は，種数が低いような高い緯度においてもっとも頻度が高い．北半球に多い未記載の同所的番い種は（表 3.2 参照），数に含めなかった．Oxford University Press の許可を得て，Robinson and Schluter（1999）を改変．

い環境の方でみられるという傾向がある．北アメリカ北部の淡水魚における「栄養多型」について，もっとも系統だった調査が行われた（Robinson and Schluter, 1999）．種内でのニッチ分化と関連のあるような表現型の過度な多様性を，栄養多型と定義する．ここでいう「過度」は，各々の例について記載した著者の判断によっている．各々の集団における表現型の分布は，必ずしも 2 峰性ではなかった．栄養多型のみられる頻度は，魚類種の多様性と負の関係にあった（図 7.5）．最近まで氷河によって覆われていた地域の湖において，もっとも高い多型をみることができた．残念ながら，その変異性が増加することの遺伝的基盤についてはほとんど調べられていない．その変異性のいくつかは，共通飼育実験を用いて，遺伝基盤が示されたという例もある（Robinson and Wilson, 1996）．

要約すると，生息する種の数が少ない湖のすべて，あるいは大抵において

栄養多型がみられるという訳ではない．しかし，栄養多型がみられる場合には，魚種の多様性が低いことと関連している．なぜ栄養多型がある湖でみられ，他の湖ではみられないのかについては不明である．ただ，パンプキンシードサンフィッシュ（ブルーギルの一種）の場合には，環境の不均一性（heterogeneity）や競争相手や捕食者の多様性と相関がみられた（Robinson and Wilson, 2000）．

7.2.4 生物相が乏しい環境下で見ることのできる他の傾向

現存する系統でみることのできる，その他のいくつかのパターンについて，生物相が乏しい環境下で，競争から解放されたことによるものだと解釈することも可能ではあるのだが，現段階では，仮説の証拠とするわけにはいかない．二つパターンについて述べよう．

島嶼の哺乳類における体サイズの収斂——哺乳類は，体重10gから数tまで実にさまざまな体サイズをもち，餌や生活史は体サイズと深い結びつきがある．このような体サイズの多様性は，ひょっとすると系統間，あるいは哺乳動物という系統内における種間での相互作用の結果によるところがあるのかもしれない．種数が少ない環境下で，サイズ分布に変化がみられるかどうかを調べることは，一つの検証となりうる．島嶼には，大陸に比べて少数の種しか存在しないという傾向があるが，各々の種は，サイズ分布の中間へシフトするということが分かった（図7.6）．つまり，平均すると，大陸で小さい哺乳類は，島においては大きくなる一方，大陸で大きい哺乳類は，島では小さくなる．この現象に対する一つの解釈は，他の分類群が存在しない環境下では，体サイズが一般的な最適値に収束するというものである．また，他の解釈は，島嶼では資源の分布が狭いというものである．

植物における樹枝の増加——島嶼における植物の樹枝にも，同様の傾向を見ることができる．遠く離れた大陸からハワイへと移住を遂げることのできた植物はおもに草木であり，おそらくその分散能力に起因するのであろう（Carlquist, 1974, 1980）．大陸では，これら草木はおもに開けた空間に生育し

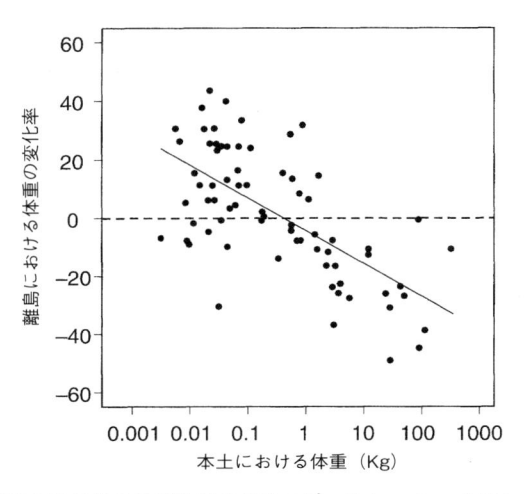

図 7.6 本土と近傍の島における哺乳類の体サイズ．University of Chicago Press の許可を得て，Lomolino（1985）を改変．

ている（Givnish, 1998）．しかし，ハワイでは，移住者の子孫種の多くはより背が高くなり，また，より多くの樹枝をもつような形態を示しており，とくに水分のバランスがよい生息地において顕著である．ガラパゴスに自生するサボテン科 *Opuntia* やキク科 *Asteraceae* のいくつかの系統（Wiggins and Porter, 1971），多くの大洋の島嶼のキク科（Givnish, 1998）でも，同様の傾向がみられる．このような傾向がみられることの説明は，光をめぐる種内競争によって，より高い木が好まれること（「競争的な優勢伸長 competitive overtopping」）となり，植物が豊富な土地，つまり水分の潤沢な土地では特にその傾向が強まるのであろう．大陸では他の分類群との競争があるがゆえに，おそらく同様の傾向はみられないといえよう．したがって，樹枝の発達は，種間競争からの大規模な解放を表している．Carlquist（1974）は，別の説明，つまり背の高い植物は，大洋上の島のような穏やかな気候のもとで選好されるという見解を提示している．

7.2.5 結語

生態学的機会が形態分化を促進するということの証拠の一つは，大陸に比

して，ハワイやガラパゴスに生息する分類群では，分化が極端なレベルにまで達しているということである．しかし，定量的な証拠は，低次の分類群のものを含めても驚くほど乏しい．大陸よりも島嶼において，近縁種間でみられる形態の分化は実際大きくなる．同じことは，大陸の近縁種と比較したハワイの植物でもみられるが，アノールトカゲではみられなかった．

　属以上離れた分類群の間で形質置換がみられる例は知られているが，系統的距離が離れるにつれて，その例はますます少数になって行く．結果として我々は，競争の働きによって，どのようにして異属種間で分化が生じるのかというメカニズムについて，同属種間の場合ほどにはよく理解していない．種が豊富な地域と比較して，種が乏しい地域の方が，種内における形態分散が大きいというのは，必ずしも常に正しいわけではない．しかし，氷河期以降に分布域を拡大した魚類において，高い分散が見られるのは，おもに種の乏しい生息地に集中しているという傾向がある．このパターンは生態学的機会という考えと合致しているのだが，この現象がどれだけ普遍的で重要なのかについては，種が豊富な生息地と種が乏しい生息地の両方において，分化が定量的に計測されたデータが限られているために不明である．しかし，どのようなパターンも普遍的ではなく，多くの例外がみられるということを考えると，形態の分化に対して，未知の要因がおそらく強い影響を与えているといえよう．

　資源の不均一性は，そのような要因の一つであろう．種が乏しい環境では，競争相手が少ないだけでなく，資源も少ない傾向があると考えられる．後者の効果が，前者の効果を相殺ないしは凌駕することもあるかもしれない．資源の不均一性が多様性の進化に対して強い影響を与えることは，バクテリアの微小生態系実験において明らかにされている（Rainey and Travisano, 1998）のだが，野外での生態学的機会を考える際に，この効果について考慮に入れられることはあまりなかった．

　種数が乏しい環境下において，他の分類群との競争が少ないことが原因で，形態の分化が大きくなるということを示す証拠も乏しい．あるパターンについては，他のパターンに比べて証拠をみつけやすいかもしれない．たとえば，イワナ属やコレゴヌス属における形質置換（表7.1）の程度は，競争相手の

有無と相関するだけではなく，他の分類群に属する種の密度や多様性とも相関しており，他のいかなる要因よりも競争（あるいは，おそらくギルド内捕食）という要因と合致する（Magnan, 1988; Lachance and Magnan, 1990; Westman et al., 未発表）．しかし，競争こそが，種の乏しい環境での形態分化を大きくさせるということを明確に示すことは，実に困難である．種が少ない環境では，捕食圧も低くなるはずだが，捕食の果たす役割についてはよくわかっていない．

7.3 生態学的機会と種分化率

　化石記録に認められる時・空間パターンは，生態学的機会が種分化を促進するという考えを支持する．化石化された海生動物全体の多様性（属や科の数）は，種組成の転換はあるものの，古生代の2億年以上の大部分を通じて，比較的一定である（Bambach, 1977; Stanley, 1979; Sepkoski, 1979, 1984, 1988, 1996; Jablonski and Sepkoski, 1996）．多様性は大規模絶滅の後には決まって上昇するが，これはおもに個々の種分化の速度（あるいは，新しい高次分類群の生成速度）が上昇することによって起こるのであり，絶滅率の低下によるのではない．また，多様性は，生物圏に栄養分の投入量が加わったときにも，上昇するようである（Vermeij, 1995）．

　この節では，もっと小規模のパターンについて，生態学的機会が種分化を促進するという仮説に合致するものについてのみ注目する．種が乏しい環境と，種が豊富な環境との間で，種分化の速度を比較しよう．種数が増えるということ自体が適応放散を意味するわけではないので，表現型と生態の多様化が同時に，起こった事例についてのみ着目する．私自身は，絶滅よりも種分化の方に興味があるが，もちろん，これら二つの差分が種数となる．

7.3.1 島嶼および大陸における種分化の速度

　隔離された群島への移住者は，もともと生息していた大陸よりも，より多くの生態学的機会を得ることができるかもしれない．明らかな例外があるこ

とも確かではあるが（図7.4），ハワイとガラパゴスの多くの分類群で見られる形態学的分化は，大陸のものに比べて大きい（図7.1と7.3）．このような環境では，種分化の速度自体も高いのであろうか．

図7.7は，隔離された群島（おもにハワイとガラパゴス）において放散した系統にみられる種数と，大陸に生息する姉妹系統（姉妹系統が利用できない場合には，2つ以上の比較対象となりうる分類群）の種数を比較したものである．ほとんどの点はY = Xの線よりも上に存在し，このことは群島において確かに多様性が高いということを示しているが，この傾向は絶対というわけではない．島嶼の系統の方が，より多様性が高いという結果は，12例中9例（片側二項検定，$P = 0.073$; 大陸ではなく別の島嶼に生息する姉妹系統を用いても良いということにすると14例中11，$P = 0.029$）という程度である．800を超えるハワイのショウジョウバエについては，姉妹群が不明であるためデータに加えていない（Desalle, 1995）．姉妹群の候補として，759種が含まれる大陸に存在するショウジョウバエの亜属（Carson *et al.*, 1981）を用いると，島嶼群の方がわずかだが有意に多様性が高い．

この比較法の一つの問題点は，島嶼の系統で利用できたデータが，より大きな群に偏っていることである．このような偏りの効果を除去するためには，島嶼と大陸の間での姉妹種のもっと網羅的な調査が必要であろう．もう一つ考慮に入れるべきことは，大陸での種数は，しばしば膨大な地理的面積に渡って計測されたものの足し合わせであるということである．たとえば，ガラパゴスの地上フィンチ *Geospiza* は，大陸におけるホオジロ類の emberizine フィンチの殻食性の系統よりも，かろうじて多様性が高い程度であるが（図7.7の左下のペア），後者は，北アメリカと南アメリカの大陸全体に広がっている．ガラパゴスとハワイの放散が尋常ではない点は，これらが起こった場所が地理的にきわめて限定された場所であるという点である．

主要な傾向に反する例外事項について詳細に検討することは，種分化が生じる頻度に，影響を与える別の要因を知る手がかりを与えてくれるであろうし，価値のあることである．特に，二つの島嶼の系統（ジャマイカのアノールトカゲとハワイ固有のシオン属ノギク類 *Hesperomannia*）の場合，大陸の姉妹分類群の方が明らかに多様性は高い．大陸における生態学的機会について，

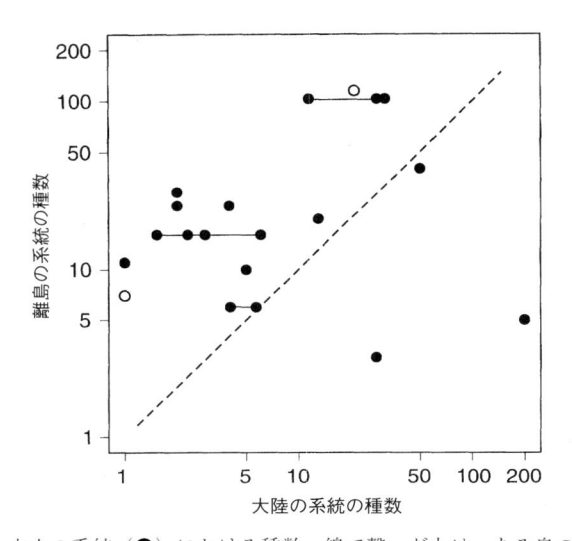

図7.7 離島と本土の系統（●）における種数．線で繋いだ丸は，ある島の系統と二つ以上の本土の非姉妹系統との比較を示す．白丸（○）はハワイの系統でありこの場合，外群としては，本土でなく，他の太平洋の島を利用した．破線は，$Y = X$ を表す．年代の違いを補正するために，系統内での種分化率を推定した後，本土において見られる多様性を，島と同じ年齢で期待される種数へ変換した．島の系統のうち，11の系統は，線より上に分布した．これらは，上から下へ順に (1) キキョウ科の Hawaiian lobeliads + lobelioids vs 姉妹群キキョウ科の一属 Sclerotheca + ある *Lobelia* (Givnish *et al.*, 未発表)；(2) ハワイのショウジョウバエの picture-wing 系統 (Ayala, 1975) vs 三つの大陸のショウジョウバエ系群であるキイロショウジョウバエの亜群 (Eisses *et al.*, 1979)，*D. obscura* の亜群 (Lokovaara *et al.*, 1972; Cabrera *et al.*, 1983)，*D. willstoni* の群 (Ayala *et al.*, 1974)；(3) ハワイのナデシコ科の一属 *Schiedea* + *Alsinidendron* vs *Minuartia* の1–2種と思われるもの (Wagner *et al.*, 1995)；(4) ハワイの銀剣草 vs その姉妹群 *Raillardopsis* (Baldwin, 1997)；(5) マクロネシアのキク科の *Argyranthemum* vs その姉妹群 *Ismelia* + *Heteranthemis* + *Chrysanthemum* (Francisco-Ortega *et al.*, 1996; Francisco-Ortega 私信)；(6) ハワイのセンダングサ属 *Bidens* vs 本土の *Bidens* の姉妹系統と思われる群 (Helenurm and Ganders, 1985；F. Ganders 私信)；(7) subfossil species 群を含むハワイのハワイマシコ属 *Psittirostra* (Olson and James, 1982; Johnson, 1986) vs 四つの cardualine 系統シメ属 *Coccothraustes* (Marten and Johnson, 1986)，*Carpodacus* (Marten and Johnson, 1986)，*Carduelis* + *Acanthis* + *Serinus* (Marten and Johnson, 1986)，*Loxia* (Marten and Johnson, 1986; Groth, 1993; C.W. Benkman 私信)；(8) ハワイのキク科の *Tetramolopium* vs その姉妹群 *T. alnae* (Lowrey, *et al.*, 1995)；(9) ガラパゴスのゾウムシ科の *Galapaganus* vs その姉妹群 *G. howdenae* (Sequeira *et al.* 私信)；(10) クサトベラ科の *S. glabra* を除くハワイの *Scaevola* vs その姉妹群 *S. sericea* (Patterson, 1995) (11) ガラパゴスフィンチ属 *Geospiza* vs 生態学的に似た emberizine 系統 "greater ミヤマシトド属 *Zonotrichia*"

(Zink, 1982), イナゴヒメドリ属 *Ammodramus* (Zink and Avise, 1990). 島の系統のうち，三つは，破線より下に分布した．これらは，上から下へ順に；(12) ハワイの *Sarona* vs その姉妹群カスミカメムシ科 *Slaterocoris* + *Scalponotatus* (Asquith, 1995)；(13) ジャマイカのアノールとおそらくその姉妹群である中央アメリカのアノールの系統 (Irschick *et al.*, 1997)；ハワイのキク科の *Hesperomannia* vs その姉妹群 *Strobocalyx* の中の *Veronia* (Kim *et al.*, 1998).

過小評価していることを意味するのかもしれない．あるいは，この場合，地理的隔離といった別の多くの要因の方が，空のニッチによる影響を凌駕しているのかもしれない．

大陸の姉妹群と比較して島嶼群の多様性が低いからといって，適応放散の判定基準の一つである急速な種分化が満たされていないわけではない．姉妹群間の比較というのは，急速種分化を判定するために存在するいくつかの方法のうちの，単なる一つにしか過ぎない．たとえば，(ジャマイカを含む) 大アンチル諸島のアノールトカゲは，その他の点では適応放散の判定基準を満たしている (第2章).

7.3.2 魚類種分化の緯度勾配

北方の湖沼における淡水魚種の多様性は，北緯50度で，湖沼の数が多いにも関わらず，急激に低下する．この低い多様性は，氷河が動植物相を貧しくさせたことの名残を示すのかもしれない．最後の大きな氷河期は，ほんの10万 – 15万年前に終わったところである．一旦，氷河が消失すると，氷河期に避難していた生物が，新たに形成された湖沼へと侵入したが，侵入経路が時間的にも空間的にも限られていたことによって，この侵入はゆっくりとしか起こらなかった．海から湖や川へ侵入することができたのは，塩分耐性をもつものに限られ，また，海抜の変化があったという事実から，多くの湖が海と繋がったのは短期間だけであっただろうと推察される (McPhail and Lindsey, 1986). 氷河溶解の際に，湖や川のつながりが稀に変化したときに限って，内陸の種が分散することができる (McPhail and Lindsey, 1986). したがって，氷河に覆われていた多くの湖や水系は，種数が乏しく，大陸という海に浮かぶ水の島であると考えることができる．

以下の二つの結果は，北方の魚類相において，種の乏しいことが種分化に

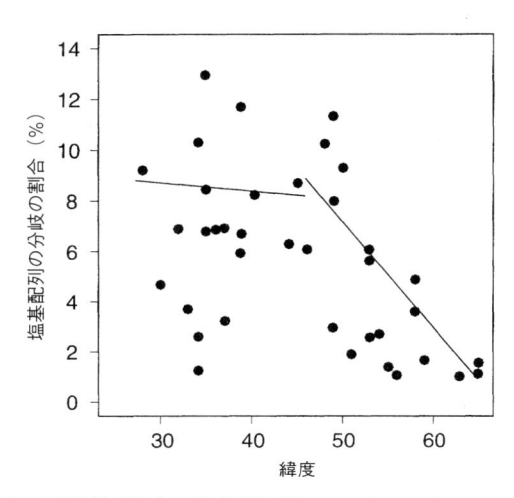

図 7.8 北半球の魚の近縁種（おもに姉妹種）間でのミトコンドリア DNA の分岐と分布の緯度の中央値の関係．更新世において形成された最大の氷河が覆っていた緯度の中央値 46 度の上と下とで，別々の回帰線をプロットした．比較的高い緯度でみられる未記載の同所番い種（表 3.2 参照）は，数に含めなかった．Blackwell Science Ltd. の許可を得て，Bernatchez and Wilson（1998）より改変．

重要であるということを示唆する．まず，高緯度に生息する近縁魚種（おもに，姉妹種）は，低い程度のミトコンドリアの分化しか示さない（図 7.8）．平均的に氷河期以降の北方魚は，それ以外の魚に比べて系統樹上の短い枝の先に位置している．その枝の平均的な長さは，氷河のあった南端より少し北方のところから，緯度が上昇するにつれて低下する．絶滅のみが原因であれば，長い枝と短い枝の両方の先で種が消失するはずであり，絶滅が原因とは考えられない．むしろ，かつて氷河で覆われていた地域の湖において，低緯度の魚では起こらなかった種分化率の上昇が，最近になって起こったことが原因であると考えられる．分散の制限や隔離が高い種分化率に貢献したのかもしれないが，これらの要因が低緯度地域に欠けているのかどうかは明らかではない．

第二に，分岐の非常に若い魚種の同所的な番い種が，最近注目されており，それらは氷河で覆われていた湖や川に集中している（Schluter, 1996; Bernatchez and Wilson, 1998）．湖からの例は，すでに表 3.2 に記載した．同

所的種間のミトコンドリア分化は1%以下であるのがふつうで，これは前節で議論したような分化と比較すると随分小さい．多くの例では，遺伝的分化や生殖隔離は，最近になって初めて確かめられるようになったのであり，ほとんどの種は正式には記述されてこなかった．これらの例は，図7.8には含めていない．低緯度の地域においても，似たような例が同頻度で存在するのかどうか，私は認識していない．

　これらはいずれも，魚種の多様性が低いことに由来する生態学的機会が原因となって，近年に種分化率が上昇したのだとする仮説と合致する．なお，第8章では，環境に由来する選択圧が，生殖隔離の進化に貢献したことを示す証拠について概観する．

7.3.3　飽和と種分化

　ニッチが埋め尽くされると，種分化率が低下すると予測される．このパターンについては，あまり検証されていない．Nee et al. (1992) は，系統樹の枝分かれの速度を用いることによって，飽和状態を統計的に検証する方法を確立し，現生鳥類の分子系統樹に適用した．これは，9700種の系統樹の最初の121の分岐点，つまり，鳥類の起源から現存する科が出現するまでに限られる．種が蓄積する速度は，確かに時間の経過によって種の多様性が増すにつれて減少するが，決して漸近線に到達することはなかった．より最近の分類群にも，この解析を拡張することは有益であろうが，多くの分類群からのパターンを統合する必要があるだろう．Zink and Slowinski (1995) は，北アメリカの鳥類における種分化率が，更新世前から現在にいたるまでに低下したことを示した．しかし，このパターンがみられる原因は，最近になって種分化率が低下したことよりもむしろ，鳥の種分化に必要な遅滞時間による副次的効果が少なくとも一因であると考えられる (Avise and Walker, 1998)．

7.3.4　競争相手がいる場合といない場合の種分化

　観察によって生態学的形質置換を検証する方法は，同じところに生息している（同所性の）2種の間での形態の違いと，別々のところに生息している（異

所性の) 2 種の間での違いとを比較することである (表 6.1 と 7.1). 競争と種分化ついての同じような検証法は，二つの系統が同じところに生息している場合と，別のところに生息している場合とで，それぞれの系統における種分化の起こった数を比較することである．この類の研究が行われた例を，私は知らない．ただ，リスがいるところといないところで，イスカの分化を分析したものが，この方向を指向する研究の第一歩だろう (Benkman, 1999).

イスカ (*Loxia curvirostra*) はヨレハマツ (*Pinus contorta*) の球果を主要な餌としているが，この球果の性質には地理的変異があり，このことに起因する分岐自然選択がイスカに対して働いている．球果の性質は，アカリス (*Tamiasciurus hudsonicus*) の有無に大きな影響を受ける．リスが存在する場所では，彼らイスカはどんな種の球果も食する．また，イスカは稀であるために，球果の形質に対する重要な選択圧とはならない．リスの捕食圧に応答して，球果は小さく，幅広く，基底鱗片 basal scale は厚く，種子が少なくなる．しかし，リスがいない 2 カ所ではイスカは豊富におり，重要な選択圧となり，球果の形質は正反対となる．これら 2 カ所でのイスカは，他の場所よりも深く短い嘴をもち，大きくて幅広い球果から効率よく種子を取り出すことができる．このようにリスが存在するかどうかによって，イスカの集団間の嘴の違いが生まれる．唯一よくわかっていないのは，種分化についてである．イスカでは一般に，嘴の違いは，歌の違いや生殖隔離の程度とほとんど常に関連がある．リスの有無による嘴の違いも，歌の違い，つまりは生殖隔離へ貢献していると想像することはできるが，まだ単なる推測の域を出ていない．

7.3.5 結語

生態学的機会が種分化の速度に影響を与えるという証拠を，現存する種の系統から多くはないが見つけることはできる．生物相が貧しい島嶼での適応放散は，この仮説を支持する証拠を与えてはくれるが，そのパターンは予測されたほど一定ではない．以前に，少ない事例に基づいて示唆されていたほどには (Schluter, 1998)，このパターンは強くない．新しく出来た湖とそれに接する河川における例のように，さらに追加することができそうな他の系

との比較が思い当たる．東アフリカ大湖沼群でシクリッドが放散できたことの原因として，湖が形成されたときに，資源が豊富に存在した一方で，競争相手が少なかったことがあると考えられてきた（Fryer and Iles, 1972）．この効果については，もっと系統的に探求される必要がある．最後に，魚類の種分化率が緯度勾配を示すことは，この仮説を支持している．

　代替仮説についても，検証することが必要である．遠隔の群島は，多くの空白のニッチをもっているであろうが，地理的隔離も大きく，両方の効果について計測されなければならない．孤島であるココス島＊には，ガラパゴス諸島からのフィンチが随分以前に移入したが（Petren et al., 1999），まだ種分化は始まっておらず，それは遺伝子流動を妨げる障壁がないことがおそらく原因であろう（Lack, 1947）．その一方で，ハワイやガラパゴスでは，近縁種が多様化を遂げたにも関わらず，大陸やその近海域の島々と比較して，地理隔離の機会が必ずしもより高いというわけではない（図7.7）．東アフリカの湖は，近傍の河川に比して，より空間的に分断されてはいない．適応放散の特徴である爆発的な種分化の原因として，競争相手のいない新しい環境への拡散か，あるいは，それと同時に起こったと考えられる生息域の縮小や孤立した回避場所のどちらが重要なのか，あるいは双方が重要なのかを把握することはとても有益であろう．

7.4　鍵となる進化的革新

　シンプソン（Simpson, 1953）は，それまであまり活用されていなかった資源を利用できる新しい形質を獲得した際に，適応放散が始まると提唱した．つまり，ある系統が，未使用の資源が豊富に存在する土地へ一番乗りすることによってではなく，既にその土地に存在する資源をより効率的に利用できるような特性を獲得することによって，生態学的機会に到達できるだろうとした．シンプソンが頭に思い描いていた形質は，単にある特定の環境への前

訳注＊：ガラパゴス諸島と中央アメリカとの間のほぼ中央にある．

適応 preadaptation*だけではない．むしろ，「鍵革新」というものは，一旦表現型に加わると，世界のすべてを一変させ，適応放散を引き起こす究極的な斬新さを意味する．放散が直ちに引き続いて始まる必要はなく，多様化は「そのような型の出現に続いて，直ぐに起こるかもしれないし，（引き続いて鍵形質に改良が加えられる必要があるなどして；著者注）ずっと遅れて起こるかもしれない」(Simpson, 1953, p. 223)．この節では，鍵革新の例と考えられる事例と，そのメカニズムについて要約する．

鍵革新仮説を検証する多くは，適応放散そのものではなく，種分化の速度と新しい形質との間に相関があるかどうかを調べることに費やされてきた．新しい形質が，生態や表現型の拡張にどのような効果を与えたかについて焦点を当ててこなかったことは，鍵革新の研究における大きな欠点である．種分化のみに注目することに問題がある理由は，進化的革新が，新しい資源の獲得を介さずに，種分化（さらには適応放散）に影響を与えるかもしれないからである．例を挙げると，分散移動能力が低くなること，二次性徴に対する選好の進化速度が上昇することなどが当てはまる（たとえば，Price, 1998）．このような形質は，古典的な解釈では鍵革新には当たらず，この事例については，ここでは考慮しない．その代わりに，性選択については第8章で扱う．

統計的な裏付けをもつ，鍵革新と思われる少数の例について焦点を当てよう．私の主な目的は，形質の出現と適応放散とを結びつけるメカニズムが，本当に生態学的機会の上昇なのかどうかについて検討することである．鍵革新らしくても，統計学的な裏付けのない多くの事例については，ここでは含めない（1995 までの文献は，Heard and Hauser（1995）を参照）．

7.4.1 統計手法について

ある系統においてある形質が出現することと，種分化率（あるいは，種分化率と絶滅率との差）が上昇することが，同調しているかどうかについて統計学的に検証する方法はいくつか存在する．いずれの方法も，姉妹群間の比較に基づいている．つまり，新しい形質をもつ分類群が，それを欠く分類群

訳注*：既に存在している形質を，それまでに利用していた目的以外に利用するようになること．

よりも多様性に富んでいるかどうかを調べることによって，種分化率への影響を決定できるであろう．このアプローチは，容易なものではない．他の要因も作用するゆえに，鍵革新が姉妹分類群間の差異に，痕跡を残していないかもしれない．また，種分化そのものは，適応放散のあまりよい指標ではない．最後に，姉妹分類群は，必ずしも理想的な対照群ではなく，鍵革新仮説を検証する唯一の比較群ではないかもしれない（Hunter, 1998）．

Slowinski and Guyer（1993）は，ある形質をもつ分類群の種数が，その形質を欠いている姉妹分類群の種数よりも多いかどうかを検証する方法を提唱した．姉妹分類群は同じ時代に分岐し，対象としている形質以外の点は似ていると期待される．帰無仮説は種分化率も絶滅率も，二つの系統で同じであり，観察される多様性の違いは単に偶然によるというものである．Sanderson and Donoghue（1994）は，さらに押し進め，系統樹上で種分化率の上昇が起こった場所と，鍵革新と思われるものが最初に現れた場所が同じであるかを検証した．

これらの手法はともに，かつて2回以上の鍵革新が出現したことを想定する必要がない．確率計算の基礎となる独立試行は種分化が生じた数であって，進化的出来事の反復の数，つまり「形質の獲得／喪失」や「種分化率の上昇／低下」のそれではない．したがって，Slowinski and Guyer（1993）やSanderson and Donoghue（1994）の方法は，厳密には形質の出現と種分化率の相関を検証したものではない．これを相関の検証とすることは，実験デザインにおける擬似反復（pseudoreplication）のようなものである（Hulbert, 1984）．この問題については，複数の調査から得られた確率を合わせて，解析することによっても回避できない（Slowinski and Guyer, 1993; Goudet, 1999）．なぜなら，確率そのものは，反復事象に基づくものではないからである．この理由により，以下では，進化的出来事が繰り返し，複数回起こった少数の例についてのみ着目する．

7.4.2　草食

維管束植物を食する昆虫は異常なまでに多様性に富んでおり，昆虫の多様性の上昇は，顕花植物の多様性の上昇と同時期に起こったようにみえる．こ

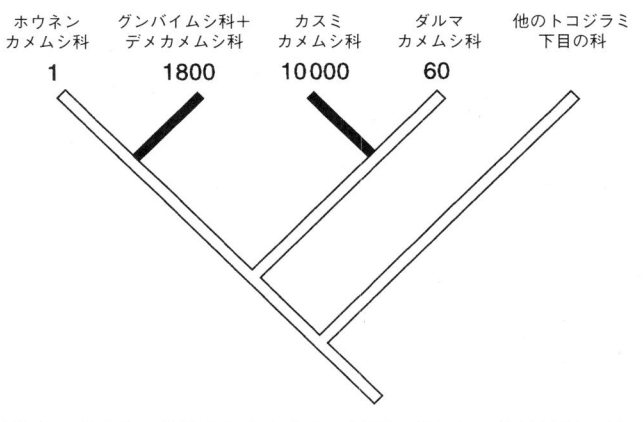

```
ホウネン      グンバイムシ科+   カスミ        ダルマ        他のトコジラミ
カメムシ科    デメカメムシ科    カメムシ科    カメムシ科    下目の科
    1            1800          10000          60
```

図 7.9 植物食が種分化を促進したかどうかの検証に使われる比較検証の例．系統樹は，昆虫の Heteroptera の系統樹の一部であり，ほとんどが肉食である（白枝）．ここに示した群の中では，植物食は，少なくとも 2 度進化したが，これらの系統は，他の肉食の姉妹群よりも多くの種数を含む．Mitter *et al.*（1988）による．

うした理由から，各々のグループが他方のグループの多様化に影響を及ぼしたと推測されてきた．Ehrlich and Raven（1964）は，「回避と放散共進化」という相互多様化モデルにおいて，草食を促進する形質が昆虫系統に蓄積する一方で，草食を防ぐ形質が植物系統に広がるという絶え間ない軍拡競争に，草食昆虫と植物の系統が置かれていることを提示した．片方が優勢になると，その方の多様化が促進される．植物の防御策を克服するための革新を生み出した昆虫は，新しい豊富な資源を利用できるようになる．逆に，昆虫からの負荷を軽減する新しい防御策を獲得した植物系統は，新しい生態学的機会を得ることとなる．この仮説に関する二つの要素，つまり新しい形質と生態学的機会に関して検証されてきた．この節では，そのうちの一つについて要約し，他方については次節において概説する．

Mitter *et al.*（1988）は，植食性（phytophagy）を独立的に獲得した 13 の昆虫分類群について，その種数を腐食性や肉食性の姉妹群の種数と比較した．13 例中 11 例の姉妹群比較において，植食性の系統の方が多様性に富んでいた（たとえば，図 7.9）．植食性の獲得と関連して種数が上昇する率は，約 20 倍であった．Farrell（1998）は，植食性甲虫の示すもっとも大規模で古い放

散である植食群昆虫 *Phytophaga* 内における，姉妹分類群間で多様性を比較する追加調査を行った．一方がおもに被子植物を，他方がおもに裸子植物を利用するような五つの姉妹群のペアのすべてにおいて，被子植物を食する系統の方がより多様性に富んでいた．被子植物へ移行することよって多様性が上昇する率は，平均して 170 倍であった．これらの結果がともに示すことは，多様性の増大は，植食性でなかった分類群が植食性を新たに進化させたことや，植食群昆虫の中で被子植物へシフトが起こったことと関連があるということである．この増大は，おそらく単に多くの種というだけではなく，多くの適応放散を表しているのであろう．なぜなら，採餌のしかたや生活史の多様性が，これらの移行を可能としたからである．植食性昆虫は，適応放散の例に挙げていなかったけれども（第 2 章），いくつかの甲虫の系統内では近縁種間の相互移植実験が行われており，異なる宿主植物への分岐適応の存在を示唆する結果が得られている（たとえば，Rausher, 1984; Futuyma *et al.*, 1995; Funk, 1998）．

　植物食（あるいは，被子植物食性）を可能とする一般的な形質は革新であるといえる一方で，その植食性は「鍵革新」ではなく，環境であると考えた方がよい．具体的にどのような形態学的適応や生理学的適応が起こったかについては，各々の鍵革新で異なっているだろうけれども，複数の鍵革新の例をまとめて一緒に検証することは理にかなっている．これらの形質を鍵革新と呼んでよいのかについて断言するためには，新しい種が加速度的な速度で生み出されるメカニズムの解明を行う必要がある．植物食は，膨大で多様なニッチを持った「適応地帯」を表しているのは疑いようがない．明らかになっていない点は，生態学的機会が，植食群昆虫において，他の分類群よりも本当に大きいのかどうかということと，これら大きな生態学的機会が，植食群昆虫のもつ大きな多様性の理由なのかどうかということである．種分化のメカニズムを理解することは，後者の回答の一助となるであろう．支持するものとして，ハムシや植食性バエでは，異なる寄主植物へ適応することによって，異なる寄主植物につく集団（種）の間に，遺伝子交流の障害が生まれる（種分化）ということが知られている（Funk, 1998; Feder, 1998; 第 8 章も参照）．

　植食性と多様性の相関は，哺乳類においても知られており，この事例では，

ヒポコーヌス（Hypocone：上顎大臼歯にある咬頭）が進化的革新の候補であると提唱されている（Hunter and Jernvall, 1995）．ヒポコーヌスは哺乳類の上臼歯の尖った先端部位で，新生代を通じて20以上の哺乳類の系統においてみつけることができる．ヒポコーヌスは雑食への適応で出現したのだが，繊維性の植物を柔らかくすることにも役立ち，完全な食葉性の進化が可能となったのかもしれない．ヒポコーヌスをもつ哺乳類の多様性は，ヒポコーヌスをもたない群と比較して，新生代を通じて増大した．

7.4.3 植食性動物に対する防御

逃避と放散仮説に関する2番目の証拠は，植食性昆虫の侵入を防御するための物質を，樹脂道*で合成することを進化させた植物系統における高い多様性である（Farrell *et al.*, 1991）．この防御能は，過去1千万年から1億8千万年の間に複数回独立して進化したので，複数の姉妹分類群間の比較を行うことによって，鍵革新仮説を検証することが可能である．16姉妹群ペアのうち13例において，樹脂道をもつ系統の方が中央値で6倍，種の数が多かった．これらの発見は，生態学的相互作用が種分化や絶滅に影響を与えるいくつかの証拠の中で，もっとも強いものの一つである．多様性の増大が適応放散と関係していることをいうためには，形態学的・生理学的多様性に関する情報も得る必要がある．

次の問題は，種分化率の増大（ないしは，絶滅率の低下）のメカニズムを確定することである．樹脂道の防御によって昆虫の侵入を減少させている系統は，防御能をもたない一方の分類群との資源をめぐる競争において，優位性をもつことができたかもしれない．あるいは，その形質が新しい環境における生存率を高め，その結果として，生態学的分化や種分化が促進されたのかもしれない．どちらのメカニズムも，「生態学的機会」の考えと矛盾しない．これらの考えと関係のある唯一の観察結果は，熱帯地方において，樹脂道をもつ木は，防御能をもたない木よりも数が豊富ということである（Farrell *et al.*, 1991）．

訳注＊：木本の幹にある樹脂細胞からなる分泌上覆から樹脂を分泌する分泌道．

7.4.4　蜜距 (nectar spur) と送粉

　オダマキ属 (*Aquilegia*) は，独立して蜜を含んだ距 (nectar spur) を進化させた被子植物の一つである (図 2.5)．距とは，花に存在する管状の突出物である*．距の基底部では蜜が作られるが，それを吸い取るには長い舌が必要となる．距が発達していない近縁植物種と比較して，距をもつ植物を効果的に花粉媒介することのできる動物の種類は限られてくる．距をもつ分類群は，多様性に富む傾向がある．距をもつ八つの分類群中七つにおいて，距をもたない姉妹群よりも多様である (Hodges and Arnold, 1995; Hodges, 1997; Wilcoxon signed rank test, $N = 8$, $P = 0.016$)．全体として，蜜のある距をもつ群は，16 倍の多様性の増大と関係し，(種の多様性が，種数 + 1 を底とする指数関数にもとづいて増加するとして計算すると) 3 倍の種分化率を示す．したがって，適応放散がまさに進行中 (第 2 章) のオダマキにおいて，おそらく蜜のある距は鍵革新と思われる顕著な例である．

　距は，なぜ種分化率に対して，これほどまでの正の影響 (もちろん，距と相関のある他の形質が原因ではないと仮定してのことであるが) を与えるのであろうか．一つの可能性は，距の長さが変化することによって花を訪れる送粉者のコミュニティが大きく変化し，その副産物として，ある程度の生殖隔離を生み出すということが考えられる．しかし，長い距をもつオダマキ属の *Aquilegia pubescens* において，距を実験的に短くしても，スズメガの訪問の頻度が低下することはなかった (Fulton and Hodges, 1999)．短くすることによって，スズメガと葯との間の物理的接触の頻度が減少しただけで，花粉の運搬率は低下した．この操作によって，その植物の適応度は減少したが，主要な送粉者の変更は起こらなかった．ハチドリは，依然として操作されたこれらを避けたのである．

　しかし，特定の長さの距をもつことは，ほんの僅かな動物種のみが効率的に送粉できることを意味するため，異なる送粉者のいる生息地へ移住した際には，受粉効率は間違いなく落ちるであろう．それにひき続いて，送粉効率

訳注＊：花被の基部が細長く伸びた管状構造で，ふつう内部に蜜を貯める．たとえば，昆虫類が蜜を採取するにはそこまで口を伸ばす必要があり，それによって蜜を採取できる昆虫，つまり，送粉者が限定されることになる．

を上昇させるような強い選択がかかり，距の長さや他の花に関する形質のシフトが起こり，これらはいずれ生殖隔離を生み出すであろう．この距を欠く花は新しい生息地へ移住しても，新しい生息地と以前の生息地での送粉者が似ているがために，このような選択圧は受けないであろう．このようなシナリオのもとで，距は，一連の異なった送粉動物の間で，変化を促進するがゆえに，鍵革新といえる．

7.4.5　結語

　近い分類群の間で，種の多様性に大きな違いがみられる場合に，鍵革新について調べるのは面白いであろう (Heard and Hauser, 1995)．たとえば，被子植物は，裸子植物に比して300倍も多様性に富んでいる．これは，裸子植物が欠いている数個の形質によるのであろうか．上述の要約は，鍵革新について書かれた膨大な文献について十分に論じていないが，そもそも鍵革新についてはほとんど検証されていないのも確かである．むしろ，ここでは新しい形質の出現が，生態学的機会を増すことによって適応放散を促進したと思われる例のうち，十分な裏付けがあると考えられるものについてのみ注目した．しかし，生態学的機会との繋がりについては，まだ証明されていない．

　鍵革新に関する事例につきまとう一つの問題は，十分な反復データがないがゆえに，統計的検証ができないということである．被子植物のもつ膨大な多様性は，花の進化に由来するかもしれないが，花への進化が生命の歴史の中でたった一度だけしか起こらなかったということを考えると，これを検証することは困難である．もっと有望な研究は，花や他の構造物を繰り返し変換させた顕花植物において，科間で多様性の比較をすることであろう（たとえば，Eriksson and Bremer, 1992; Ricklefs and Renner, 1994; Dodd et al., 1999)．生物によって送粉される科は，無生物によって送粉される姉妹群よりも多様性に富んでいる．属するすべての種が草木性である科は，属するすべての種が非草木性である科よりも多様性に富んでいる．これら多様性の違いが，適応放散を反映しているのかどうかについては，まだ確かめられていない．

　よくなされるもっともらしい主張は，「進化可能性 (evolvability)」や「多才性 (versatility)」，つまり新しい方法で環境を利用できる多様な表現型を

急速に生み出す能力が上昇することによって，適応放散や種分化に拍車がかけられるというものである．進化可能性とは，ある表現型がいくつかの要素から構成されており，個々の要素が独立して改変できるということなのかもしれない（Vermeij, 1974）．たとえば，東アフリカの湖のシクリッドにみられる例外的なまでの種数や体形の多様性の原因は，上部咽頭顎と下部咽頭顎＊が口顎とは独立して稼動できることによって，口顎を食物咀嚼の役割から解放させた頭部形態における構造的修正にあるとされてきた（Liem, 1973; Galis and Druckner, 1996）．一般に，硬骨魚は，他の脊椎動物と比較して多様性に富むが，頭部の骨の数が多いことが原因であると考えられてきた（Galis and Metz, 1998）．脊椎動物全体の成功は，雑種や倍数化によって引き起こされる，1，2個の全ゲノム重複に由来する汎用性によって促進されたのかもしれない（Spring, 1997）．この汎用性の仮説については，もし多くの分類群で同定され，あらかじめ計測することが可能であれば，検証可能であろう．

　鍵革新の統計学的検証は相関を調べるだけであり，いずれは相関のもととなるメカニズムについても知りたくなるであろう．Fulton and Hoges（1999）の行った操作実験は，代替仮説から導き出せる新たな仮説について，現存する集団を用いて検証できることを示している．これは鍵革新や適応放散におけるその役割を理解するために，もっとも有望な方法かもしれない．

7.5　考　察

　生態学的機会の仮説は，他の方法では説明するのが困難であるような，適応放散にみられるパターンを説明するために考え出された．たとえば，他の競争相手から隔離された環境に生息している系統において，異常なほど多様な生態学的放散がみられることがある．また，優位に立っていた分類群が大量絶滅によって減少した後に，以前には少数派であった系統群がしばしば多様化するという事実も含まれる．これらの観察結果は説得力があり，特定の

訳注＊：餌を捕えて食道に進めるために口顎の奥にある器官．

事例(たとえば,ガラパゴス地上フィンチ)を詳細に追求してみても,これらの仮説の反証例は見つからなかった.

しかし,まだやるべき多くの仕事が残っている.生態学的機会と表現型分化の間の関係は,現存する分類群についてはほとんど定量化されていない.結果として,生態学的機会の貢献度,普遍性,あるいは必要性などについてはあまりよく把握されてない.もし比較が役に立つとしても,生態学的機会と適応放散の間の関係には,いろいろなノイズが混ざってくるであろう.また,「高い生態学的機会と低い生態学的機会」を比較するために,「島嶼と大陸」の比較を行うことは不完全である.なぜなら,大陸にはより多くの競争相手と捕食者がいるだけでなく,多様な資源も存在するであろうからである.

たとえば,有名な適応放散の例であるジャマイカのアノールトカゲは,独立してさまざまな生態型を進化させたために,他のカリブ諸島でみられる適応放散の反復データを与えてくれる.しかし,ジャマイカ系統の姉妹群であると考えられる大陸のアノールトカゲの系統の方が,同じかあるいはより大きな多様性をもっている.ことによると,大陸の地理的面積が膨大であるために,島嶼と比較して,アノールトカゲにとっての生態学的機会が必ずしも少ないという訳ではないのかもしれない.このような,その場限りの後付けの解釈は事実かもしれないが,仮説のもつ大きな弱点を露呈している.すなわち,この仮説が,前もっては容易に認識できない環境特性(生態学的機会)に立脚していることを示す.同様の問題点は,生態学的機会と種分化の相関について検証する際にも生じる.種が生起される速度は,生物相の乏しい環境の方が本当に高いのかもしれないが,島嶼と大陸の比較の結果は,この関係には多くのノイズが存在することを示している.

残念ながら,生態学的機会を構成する実体については,あまりよく分かっていない.おそらく,それは多くの適応頂点をもつ,広い資源の分布範囲なのであろう.初期の博物学者は,他の分類群との競争から解放されることに重きを置いたが,これだけが重要なわけではないようである.多様性と樹脂道の比較研究は,敵からの解放が種の誕生を促進,ないしは絶滅を減退させることを明らかにした最初の研究である.競争と捕食はまったく異なったものであり,多くの場合,どちらがどの程度,適応放散を促進あるいは抑制す

るかについて，明確化することは不可能である．

　一般的にいうと，近縁種間の分化を引き起こす力に比較して，離れた分類群に属する種間での分化を引き起こす力について，我々は多くを知らない．属の違う種間での形質置換は知られてはいるが，系統距離が離れるにつれて，その頻度は急激に減少する．この傾向は本当かもしれないが，研究者のバイアスも考慮に入れておく必要があるだろう．近い分類群の間での形質置換と同様に，多くの例で資源競争の証拠が欠けており，さらに他の相互作用も分岐を引き起こすとすれば，これは厄介なことである．

　最後に，新規の形質はほとんど決まって適応放散を引き起こすが，なぜなのかその理由についてはわからない．多くの証拠は，種分化速度の比較にもとづいて得られてきたが，種分化と適応放散とは同一ではない．表現型の分化は，もともと鍵革新仮説の重要な要素であったのだが，次第に無視されるようになってしまった．生態学的機会が，形質と種分化を結びつけることにも関わっているのかもしれないが，一度たりとも確かめられたことはない．さらなる比較研究が必須であるのはもちろんであるが，こうした小進化の過程の研究こそが，さまざまなメカニズムの予測について検証することを可能とするであろう．

8

種分化の生態学的基盤

> 種がもつ遺伝型は，その種が生息する生態学的ニッチに適応するようにうまく統合された一つの系である．種間雑種の子孫で，異種の遺伝子が結びつくと，遺伝子の不調和が起こるかもしれない．
>
> ドブジャンスキー（Dobzhansky, 1951）

8.1 序　説

　適応放散の過程では，種分化が幾度か起こることによって，生態や表現型の多様性が生み出される．したがって，どのようにして新しい種ができるのか，何故ある時期には別の時期に比べて種形成が急速に起こるのかを明らかにすることは，適応放散の過程を理解するために重要である．有性生殖を行う生物に関しては，集団間の生殖隔離の度合いを上昇させるメカニズムの解明に努力が注がれる．

　適応放散の生態学説によれば，分岐自然選択の結果として生殖隔離が進化すると考察される（生態学的種分化 ecological speciation）．この考察は，マイア（Mayr, 1942）やドブジャンスキー（Dobzhansky, 1951）に由来する．彼らは，異なる選択下におかれた集団の間には，交配前および交配後隔離が付随的に生じると考えた．彼らの考えは，分岐自然選択の副産物として生じる生殖隔

離や，分岐自然選択から始まり強化（reinforcement; Dobzhansky, 1951）で完成される種分化など，実にさまざまなメカニズムを網羅する一般法則であると私は判断している．この概念は，異所的，傍所的，同所的種分化いずれにも適用できる．また，性選択を援用する種分化のモデルの多くも含まれる．この生態学説によると，適応放散の過程で種分化が急速に起こる理由は，分岐選択が強いときほど生殖隔離が進化しやすいからということになる．

一つの代替仮説は，種分化は非生態学的メカニズムで生じるというものである．この非生態学的種分化（nonecological speciation）では，安定した集団における遺伝的浮動（genetic drift; Wright, 1940），創始者効果（founder events）と集団の瓶首（bottleneck; Mayr, 1954），同様の選択圧下にある異所集団間で異なった有利遺伝子が固定されること（Muller, 1940），交雑や倍数化（Stebbins, 1950; V. Grant, 1981; Rieseberg, 1997; Ramsey and Schemske, 1998）などによって生殖隔離が生じる．これらの多くの過程には，性選択も関わる（たとえば，Lande, 1981; Kirkpatrick, 1982a; Holland and Rice, 1998）．この考えによると，生態学的機会が多くあれば，種分化の過程にある集団の存続を高めることにはなるが（「生態学的存続」仮説；Schluter, 1998），必ずしも他集団との生殖隔離の進化速度を上昇させる訳ではないということになる．種の数が急速に増える理由は，多くの集団が生物学的種になるまでの長い間にわたって，絶滅を避けることができたからである．また一旦，種が形成されると，同様の理由で，その種の絶滅率は下がるであろう．

この章では，自然界における生態学的種分化の証拠について考察する．まず，生態学的種分化の理論，およびモデル実験を簡単に要約することから始める．次に，代替の仮説，つまり非生態学的種分化と区別するのに役立ついくつかの検証法を概説する．性選択については別に扱う．というのも，性選択は，生態学的種分化と非生態学的種分化の両方に関与しうるからである．読み進めることによって明らかになるであろうが，自然界における生態学的種分化の研究はまだ初期の段階にある．したがって，どのような研究が実行されれば，役に立ちそうであるかについても指摘しておきたい．

8.2 生態学的種分化のモデル

　この節では，分岐選択によって，どのように生殖隔離が進化するのかに関するアイディアを概観しよう．もっとも簡単なものは，副産物（by-product）メカニズムで，異なった選択圧をもつ環境に生物が適応する際に，付随的に生殖隔離が形成されるとする．この過程は，強化（reinforcement）によって完成されるかもしれない．強化とは，雑種が低い適応度をもつことが原因で，同所生息域における交配前隔離が強くなることである．あるいは，中間的な形質が選択で不利にはたらくということがあれば，副産物過程を経ずに，最初から最後まで交配前隔離が有利にはたらくかもしれない．性選択は，いずれの段階にも関与しうる．

8.2.1　副産物による種分化

　表現型への分岐自然選択は，異なる環境に生息する集団の間に，生殖隔離を付随的に生み出すことがある（Dobzhansky, 1951; Mayr, 1942, 1963; Endler, 1977; Rice and Hostert, 1993）．生殖隔離自体が直接選択される訳ではないので，このメカニズムは「副産物」と呼ばれる．このモデル（少なくともある遺伝モデル）がはたらくためには，完全な地理的隔離は必ずしも必要ではないが，集団間に何らかの障壁があって，遺伝子流動が最小限に抑えられている場合には，種分化は起こりやすく，また，急速に起きるであろう．

　副産物による種分化モデルでは，異なった環境に適した遺伝的変化が「相補的」であり，雑種個体で結合して不和合となり，交配後隔離（雑種不妊や致死）が進化するとされる（Muller, 1940; Orr, 1995）．ドブジャンスキー（Dobzhansky, 1951）は，とくにこのメカニズムを好んだ．「生理的な生殖隔離機構は自然選択の副産物であろう……　種間雑種の子孫で，異種の遺伝子が結びつくと，遺伝子の不調和が起こるかもしれない．」

　分岐自然選択の標的となっている形態形質や生理学的形質と，配偶者選好性の間に遺伝的相関がある場合，交配前隔離が副産物として進化しうる．あるいは，配偶者選好性が選択の直接の標的となることもあるであろう．たと

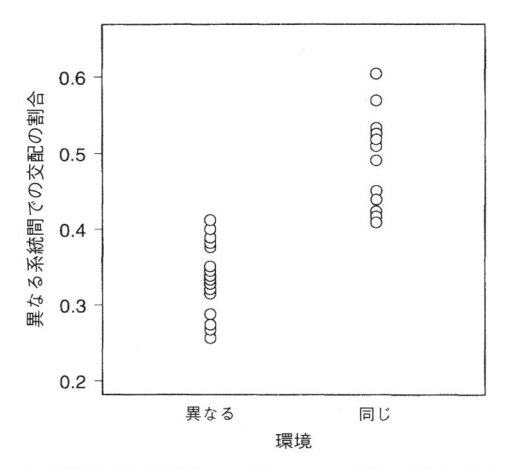

図 8.1 澱粉あるいは麦芽糖の幼虫培地で，別々に 1 年間生育されたウスグロショウジョウバエ *Drosophila pseudoobscura* の系統間で見られた同類交配．各々の点は，異なるペアを用いた配偶者選択実験の結果である．どの試行においても，交配未経験の同じ数 (12) のオスとメスを，一つの容器へ入れた．Y 軸は，異なるラインに由来する個体間で観察された交配の割合を示す．異なる環境に由来するライン間での試行の結果を左に，同じ環境に由来するものを右に示した．蠅は，実験開始前の 1 世代は，標準寒天培地にて育成した．データは，Dodd (1989) による．

えば，異なった環境下での配偶者の認識や知覚には，異なった知覚器官の構造や神経経路の調節が向いているかもしれない (Endler, 1992; Endler and Basolo, 1998)．配偶者選好性は，同類交配におけるもう一つの重要な役割をもつ．つまり，分化が進めば進むほど，雑種はますます魅力的でなくなり，交配後隔離にも貢献することとなる (Liou and Price, 1994)．

　ショウジョウバエを用いて，副産物による種分化を模倣した実験がいくつかなされたが (総説は，Rice and Hostert, 1993 を参照)，これらは，自然界でどの様なことが起こっているかを知る手引きとなる．Kilias *et al.* (1980) は，ショウジョウバエの別々の系統を，寒くて乾燥した暗い環境，および暑くて湿潤で明るい環境とに，5 年間飼育し続けた．Dodd (1989) は，ウスグロショウジョウバエの複数の系統を，澱粉培地あるいは麦芽糖培地のそれぞれに，1 年間飼育した後に配偶者選択を調べた (図 8.1)．いずれの場合も，異なった環境を経験した系統の間では何らかの交配前隔離が進化したが，同じ環境で

育てられた系統の間では交配前隔離は進化しなかった．すべての副産物モデルで仮定されていることは，異集団が同所的に存在して，お互いに接触することで，干渉し合ったり，資源をめぐる競争をしたり，ギルド内捕食をしたり，捕食―被捕食の関係になったりするという生態学的な相互作用は起らないことである．しかし，生態学的相互作用があった場合の方が，種分化が急速に起こるかもしれない．たとえば，分岐選択が体サイズの分化を生み出し，二次的に，大型個体が小型個体を捕食するようになるかもしれない．そうすると，小型個体において防御行動が進化し，その副産物として異型間交配の頻度が減少するかもしれない．このような同所域における生態学的相互作用は，種分化のモデルでは扱われてこなかった．これは，雑種が低い適応度をもつことが，理由となって交配前隔離が強められるという強化（下記参照）とは，別のものである．そうではなく，交配前隔離が，生態学的相互作用に対する適応の副産物として進化するとするものである．マダラヒタキ（鳥類ヒタキの一種）でみられる例が，それに該当するかもしれないので後述する（8.4.2節）．

8.2.2 競争的種分化 (Competitive speciation)

もし，集団における中間的な遺伝型の適応度が低い場合，選択によって集団が分断され種分化が起こるであろう．中間型というのが，一定期間の地理的隔離を経て，交配前および交配後隔離がまだ不完全なうちに接触した小集団間の雑種である場合に，この過程は強化（reinforcement）と呼ばれる．地理的隔離が一切無く，また，種分化が分断選択によって任意交配集団中で始まった場合，同所種分化（sympatric speciation）と呼ばれる．これらはともに，純粋な副産物モデルとは異なっている．なぜなら，同所における交配前隔離が，選択の直接の標的であるからである．双方ともに理論的に起こりうるかどうかについて，また，これらを指示する証拠があるのかどうかについて，活発に議論されている（Coyne and Orr，原稿；訳注：2004, Speciation, Sinauer Associates, Inc. pub., U.S.A.）．

強化と同所的種分化は，生態学的観点から見ると，副産物モデルとはある重要な点で異なっている．強化と同所的種分化は同所に存在する過程を想定しており，生態学的相互作用によって中間体の適応度が減少して，種分化が

促進される可能性をもっている．Rosenzweig（1978）は，資源をめぐる競争によって同所的種分化が起こりうることを提唱した．この際，消費者と資源がどのような条件であることが必要であるかは，Turelli（1986）によって明示された．彼らのモデルでは，資源の競争に関わる遺伝子座は単一で，その遺伝子座には二つの対立遺伝子が存在するという設定である．遺伝子型 AA は一つ目の資源を有効に利用できるが，二つ目の資源は有効利用できない．一方，遺伝子型 aa は，二つ目の資源の方をよりよく利用できるとする．ヘテロ接合体 Aa は，両方の資源をそれなりに利用できるのだが，AA と aa の平均よりも少し劣るとする．任意交配の下では一つの安定点に達し，そこでは，Aa がホモ接合体よりも適応度が低いにも関わらず，もっとも頻度が高い遺伝型となる．そこが安定点となる理由は，頻度および密度依存性の選択によって，稀な対立遺伝子が常に好まれるからである．たとえば，a の頻度が稀になる（たとえば，aa 型がいなくなるなど）と，2番目の資源が豊富になり，Aa の適応度が AA より高くなる（なぜなら，Aa の方が AA よりも，2番目の資源を利用することが優れているから）．すると，a の頻度が増え，再び aa が現れ，その頻度を増やす（なぜなら，aa の方が，Aa よりも，2番目の資源を利用することが優れているから）．これに応じて2番目の資源量が減少し，AA と aa が等しい適応度をもち，Aa が少し低い適応度をもつという一つの平衡点に達する．以上は，Aa がほんの少しだけ劣っているという前提である．

　一旦平衡点に到達すると，両極端の形質をもつ個体においては，同類交配が選択によって好まれるに違いない．なぜなら，同類交配によって，劣った中間個体の子孫を減らすことができるから．しかし，同類交配が進化するかどうかは，形質の遺伝様式と選択の強さとに依存する（Felsenstein, 1981）．3通りのシナリオがある．1番目のシナリオでは，ある交配に関わる遺伝子が「同じ形質をもつ個体と交配する」行動，あるいは「採餌場所で交配する」という行動を支配するとしよう．この遺伝子は簡単に増えるだろう．なぜなら，同じ対立遺伝子が，両方のホモ接合体（AA と aa）で好まれるから．このような同所的種分化は理論的にも可能であるし，実験で証明された（総説は，Rice and Hostert, 1993 参照）．

　2番目のシナリオは，同類交配に別の形質，たとえば体色が関わるという

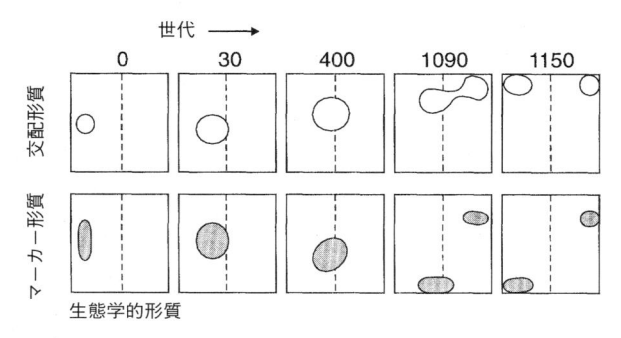

図 8.2 競争種分化のシミュレーション．三つの量的形質の分布の時間的変化を示した．生態学的形質が，資源の利用を決定し，図 6.2 のような収容能力曲線でモデルできると仮定した．収容能力の頂点の位置を，縦の点線で示した．マーカーというのは，同類交配の基盤となる中立形質のことを指す．交配形質は，同類交配の強さを示している．すなわち，高い値をもつ個体は，同じマーカー形質の値をもつ個体と交配する傾向が強く（同類交配），低い値をもつ個体は，自分と異なる個体と交配する傾向が強く，中間の値をもつ個体は，ランダム交配を行い，これは初期値の平均値と等しい．生態学的形質が収容能力の頂点に近づくまで（約 400 世代）は，あまり何も起こらないが，頂点に近づくと，生態学的形質に分断選択がはたらく．遺伝型の頻度が偶然に揺らぐことによって，マーカー形質と生態学的形質の間に弱い連鎖不均衡が生まれ（世代 400 の下図），これによってマーカーに基づく同類交配が増加し，遂には，集団の分岐を引き起こし（世代 1150），二つの生殖隔離された種が生まれる．*Nature* と著者の許可を得て，Dieckmann and Doebeli（1999）より転載．

場合で，これはもっと複雑である．つまり「自身と同じ色の個体と交配する」という行動が関わる場合である．この場合，種分化が起こるためには，ある色（たとえば赤）の対立遺伝子がある遺伝子型（たとえば AA）に集まり，他の色（たとえば青）の対立遺伝子が，他の遺伝子型に集まることになる．たとえ選択が，このような組み合わせを選好したとしても，遺伝子の組み換えによって次世代には，これが崩れてしまうことが，最大の問題となる．3 番目のシナリオは，もっと起こりにくい．配偶者選択の遺伝子座において，異なる対立遺伝子は，異なる色に対する好みをコード化するというシナリオである．つまり，一方の対立遺伝子が「赤の個体と交配する」行動をコード化し，他方が「青の個体と交配する」行動をコード化するというものである．

Dieckmann and Doebeli（1999）は，量的遺伝モデルを用いて，上述の 2 番目のシナリオが起こりうることを示した（図 8.2）．彼らのモデルでは，あ

る生態学的形質（たとえば，上述の形質Aなど．ただし，今回はこの形質は多遺伝子で決まるとする），あるマーカー形質（たとえば，赤色と青色が両極的な関係にあるとする），そして，ある交配形質（値が高いほど「自分と同じ色の個体と交配」し，値が低いほど「自分とは反対の色の個体と交配」し，中間値は「どちらの色の個体とでも任意に交配」するとする）を組み込んでいる．生態学的形質は，中間的な表現型が，低い適応度をもつところまで進化する．常に，マーカー形質と生態学的形質の間に，偶然による弱い連鎖不均衡ができる（たとえば，大きな表現型をもつ個体は赤色より青色が多く，小さい値の個体は青色より赤色が多いなど）．すると，マーカー形質と生態学的形質の相関を強めるようにはたらく交配形質が増えて，ついには生殖隔離された2集団が生まれるだろう．これとは別の生態学的相互作用，たとえば共通の捕食者あるいは相互依存などがある場合にも，中間個体に対する選択がかかり (Brown and Vincent, 1992; Matsuda *et al.*, 1996; Doebeli, 1996; Doebeli and Dieckmann, 2000; Abrams, 2000)，理論上は強化や同所種分化が起こりやすくなる．

　有性生殖種で，このプロセスが起こることを確認したモデル実験は無い．無性生殖種においては，実験室内での単純化された環境で，生態学的に異なった多型へと安定した分岐が起こることが観察されている (Helling *et al.*, 1987; Rosenzweig *et al.*, 1994; Rainey and Travisano, 1998)．これらの例は，個体間相互作用による種分化を引き起こす生態学的ダイナミクスの可能性を示しているが，有性生殖種におけるもっとも困難な段階，つまり生殖隔離の進化については説明できていない．

8.2.3　生態学と性選択

　性選択という集団内での個体間の繁殖成功率の違いが，集団間の交配前および交配後隔離，つまり種分化に貢献するかについて，近年関心が持たれている．その関心は，配偶者選好の役割と交配前隔離の進化に集中している．選好性に分岐が起こると，既に自然選択下にあった中間型は，さらに交配確率の低下によって不利を招くこととなる (Liou and Price, 1994)．また，配偶者選好における偏りは，自己増幅し，一旦形成されると任意の極限へ「ランナウェイ」してしまう（たとえば，Lande, 1981, 1982）．その結果，他の要因

で始まった配偶者選択の分岐が増幅される．交配と受精をめぐるオスとメスとの間の葛藤（conflict）による性選択もまた，交配前や交配後あるいは，その両方の隔離を生み出す（たとえば，Rice, 1998）.

分岐選択の役割に基づいて，性選択を取り入れた種分化の理論モデルを分類することができる（表8.1）．オスが求愛し，求愛の強さに基づいてメスがオスを選択し，そのメスの選好性の分岐にともなって種分化が起こる場合を考えよう．（選好性がどれだけ分岐すると，どれだけの生殖隔離が起こるかは，メスの選好性関数の形に依存する）．このモデルでは，自然選択が存在しない条件では，たった二つのモデルだけが分岐を引き起こす．古典的な「フィッシャー（Fisher）」のモデルでは，メスがどの配偶者を選好しようと，利益も不利益も得ないとする．この場合，オスの形質とメスの選好性は，自然選択と性選択が釣り合う任意の平衡点へと共進化する．無数の平衡点が存在するため，異なる集団は，遺伝的浮動の働きによって異なる平衡点へと分岐していく（図4.6）．（ある条件下では，フィッシャー過程によって，選好性が循環する（Pomiankowski and Iwasa, 1998）.）

「チェイス・アウェイ」モデルも，異なった環境への分岐選択を必要としない（たとえば，Holland and Rice, 1998）．このモデルでは，オスの適応度を上昇させるがメスの適応度を下げるオスの形質に対抗して，メスが捕食—被食の関係のように対抗策を進化させるとする．たとえば，オスのショウジョウバエの精液蛋白質は，オス間の精子競争に関わったり，メスが繰り返し交配するのを防ぐ役割をもつが，同時に，メスに対して有害作用をもつ．メスには対抗策を進化させない条件下で，オス間競争を経て進化したオスは，メスの適応度を低下させるようになった（Rice, 1996）．逆に，オス間競争が無い条件では，逆の効果が見られた（Holland and Rice, 1999）．長期的には，オスにとって有利な突然変異と，メスにとって適応的な対抗策とが蓄積するであろう．たとえ，同じ種が似た環境に生息していたとしても，異なる異所集団間で，まったく同じ突然変異がまったく正確に同じ順序で現れるとは考えにくい．結果として必然的に，異所集団間では生息環境とは独立して*，交

訳注＊：異なる変異が集団間に蓄積することによって．

表 8.1 性選択を組み込んだ種分化のモデル．まず，環境間の分岐自然選択が配偶者選好性分化の主要因であるか（つまり生態的種分化の一つ），あるいは，別のプロセスで生じたか（非生態的種分化）によって分類した．強化は，性選択を含有するが (Liou and Price, 1994)，ここには含めなかった．雑種の適応度の低下の原因が何であるかによって，生態的種分化の一部にも，非生態的種分化の一部にもなる．

モデル	選好性の分化の初期要因	選好性の分化における性選択の役割	分岐自然選択の役割	文　献
生態的種分化				
フィッシャーのランナウェイと選択の地理的変異	自然選択	差を増幅	オスの形質の最適値が異なる	Lande (1982)
あらかじめ存在するバイアス	自然選択への相関応答	なし	知覚器官の分化	Ryan and Rand (1993)
対比的な環境とセンサリードライブ	自然選択	いろいろ	選好性を修飾	Endler (1992); Schluter and Price (1993)
競争的種分化	自然選択	差を増幅する：雑種の適応度を低下させる	中間的な表現型の適応度を減らす	Van Doorn et al. (1998); Kondrashov and Kondrashov (1999)
非生態的種分化				
フィッシャーのランナウェイ	浮動，突然変異	差を増幅する	なし	Lande (1981); Kirkpatrick (1982); Payne and Krakauer (1997); Pomiankowski and Iwasa (1998); Higashi et al. (1999); Turner and Burrows (1995)
チェイスアウェイ	突然変異	差を増幅する	なし	Rice (1998); Holland and Rice (1998)

配前あるは交配後隔離が生まれるであろう．

　性選択をともなう他の種分化のモデルでは，環境による分岐自然選択が重要な役割を果たす（表8.1）．オスの形質に対してはたらく選択に地理的変異があること（Lande, 1982），また，知覚系に対する分岐自然選択の付随的結果として（Ryan and Rand, 1993），あるいは異なった環境下で異なった信号が効率的であること（Endler, 1992; Endler and Basolo, 1998; Schluter and Price, 1993）などによって，メスの選好性が分岐するかもしれない．しかし，メスの選好の対象となるディスプレイは本質的に任意であるため，これらのモデルが分岐自然選択を取り入れているとは言っても，異なるディスプレイが同等の利益をメスにもたらす場合には，遺伝的浮動によって分岐したという可能性は否定できない．強化にも性選択が関わるかもしれず（Liou and Price, 1994; Kirkpatrick and Servedio, 1999），雑種の適応度が減少する最初の原因が何であったかに応じて，生態学的種分化の一部とみなすか，非生態学的種分化の一部とみなすかが決まる．

　このように，性選択が種分化を促進する過程は，単一ではない．むしろ，生態学的種分化や非生態学的種分化であれ，同所的種分化や異所的種分化であれ，純粋な分岐自然選択の副産物や強化をともなうものであれ，性選択はほとんどの種分化において何らかの役割を果たす．したがって，種分化に性選択が関わっていることを示したからといって，検討すべき種分化モデルの数を減らせる訳ではない．とはいっても，配偶者選好（あるいは，拒絶）の進化を促進するメカニズムについては，もちろん明らかにされねばならない．

8.2.4　結語

　以上は，種分化モデルをすべて網羅した訳ではなく，モデルの間の細かい区分については無視した．むしろ，環境に対する分岐自然選択によって生殖隔離が生まれるメカニズム，および性選択がその過程を促進するメカニズムに焦点を当てた．たとえば，ここで議論しなかった種分化過程の一つに，（赤の女王「Red Queen」過程；Van Valen, 1973）がある．これは，種と外敵，あるいは種とその共存種との間の軍拡競争によって，生殖隔離が生じるとするものである．これは，既述の，異性間の拮抗的な共進化に似ている．集団の

分化が，有利遺伝子の出現順序が異なることに起因する場合は，非生態学的種分化となり，異なる外敵に布置されたことに起因する場合は，生態学的種分化となる．

　分岐自然選択による種分化をめぐるさまざまな仮説は，ドブジャンスキーやマイアーたちによって提唱された生態学的種分化の考えを，さらに精巧なものにする．いくつかの実験によって，概略的な考えが正しいことは証明された．このことは，この仮説を用いて，適応放散にみられるすべての種分化が説明できると言っているのではない．なぜなら，他のプロセスによっても種分化は起こるだろうからである．種分化のメカニズムが，すべての適応放散で同一である，あるいは適応放散のすべての段階に同一メカニズムがはたらいていると信じる理由はない．十分な時間があれば，同じような環境で生息している種間でも，遺伝的浮動や異なる有利遺伝子の蓄積，他の非生態学的種分化によって生殖隔離が生起するだろう．しかし，分岐自然選択は，種分化を，おそらく他のどんな過程よりも急速に進化させるだろう．問題は，どれくらい普遍的なのかということである．

　いかにすれば，生態学的種分化を自然界で検証できるのだろうか．種分化のメカニズムが複数存在することは，これらを区分する際にかなり厄介となる．一つの有効なアプローチは，特定のモデルに余り強く依存するのではなく，概括的な検証に工夫をすることであろう．たとえば，詳細はどうであれ，分岐自然選択が何らかの役割を果たしたことを示すのは可能であり，これが重要な第一歩である．その次に，分岐選択が作用するメカニズムを明らかにすることが重要となる．次節では，この第一歩について，近年みられた進展状況を紹介しよう．

8.3　生態学的種分化の検証

　適応放散の生態学説は，生殖隔離が究極的には分岐自然選択の働きで進化するというものである．種分化が急速に起こる理由は，集団が異なる環境に曝されていて，分岐自然選択が強いときに生殖隔離が急速に進化するからで

ある.この仮説は,いくつかの予想を与えてくれ,そのうちいくつかはデータによって検証可能である.ここに,交配前および交配後隔離についての検証を概説しよう.

8.3.1　ニッチシフトと生殖隔離の進化の速度

　生態学的種分化の簡明直截な検証方法は,分岐自然選択の頻度や強さが異なる地域の間で,生殖隔離の進化速度を比較することであろう.たとえば,島嶼では,大陸に比べて,生殖隔離の進化が速く,種分化の速度も速いのだろうか？（図7.7）.限られたデータしかないが,研究室内でショウジョウバエの生殖隔離を調べた計測結果を利用してみよう（図8.3）.ハワイのショウジョウバエ種群（*planitibia*）の種間で交配前および交配後隔離の平均的な強さは,同じ年代に分岐した大陸のショウジョウバエと比してそれほど変わらない.なお,分岐年代は遺伝的距離に基づいて計算された.ハワイのショウジョウバエに関してサンプルサイズが少ないために,系統関係の補正はしていない.その上,生殖隔離の計測は,実験室内で行われているため,特定の生態学的環境下で現れる隔離が含まれていない.また,生態学的に重要な形質に対する分岐自然選択の頻度と強さについての情報が,ハワイと大陸のショウジョウバエのどちらにおいても十分に存在しないということも,留意が必要な理由である.このことは,こうした類いのデータがもっと必要であることを示している.

　2番目の検証法は,生息環境が異なる,同じ分岐年代の集団のペアについて,交配前と交配後隔離の強さを比較することだ.もし生態学的種分化が原因となっているならば,大きな生態学的分化を経験している近縁集団間では,分岐自然選択の強さを反映して,生殖隔離はもっとも急速に進化するであろう.とはいうものの,分岐自然選択だけが,ニッチシフトと生殖隔離の有意な関係を生み出す訳ではない.偶然による分布拡散も,二つの近縁集団のうち一方において生息地のシフトを引き起こし,直ちに繁殖時期と繁殖場所の変更を通じて交配前隔離を生み出す.したがって,この二番目の検証法に当たっては,選択のみがニッチシフトの唯一の原因である場合として考察しなければならない.あるいは,ニッチシフト自体が別の作用で生じたのなら,シフ

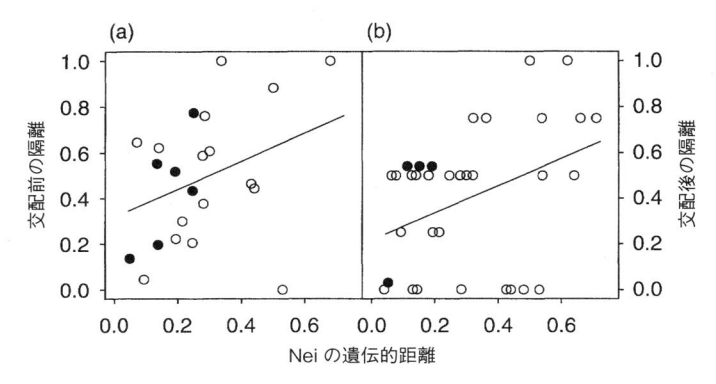

図 8.3 ハワイ（●）および大陸（○）におけるショウジョウバエの異所性集団間や，種間で見られる交配前（a）および交配後（b）隔離のレベル．Nei の遺伝的距離が，0.75 以下の種のみ示した．交配前隔離は，交配後隔離（雑種不妊と致死）に基づく．回帰直線は，大陸の点のみに基づいており，系統関係の補正はしていない．データは，Coyne and Orr（1989, 1997）に基づき，H.A. Orr and J.A. Coyne より提供された．

ト後に蓄積した生殖隔離の部分について比較しないといけないだろう．

　この2番目の予測について，野外種について体系的に検証されたことは無い．間接的に指示するデータとしては，地上に存在する若い種の多く，たとえばガラパゴスフィンチ（Grant, 1986）や氷河期以降の魚類（Schluter, 1996b; 表 3.2）などは，生態学的に強く分化している．しかし，このパターンには，コントロールが欠けているし，例外もある．たとえば，マラウィ湖の若い近縁種間では摂餌行動や摂餌形態には小さな違いしかないが，色は著しく分化していたりする（Turner, 1994; Seehausen and Bouton, 1997; Seehausen *et al.*, 1998, 1999; Albertson *et al.*, 1999）．

8.3.2　非生態学的種分化という「背景」速度

　倍数化種分化は，植物においては一般的でよく見られる（Niklas, 1997; V. Grant, 1981; Ramsey and Schemske, 1998）．このメカニズムは，明らかに生態学的ではない．なぜなら，2倍体と4倍体の間の生殖隔離は，分岐自然選択によって生み出される訳ではないからである（もちろん，4倍体がその後，種として成立し進化していく過程では，生態学的環境に大きく依存するが；Rieseberg,

1997; Ramsey and Schemske, 1998). むしろ, 生殖隔離は, 3倍体の妊性が落ちることによって自動的に生じる. したがって, 倍数体進化がどれくらい起こるかというのは, 非生態学的種分化の頻度の指標となる.

もし, 適応放散の過程で種分化が急速に起こる理由が, 新しい環境へのシフトに付随して起こる強い選択（が生殖隔離をより急速に形成させること）にあるのであれば, 全体としての種分化の速度が上昇しても, その背景に存在する倍数化種分化の速度は変わらないであろう. しかし, もし新しい環境における集団の存続が高まることによって, 種分化の速度が上昇することが原因ならば, その背景に存在する倍数化種分化の速度も, 種分化全体の速度にともなって上昇するであろう. これら二つを区別することによって, 適応放散における異なった種分化のメカニズムを検証することができる.

ハワイにおける植物の適応放散は圧巻なほど典型的であるが, 倍数化種分化は知られていない. ハワイ銀剣草（ギンケンソウ属）は, それ自身が3倍体であり, ゲノムの倍数化は, すべての現存するハワイ銀剣草の祖先種よりも以前に起こった. この見事な適応放散において, 倍数化種分化がみられないという事実は, 適応放散における新種の形成において, 倍数化が生態学的メカニズムほど重要でないことを示唆するのかもしれない. しかし, 大陸にいるコントロール種に関する倍数化種分化の速度についても計測されていないことから, この結論は早急かもしれない.

8.3.3 交配後隔離の生態学的基盤

もっとも直接的な生態学的種分化の証拠となるのは, 同所的種間で交雑がしばしば起こり, 遺伝的な交配後隔離を欠いている2種の間で, 雑種の適応度を直接減少させる生態学的メカニズムの存在を示すことであろう.「生態学的」メカニズムというのは, 雑種が野外において不利となることに起因する交配後隔離を意味する (Price and Waser, 1979; Shields, 1982; Waser, 1993; Schluter, 1998). 中間的な形質のゆえに, 雑種が野外において効率的に餌を得られないことや, 防御機構が中間的で十分に捕食者や寄生虫から身を守れないことによって, 生態学的な交配後隔離は生じる. 対照的に,「遺伝的」交配後隔離のメカニズム（Dobzhanskyの「遺伝の不調和」）では, 親種におけ

る好ましい遺伝の組み合わせ（遺伝子間相互作用 epistasis）が崩れること，あるいは優性低下 underdominance（ヘテロであることが不利な適応度パターン）が生じる親種の対立遺伝子間相互作用によって生殖隔離が生じる（Lynch, 1991; Waser, 1993）．主な相違点は，生態学的な交配後隔離は，野外でのみ観察可能であり，実験室内（たとえば，餌が単一で，捕食者もいない環境など）では消えてしまうということである．それに対して，遺伝的交配後隔離は，基本的には環境とは独立しており，実験室内でも野外と同様に観察可能なはずである．

　適応放散における若い種間では，雑種の生存率や妊性が高く，遺伝的交配後隔離は弱いか，みられないことが多い．たとえば，ハワイやその他のショウジョウバエ（Templeton, 1989; Coyne and Orr, 1989），ハワイの銀剣草（Carr and Kyhos, 1981）（その他多くの多年草も：V. Grant, 1981; Gill, 1989, Rieseberg and Wendel, 1993; Mcnair and Gardner, 1998），東アフリカのシクリッド（Fryer and Iles, 1972; Seehausen *et al.*, 1997），氷河期以降の魚（McPhail, 1984; Wood and Foote, 1990; Hatfield and Schluter, 1999），ドクチョウ（McMillan *et al.*, 1997）などである．大抵の研究は F1 のみをみているが，交配後隔離は，F2 や戻し交配個体で，もっともよく起こるはずである（たとえば，Lynch, 1991）．しかし，これらの例のいくつか，たとえば，ドクチョウ（McMillan *et al.*, 1997），イトヨ（Hatfield and Schluter, 1999），ヴィクトリア湖のシクリッド（Seehausen *et al.*, 1997）などでは，戻し交配体や F2 でも適応度が高い．これらの種が存続しているということは，中間型に対する何らかの選択が，野外では起こっていることを示唆し，環境に由来する自然選択が原因かもしれない．

　同様に，同所的種分化が起こることは，中間型に対する何らかの選択，たとえば生態学的な選択があるという可能性を示唆する（しかし，必ずしもそうではないかもしれない．なぜなら分岐的性選択でも起こりうるから；たとえば，Higashi *et al.*, 1999）．もっとも顕著な同所的種分化の例は，西アフリカのカメルーンのバロンビムボ湖や，他のクレーター湖のシクリッドである（図8.4）．ミトコンドリア DNA による系統解析は，クレーター湖水域の種は単一系統であることを示す．つまり，すべてのクレーター湖水域内の種は，その水域外の祖先種よりも，水域内の近縁種の方により近い．しかし，同所的

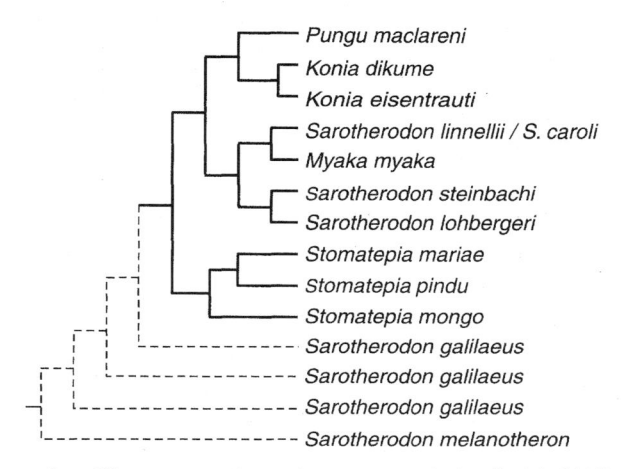

```
                ┌────── Pungu maclareni
            ┌───┤  ┌─── Konia dikume
            │   └──┤
            │      └─── Konia eisentrauti
        ┌───┤  ┌─────── Sarotherodon linnellii / S. caroli
        │   ├──┤
        │   │  └─────── Myaka myaka
     ┌──┤   │  ┌─────── Sarotherodon steinbachi
     │  │   └──┤
     │  │      └─────── Sarotherodon lohbergeri
     │  │      ┌─────── Stomatepia mariae
  ┌──┤  └──────┤
  │  │         ├─────── Stomatepia pindu
  │  │         └─────── Stomatepia mongo
──┤  └ ─ ─ ─ ─ ─ ─ ─ ── Sarotherodon galilaeus
  ├ ─ ─ ─ ─ ─ ─ ─ ─ ─── Sarotherodon galilaeus
  ├ ─ ─ ─ ─ ─ ─ ─ ─ ─── Sarotherodon galilaeus
  └ ─ ─ ─ ─ ─ ─ ─ ─ ─── Sarotherodon melanotheron
```

図 8.4 バロンビムボ湖のシクリッドのミトコンドリア配列に基づく系統樹（Schliewen *et al.*, 1994）．太線は，クレーター湖内の種を示す．破線は，近隣の水系からの近縁種や近縁亜種を示す．Schliewen *et al.*（1994）を改変．

種分化には別の解釈も存在し，ある祖先種がクレーター湖へ繰り返し侵入したことで，クレーター湖の種が生み出されたのであるが，ミトコンドリアDNAの遺伝子流動が種間で起こったことによって，その痕跡が消し去られてしまったというものである．若い同所的種間でのミトコンドリアDNAの遺伝子流動はよく認められ，これまで何度も研究者を困らせてきた（Taylor *et al.*, 1997）．にもかかわらず，クレーター湖のシクリッドの場合，この可能性は低い．クレーター湖の最新種の祖先となったと考えられる中間的な候補となる種が，クレーター湖の外でみつからないからである（Schliewen *et al.*, 1994）．このシクリッドにおける同所的種分化を，引き起こしたメカニズムは分かっていない．

　雑種に対する生態学的選択を，直接的に調べた研究は少ない．イトヨの沖合型と底生型との間のF1雑種は，研究室内においては高い適応度をもつ一方，野外の湖での親種の主要生息地においては，中間的な形質であるがゆえに，摂餌能力が低下する．雑種は，開けた水域で小さな浮遊性プランクトンを採取する能力において，沖合型のそれより劣っている．また，F1雑種は，大きな餌を採取できないために，沿岸における摂餌能力において底生型より劣

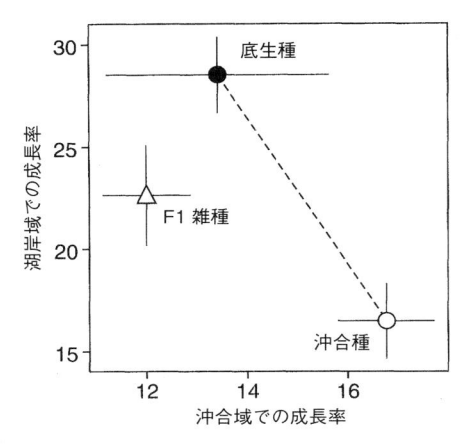

図 8.5 ブリティッシュコロンビアのパクストン湖のイトヨ2種（沖合型と底生型）とそのF1雑種の平均成長率（mg/day）．破線は，二つの親種の平均値を結ぶ線である．Hatfield and Schluter（1999）を改変．

っている（Schluter, 1993）．このような摂餌能の違いが原因で，親種の生息地におけるF1雑種の成長率は，親種よりも劣ったものとなる（図8.5）．

　生態学的選択が存在するところでは，環境が変わると交配後隔離の強さも変化し，場合によっては，雑種の適応度が上昇して親種の崩壊を招くかもしれない．これに類することは，ガラパゴス島での野外実験で見られた．Grant and Grant（1992, 1993）は，コガラパゴスフィンチ *Geospiz fuliginosa* とガラパゴスフィンチ *G. fortis* の掛け合わせでできた雑種の運命を，20年以上にわたってダフネメジャー島で調べた．コガラパゴスフィンチは，稀ではあるが，絶えずこの島へと移住してくるため，ガラパゴスフィンチと雑種交配する．雑種の嘴は親種の中間型で，おもにコガラパゴスフィンチによっても食される小さな種子を食する（Grant and Grant, 1996）．小さな種子は，ガラパゴスフィンチが餌とする大きくて固い種子よりも，大抵は過少であり，したがって雑種の適応度はふつう低い（図8.6）．しかし，エルニーニョ現象にともなう記録的な降雨があった後の数年は，この食物条件が大きく変化し，雑種の生存率が，純粋な親種ガラパゴスフィンチと変わらないレベルにまで上昇した．この期間，雑種における妊性の低下はみられなかった（雑種は，

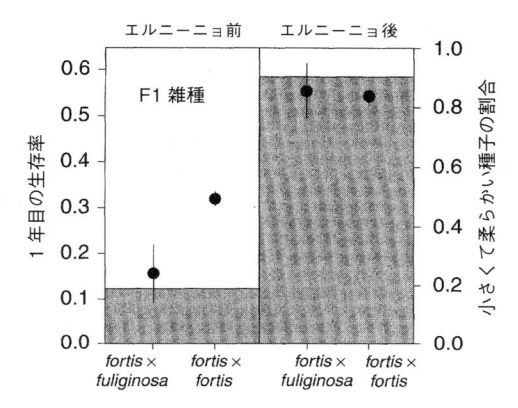

図 8.6　1982-83 年の大きなエルニーニョの前後における，ガラパゴス地上フィンチ 2 種（ガラパゴスフィンチ *Geospiza fortis* とコガラパゴスフィンチ *G. fuliginosa*）間の F1 雑種の生存率．この生存率は，一年後にまだ生存している雛の割合を示す．雑種の生存率は，*G. fortis* の純系種のものと比較した（コガラパゴスフィンチの純系種の子孫は稀である）．縦の直線は，標準誤差を示す．灰色の円柱（右側にスケール）は，小さくて柔らかい種子の数（mg/m^2）を，すべての利用可能な種子に占める割合として示した．Grant and Grant（1992, 1993）のデータを用いて，Oxford University Press の許可を得て Schluter（1998）より改変．

おもにガラパゴスフィンチと交配する）．したがって，これら二種は，ダフネ島では生物学的種ではなくなった．コガラパゴスフィンチは，他島からの移住によってのみ存続した．

　同じような現象が，ハナシノブ科植物 *Ipomopsis aggregata* と *I. tenuituba* の間の交雑帯でも起こっているようだ（Campbell *et al*., 1997）．この 2 種は花冠幅が異なっており，2 種にとっての主要な受粉者（ハチドリとスズメガ）の双方がいる場合，中間的な花冠幅をもつ雑種型は不利となる．しかし，交雑帯では，スズメガは稀であり，*I. aggregata* のみが有利となる．

　その他のいくつかの研究は，交雑個体における適応度の生態学的基盤を調べている．ミバエ科ミバエ（*Rhagoletis pomonella*）には，異なった宿主植物に寄生するホストレース（寄主特異的種内品種）が存在するが，彼らの生活史，とくに休眠の時期は，宿主植物の生物季節（phenology）に対してうまく適応している．宿主を変更した個体から生まれる雑種は，結果として非常に不利を被る（Feder, 1998; Filchak *et al*., 1999）．Craig *et al*.（1997）は，ミバエ科の

ハエ *Eurosta solidaginis* の二つのホストレースの間での F1 と F2 雑種は，適応度の詳細は複雑であるが，親種の宿主植物では，うまく生存できないことを示した．ポプラの種間雑種個体は，おそらく葉をつける時期が長くなることが原因で，より多くの植食性昆虫の被害を受けることとなる（Floate et al., 1993）．ヨモギ属ヤマヨモギ *Artemisia tridentata* の2亜種および，その雑種を，標高勾配に沿って相互移植すると，3集団いずれも本来の生息地で，つまり雑種の場合は中間の高度で，高い適応度を示した（Wang et al., 1997）．最後の2例は，F1 や F2 といった雑種ではなく，雑種起源の集団の個体を用いた研究である．

雑種が親種よりも，親種の環境で劣っているというのは，常にではない．たとえば，アヤメ属のチャショウブ *Iris fulva* と *I. hexagona* の間の F1 と F2雑種は，その本来の生息地で親種と同じか，それ以上によく成長する（Emms and Arnold, 1997）．しかし，これらの種間には強い遺伝的不適合がある（雑種のアヤメは花粉生産が低く，発芽も悪い）．遺伝的不適合が存在する場合でも，生態学的要因が何らかの役割を果たしているかもしれないが，このような場合に，生態学的要因の役割を明らかにすることは難しい．逆に，遺伝的不適合がまだできていない場合には，雑種の適応度が生態学的要因で決まることを示し，それによって，環境への分岐自然選択が生殖隔離に寄与していることを直接証明できる．

これらの例は，遺伝的な交配後隔離が弱い場合，雑種個体は，親種のニッチの間に落ち込んでしまうために，自然界では不利になることが多いことを示唆する．彼らは，中間的な環境という実在しない環境に，もっとも適応していることになる．この種分化メカニズムは，二つの理由で重要である．第一に，環境が雑種を選択的に排除することによって，同所に共存する種が交雑によって崩壊してしまうことを防ぐ．第二に，この機構は，種間の分岐を進行させ，種の起原にも貢献したかもしれないからである．

8.3.4　表現型の分化と生殖隔離の程度

種分化が分岐自然選択で起こったという証拠は，異なる環境への適応を司る形質が，生殖隔離の基盤である，あるいは生殖隔離の基盤となる形質と遺

伝的に相関しているときに得られる．たとえば，ミゾホウズキ属の一種ミムルス（モンキーフラワー，*Mimulus guttatus*）では，銅に汚染された土壌に対する耐性遺伝子は，汚染されていない土壌からの植物と掛け合わされた子孫では，致死性をもつ（Macnair and Christie, 1983）．また，別のミゾホウズキ2種 *M. cardinalis*（和名はベニバナミゾホウズキ，スカーレット・モンキーフラワー）と *M. lewisii*（ルイス・モンキーフラワー）の間の生殖隔離は，花がもつ受粉者を引きつける形質の違いの度合いと相関する．*M. lewisii* は，大きく平らで桃色の花弁，黄色の蜜標，少量の蜜をもち，おもにマルハナバチを惹き付ける．一方，*M. cardinalis* は狭い管状の花冠と大きな蜜報酬をもち，おもにハチドリを惹き付ける．これら異なった受粉者に対する適応が，交配前隔離のもととなっているようである．というのも，人為的に作出されたF2雑種植物を利用した実験において，それぞれの受粉者は，好みの親種植物からの遺伝子を多くもつ花の方を好んだからである（Schemske and Bradshaw, 1999）．

同所に生息するイトヨの種間では体サイズが大きく異なっており，これは異なる生息環境への自然選択の結果であると示唆する証拠がある．(Schluter and McPhail, 1992; Schluter, 1998; Nagel and Schluter, 1998)．非選択的交配実験によると，体のサイズは，種間交雑の確率に強い影響を与える．種間交雑は，小さい種（沖合型）の一番大きい階級の個体と，大きい種（底生型）の一番小さい階級の個体との間でのみ起こった（Nagel and Schluter, 1998）．同様の結果は，近縁種間で体サイズの分化している別の例でも見られた．たとえば，ベニザケとヒメマスの間の同類交配においても，体サイズが重要である（Foote and Larkin, 1988）．ガラパゴスフィンチでは，嘴や体のサイズや形は，効果的な餌の利用という強い選択圧を受けているが，同時に種間の配偶者識別にも手掛りとして使われている（Ratcliffe and Grant, 1983）．

多くの昆虫では，生活史が分岐することに関連して，生殖隔離が進化することがある（Miyatake and Shimizu, 1999）．たとえば，異なるサボテンの宿主にいるショウジョウバエ属の一種 *Drosophila mojavensis* の集団間では，発生に要する時間が異なっており，この形質は，生殖隔離の原因となる行動上の隔離と遺伝的な相関がある（Etges, 1998）．ミバエのリンゴ品種とサンザ

シ品種の間での交配後隔離は,休眠の時期と期間の変化に連動している(Feder, 1998).Orr(1996)は,バッタの高度勾配について,異なる高度に生息する集団間の生活史の分化のレベルが,交配後隔離の強さと相関していることを示した.

8.3.5 平行種分化

　種分化に生態学が関連するもっとも優れた証拠の一つは,同様の選択を受ける環境下にある異集団で,交配前隔離に関わる形質が平行進化することである(「平行種分化」;Schluter and Nagel, 1995).生殖隔離に関わる形質が,同様の環境下で繰り返しシフトすることは,生態学的種分化を支持する.なぜなら,非生態学的種分化(たとえば,遺伝的浮動)が,環境との間に一連の相関を生み出すことは稀であるからである.平行進化というのは,長きにわたって,形態,生理,行動への自然選択を検証する比較法の基盤であった(Harvey and Pagel, 1991).同様の論理が,種分化における選択の役割を検証することにも利用できる.

　ある祖先種が,その分布の辺縁で複数の集団を作り出し,2種類の新たな環境下へ適応していくことを考えよう.異なる環境へと適応した集団の間では生殖隔離が存在し,同じ生態学的環境へと適応した集団の間では生殖隔離が存在しない場合,自然選択による平行種分化が起こる.たとえば,沖合型イトヨと底生型イトヨの同所的番い種は,少なくとも4回,別々の湖で生じた(Schluter and McPhail, 1992; Taylor et al., 1997; Taylor and McPhail, manuscript).飼育実験によると,同じ湖由来であろうと(たとえば,パクストン湖の沖合型とPaxton湖の底生型),別の湖由来(たとえば,パクストン湖の沖合型とエノス湖の底生型)であろうと,表現型が異なる集団間で強い生殖隔離が認められた(図8.7).しかし,異なる湖由来であっても,同じ表現型をもつ集団間では,交配前隔離は存在しなかった(たとえば,パクストン湖の沖合型とエノス湖の沖合型).このパターンは,詳細についてはまだ不明ではあるが,イトヨの種形成において自然選択が原因となったことを示唆する.

　平行種分化は,数万年前に生まれたイトヨ集団のみに限らず,数百万年隔離されていた集団間でもみられる.北半球の海岸近くには,何百という淡水

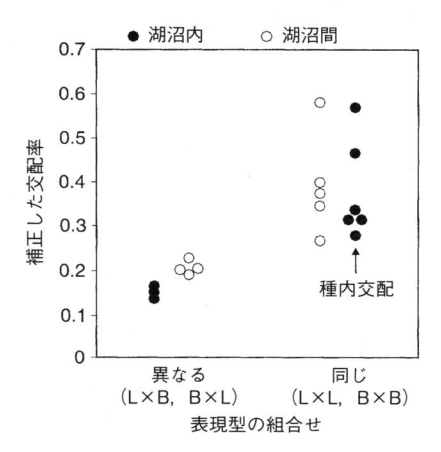

図 8.7 底生型（B）と沖合型（L）イトヨの交配前隔離の平行進化．各々の点は，異なる集団ペアについて，非選択交配実験の実験結果を示す．右の黒丸は，集団内での交配率を示す．横の白丸は，異なる湖の同じ様な環境に生息する独立集団（たとえば，パクストン湖の底生型とプリースト湖の底生型）を用いた試行を示す．左の点は，同じ湖あるいは，異なる湖の沖合型と底生型との間での交配実験結果を示す．異なる集団であっても，同じような環境に生息する集団は，似た選好性を共有している一方，異なる環境に生息する集団どうしでは，低い頻度でしか交配しない．Rundle et al. (2000) を改変．

性の河川残留型イトヨが存在し，これらは，それぞれ独立して近傍の海洋型イトヨから分岐し，形成された (Orti et al., 1994). 河川残留型イトヨは，小さな体サイズ，高い体高，退縮した鱗板，緑っぽい体色など共通した表現型の特徴をもつ (Bell and Foster, 1994). また，交配の和合性を決定する共通した要因ももっているようだ．太平洋両岸（ブリティッシュコロンビアと日本）の，ある河川型とある海洋型を用いて交配実験を行ったところ，たとえ異なる地域から採集されたのであっても，同じ環境から採集された個体間では，異なる環境から採集されたものに比べて交配に至った頻度は高かった (McKinnon et al., 原稿；訳注：Nature, 429: 294-298, 2004).

淡水性端脚類ヨコエビの一種 *Hyalella azteca* は，2種類の環境に生息する．捕食魚サンフィッシュがいる生息地では，体サイズが小さく，捕食魚がいないところでは体サイズが大きい．集団間の体サイズの違いは，遺伝的に決まっていて (Wellborn, 1994)，電気泳動距離（つまり，系統関係）とは相関が見

られない (McPeek and Wellborn, 1998). 交配実験によると, 同じ生態型どうしは容易に交配したが, 異なる生態型間では容易に交配しなかった (McPeek and Wellborn, 1998). この例でも, 系統関係ではなく環境によって, 生殖隔離は予測できるということである.

Funk (1998) は, ハムシ *Neochlamisus bebbianae* において, 異なる宿主植物を利用する集団間の生殖隔離を調べた. カエデ属に適応した2集団, カバノキ属に適応した1集団, ヤナギ属に適応した1集団を用いて, 交配実験が行われた. 半分の実験試行区では, 元来の宿主の葉がおかれ, 残りの半分の実験試行区ではおかれなかった. カエデにつく集団とカバノキにつく集団の間, あるいはカエデにつく集団とヤナギにつく集団の間では, 生殖隔離は強く (ヤナギとカバノキの間では, 調べられていない), カエデにつく異集団の間では強くなかった. 実験に使われた, カエデにつく集団のミトコンドリアDNA の分化は, カエデとヤナギにつく集団間の分化よりも大きいこともわかった. したがって, 異なる宿主を利用する集団どうしは, 遺伝的に近縁であるがどうかに関わらず, 強く隔離されている. 交配の和合性をうまく説明する唯一のものは, 環境であった.

8.3.6 仮想選択実験

次に示す実験は実際に行われたものではないが, 種間の生態学的種分化を検証する強力な方法となるであろう. 交雑によって, ゲノムが混ざり合ってしまった種間で, 交配前隔離を再度構築するという考えである (Schluter, 1998; Coyne and Orr, 1998). これは, 2段階からなる. まず, 生態学的に異なる2種をかけ合わせ, 雑種集団を作る. 親種から引き継いだ遺伝子の間の連鎖不均衡がなくなるまで, この雑種集団を何世代も継代する. この雑種は, 親種との間に何らかの交配後隔離をもつはずではあるが, 親種どうしの間の隔離ほどは強くないはずである.

続いて, 複数の雑種継代を, 親種の野外生息環境に似せた環境へ置く. 生態学的種分化によると, 分岐自然選択が働いて, 異なる環境下に置かれた集団間では, 生殖隔離が再構築されるであろう. 同時に, 雑種と, その雑種が置かれた環境に元来いる親種との間の生殖隔離は弱まるであろう, と予測さ

れる．これは Dodd（1989；図 8.1）や Kilias et al., (1980) によるショウジョウバエでの選択実験を思い起こさせるが，ここで述べた実験の目的は，自然界で実在の種が形成される際に，選択が役割を果たすことを検証することである．この実験が可能となるためには，遺伝的交配後隔離がそれほど強くなく，親種の対立遺伝子を失うことを最小限にして雑種が作成され，交配できることが必要である．

8.3.7 移行帯 (ecotone) と交雑帯 (hybrid zone)

分布が接するところに交雑帯をもつ 2 種を用いて，種間で分化した適応形質の地理的勾配を調べることも一つの検証となる（Hewitt, 1989）．もし，種間で，適応形質の分化に関わる原因遺伝子座における対立遺伝子間の相互作用の副産物として，交配後隔離が生じる場合，形質の平均値がある極から別の極へシフトする地点が，雑種崩壊の生じる地点と一致するはずである（たとえば，Orr, 1996）．逆に，雑種崩壊に関わる遺伝子と適応形質の種間分化の原因遺伝子が異なる場合，生態学的に重要な形質の地理的勾配は，交雑帯から離れるであろう．

交雑帯の多くは，環境の移行する場所とおおよそに一致しており（Hewitt, 1989），生態学的に重要な形質の平均値が推移する点も，これらの地点と一致することが多い．これは，適応形質の分化に関わる原因遺伝子の固定の結果として，雑種崩壊が起こるという仮説も支持する．しかし，この証拠には問題があり，もし生態学的に重要な形質の地理的勾配が，雑種崩壊の地点から切り離されるのに十分な時間がなかったなら，非生態学的な仮説でも同様のパターンになりうるだろう．

8.3.8 結語

種分化研究が困難なのは，いくつものメカニズムが存在することである．実際，地理的に隔離された集団間では，十分な時間が経てば，たとえ外部環境が同じで分岐選択が存在しなくても，種分化は必然的に起こる．生態学説を証明するためには，分岐選択が，適応放散における生殖隔離をより急速に進化させることを確かめることが必要であろう．もう一つの問題点は，生殖

隔離に貢献しうる種間の違いが，種分化が完成された後にも，ことによると加速度的に蓄積することである（雪だるま効果 snowballing effect; Orr, 1995）．したがって，生態学説を検証するためには，この初期過程を調べねばならない．

この節では，生態学的種分化を検証するために利用しうる，いくつかの方法を列挙した．ほとんどは，たった1，2度だけ試行されたもので，数事例にいたってはまったく行われていない．この分野は，あくまでまだ始まったばかりで，結果から何かを一般化できるまでにいたっていない．しかし，多くの結果は非常に有望で，生態学的種分化が適応放散における，種分化の主要なメカニズムであるかは不明であるものの，確実に存在することを示している．

8.4 分岐的性選択

性選択が種分化を引き起こす，とする理論モデルがある（表8.1）．多くの場合，性選択をともなう種分化は，生殖隔離が究極的には分岐自然選択の結果，進化するという理論の拡張であることが多い．しかし，性選択には，非生態学的種分化の速度を高める役割もある．適応放散における種分化の，これらの過程を区別するのは難しい．

適応放散において，性選択による非生態学的種分化が起こるとする考えは，ハワイのショウジョウバエや東アフリカの大地溝帯の湖群のシクリッドなどの壮大な適応放散において，色や他の二次性徴は近縁種間で大きく違っているのに，資源獲得に使う形態形質があまり違わないなどの観察結果にもとづいて生まれてきた．これらによって，資源や環境の違いがなくても，分岐性選択によって生態学的に類似した新種を急速に生み出すという見解が生まれた．類似種の間で競争が生じ，生態学的形質置換が起こると，適応放散の後期になって，生態学的および形態学的分化が起こる（Galis and Metz, 1998）．ただ一方で，この観察は不正確で，分岐を引き起こす資源の違いが，単に小さいだけかもしれない．あるいは，交配シグナルの違いは，捕食圧や競争者

など食物以外の環境要因の違いによって促進されたかもしれない．したがって，生態学的種分化と性選択をともなう非生態学的種分化を，区別するのは困難といえる．

8.4.1 比較法による，種分化における性選択の役割の検証

　種分化に性選択がはたらくという証拠は，ある系統における種の豊富さと，集団内での性選択の強さを間接的に計測した値を比較することで得られる（表8.2）．大抵の結果は，性選択と種分化の相関を支持する（唯一の例外は，鳥類以外でみつかる：例えば，花における性的二型は，種数の少なさと相関した）．比較に使った形質は，選好性の進化速度を直接計測したものではないが，指標にはなるだろう．なぜ，ある系統では他の系統よりも速い速度で，選好性が進化するのかは不明である．分岐自然選択の作用を完全には除外できないが，どうして分岐自然選択の作用が，交配様式に応じて変化するのかを理解するのは容易ではない．

　性選択が種分化に関わるという2番目の証拠は，オスの生殖器の形が，昆虫におけるもっとも進化の速い形質の一つであることである（Eberhard, 1985）．性選択をともなう二つの仮説が立てられる．「鍵」と「鍵穴」モデルでは，劣った雑種個体を産出する危険を最小限にする選択が働き，生殖形質置換の結果，オスの生殖器の違いが生じたとする．二つ目の仮説は，種内のオスとメスの間の「チェイス・アウェイ」軍拡競争によるとするものである

表 8.2 性選択と種分化の関係について，おもに姉妹群を用いて行われた比較研究．強い性選択圧下にあったと考えられる群（より性的二型が強い群，より装飾が派手な群，あるいは，より多婚な群）において，コントロール群よりも多くの種数をもつ場合に，関係性を指示する事例と考えた．「指示しない」という事例では，より大きな性的二型をもつ（雌雄異体植物）が雌雄同体の姉妹種よりも少ない種数しかもたなかった．

分類群	形　質	結　果	文　献
スズメ目	色彩の性的二型	支持する	Barraclough *et al.* (1995)
鳥類	羽の装飾	支持する	Møller and Cuervo (1998)
鳥類	繁殖システム	支持する	Møller and Cuervo (1998)
鳥類	繁殖システム	支持する	Mitra *et al.* (1996)
被子植物	雌雄同体／異体	支持しない	Heilbuth (2000)

(8.2.3 節を参照). どの場合も，結果として，生殖隔離が強まる．この二つ目の仮説と一致して，Arnqvist（1998）は，種間でオスの生殖器官の分化速度が，交配様式と相関している，つまりメスが複数回交配する系統では，一回しか交配しない系統に比べて，2倍の分化があることを示した．また，精巣やオスの生殖に関わるタンパクが，ショウジョウバエでもっとも進化速度が速いタンパクに含まれること（Aguade et al., 1992; Thomas and Singh, 1992; Nurminsky et al., 1998）も，これと合致する．これは，種間ないしは集団間の交配によるオスの子孫が，メスの子孫よりも不妊であることが多いということの理由の一つでもあろう（Wu and Davis, 1993; Wu et al., 1996; Orr, 1997）．もし，「チェイス・アウェイ」の解釈が正しければ，このような生殖隔離の進化において，環境の差異はあまり重要ではないようにみえるかもしれない．チェイス・アウェイの過程が，他のメカニズムが完成するより以前に，生殖隔離を生み出すことができるのかどうかは明確になっていない．

東アフリカの大地溝帯の湖群における種分化において，性選択が重要であるということ示唆する証拠が提出され始めた（Seehausen et al., 1997）．マラウィ湖とヴィクトリア湖のシクリッドは，分岐以降時間をあまり経ておらず，遺伝的交配後の隔離は弱いか存在しない．オスは派手な色をしており，同所的種間では概して色が異なっている．ふつうは，一方が赤色か黄色，他方が青色である．これらの色は，網膜の吸収波長と一致する．また，赤と青は透明な水中では背景と対比をなす．光の波長を操作することによって，Seehausen et al.（1997）は，ヴィクトリア湖におけるシクリッド科2種，*Pundamilia nyererei* と *P. pundamilia* の間の同類交配に色が重要であることを示した．交配パターンの違いは，種間における網膜色素の吸収波長のピークの相対的な高さの違いと相関していた．赤色の種は赤色に感度が高く，青色の種は青色に感度が高かった．単色下では，この二種は自由に交配することから，そのような環境では種の崩壊が起こる．ヴィクトリア湖の岩礁性シクリッドでは，透明な水のもとでは極端な色が進化し，種の多様性も色のついた暗い水のところよりも高かったということから，種の存続には，広い光の波長域が必要であることが示唆される．

これらのシクリッドでは（同類交配のみが調べられていて）分岐的性選択は

調べられていないが，近縁種間でオスの色が異なっていることが多いということや，色多型をもつシクリッド *Neochromis omnicaerulus* では色に基づくメスの選好性に遺伝的変異があることは，分岐的性選択の存在を示唆している．このことを，Seehansen et al. (1999) は，性選択による種分化の過渡期かもしれないと考えている．色へのメスの選好性を分岐させるメカニズムは不明である．これらの研究は，生態学的種分化と性選択による非生態学的種分化を区別できない（表8.1）．水の透明度とシクリッドの多様性の間の相関があるからといって，色が，オスとメスの選択による性選択以外の理由で，これら縄張り意識の強いシクリッドの共存に関わっているという可能性を除外できない．

8.4.2 分岐的性選択の計測

分岐的性選択が，種分化に関わっているとすれば，それを計測できるはずである．さらに，環境が配偶選好性の分岐を促進する場合には，性選択の方向と環境の相関をみつけることも可能であろう．この点では，少しばかりの進展が見られた．

明らかな分岐的性選択の例は，マダラヒタキ *Ficedula hypoleuca* にみられる（Sætre et al. 1997）．オスの羽毛が白黒で，メスが茶色オスよりも白黒オスを好む集団がある．対照的に，茶色のオスが多数を占め，メスが白黒オスよりも茶色オスを好む集団もある（図8.8）．このメスの選好性の違いは，マダラヒタキの姉妹種で，オスが白黒色をしているシロエリヒタキ *Ficedula albicollis* と共存しているかどうかと相関がある．同所域における茶色オスへの選好性について，二つの選択圧を用いて説明できる．まず，シロエリヒタキは，マダラヒタキより営巣場所をめぐる競争で優位であるため，白黒色のオスは，茶色オスよりも種間干渉を受けやすい（Alatalo et al., 1994）．したがって，茶色オスを選択するメスは，白黒オスと番うメスよりも営巣場所での干渉を受けにくい．次に，その同所域で茶色オスへの選好性をもっていると，交雑確率を減らすことができる（Alatalo et al., 1994; Sætre et al. 1997）．それゆえに，分岐自然選択の作用によって，マダラヒタキの同所集団と異所集団の間に配偶選好性の違いが生まれ，また，同所域でのマダラヒタキとシ

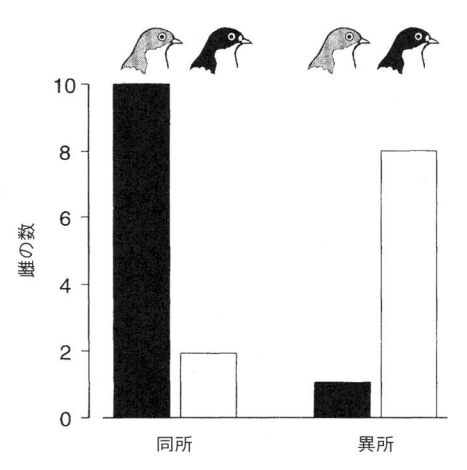

図 8.8 マダラヒタキ *Ficedula hypoleuca* におけるオスの色のパターンにはたらく分岐的性選択．オスの二型，つまり，灰色オスと白黒オスの交配成功率を，シロエリヒタキ *Ficedula albicollis* が存在するところ（同所）と，存在しないところ（異所）で比較した．同所域で見られる選好性への分岐選択は，シロエリヒタキによる攻撃（Alatalo *et al.*, 1994），あるいは，雑種の低い適応度（Saetre *et al.* 1997）に由来するのかもしれない．*Nature* および，著者の許可を得て，Saetre *et al.*（1997）を改変．

ロエリヒタキの配偶選好性も分化することとなる．同所域と異所域のマダラヒタキの間に，生殖隔離が副産物として生じたかどうかは調べられていない．強化，つまり雑種の適応度が低いことが原因となって，交配前隔離が強まるという現象は，若い同所的番い種の間に分岐的性選択を生み出すはずである．この過程は一般的なようである（たとえば Howard, 1993）．しかし，通常，強化は種分化過程の後半に起こる．後になって生じる雑種適応度の低下や，同類交配を引き起こすのに寄与する分岐自然選択における種間の違いが，初期段階で分岐自然選択によって生起されたかどうかによって，強化が生態学的種分化に依拠するかどうかが決まる．この強化の実態については，ほとんどわかっていない．イトヨでの例が，雑種に対する生態学的な負の選択がかかって，強化が起こった事例であるかもしれない（Rundle and Schluter, 1998）．

　分岐選択に関する別の証拠は，同所種間の雑種の交配成功率を調べることから得ることができる．雑種はしばしば，交配において不利を被る（Stratton and Uetz, 1986; Krebs, 1990; Price and Boake, 1995; Rolan-Alvarez *et al.*, 1995;

Davies *et al.*, 1997; McMillan *et al.*, 1997; Noor, 1997; True *et al.*, 1997; Vamosi and Schluter, 1999). この不利の度合いは，ときに種間の交配後隔離において他の要素よりも大きいこともある．これらは，分岐的性選択が種形成に貢献することと合致するが，ただし，配偶選好性の進化を引き起こす要因については，同定されていない．しかし，この類の証拠にも問題があって，それは，雑種で交配成功率が低下する理由が，別の機構で生じた遺伝的不和合性の付随的な結果かもしれないという点である．

8.4.3　結語

　グッピー *Poecilia reticulata* の例が示す通り，性選択が強いからといって，必ずしも種分化が起こる訳ではない（Magurran, 1998）．多くのグッピーの集団では性選択は強く，オスの色に対するメスの選好性に集団間変異がみられるが，集団間での強い生殖隔離はなさそうである（Houde, 1997）．一つの理由は，メスにおける色への選好性が，無制限であることであろう（Price, 1998）．しかし，ある分類群では配偶選好性が急速に分岐して，別の分類群では分岐しないことが事実としてみられる．重要なことは，配偶選好性が最初に分岐する際に，はたらく力を理解することであり，この点はあまり認識されていない．自然選択は，選好性の進化速度を決定する主要因であるかもしれないが，この証拠はいまのところない．

　性選択が，環境間の分岐自然選択とはまったく無関係な理由で，急速に新種を作り出すことは，理論的には可能である（West-Eberhard, 1983; Dominey, 1984）．フィッシャーのランアウェイ過程は，一つの方法である（しかし，Price（1998）は，少なくとも鳥類では，これはなさそうだと考えている）．「チェイス・アウェイ」メカニズムは，もっと確からしく，これと合致する証拠はいくつもある．証拠はまだ初期段階にあるが，分岐選択をともなわない種分化がある可能性を認めることは，適応放散における種分化の古典的な生態学的見解とは大きく異なっている．

8.5 考　察

　異なる生態学的環境におかれた集団間での分岐自然選択が，適応放散における種分化の主たる原因であるという考え（「生態学的種分化」仮説；Mayr, 1942; Dobzhansky, 1951; Simpson, 1953）は，20世紀中頃に主流であった．その時期にはこの仮説を支持する明確な実例も野外での証拠もなかった．この考えはもっともらしいし，種分化と形態変化が相加的に進行するという観察結果とよく合致することから，評判よく受けがよかった．また，生態学的機会が多いほど，種分化が速いということも説明できるからである．

　今日もなお，種分化は，適応放散のなかでも，まだ不明の残る部分である．その主要な障害は，倍数化による種分化は別としても，種分化を導く他のメカニズムを除外することが難しいことである．50年経った現在，少数ではあるが，生態学的種分化の実例といえそうなものがみつかってきた．まだまだ道のりは遠いが，さまざまな分類群において進展はしている．研究は，野外の2種を指して，これらが分岐自然選択で生じたのだと自信をもっていえる段階にまで近づいた．その意味では，適応放散に関する従来の学説は正しかったことになる．もちろん，どれだけ一般化できるかは，まだ不明であるが．

　生態学的種分化を支持する証拠は，雑種に対する生態学的な選択や分岐選択下の形質が生殖隔離の基盤となる（あるいは，生殖隔離のもととなる形質と遺伝的に相関する）ことや，類似した環境下では配偶者選択が集団間で平行進化することなどがある．生態学的分化をした集団は，たとえ遺伝子流動があったとしても同所域で安定して存在するとわかったことや，生態学的に分化した種間での同所的種分化の証拠があることも，これを支持する．しかし，メカニズムが同定されるまでは，後者の観察はまだ不完全である（たとえば，雑種に対する性選択が，遺伝子流動に関わらず存続を促進しているかもしれない）．

　性選択を種分化理論に加えたということが，適応放散の種分化理論における最近の大きな進歩である．性選択が，実際に多くの種分化に関わっているということや，種分化の速度が性選択の間接的な強さと相関があるという証

拠が提出されている．しかし，性選択は，おそらく，ほとんどの種分化に関わっており，性選択が存在する証拠をみつけることは，種形成のメカニズムを消去法で探っていくやり方に役立つ訳ではない．とりわけ，どのようにして性選択が種分化に寄与するかについて，二つの見方を区別する実証研究は始まったばかりである．一つの見方は，配偶選好性に対する外部環境に由来する分岐自然選択の結果として，性選択が分岐したとする考えである．同所域において，配偶選好性が分岐するという例（強化や集団間での相互作用）が，この実例であるが，種分化の後半期を説明するだけかもしれない．二つ目の見方は，環境とは独立して，性選択が種形成を引き起こすというものである．いくつか提案されたメカニズムのうち，「チェイス・アウェイ」過程がもっとも有望である．これは，異性の間での拮抗的共進化の副産物として，生殖隔離が生じるとするものである．適応放散では，多くの種が生態学的多様性を示すが，配偶選好性の分岐の原因は不明である．

　適応放散において，性選択が急速な非生態学的種分化を引き起こすことが，意味するところは深い．たとえば，性選択は，生態学的には似通った多くの新種をまず形成し，後になって生態学的な形質置換によって生態学的・形態学的分化が起こることが示唆される（Galis and Metz, 1998）．この仮定のもとでは，種分化の結果として，分岐自然選択がはたらく（つまり，多くの種が競争しあう）条件が生まれる．これは，分岐自然選択が種分化の前提条件であると考える生態学説とは，原因と結果が完全に逆である．現在のところ，種数が増えると，分岐自然選択が生じ，それが形質分化を引き起こすという証拠はない．環境に依存した分岐自然選択のない種分化は，単に，多くの異所的で生態学的に等価な種を生み出すだけで，生態学的および形態学的な多様化にはほとんど貢献しないのかもしれない（Price, 1998）．

遺伝的最小抵抗経路に沿った分化

> どんな変化であっても大抵は，多かれ少なかれ，他の変化を同時に招くものである．これは，遺伝的相関，成長の様式，変化自体に対する二次的な適応などによる． シンプソン（Simpson, 1953）より

9.1 序　説

　集団内に存在する遺伝的変異には限りがあること，複数の形質間に遺伝的な相関があること，また，自然選択の結果には偏りがあることについては，適応放散の生態学説よりも古くから知られていた（Maynard Smith *et al.*, 1985）．シンプソン（Simpson, 1953）は，この考えについて言及したものの（上記引用を参照），「実際に起こった進化の道筋が，起こらなかった道筋よりも厳密な意味で遺伝的に起こりやすい（やすかった）（Futuyma *et al.*, 1995）」か否かを，いかなる適応放散の事象においても確定しようとはしなかった．この問いに答えるための概念的枠組みがまだ進展しておらず，生態学説もこのような概念を取り入れていなかった．しかし，こういった概念的枠組みを扱うことは，適応放散を研究するうえで実用的な価値がある．もし，ある進化の道筋が他の道筋よりも遺伝的に起こりやすいとしたら，形質分化の方向と

速度についてある程度の予測ができることだからである．この章では，集団の遺伝を計測することによって，適応放散における分化を予測する試みがうまくいくかどうかについて検討する．

複数の連続的な形質にはたらく自然選択の遺伝理論は，Lande（1979）の強い影響力をもつ論文から始まる．後に詳述するような前提のもとでは，方向性選択（directional selection）と遺伝共分散（genetic covariance）が計測できれば，短期間の進化については予測可能であることになる．この理論は，もっと長期にわたる進化にも有効かもしれず，この章は，そういった可能性に依拠している．本章での私の目的は，形質分化と種分化の遺伝的基盤（現在活発に発展している領域：たとえば，Jones, 1998; Bradshaw *et al*., 1998; Schemske and Bradshaw, 1999）を総説することではない．むしろ，連続的な形質の遺伝的変異を知ることによって，適応放散の方向と程度が本当によりよく理解できるのかどうかを考察したいのである．

まず，遺伝理論と，それが基づく前提条件について説明する．次に，遺伝によるバイアスが実際に存在すること，さらに，そのバイアスがどれほど長く作用するのかについて概観する．私が挙げる実例は，おもに形態の変化に関するものである．しかし本来，種分化も同じ原理に基づいているはずである．そこで，生殖隔離の進化に関して，どういった予測ができるかについても考察していく．

9.2 量的遺伝学の枠組み

量的な変化というのは，分類学的に低次レベルの適応放散でふつうにみられる特徴である．近縁の集団間あるいは種間では，質的には違っていなくても，量的には違っているということが多い．こういった形質は，集団内においても連続的に変異していることが多く，複数の遺伝子座の相加的な遺伝的変異が原因であると多くの場合考えられる（Falconer and Mackay, 1996; Roff, 1997）．したがって，こういった形質の進化は，量的遺伝学の観点を用いることで，もっともうまく扱える．

量的遺伝学は，個々の遺伝子座の作用については考慮せず，形質に影響を与えるすべての遺伝子の相加的な総計の効果についてのみ注目する．個体について計測しうるもっとも重要な値は，育種価（breeding value）である．これは，その個体が他個体と任意に交配することでできるすべての可能な子の当該形質の平均値と，集団の平均値との偏差をとり，これを2倍することで得られる．Falconer and MacKay (1996)，Lynch and Walsh (1998)，Roff (1997) らは既に，この分野に関する包括的な概説を記している．そこで，私は進化のバイアスというテーマに関係のある部分についてのみ議論する．

9.2.1 微小モデル (infinitesimal model)

私がここで用いる進化モデルは，一般的な微小モデルである．このモデルでは，形質の育種価は，複数の遺伝子座の作用が単純に加算されて決まるとされ，個々の遺伝子座の寄与は非常に小さいとされる．集団における育種価は，何らかの尺度（たとえば，外部形態における対数変換など）で正規分布すると前提される．突然変異は，形質を増減どちらの方向へも同程度に変え，突然変異自体は有利でも不利でもないとする．

最近の研究によると，多くの量的形質は，実際には比較的少数の遺伝子の作用によることや，そのうちいくつかの遺伝子は大きな効果をもつこと（とは言っても，使われている手法が大きな効果を検出する方向に偏っていることはあるのだが；Lynch and Walsh, 1998），また遺伝子のもつ作用がかなり非相加的であるかもしれないこと（Falconer and MacKay 1996; Roff, 1997）が示唆された．このような前提が十分に満たされていないことは，短期の進化を考える上ではさほど深刻な問題ではないが，長期の進化に関する予測は損なわれてしまうであろう．なぜなら，遺伝子頻度の変化が起こることによって，予測の前提となっている遺伝パラメーター自体が，不可避的に変化してしまうからである（Turelli and Barton, 1994）．これが，分岐時間がたつにつれて，理論の予測能力が落ちることの主要な理由である．

他の形質，たとえば生存率などといった形質は，突然変異の有益な作用と有害な作用の対照性を満たしていない．そこで，大抵の突然変異が無条件に有害，ないしはその形質を減じる方向にはたらくという「有害変異（deleterious mutation)」モデルを代わりに使う方がより好ましい（Charlesworth, 1990; Kondrashov and Turelli, 1992; Houle, 1991; Rowe and Houle, 1996）. 選択によって有害突然変異が徐々に除去される一方で，絶え間なく有害突然変異は生み出される．形質に影響を与える遺伝子座が多い場合は特にそうであろう（Lynch *et al*, 1999）. 適応度に関わる要素，ないしは適応度そのものは，このモデルによってうまく記述できるのではないか．また，生理的効率性や体力といった（他の条件は等しいとして）「大きいほど常によい」他の形質にも，あてはまるだろう．

この章では，形態形質のうち，微小モデルの前提を十分満たしていると思われるものについて焦点を当てる．たとえば，どういった餌が利用可能かによって，嘴のサイズが変化する進化的シフトが起こる際に，無条件に有害な対立遺伝子の頻度が上昇することはふつうは考えなくてよいであろう．しかし残念ながら，このことで，すべてが解決する訳ではない．なぜなら，適応度に影響を与えるような有害遺伝子が，同時に形態に対しても作用するという多面発現効果（pleiotropic effects）があるかもしれないからである．もしも，そういった多面発現を示す遺伝子の数が多い場合，単純な理論から導き出される予測は裏切られることになるだろう．このような不確かさに直面した場合は，実証的な立場をとり，自然界に応用した場合にも理論が本当にうまく適合しているかどうかを問うべきである．この問いに対する答えは多くの場合，以下に示す結果のとおり，形態形質に関する限り（ときに生活史に関する形質も；Mitchell-Olds, 1996），概してその適合性に肯定的である．

9.2.2 遺伝分散 V_A の方が遺伝率 h^2 よりも重要である

微小モデルによって適応進化が，どのように説明されるかを以下に示そう．ある一つの形質について，その平均値 $\bar{z}$ が一世代の間に自然選択の働きによってどれだけ変化するかは，相加的遺伝分散 V_A に比例する．

$$\Delta \bar{z} = V_A \beta \tag{9.1}$$

β は方向性選択の強さを示し，$\Delta \bar{z}$ は世代間の $\bar{z}$ の変化，つまり選択への

応答を示す．第5章で議論した適応地形において，β は，集団平均値 z の出発地点における勾配である．相加的遺伝分散 V_A とは，表現型分散のうち，親と子の平均的な類似性を決定する要因である（つまり，非遺伝的要因および優性（dominance）や遺伝子間相互作用（epistasis）などの効果を除去したものである）．どのようにして V_A を推定するかについては，Falconer and Mackay (1996) と Lynch and Walsh (1998) に詳しい．

教科書でよくみかけるもう一つの方程式は，以下のものである．

$$\Delta z = h^2 s \tag{9.2}$$

ここで，h^2 は z の遺伝率（表現型分散全体の中で，相加的遺伝分散が占める割合），s は選択差（親の世代において，選択がはたらく前と後での平均値の差）を表す．この方程式は，一つ目の方程式（9.1）と数学的には等価である．なぜなら，$h^2 = V_A/V_P$ であり，$s = V_P\beta$ であるからである．しかし，後者の方程式は，自然選択に適応された際に混乱を生じることがある．というのも，s は選択の強さと誤って解釈されてしまい，h^2 は進化のポテンシャルを示す指標とみなされてしまうからである．たとえば，(9.2) の方程式から，生活史形質など遺伝率の低い形質（Mousseau and Roff, 1987）は，形態などの遺伝率の高い形質に比べて，自然選択に対する応答が弱いとみなされがちである．しかし，遺伝率が低いことは，必ずしも遺伝分散が低いことを意味する訳ではない．生活史形質は，（もし相加遺伝の自乗変動係数で計測すれば）形態形質と比して相加遺伝分散が低くはなく，必ずしも進化しにくい訳ではない（Houle, 1992）．生活史形質は，単に環境による分散の要因が大きいというだけであり（Price and Schluter, 1991; Houle, 1992），これは，一定の選択強度 β に対する応答を予測することに，直接的な影響を与えない．

9.2.3 選択と共分散

多変量を扱う場合，方程式 9.1 は，

$$\Delta \bar{z} = G\beta \tag{9.3}$$

となる (Lande, 1979). G は，遺伝共分散行列を表し，その対角要素 V_{A1}, V_{A2},..., V_{Am} は，形質 m の遺伝分散を表す．非対角要素の Cov_{Aij} は形質 i と j の間の遺伝共分散である．$\Delta \bar{z}$ は，形質 m の平均値の変化 $\Delta \bar{z}_1$, $\Delta \bar{z}_2$, ..., $\Delta \bar{z}_m$ を表すベクトルである．選択勾配 β もベクトルを表し，その要素 β_1, β_2, ..., β_m は個々の形質に対する方向性選択の強さを表す．β は，平均適応度がもっとも急速に上昇する方向を指し示している（5章参照）．

方程式 (9.3) でもっとも重要な点は，個々の形質の進化が，その形質に対する直接的な選択だけでなく，遺伝的に相関している他の形質への選択の結果としても起こるということである．遺伝的相関の主要な要因は，ある遺伝子座における対立遺伝子の変異が，複数の形質に影響を及ぼす遺伝子の多面発現にある．なお，連鎖不均衡（異なる遺伝子座間で，対立遺伝子の組み合わせがランダムに起こらないこと）が，特殊な例を除けば，2番目に重要な遺伝的相関の原因である．

図9.1は，遺伝共分散行列がどのようにみえるかを示している（図示していない対角より上方の三角部分は，下方の三角部分の鏡像である）．この図は，野生ハツカダイコンにおける葉や花の個々の形質が，さまざまな遺伝的関係にあることを明らかにしている．共分散は楕円を用いて示されている．楕円の輪郭は推定育種価の95パーセントを含んでいる．形質 i と j の間の共分散 Cov_{Aij} は，遺伝的相関係数（r_{Aij}）と遺伝偏差の積で求められる．

$$Cov_{Aij} = r_{Aij}\sqrt{V_{Ai}}\sqrt{V_{Aj}}. \qquad (9.4)$$

遺伝分散が一定の場合，遺伝相関が強いと遺伝共分散は高くなる．例えば，葉幅と葉長の間の共分散は，葉幅と花弁の幅の間の共分散よりも高い（図9.1）．したがって，葉幅に対する選択は，花弁の幅に対する選択よりも，より強い間接的応答を葉長に与えるであろうと考えられる．また，共分散は遺伝分散に準じて変化する．例えば，葉幅と花弁の幅の間の共分散は，遺伝的相関は低いにも関わらず，短い雄しべの長さと長い雄しべの長さの間の共分散よりも大きい．したがって，たとえ選択の強さが等しい場合でも，葉長に対する選択が花弁の幅に与える間接的効果の方が，長い雄しべに対する選択

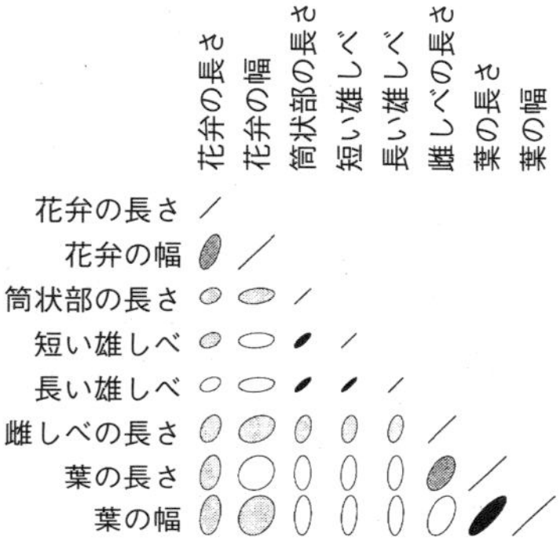

図 9.1　野生ハツカダイコン *Raphanus raphanistrum* における花と葉の遺伝共分散マトリックス G の可視化．楕円は，2 変数が正規分布することを仮定して，各々の形質の育種価の 95％を示す．対角線は，相加遺伝分散を示す．遺伝相関の強さは，濃淡で示した．すべての形質は，同じ尺度へ補正してあるので，楕円のサイズは，直接比較することが可能である．G は，Conner and Via（1993）のデータから，相加遺伝分散と共分散の二乗係数を用いて計算した．描画には，ELLIPSE（Murdoch and Chow, 1994）を用いた．

が短い雄しべに与える間接的効果よりも大きいこととなる．

　遺伝分散と遺伝共分散は，選択によって形質がどのように進化するかを規定するパラメーターである．これらによって，集団の進化の道筋は，最短で適応度を上昇させる方向から偏向してしまう（図 9.2; Lande, 1979; Via and Lande, 1985）．最大適応度への道は，まず初めに最大の遺伝分散 g_{max}（育種価の楕円の長軸方向）の方向に沿って進むため，むしろ偏向したものとなるのである．私は，このような道筋を遺伝的「最小抵抗経路（line of least resistance）」とよぶ．もし遺伝的制約がそれほど強くない場合，時間がたつとともに，偏向は弱くなり，遂には適応点に到達できるであろう．しかし，もしも形質間の遺伝的共分散が十分に強く，g_{max} 以外の方向への遺伝的変異が少ないならば，集団は g_{max} に沿って丘を登り，適応点からかなり離れた低い適応の丘の中腹で止まってしまう（Kirkpatrick and Lofsvold, 1992）．後述のとおり，野外の集団では，個々のすべての形質が十分な遺伝分散をもっているときでさえ，少なくともいくつかの方向への制約が存在する．

　もし複数の適応点が存在する場合，遺伝共分散によって，集団は近傍の適

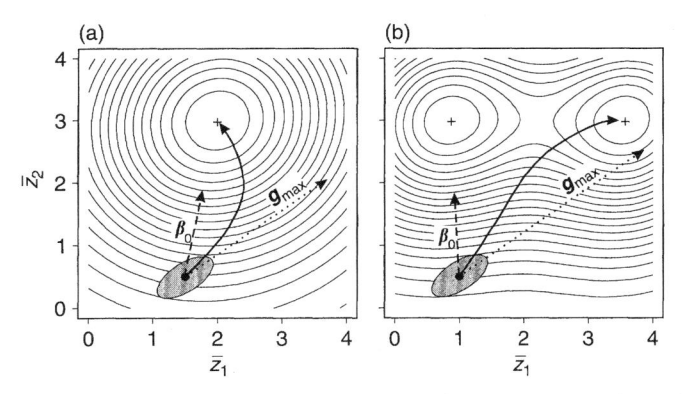

図 9.2 遺伝共分散は，二つの形質 z_1 と z_2 の進化の方向に偏りを生む．適応頂点が一つ (a) あるいは二つ (b) のとき，ある集団の初期の平均値（黒丸）と選択下における数世代に渡る平均値の道筋（実線）を示す．楕円には，それぞれの集団での育種価の 95 ％が含まれる．破線は g_{max}，つまり，集団内における最大遺伝分散の方向を示す．等高線は，適応風景における平均適応度 $\overline{W}$ の上昇を示す．適応頂点は「＋」で示した．β_0 は，初期の選択勾配，つまり，もっとも急峻に平均適応度が上昇する方向である．進化の方向は，勾配に沿ったものではなく，初期には g_{max} の方向に偏っている．

応点ではなく，より離れてはいるが，g_{max} の経路の近くに存在する適応点へと進んでいく（図 9.2 (b))．選択によって形質 z_2 が上昇した場合，例え z_1 の減少が適応的であったとしても，z_1 は時間がたつとともに，z_2 との遺伝的共分散によって上昇する．その結果，経路は大きく変更され，異なった適応頂点が複数ある場合，集団はその間を移動することになりうる (Price *et al.*, 1993)．

9.2.4 遺伝的自由度

これまでに，実に多くの形質について研究がなされてきたが，これらの研究で明らかになったことは，野外集団におけるほとんどの形質は，基本的に遺伝するということである (Roff and Rousseu, 1987; Houle, 1992)．したがって，ほとんどの形質は選択によって，少なくとも短期においては進化する．これは単一形質 (Charlesworth *et al.*, 1982; Maynard Smith *et al*, 1985; Bell, 1997; Roff, 1997) や複数の形質 (Weber, 1992) について，行われてきた多くの人為選択の研究が支持する結果でもある．しかし，形質間の遺伝共分散によって，個々

の形質が他の形質と独立して変化できる自由には，制限があるということも広く知られている（Roff, 1997）．

遺伝的「自由度」という考えは，遺伝的共分散によって規定される偏りと制限を表すのに便利である（Kirkpatrick and Lofsvold, 1992）．図9.3は，m個の完全に独立な方向に対して遺伝分散の量をプロットした図である．個々の方向というのは複合的な形質であり，もとのm個の形質の線形合成によって得られた係数から成るベクトルである．一番目の独立方向（g_{max}）を，もっとも多くの遺伝分散を説明するものと定義する．二番目の方向は，一番目の方向と直行し，残りの分散の多くを説明する．同様のことがm番目まで続く．

出版文献から任意に選んできたG行列の例を見ると，遺伝分散は，ふつう少数の方向性と結びつけられており，他の多くの方向はあまり重要でないことがわかる（図9.3）．この偏りは，リーベンスの多様性指数（Levins' diversity index）で記述できる．

$$L = 1 / \sum p_i^2, \qquad (9.5)$$

ここに，p_iは全相加分散のうち，方向iによって説明できる割合を示す．すべての分散が最初の方向で決まるなら$L = 1$，すべての分散がm個の方向に等しく分布しているなら$L = m$となる．したがって，Lを用いて，有効な遺伝自由度が計測できる．図9.3のデータを解析すると，（a）2.9，（B）1.3，（C）1.2，（d）4.4となる．これらの値は非常に低く，形質の数の全体の1/3から1/4である．遺伝的自由度が，遺伝しうる形質の数より遥かに少ないということから，個々の形質の相加遺伝分散では，進化しやすさ（evolvability）を十分には測定できないこととなる．遺伝的自由度が低ければ低いほど，選択に対する進化的応答のバイアスは大きくなる．

なぜ，遺伝分散がある方向へは大きく，他の方向へは小さいのかはよく分かっていないが，究極的には突然変異と選択の結果であろう．遺伝分散の維持に関して最近理解が深まりつつあるが，この展開について祖述するのは，この章の限度を超えてしまう．そのかわり，これらの現存するパターンの結

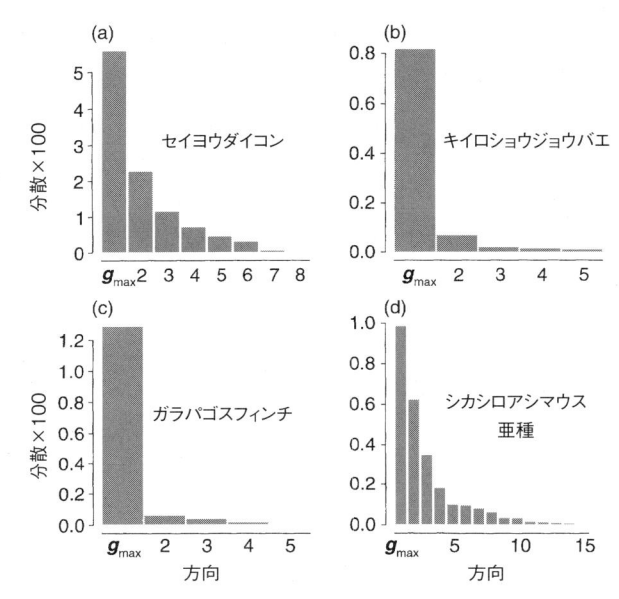

図 9.3 完全に独立な方向への（形質値を合成して得られた）相加遺伝分散を，四つの G マトリックスについて示した．g_{max} は，もっとも変異に富む方向，「2」は，それに直行するもののうち，もっとも変異に富む方向であり，以下同様である．野生セイヨウダイコンにおける花と葉の計測値；(b) キイロショウジョウバエの集団における体と羽の寸法（Conner and Via, 1993; 図 9.1）；(c) ガラパゴスフィンチの嘴と体の計測値（Boag, 1983）；(d) シカシロアシマウスにおける頭蓋の計測値（Lofsvold, 1986）．すべての計算は，対数変換した形質の相加遺伝共分散（b と c），あるいは，相加遺伝共分散の二乗係数（a と d）に基づく．各方向への分散は，それぞれの G の固有値である．必要に応じて，すべての固有値が負にならないように，G を「曲げた」（Hayes and Hill, 1981）．

果として，分化の方向と速度がどのようになるのかを考えたい．もちろん，より多くのことが，遺伝分散を形成する効力について把握されれば，このような予測能力は随分とよくなるだろう．

9.2.5　ガラパゴスフィンチにおける短期的予測

　上述の遺伝理論によると，選択下にあるすべての形質について遺伝パラメーターが与えられたならば，1 世代の選択の後に，どのような進化的変化が起こるかを正確に予測できるはずである．しかし，この方程式を自然界に当

てはめるのには支障がある．つまり，本当の選択勾配が未知であるし，知り得ないからである．なぜなら，方向性選択下にある重要な形質が，実際に計測された形質との相関があるにも関わらず，計測漏れしたならば，選択の強さは間違って推定されてしまうからである (Mitchell-Olds and Show, 1987)．計測し忘れた形質が，計測済みの形質との間で遺伝共分散をもつ場合にも，間違ってしまう．

　計測し忘れた形質，という問題は厄介である．単一の変数に基づいて行われる予測（たとえば，方程式 (9.1) や (9.2) に基づいた予測）が，相関する他の形質に対する選択を考慮に入れていないために，うまくいかないという例はいくつも知られている．最悪の例としては，明らかに方向性選択下にあると思われる遺伝形質（たとえば，卵数，体重，繁殖時期，鳥の附蹠長など）が，進化的応答を示さない例などがある (Price *et al.*, 1988; van Noordwijk *et al.*, 1988; Alatalo *et al.*, 1990; Price and Liou, 1989)．これらの例で明らかになったのは，計測した形質そのものには選択がまったくかかっておらず，遺伝しない「体の調子」に対してかかっていたということである．体の調子は，その形質と相関があったため，一見すると選択をしているようにみえてしまうのである．これら最悪の例では，複数の形質が，それぞれ異なる遺伝率をもつ．選択下にある複数の形質の遺伝率が同じ位の場合は，これほど悪いことにはならない．上に挙げた例では，多変量の枠組みでとらえることによって，期待値と実測値の溝を埋めることができた．一般的に，複数の形質をまとめて分析することは，一つ一つの形質をそれぞれ別々に解析するよりも優れている (Lande and Arnold, 1983)．

　理論が有効かどうかの最終的なテストは，それが実際に機能するかどうかである．野外での定量的テストは，Grant and Grant (1995) が，中型のガラパゴスフィンチ *Geospiza fortis* で調べた研究が唯一である．結果は正鵠を射たものであった（図 9.4）．彼らは，ある島の集団ついて，餌が不足して致死率が高まるという選択がかかった二度の出来事について研究した．最初の出来事の際に，計測した六つすべての形質が上昇するであろう予測は正確に当たった．二度目の出来事の際は減少するであろう予測を立てたが，これも的を射た．ただし，予測の正確さは一回目に比べるとばらつきがあった．多

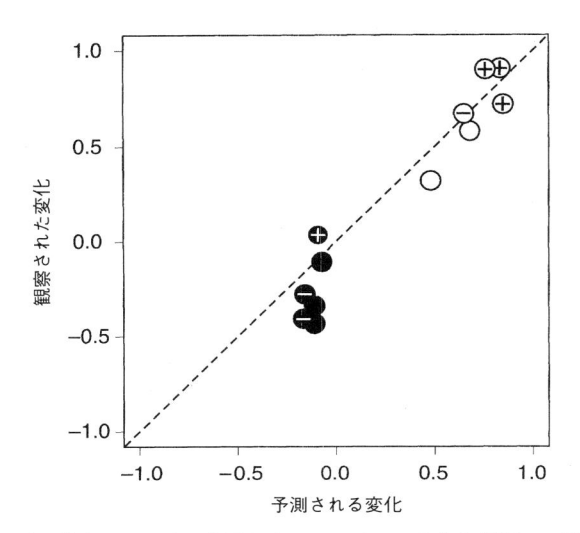

図 9.4 ガラパゴス地上フィンチの集団において，二つの大きな選択のエピソードの後に予測される進化的変化，および，実際に観察された進化的変化．白丸は，1976/77 年の干ばつの際の六つの形質（体重，翼の長さ，足根の長さ，嘴の長さ，嘴の幅，嘴の高さ）の平均値の変化を表す．黒丸は，1984/85 年の雨期における六つの形質の変化を示す．「+」（「-」）の印は，選択勾配 β の推定から，その形質が増加（低下）する方向が好まれること示す．印のない形質は，ほとんど選択が働かないことを示す．単位はすべて，標準偏差を 1 として示した．対角線は，$Y = X$ を示す．Grant and Grant (1995) から転載．

変量選択の理論に基づく予測は，共分散を前提としないで，一つ一つを個別に分析する予測法よりも，若干だけ優れていた（Grant and Grant, 1995）．計測されなかった形質という問題は，この場合は大きいものではなかったということだ．

　遺伝共分散の計測が，短期の予測にとって有用であることを示した点で，このガラパゴスフィンチの研究は重要である．たとえば，選択は嘴の平均幅が減少する方向へはたらくのだが（図 9.4 における，マイナスで示された白丸；Price et al., 1984a; Grant and Grant, 1995），上昇させる方向へ選択がはたらく他の形質との強い正の相関のゆえに，その形質は上昇するであろうと予測されていたのだった．

9.2.6 結語

　一つの世代から次世代へと，どう変化するかの予測はきわめて強い効果を生み，もっと長期にわたって予測ができるのであれば，量的遺伝のアプローチはより有用であろう．理論上は，G 行列が長きにわたって不変であるならば，長期の予測もうまくいくはずである．しかし，残念なことに，これは事実ではなさそうだ．遺伝子頻度の変化や新しい選択のパターンおよび突然変異によって，G は予測不可能なまでに変化してしまうだろう（Turelli and Barton, 1994; Shaw et al., 1995）．しかし，次章に示す通り，いくつかの粗い予測は数百万年という時間枠の中でも正しく，これは，多くの狭義の適応放散が起こった時間枠でもある．

　量的遺伝学的アプローチの弱点があるとすると，遺伝パラメーターが統計的なものであり，その遺伝的詳細については無視している点であろう．我々は，最終的には，種間の違いや遺伝共分散などの重要値を決める遺伝的基盤についてもっと知りたくなるだろう．量的形質遺伝子（QTL）や候補遺伝子の研究は，徐々にその謎であったところを明らかにしつつあるが，まだその研究は記載段階であり，分化の方向をよりよく予測できるほどまでの普遍法則は見い出せていない．Orr（1998b）は，集団が最適点に近づいていく過程で，形質と平均適応度に関わる個々の遺伝子が，どれくらいの大きさの効果をもつかに関する一般法則を明らかにした．しかし，この法則は，新しい突然変異にのみ関するものである．集団中に既に存在している現存する変異（standing variation）を計測することによって，新しい突然変異の効果がどのようなものかについては演繹できない．

　単純ではあるが，量的遺伝学的アプローチは，自然選択のもとでの進化応答を予測できる唯一の理論的枠組みである．したがって，前提が単純化されているにも関わらず，このアプローチを適応放散の生態学説へ組み込むことは，データが示す限りではあるが，理にかなっている．

9.3 遺伝的最小抵抗経路に沿った分岐

この章では，遺伝によるバイアスすなわち予測性が，適応放散が可能となる程の長期間にわたって存続するのかについて検討する．この問題を検証するに当たっては，危険がつきまとう．なぜなら，我々は過去の選択圧について計測できないからである．また，たとえ β が既知であるとしても，理論だけでは，長期予測が可能かどうかの問いに明確に答えることはできない．その一つの理由は，数百万年あるいは数千世代の予測を許すほどに，V_A と G が長期にわたって普遍的であるという確信がないからである（Lande, 1980; Turelli, 1988; Shaw et al., 1995; しかし，Arnold, 1992 も参照）．遺伝パラメーター自体が進化しうる形質であるし，選択と突然変異にも応答する（Lande, 1980; Cheverud, 1984, 1996; Wilkinson et al., 1990; Arnold, 1992; Stanton and Young, 1994; Jernigan et al., 1994; Shaw et al. 1995）．このため，現存集団について遺伝分散と共分散を計測することによって，洞察を得ることにも限度があることとなる．

二つ目の理由は，適応頂点が一つの場合，その近傍にいる集団は，遺伝的制約が非常に強くない限り，いつかは頂点に登ってくる．遺伝的制約が与える影響は，一時的なものに過ぎない（図 9.2 (a)；Lande, 1979; Via and Lande, 1985; Zeng, 1988）．しかしその一方で，複数の適応頂点が存在する場合（図 9.2 (b)）は，遺伝的制約の効果は残るであろう．実際，遺伝的制約は非常に強いことが多く，これは，形態学的特質のいくつかは遺伝分散が低いことによって示されている（図 9.3；Kirkpatrick and Lofsvold, 1992; Gomulkiewicz and Kirkpatrick, 1992）．したがって，長期的なバイアスという問題は，理論では決定できず，実証的研究が必要である．この節では，そういった実例のいくつかについて総説する．

9.3.1 g_{max} にそった形質分化

Lande（1979）の多変量選択理論によると，長期の形質分化について，少なくとも三つの予測を立てることができる．これらを可視化するために，

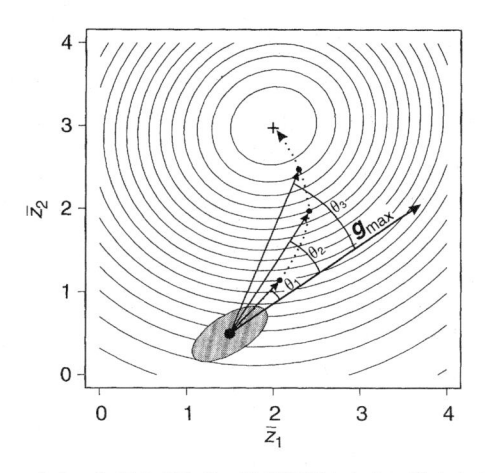

図 9.5 分岐が g_{max} の方向へと偏る傾向は，時間経過とともに減少する．等高線は，適応風景における平均適応度の上昇を示す（+ が最大点）．左下の楕円は，祖先集団における育種価の分布を示す．破線は，最初の集団から派生した二つ目の集団が示す進化の道筋を示す．g_{max} の方向へと偏る傾向については，分岐の途上にある 3 点での角度 θ として計測した．θ は，g_{max} と，祖先集団の平均値から派生集団の平均値へと結んだ線との間の角度である．偏向が減少して行く様子は，時間につれて θ が増加していくことで示される．Schluter（1996b）を改変．

g_{max} つまり最大相加遺伝分散の方向と，分化との関係について焦点を当てる．一番目の予測は，遺伝共分散が進化にバイアスをもたらすとすれば，分岐して間もない集団間ないしは種間の分化の方向は g_{max} に近いはずというものである（図 9.2）．バイアスのサイズは，g_{max} と分化の方向の間の角度 θ として計測されるが，最適地点の場所が分からない限り決定できない．しかし，選択の方向が g_{max} の方向に対してランダムであるとすれば，集団間や種間の分化は，初期には g_{max} の方向に沿って進むという傾向を示すだろう．もし適応点の位置が g_{max} に対してランダムでない場合には，この解釈がどのような影響を受けるかについては後述する．

二番目の予測は，進化の方向が偏向するのは一時的であり，時間の経過とともにバイアスが減少するということである（図 9.5）．遺伝共分散がたとえ一定であったとしても，θ 値は時間とともに増加するであろう．もし共分散も変化するなら，この θ の増加はさらに加速されるだろう．三番目の予測は，

g_{max} の方向からかなり違う方向へ選択がかかる場合，少なくとも初期においては，進行は遅くなるであろう．その理由は，g_{max} 以外の方向への遺伝分散は少なく，一定の方向選択に対する反応が低いと予測されるからである．これらの予測を検証するために，Schluter (1996b) は，いくつかの脊椎動物の形態形質について G の推定データを集めた．イトヨ沖合型，ガラパゴスの中型のガラパゴスフィンチ Geospiza fortis の 1 集団，ウタスズメ Melospiza melodia，シロエリヒタキ Ficedula albicollis，シロアシマウス属 Peromyscus 2 種である（詳しい文献については，Schluter 1996b を参照）．遺伝的にもっとも変異に富む方向 g_{max} を各々の「焦点 (focal)」種について推定し，焦点を当てる種と同属の他種との間での形質の分化の方向と比較した．各々の種について最低でも五つの形質が利用可能であったので，五つ以上の形質がある場合は，五形質のみにしぼって解析した．この比較は脊椎動物のみに限られているが，その理由は，形態形質と生態との関係がこれらでは知られている，ないしは推察されているからである．異なった尺度で計測された形質が比較可能となるように，形質は自然対数変換，および平均値に対する割合に変換した．すべての統計検定に際し，系統関係の修正は行った（詳細については Schluter 1996b を参照）．

　これらの形質と分類群に関する限り，進化は g_{max} の方向へバイアスがかかっており（図 9.6），第一の予測が確かめられた．グラフにおける θ は，焦点種の g_{max} と近縁種間の分化を示す方向との間の角度を示す．θ を種間の分岐年代でプロットした．分岐年代はアロザイムを用いて計算した．平均 θ は 0.61rad（18 度）で，これはランダム推定 1.18rad（68 度）よりも低い．しかしながら，個々の θ 値は様々で，ランダム予測に近かったり，超えたりする場合もあった（図 9.6）．

　小さな θ 値は，もっとも最近に分岐した種間でみられることから，バイアスが時間とともに減少していくことが示唆された．しかし，この傾向は有意ではなかった．もし，これが本当であるならば，種が少なくとも根井の遺伝的距離 0.3，鳥でいえばおよそ 400 万年（Zink, 1991）にわたって分岐しない限り，分化の方向のバイアスは続くこととなる．

　種間の分化速度は，θ と逆相関であり（図 9.7），第三の予測が確認された．

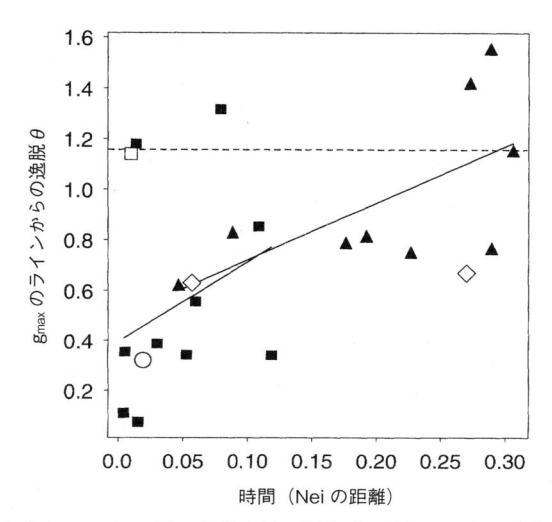

9 遺伝的最小抵抗経路に沿った分化

図9.6 進化の方向と g_{max} との間の角度 θ が,時間（X 軸）につれて変化する様子を,ランダム期待値（破線）と比較.各観察点は,ある特定の系統の焦点種を近縁種の一つと比較したものである.時間は,Nei のアロザイムの距離で示した.印は,異なる分類群を示す：トゲウオ（○），ガラパゴスフィンチ（■），ヒタキ（□），スズメ（▲），マウス（◇）.実線は,二つの大きな系統（ガラパゴスフィンチとスズメ）における最小二乗回帰である.Society for the Study of Evolution の許可を得て,Schluter（1996b）を改変.

進化の方向と g_{max} との方向がより離れているほど,進化の速度は遅い.この傾向は時間を経ても減ずることなく,この制約は 400 万年以上という相当な長期にわたって続くことを意味する.

Mitchell-Olds（1996）は,野外 10 集団を用いて,繁殖年齢と繁殖時のサイズという二つの生活史形質について似たような分析を行った.この二つの形質は,集団内と集団間の双方で,正の遺伝的共分散がある.集団間の分化は集団内での遺伝分散の最大の方向,つまり g_{max} の方向に近かった.

これらの結果を長期的な遺伝的制約の証拠とみるためには,自然選択の方向が最大遺伝分散の方向 g_{max} とはランダムである前提が必要である.そうでなければ,遺伝的制約ではなく,選択が分化の方向のバイアスの原因であるという別の解釈が可能となってしまう.この解釈では,分化の方向が g_{max} に近いのは,両方ともが選択されたことによるとされる.

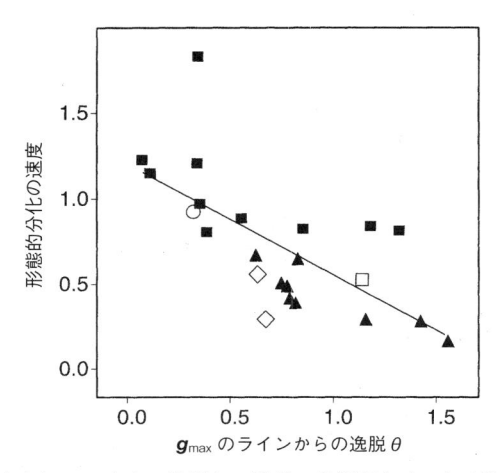

図 9.7 種間進化速度と g_{max} からの逸脱との関係. 各観察点は, ある特定の系統の焦点種を近縁種の一つと比較したもの. 印は, 異なる分類群を示す: トゲウオ (○), ガラパゴスフィンチ (■), ヒタキ (□), スズメ (▲), マウス (◇). 実線は, 非加重線形回帰を示す. 分岐の速度は, 形態の距離を時間に回帰した際の補正残差として計測した. Schluter (1996b とその引用文献) のデータに基づく.

自然選択が, 集団内の遺伝分散と遺伝共分散を変化させるのは, ほぼ間違いない (Cheverud, 1984, 1996; Wilkinson *et al.*, 1990; Arnold, 1992; Stanton and Younf, 1994; Jernigan *et al.*, 1994; Shaw *et al.*, 1995). 実際に, 理論上では, G と g_{max} に絶え間ない選択がかかることが, G と g_{max} が維持される原因の一つとされている (Lande, 1980). したがって, 選択が遺伝パラメーターも形作っている事実は, これらのパラメーターが平均値の進化にバイアスを与えているという見解と矛盾しない. 十分な時間がたつと g_{max} より離れていく観察結果は, 選択のみが唯一のバイアスの原因ではないことを示している. しかしながら, 選択が果たす正確な役割と, さまざまな分化段階での遺伝子の役割とを分けて理解するためには, 現在よりもっと多くの選択に関する情報が必要である.

9.3.2 ハムシにおける遺伝分散と寄主変更の方向

Futuyma *et al.* (1995) は, 同様の問題を考察した. ハムシ科の一属 *Ophraella* の寄主利用における遺伝分散が, 属内での寄主変更にバイアスを

表 9.1 本来でない寄主に実験的に移植されたハムシ *Ophraella* による葉の消費率における相加遺伝分散．各行は，現在の寄主植物が，近縁あるいは遠縁の種によって現在消費されているか否かを示す．各々の行における数字は，生存個体において遺伝分散があった実験例（＋）となかった実験例（－）の数，ハムシが死んでしまうか，ほんの少量の葉しか消費しなかったために遺伝分散が推定できなかった事例の数を示す．4 種のハムシについて，5 種の新規寄主に移植した実験に基づく．移植実験は，成虫と幼虫について分けて行われた実験（合計 39 の実験）を合計したものである．データは，Futuyma *et al.*（1995）による．

	生存したハムシにおける遺伝分散		生存無し
	＋	－	
近縁種	12	2	2
遠縁種	9	6	8

与えているかを調べた．ハムシ *Ophraella* に属する 12 種は，ふつう異なったキク科の寄主植物を利用する（たいていは一種の植物のみ）．幼虫も成虫も同じ植物の葉を消費する．ハムシ *Ophraella* とその寄主の系統樹は，ハムシが寄主を変えたことがかつて複数回あったことを示唆する．その大抵の寄主変更は，同じ様な葉の二次合成物をもつ近縁植物間で起こってきた（Futuyma *et al.* 1995）．

Futuyma *et al.* は，新しい寄主へ移住してすぐ直後の摂餌形質の遺伝分散の量の中に，ハムシ *Ophraella* における寄主変更の歴史が反映されているだろうという予測を検証した．新たな寄主に移住した際に，摂餌能の遺伝分散がもし仮にないとした場合，寄主変更は失敗に終わる公算が高い（というのも，たとえば，新たな寄主へ適応することに失敗して，絶滅の危機が高まるかもしれないから）．この仮説を検証するために，彼らは，幼虫と成虫を寄主植物間に移植し，葉の消費量を計測した．あらかじめ立てた予測は，近縁のハムシが利用している寄主に移植された（かつて実際に起こった移住を演じた）ハムシは，遠縁の種が利用している寄主に移植された（実際にはなかった移住を演じさせられた）ハムシよりも，消費の遺伝分散が大きいであろうというものである．

結果は，有意ではなかったものの，これらの予測と合致していた（表 9.1）．移植されたハムシは，39 回の実験中 29 回で生き残り，新しい餌を消費する

ようになった．これら生存したハムシについてのみ解析すると，近縁種に移植された 14 移植実験中 12 で遺伝分散が確認された一方（86％），遠縁種に移植された場合は少数においてのみ（15 例中 9 例：60％）遺伝分散が認められた（各々の移植が独立と前提して片側フィッシャー正確確率検定，$P = 0.11$）．

　遺伝だけでなく，選択も，寄主変更の経過に影響を与えたかもしれない．つまり，選択によって，ある変更が他の変更よりも好まれたのかもしれない．選択の役割を大まかに知るためには，移植されたハムシが生き残った実験（表 9.1 の最初の 2 列）と，ハムシが死んでしまった，つまり葉を食べることができなかった実験（表 9.1 の 3 列目）を比較すると良い．近縁種の寄主に移植された際の生存率（16 例中 14 例：88％）の方が，遠縁種の寄主に移植された際の生存率（23 例中 15 例：65％）よりも，有意ではないが高い（片側フィッシャー正確確率検定，$P = 0.08$）．

　上述のテストは選択と遺伝分散を別のものとして扱ったが，実際には両方がハムシ Ophraella における寄主変更に重要な役割を果たしたのかもしれない．近縁種の寄主に移植された 16 例中 12 例（75％）で遺伝分散が認められたが，残りの 4 例では，遺伝分散が認められなかったか，死んでしまったのである．逆に，遠縁種の寄主に移植された 23 例中たったの 9 例で（39％）遺伝分散があり，その他 14 例では遺伝分散が認められないか，死んでしまった（独立の前提のもと，片側フィッシャー正確確率検定，$P = 0.02$）．

9.3.3　遺伝的手法に依らない遺伝バイアスの証拠

　遺伝共分散が直接計測されていない場合，形質の共分散をみることで，分化における遺伝バイアスの検証とすることもあり得るかもしれない．脊椎動物の形態形質のデータによると，最大形質分散の方向 p_{max} は g_{max} と同じではないが，種間の分化の方向を予測するのにかなり成功した（Schluter, 1996b）．しかし，G と P （および p_{max} と g_{max}）の類似性は保証されておらず，大きく異なっている例も多い（Willis *et al.*, 1991）．例えば，イトヨでは，鰓耙数は，大抵の形質，とくに口幅や鰓耙長と遺伝共分散があるが，形質での相関は弱く，この形質は p_{max} には寄与しない．生活史形質に関する p_{max} と g_{max} は大抵異なると考えられている（Charlesworth, 1990; Houle, 1991）．

種内においてもっとも変異に富む形質は，種間でも変異に富むことがKluge and Kerfoot (1973) によって示された（しかし, Rohlf *et al.*, 1983 も参照）．形質の共分散が，その背景に潜む遺伝分散を反映するならば，これは遺伝バイアスとも合致することとなる．陸貝オオタワラガイのいくつかの集団では，成体の渦巻の数とサイズの間に負の共分散がある．この属における複数の集団間および種間の違いも，同じ方向を向いている（Gould, 1989b）．つまり，p_{max} と分化に相関がある．この例では，負の共分散は，オオタワラガイにおける貝殻の成長と渦の巻き方との幾何学の結果であり（Gould, 1989b），おそらく遺伝的に決まっている．

逆説的ではあるが，環境の共分散も，分化の遺伝バイアスを示すのに使われてきた．Cheverud (1982) は，形質間で遺伝と環境の相関がしばしば類似していることを観察し，遺伝と環境の双方の効果が，同じ発生の経路を経て得られることに原因があるとした．Alberch and Gale (1985) は，トラフサンショウウオ属の発生中の肢芽を分裂阻害剤で処理し，細胞分裂数，細胞数，ならびに指の数を減少させた．このような平行的変異を誘導した環境の変異は，現存するサンショウウオ属にみられる変異，特にどの指が欠失するかの点で非常に類似していた．遺伝を乱すことが変異に対しても似たような効果をもたらすと信じるならば，この結果は分化における遺伝バイアスの証拠となる．

Schluter (1996b) によって解析された脊椎動物の例では，集団内における環境分散の方向 e_{max}（これは，$E = P - G$ で得られる環境共分散行列 E から計算できる）は p_{max} と相関する．しかし，e_{max} は p_{max} に比して，劣った予測しかできていない．この理由は，E が差分で得られるがゆえに，P と G 双方の誤差を含むため，これらよりも測定誤差を多くもつことによる．

9.3.4　結語

遺伝的浮動によってのみ集団間の分化が起こる場合，集団間の分化は，集団内の遺伝共分散を反映することとなる．この節で総説した結果によると，自然選択が分化の原因である場合においても，集団内の遺伝パラメーターを計測することによって，大まかな予測ができることを示唆している．遺伝子

の効果は，方向のバイアスとして検出できる．もちろん，バイアスに関する予測は，選択と共分散から一世代に関する定量的予測をする場合ほどにはよくはない（図9.4）．しかしながら，これらは，適応放散における形質分化の方向と速度について，いくつかの洞察を与えてくれる．

その上に，遺伝バイアスは適度に長く続く．脊椎動物においては，速度に与える影響は時間を経ても減じない一方で，分化の方向は約400万年経つとg_{max}に関してランダムになってしまう．もちろん，もっと多くのサンプルを用いて確認することは必要である．もし，これが正しいとすれば，分化の方向の予測が不確かになる原因は，Gの変化では説明できない．なぜなら，大抵のGの変化は方向だけではなく，速度にも影響を与えるはずであるからだ．予測が不確かになる原因は，局所的な適応に達してしまうからかもしれない（図9.2 (a)）．一方で，一つの適応点に達するのに，400万年もかかるのかどうかはっきりしない．ひょっとすると，バイアスが長続きするのは，複数の局所的な適応点があるからかもしれない（図9.2 (b)）．

分化の方向と速度が，g_{max}によって予測可能であることが，遺伝によるバイアスによるものか，他の仮説によるものかを区別するには，さらなる検証が必要である．なぜなら，双方とも自然選択の影響の下にあるからである．バイアスが減少することは，遺伝の効果で説明できるものの，現在のデータから，どちらの可能性も除外することはできない．同様の環境勾配に沿って分化し，遺伝共分散が異なっている多数の分類群を研究することで，これらの仮説を区別できるかもしれない．

9.4 分岐選択の回顧

量的遺伝理論は，形質分化に関するもう一つの重要な（しかし議論の分れる）洞察を与えてくれる．すなわち，種が共通子孫から分岐した以降にかかった選択勾配の収支を，後から逆算することだ．下記のとおり計算は単純だが，大抵の量的遺伝学者は，その逆算結果はひいき目に見ても疑わしいと考えている．その理由は，要求される多くの前提が，長きにわたって成立するはず

がないし，前提が変わることによって結果が変わってしまうからである（Shaw et al., 1995）．

このような問題があり，とくに正確性には致命的な問題があるにも関わらず，探索の道具としては役に立つ．主な利点は，なぜ現存種間にみられる違いが，これらの違いをもたらした選択圧の歴史を反映していないことがあるのかを示すことができる点である．以上のことをふまえて，この利点について，以下に記してみよう．

9.4.1 選択の回顧推定

方程式 (9.3) を，単に並び替えることで計算できる．二つの集団，ないしは種 a と b を考えよう．これらは，共通祖先から分岐し，時間を経て分化したとする．もし，すべての世代にかかった分岐選択圧を足し合わせたとすると，現在の平均値の違いは次式で得られる．

$$\bar{z}_b - \bar{z}_a = G \sum_1^t (\boldsymbol{\beta}_{bi} - \boldsymbol{\beta}_{ai}). \tag{9.6}$$

方程式の左辺は，種 a と b の間の，現在，つまり分岐後 t 世代後の形質の平均値の違いを表す．$\sum_1^t (\boldsymbol{\beta}_{bi} - \boldsymbol{\beta}_{ai})$ は，以降 $\Delta \boldsymbol{\beta}$ と略するが，この期間にかかった選択勾配を加算したものである．これは，各世代に経験した選択圧の違いの合計である．この量は，方程式を変換することによって計算できる．

$$\Delta \boldsymbol{\beta} = G^{-1} \bar{z}_b - G^{-1} \bar{z}_a \tag{9.7}$$

（Lande, 1979）．このアプローチを応用した例は，Price et al. (1984b)，Schluter (1984) や Dudley (1996b) にみられる．

このアプローチには限界がある．式 (9.6) と (9.7) を実際の種に適用するには，これらが共通祖先から分岐した以降，G が不変であることを前提しなければならない．現存種の遺伝共分散を比較することによって，あるいは結果がどのような変異に対しても変わりがないかを検証することによって，

この前提を検証できる．分岐の際に，一時的に起こる G の変化を考慮しないことも前提とする（Shaw et al., 1995）．また，この方法は，選択下にある遺伝的に共分散する形質のすべてが，分析に含まれていることを前提とする．これは，多変量回帰の前提でもある（式 (9.7) は，多変量回帰の特殊な例に過ぎない）．これらを満たすのは非現実的であろう．大抵の選択実験は，測定のしやすさと，あらかじめ重要であると考えられている少数の形質についてのみ分析される．すべての形質を含めて分析しないと，$\Delta\beta$ の予測は間違ってしまうだろう（Mitchell-Olds and Shaw, 1987）．これらの前提，とくに後者の前提を満たさないと，結果が大きく違ってしまうがゆえに，結果については用心が必要である．また，この方法は，集団間の違いが完全に遺伝で決まることを前提としているが，これは共通飼育実験で検証できる．

9.4.2　フィンチの嘴に対する回顧選択

　上記の理由に関わらず，複数の形質の分化のパターンが分岐選択からどれだけ離れているかについて，大まかに知ることには役立つ．ガラパゴスの地上フィンチであるガラパゴスフィンチ属 Geospiza の嘴の例を考えてみよう（図 1.1）．種間の変異の多くは，嘴サイズの違いであり，長くて太い嘴をもつ種と，短くて細い嘴をもつ種に分けられる（図 1.1(a)）．大型のオオガラパゴスフィンチ G. magnirostris とスズメ位のサイズの近縁種コガラパゴスフィンチ G. fuligonosa が両極端にいて，近縁種ガラパゴスフィンチ G. fortis はこれらの中間に位置する．ガラパゴスフィンチ属 Geospiza は，嘴の形にも変異があるが，その変異は絶対値としてみると，嘴サイズの変異よりも大きくない（図 9.8(a) の短い矢印）．遺伝を無視してこのパターンをみると，サイズへの選択が，この属での主要な歴史的特徴であり，嘴の形への選択は弱いか，あるいは稀であったと推測できるかもしれない．

　しかし，嘴の長さと高さは，遺伝的に正に相関しており（Boag, 1983），現存する種の形質共分散を調べた結果によると，ガラパゴスフィンチ属 Geospiza の分化を通して，おそらくそうであった．これら2形質間の正の形質共分散は，すべての知られている集団にも当てはまる特徴である（たとえば，Schluter, 1984; Grant and Grant, 1994）．正の遺伝共分散についても，他

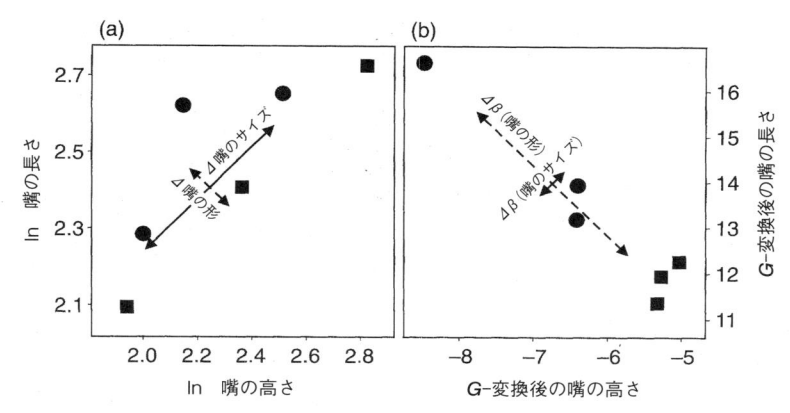

図 9.8 ガラパゴス地上フィンチの平均嘴長と高さ (a)，および，これら 2 形質間の遺伝分散と共分散を考慮に入れて変換した後のこれらの形質の平均値 (b) を示す．(b) における 2 点間の違いは，嘴の長さと高さに働き種間の違いを生み出す選択の合計量を示す．(a) における矢印は，種間に見られるもっとも大きな違いが，全体的な嘴サイズにあることを示しており，長くて高い嘴と短くて浅い嘴とに分けられることを示す．しかしながら，大抵の選択は，サイズではなく，嘴の形へはたらく：最大の選択勾配は，高さの割に長い嘴 ((b) における左上) と高さの割に短い嘴 ((b) における右下) との方向にはたらく．(b) における軸は，各々の種について，方程式 (9.7) を用いて，形質の平均値のベクトルに G^{-1} をかけることによって得た．黒丸は，もっとも近縁な 3 種コガラパゴスフィンチ，ガラパゴスフィンチ，オオガラパゴスフィンチからなる系統 (■) から，他のガラパゴスフィンチ属 (●) を区別するために用いた．遺伝分散と共分散は，あるガラパゴスフィンチの集団から得たものを用いた (Boag, 1983).

のガラパゴスフィンチ属 *Geospiza* の 2 集団で確かめられており，これらでは G も推定されている (Price *et al*., 1984b; Grant and Grant, 1989)．結果として，嘴の長さと高さを同じ方向へ変える（双方を増やす，ないしは，双方を減らす）ことは，一方だけ増やし，他方だけ減らすよりも，遺伝的に「簡単」である．

遡及的に選択を推定することは，現在認められる変異とこれらを引き起こすのに必要な選択との差を，定量するのに役立つ．これを図示するために，各々の種に関する形質の平均値のベクトル（嘴の平均高さと嘴の平均長）に遺伝共分散行列 G の逆行列をかけ，結果を図 9.8 (b) に示した．図 9.8 (a) とは違い，図 9.8 (b) における種間の差は，嘴高と嘴長の違いを生み出すのに必要な分岐選択圧を示す．

図 9.8 (b) が図 9.8 (a) と異なっている点は，選択という観点から見ると，

種間の大きな違いは嘴のサイズではなく，嘴の形で見られる点である．実測値ではもっとも離れていた（図 9.8 (a)）若い 3 種間での選択の値は低い．嘴高と嘴長に対する選択圧の推定は，明らかに大雑把である．単純化のために，他の形質は除いてあり，G が変化した可能性も考慮していない．しかしながら，ガラパゴスフィンチ属 *Geospiza* において，違いという点では嘴のサイズの違いが際立っているにもかかわらず，選択は多くの場合，嘴の形に対して働いてきたという結論は正しいだろう．三つ目の形質，嘴の幅を解析に加えても結論は変わらなかった．

オオガラパゴスフィンチ，コガラパゴスフィンチ，ガラパゴスフィンチ，これら分岐的に若い 3 種がもつ鈍い円錐形の嘴は，現存するガラパゴスフィンチ類の共通祖先がそうであったであろうと推定される祖先型（図 1.1）と比較すると，かなり変化したものである．分子系統樹が正しいとすると，三つの基本系統に見られるウグイスの様な形の嘴が，後の樹上フィンチや地上フィンチの出発点であった．嘴の長さと高さの間の正の遺伝共分散があったために，鈍い円錐形という新たな形の嘴が，ガラパゴスフィンチ属の多様化において，比較的後になるまで出てこなかった原因かもしれない．

9.4.3 結語

集団における遺伝分散と共分散のパターンの結果，形質分化のバイアスが生み出され，g_{max} 以外の方向への選択が遅いのであるならば，G は選択に関する何らかの情報を含んでいるはずであるし，解析されるべきである．例えば，g_{max} への方向へ確固とバイアスがかかるということは，適応進化における分化が選択によって好まれる方向からふつうは，ずれていることを示す（図 9.2）．これは，もちろん粗くではあるが，遡及的に選択をみることでわかる．このずれこそが，フィンチの嘴研究で明示された，もっとも強固な結果であろう（図 9.8）．もっと正確いえば，ガラパゴスフィンチ類の多様化において嘴のサイズと形でどちらが重要かについて，実測値をみると騙されるということである．嘴のサイズがもっとも変異に富む形質ではあるのだが，ガラパゴスフィンチ属でみられる嘴の多様性を生み出すためには，サイズよりも形に対して，多くの選択がかかる必要がある．

遡及的な分析を行うと，実際にみられる種間の違いからずれた選択圧についていろいろと考えさせられる．形質の変異がないことは，方向性選択がかかっていないことを意味するというものでもない．逆に，ある形質が異なっているからといって方向性選択がかかっている訳ではない．このようにして，我々は，選択の歴史について，いくらかの一般的特徴を得ることができるかもしれないし，適応放散についてのよりよい理解につながっていくのかもしれない．

9.5　考　察

　形質進化の量的遺伝理論は，集団内の変異を，集団間や種間の平均値の変異へと外挿的に推定する．上述の結果は，このような外挿が，しばしば正当であり，適応放散の過程で起きる形質の多様化を理解する助けとなることを示唆する．形質分化の起こる方向は，少なくとも初期においては，遺伝的「最小抵抗経路」に向かって偏向される．進化の方向が，この最小抵抗経路からずれていればいるほど，進行は遅くなる．これらの結果と，種を分岐する選択圧の逆算の結果とを合わせて考えると，適応放散における分化の進行方向は，少なくとも初期には，自然選択がもっとも選好する方向ではないこととなる．むしろ，最小抵抗の方へと逸れている．進化が進むと，遂には適応地点に達してしまうためか，このバイアスは無視できるものとなる．

　これらの結論は，量的遺伝理論が当初に見込んだことを，部分的に満たしている．長期将来の進化の予測を正確にすることは無理だが，遺伝の「足跡」を認めることはできるし，これを考慮することによって，分化の経路がよりよく予測できる．しかし，この予測の基となっている遺伝パターンの起源と維持について，理解されたと言っているのではない．g_{max}の遺伝的基盤は不明である．いつの日か，g_{max}の変異を決定するもっとも重要な遺伝子が同定されて，その作用に関する一般法則が見つけ出されるかもしれない．そのような法則は，予測がもっと精度が上がるならば特に，この適応放散の生態学説の改訂版に組み込まれるべきである．

この章では，環境を探索するのに利用される形質について，いくつかの方法が適用された．これらは，生殖隔離に関わる形質に対しても同様に使える．種分化が副産物で起こるというモデルの一つでは（第8章），生殖隔離そのものには選択がかからず，遺伝的に相関のある形質へかかる分岐自然選択の結果として，生殖隔離が生み出されるというものである（Rice and Hostert, 1993）．この場合，種分化そのものも，「起こらなかった道筋よりも厳密な意味で遺伝的に起こりやすい」（Futuyma et al., 1995）道筋を通って起こることとなる．しかし，集団内の遺伝分散を計測することによって，形質分化のときと同じように，そのプロセスを予測できるのかどうかについては不明である．本章で紹介したのと同様の研究が，生殖隔離についてなされたという例を今の私は知らない．にもかかわらず，例えば，交配の頻度と生活上の周期的行動との間の共分散などは，しばしば遺伝共分散を用いて説明される（例として，Etges, 1998; Miyatake and Shimizu, 1999）．また，隔離集団における不和合対立遺伝子の蓄積など，他のメカニズムで生殖隔離が進化する場合には，このアプローチは成功しないであろう．なぜなら，集団間の雑種崩壊を招く対立遺伝子が，集団内で共存していることはないだろうからである（たとえば，Orr, 1995を参照）．集団内に存続する遺伝分散を検討することによって，集団がどのように分岐していくかを予測することはできない．強化によって，進化する交配前隔離についても同様である．生殖隔離に関する遺伝学的ならびに生態学的メカニズムの研究ははじまったばかりであり，野外集団において生殖隔離の遺伝分散が，どの程度存在するのかについては，その多くが未知である．

10

適応放散の生態学

> 適応放散において，…進化の過程や要因は，すべて互いにもつれ合っている．その全過程を単純化することはできない．しかし，それぞれの部分は解析することができる．その驚くべき複雑な過程のすべてを理解することは出来ていないが，われわれは既にいくつかの部分について理解している．われわれは，もっと理解できるようになるはずであると，自らの力を信じてよい．　　—シンプソン（Simpson, 1953）

10.1　結　語

　適応放散の生態学的原因は何であろうか．いくつもの考えを統合して，「生態学説」が生まれた．この理論によると，適応放散における表現型分化と急速種分化は，究極的には，環境の違いと資源競争とに由来する分岐自然選択の結果である．この最終章では，適応放散の生態学に関して知り得たことを要約し，前章までに提示された証拠の下に，この理論を評価する．未解明の大きな問いや，それゆえに今後なされるべき研究についても総説しよう．

▍10.2 適応放散の一般的特徴

　時間軸に沿った表現型や資源の変化を正確に推定することによって，典型的な適応放散の過程で起こる事象について知ることができる．十分に記載された事例は，まだ満足できる数に達してはいないが，よく把握された事例から得られたことと，誕生して若い種を用いた生態学的研究の全般を合わせることによって，とりあえずの全体像を得ることができる．

　表現型，環境利用，個体のパフォーマンス，これらが互いに関連して起こる分岐を定量的に検証することが，もっとも広範かつ詳細に行われてきた．急速種分化の定量的検証も，同様に多くなされるようになってきた．種の多様性が，生態や表現型の分化にともなって爆発的に生じるということが，多くの系統で明らかとなり，これらの出来事に注目するのは理にかなっている．しかし，「急速種分化」が実際に何を表しているのか，またどうやって解明するのがよいのかについては，曖昧な点が多い．適応放散における種分化速度の上昇は，生殖隔離がより急速に進化することによるのか，あるいは，より多くの集団が種と呼べる状態にいたるまでの十分な期間にわたって絶滅を逃れることができるからなのか，いずれかの理由による．これら二つのメカニズムのどちらが，より重要であるのかについては不明である．種分化率の変化と絶滅率の変化を，区別することも重要な課題である．

　新しい環境へ連続的に分布拡散することは，適応放散のすべてにみられるもっとも一般的な特徴である．集団間あるいは種間における分化のパターンは，量的遺伝の共分散から部分的には予測できる．集団間や種間での分化の初期段階は，集団内の遺伝分散が最大方向に沿って起こる傾向にあるが，この傾向は，時間とともに減少する．遺伝的制約がおそらくこの原因であるが，代替仮説，たとえば同じ選択圧下にあることによって，分化の道筋と遺伝的分散の方向が，単に似ているだけであるという仮説とを区別するためには，何らかの検証が必要である．

　新しい環境へ拡張した際に，異なる系統であっても，同じような環境下では同じような分化が繰り返しみられることは多く知られており，この傾向は，

祖先種が近縁であるときほど特に顕著である．適応放散において，平行進化が広く見られることは明らかである．ある島や湖において新しい表現型が出現する順序は，他の島や湖におけるものと非常に似ており，同じようなことが繰り返しみられる．生態学的要件（餌サイズ，生息地，送粉者）に沿って分化の起こる順序もまた，大きな分類群に属する異なる系統間で繰り返されるのかもしれない．これらによって明らかとなったのは，ある適応放散が他のものと大筋では似ているということである．遠縁の系統どうしでは，ニッチ進化のパターンにおいて，類似点はあまりみつけられない．適応放散の祖先種が，ジェネラリスト種であるという仮説を支持する証拠は少ない．同様に，少なくとも低次の分類群の適応放散において，子孫種が特殊化していくという強い証拠もみつからなかった．

　集団間や種間での分化速度は，その初期に一時的に上昇し，その後，必ずしも維持されるわけではない．しかしながら，表現型分化は，その後も数百万年に渡って，ある程度の速度で進行するというのが，適応放散でみられる多くの表現型変異の特徴である．表現型分化は種の多様性が減少し，適応放散が終結を迎えつつあるときでさえも，引き続き進行する．この段階においても，新しいニッチへの移入が同じ速度で起こるのか，また，さまざまなニッチで初期に獲得された有益な新しい形質が，蓄積していくだけであるのかは不明である．適応放散の終結期に起こる事象については，初期に起こる事象ほどにはよくわかっていない．

　これら，適応放散の特徴は，あくまでもまだ大まかなものであり，いっそう詳細な研究が必要である．さらに多くの系統について研究することで，本書で紹介した動向がその一般性を失い，逆に，ここで重く位置付けなかった動向がもっと重要視されるようになるかもしれない．地理的分布のサイズ，種分化と絶滅の相対的速度，表現型分化の上昇や種分化の正確なタイミングなどといった他の特徴については，まだ十分に理解されていない．適応放散においてみられる他の特徴（穀食性のフィンチからムシクイフィンチが生まれ，そこからまた穀食性のフィンチが進化するというようなこと）は，もっと系統特異的である．これらは，適応放散のもつ「その驚くべき複雑さ」（Simpson, 1953）の例であるが，いつか明瞭に説明できるようになる日が来るだろう．

10.3 生態学説の運命

　生態学説の正当性に対する検証は完全には終わっていないが，多くの進展がみられた．前章までに記したが，以下に示すような重要な拡張が必要であることを除き，この理論は多くの検証に耐えてきた．理論のいくつかの部分に関しては，十分確証を得たとみなしてよいが，他の部分に関してはまだまだ新たな証拠が必要であろう．

10.3.1　分岐自然選択と環境

　この理論の中で，もっとも確かとなった点は，環境や資源の特性が複数の適応頂点を作り出し，それによって表現型の分化が起こるという考えであろう．異なる環境を利用するように，表現型が分化したいくつかの種は，選択を直接的に計測したり，資源利用率の計測から適応地形を推定したりすることで，選択によって分岐したという考えが支持された．適応頂点の存在についてのさらなる証拠は，集団の違いを中立的な期待値と比較することによって（おもに Q_{ST} 法），あるいは相互移植実験など間接的な方法によっても得られた．適応頂点や谷を生み出す原因となる環境因子についても，様々なことが明らかになってきた．しかし，多くの証拠はまだ予測や実験ではなく，恣意的な相関から得られたものが多い．適応地形，つまり環境特性によって決定される丘や谷を多くもつ多次元的な地表面を描くことは，適応放散における表現型の進化を生み出す力を明らかにするために，いまだに強力で効果的な手法であり続けている．

　適応の谷の存在を示唆する大抵の研究は，分岐選択と進化を直接的に計測したものではあるが，適応地形の全体像については限られた情報しか与えてくれない．しかし，適応放散によって生み出された表現型のすべてを網羅するためには，もっと広い地形を記載する必要がある．このためには，適応地形を推定する種々の手法を組み合わせることが有効である．例えば，資源の分布のみに基づいて適応地形をまず推定し，次いで，異なる適応点を占有していると考えられる集団について，自然選択を直接計測することによって，

資源分布に基づいて推定した適応地形が正しいかどうかを検証できる．この方法の優れている点は，分岐を引き起こす環境特性が正しく同定されたのかについて，強力な検証も兼ねているという点である．

単に突然変異と浮動によって起こった分岐は，完全に除外できる．適応の峰に沿った浮動という考えは，分岐自然選択に対するもっとも有用な代替仮説であるが，十分に広く支持されていない．しかしながら，多くの研究では，その代替仮説の可能性は明瞭に除外できていない．なぜなら，多くの検証は，選択と適応を広い意味で検証することを目的としたものであり，分岐選択を特別に検証したものではないからである．これらの概念区分を念頭に置くようにすれば，分岐自然選択の直接証明や，適応地形の計測がもっと頻繁になされるようになると期待される．

集団が，どのようにしてある頂点から別の頂点へと移動するのかについては，推測の域を出ていない．適応地形の地形学は，資源供給が様々であるがゆえに，空間的・時間的に，異なっているという証拠もいくつかある．これは，自然選択圧が変化することによって，適応頂点の急速なシフトが起こるメカニズムも説明してくれる．適応頂点間のシフトにおける遺伝的浮動の役割は十分にわかってはいないが，理論によるとその役割はあまり大きくなさそうである．

10.3.2　競争，生態学的機会，分岐

分岐自然選択についてのさらなる証拠は，近縁種間にみられる生態学的な形質置換の事例を挙げることによって得ることができる．生態学的な形質置換における分岐の原因は，外部環境の違いではなく，種間の相互作用である．形質置換に関する理解は，50年前に比べてはるかに進んだ．形質置換であるとみなすことのできる例数が増えただけでなく，個々の事例に関する証拠もより強固なものとなってきた．資源をめぐる競争が，適応放散にとって重要な過程であることは疑いようが無い．

しかしながら，形質置換についてのデータにもいろいろ問題があり，適応放散における種間相互作用の役割に関する問いに対して，十分な答えを与えてくれない．その一つの理由は，データが形質置換を支持する結果が得られ

た事例だけに偏っているからである．事例リストがこれほどの数にも上るということは，資源をめぐる競争によって分岐が起こるのは一般的であることを示してはいるのだが，どれほど普遍的な特徴であるのかについては教えてくれない．また，リスト自体，自然界の分類群を正しく反映したものでなく，肉食動物に偏っている．だからといって，草食動物，デトリタス食動物＊や植物の種間表現型分化は，肉食動物におけるものよりも資源競争の影響を受けにくいと仮定することはできないが，もし本当に分類群間で競争の効果が異なっているとすると，その原因は何であろうか．種があまり強く競争しないときには，競争によって分岐が起こりやすいわけではないのかもしれないし，強い競争の起こっている場合でも，何らかの条件があると分岐が起こらないのかもしれない．また一方で，低次の栄養レベルでは，単に形質置換を検出することが難しいだけなのかもしれない．

　競争に比して，近縁種間での直接干渉，種間捕食，見かけ上の競争などの種間相互作用が分化の促進にとって，重要かどうかについてははっきりしていない．競争以外の種間相互作用によって起こる表現型分化についての理論は，十分な発展がみられておらず，その実例を自然界に求める試みも十全には行われていない．文献に記載されている形質置換の多くの例では，資源競争が，その原因であるということが確認されておらず，また，それら代替仮説の一つかそれ以上の成果によるのかもしれない．

　生態学説によると生態学的機会，つまり未開拓の多くの資源が存在するということは，適応放散の前提条件である．遠隔の群島に移住したり，大量絶滅を生き延びたり，進化的革新（「鍵革新」）を獲得したりする三つの可能性によって，生態学的機会は得られるのかもしれない．それによって，これまで十分に利用されていなかった資源が利用できるようになる．本書では，これらの一つ目の可能性と三つ目の可能性（鍵革新）について注目してきた．

　表現型分化と種分化が，生態学的機会に依存しているかどうかの検証結果は，概ね理論と合致していた．表現型の多様性は，大陸よりもハワイやガラパゴスといった群島の方が高かったが，このパターンはこれら少数の例でし

訳注＊：ミミズ，ダンゴムシなどの土壌性動物やナマコ，二枚貝など水生底生動物に多い．

か確認されていない．異なる分類群に属する種間でも形質置換が見られるということはすなわち，ある系統における分岐は，同じ環境に属する他系統の種の存在によって制約を受けるという考えと合致する．遠隔の群島や新しく形成された湖など，種数の乏しい環境における種分化速度は高い傾向がある．しかし，このパターンは普遍的ではなく，種が豊富な大陸でも種分化率の高いこともある．残念ながら，生態学的機会を同定し定量することが難しいため，間接的な数量（例えば，種数が少ないなど）に依拠せざるを得ない．生態学的機会が多い条件で種分化速度が高い場合に，生殖隔離の進化自体も速いのかどうかについてはわかっていない．

　種分化を促進，ないしは絶滅率を減少させる鍵革新の候補を発見することについては，大きな進展が見られた．最良の例は，哺乳類における大臼歯の部分（hypocone：大臼歯にある咬頭），被子植物の花にある蜜距 nectar spur，植物の樹脂道（resin canal），昆虫の植食性（phytophagy）への移行に関わる形質などが含まれる．種分化速度の上昇と鍵形質の有無との間の相関について，統計的に検証するためには，同じ革新が膨大な数の系統において独立して獲得されていることが必要であり，そのことを考慮すると，これらの知見の信頼度がわかるであろう．過去50年の間に提唱された大抵の鍵革新は，このような独立した複数の例が欠けている．残念ながら，鍵革新についての検証は，種分化率を計測したもののみに留まっているが，生態学説は，鍵革新と適応放散の間のつながりを予測しており，種分化はその一部分にしか過ぎない．したがって，表現型分化への効果を定量することも，次に進むべき重要なステップである．

　新しい形質の獲得にともなって種分化率が上昇することの理由が，生態学的機会の増加に依るのであり，他のメカニズムに依るものではないことを主張するためには，もっと強い証拠が必要である．現存種の野外あるいは実験室内での研究が，答えを与えてくれるであろう．生態学的機会そのものについても，よりよく理解される必要がある．生態学説は，競争からの解放を強調するが，少なくとも候補鍵革新の一つ（樹脂道）については，競争からの解放ではなく，天敵への脆弱性を減少させることが鍵であるようだ．もし，これが正しいのであれば，生態学的機会の概念は，さまざまな相互作用を含

めたものへと拡張される必要がある．捕食や他の相互作用の生態学的機会への寄与性はよく分かっておらず，ほとんど未検証である．

10.3.3 生態学的種分化

ダーウィンの著作『自然選択の作用による種の起原』(1859) が世に出て以降 140 年以上に渡り，自然界には分岐自然選択の作用によって生まれた種が，存在する証拠が多く蓄積されてきた．生態学的種分化の仮説によると，適応放散において急速種分化を引き起こす分岐自然選択の原因は，表現型分化を引き起こすものと同一である．

野外での種分化において，分岐自然選択が果たす役割は着実に把握されつつある．もっとも強力な検証は，環境が原因となって交雑個体の適応度が低下すること，同類交配の程度が表現型分化や環境の違いの程度と相関があること，似た環境下で独立的に交配前隔離が平行進化したことを示すものである．変更されない交配後隔離（たとえば，雑種不妊や雑種致死）を創出する環境の役割はよく分かっていないが，急速種分化が生じる事例では，その隔離は種分化の比較的後半に進化してくるのかもしれない．生殖隔離は，分岐自然選択の付随的な副産物として進化するのみならず，同所域において，強化や他の相互作用によって完成されるという証拠もある．同所的種分化の最良の例もみつかっており，生態学的な役割も（証明されていないまでも）示唆されている．似たような過程は，他の事例でもはたらいているであろうことは明白である．

適応放散で生み出される種は，生態学的種分化でほとんどが誕生するのか，他の過程で誕生するのかについて語るには時期尚早である．非生態学的な種分化の多くも，実現可能である．例えば，倍数化による種分化や，似た環境に生息する集団間で異なった有利遺伝子が蓄積されることなどが，これに含まれる．倍数化による種分化が，適応放散において一般的であるという証拠は，植物においてすら少ない．異なる有利遺伝子の蓄積によって生殖隔離が確立される証拠は，雄雌間での「チェイスアウェイ」軍拡競争という特殊な例において知られている．適応放散の急速種分化に貢献できるほど急速な生殖隔離の進化が，非生態学的メカニズムによって可能であるのかどうかにつ

いては不明である.

多くの野外集団で性選択が観察されており，適応放散の種分化に与える影響は計り知れないかもしれない．間接的な比較によると，種分化率と二次性徴の進化には相関があり，適応放散との関わりも示唆される．野外において，交雑個体の交配成功率が低いことが知られており，これは分岐性選択の直接的な証拠である．生態学の観点からもっとも重要なことは，配偶選好性の分岐のメカニズムである（つまり，環境に由来するのか，他の要素に由来するのか）が，あまり進展はみられていない．交配前隔離が，雄雌間のチェイスアウェイ軍拡競争の副産物として，進化するかもしれないという証拠は示されつつある．この過程の速度は定量化されておらず，生態学的メカニズムよりも速く生殖隔離を引き起こすのかについては不明である.

種分化のメカニズムは，適応放散における表現型多様化への意味づけも与えてくれる．種分化と表現型進化への二つの極端な見方を検討することによって，何が議論となっているのかが明らかになる．その一つは，適応放散における表現型多様化は，おもに生態学的機会によって制限を受けているとする見方である．その機会が多ければ多いほど，分岐自然選択によって，環境利用に影響を与える表現型の分化，さらには種分化が起こる．反対の見方は，種分化は環境の違い，あるいは生態学的機会とは無関係のメカニズムで引き起こされるというものである．つまり，生態学的機会は単に，非生態学的種分化によって生み出された多くの種の存続を可能にするだけという考えもある．表現型分化は，この過程にともなって起こるかもしれないし，種間競争や他の相互作用に対する応答として二次的接触の後に起こるのかもしれない．この後者の見方は，適応放散の生態学説とは対極にある.

残念ながら，野外集団から得られた証拠では，これらの考えを区別することはできない．いくつかの系統において得られた生態学的種分化の証拠は，最初の見方を支持するが，非生態学的種分化の可能性も否定は出来ない．適応放散が，両方の過程で起こることは十分に可能である.

10.3.4 これからの50年

適応放散の生態学説は，部分的に進展を必要としているが，その重要性に

ついてはいまだ否定るものではない．総じて，これまで提唱されてきた進化論の中では，もっとも成功したものの一つである．この50年間で，分岐自然選択，競争による相互作用，生態学的種分化について，多くのことが把握されてきた．一方，適応頂点のシフトを引き起こす要因，鍵革新のメカニズム，種分化の役割については，その多くがわかっていない．この50年間で，理論的に加えられたもっとも重要な展開は，競争以外の相互作用も表現型分化を促進するということ，性選択が種分化の重要な過程であるということ，量的遺伝を組み込むことによって，分岐の道筋の偏りを予測できるかもしれないということなどである．このように，まだ多くのことが不明なままである．この生態学説で拡張していくべき項目の検証に加え，適応地形の地形学的把握，分岐自然選択のメカニズム，鍵革新や種分化について，さらに理解する必要がある．

　これからの50年間で，急速種分化の概念，あるいは表現型と環境利用の間で相関して起こる分岐などについて，もっと詳しく知ることができるようになろう．それによって自然界での適応放散を，より完璧に近い形で記載できるようになる．同様に，進化における適応放散の役割やその程度についても，より十全に確定されていくだろう．適応放散の特徴と，その原因のいくつかについての明確な概念をもつに至ったが，この過程が地球上の多様性のどれくらいの部分を説明できるのかは，もっと精査することが必要であろう．適応放散は頻繁にみられるものに違いないが，すべての地球上の分類群において，表現型の多様性がこのメカニズムによって生起したといえるのだろうか．

　今後の50年間は，適応と生殖隔離の遺伝的基盤を明らかにする研究に大きな進展がみられるであろう．これは，適応放散における表現型分化と種分化の遺伝について，我々の理解を大きく深めることになるであろう．例えば，以下の問いは，すぐに明らかとなろう．種間の違いは，小さな作用をもつ多くの遺伝子によるのか，あるいは大きな作用をもつ少数の遺伝子によるのか？

　適応放散のうちどれくらいの程度が，現存する遺伝分散の選別によるのか，新しい突然変異の導入によるのか．複数の分類群での平行進化（平行種分化を含む）が，同一の遺伝子によるのか？　集団内の遺伝分散における最大方

向 g_{max} の遺伝的基盤は何か？　これらの問いを明らかにする作業によって，遺伝学が生態学説の中へ統合されていくこととなるであろう．

　現在にいたるまで，生態学説は，適応放散の研究にとって有益な指針であり得てきた．その正確さについて検証してみると，理論の形成時にはどの仮定についても，十分な証拠がなかったということもわかった．しかし，この理論は，我々が，地球上における生態学的多様性の多くを生み出した，種分化や分化といった劇的な出来事を探索する際に，最初の出発点となり続けるであろうことは間違いない．

参考文献

Abbott, I., Abbott, L. K., and Grant, P. R. 1977. Comparative ecology of Gahipagos ground finches (*Geospiza* Gould): evaluation ofthe importance offloristic diversity and interspecific competition. *Ecological Monographs*, **47**, 151-84.

Abouheif, E. 1999. A method for testing the assumption of phylogenetic independence in comparative data. *Evolutionary Ecology Research*, **1**, 895-1020.

Abrams, P. A. 1986. Character displacement and niche shift analysed using consumer-resource models of competition. *Theoretical Population Biology*, **29**, 107-60.

Abrams, P. A. 1987. Alternative models of character displacement: 1. Displacement when there is competition for nutritionally essential resources. *American Naturalist*, **130**, 271-82.

Abrams, P. A. 1989. The importance of intraspecific frequency-dependent selection in modelling competitive coevolution. *Evolutionary Ecology*, **3**, 215-20.

Abrams, P. A. 1990. Mixed responses to resource densities and their implications for character displacement. *Evolutionary Ecology*, **4**, 93-102.

Abrams, P. A. 1996. Evolution and the consequences of species introductions and deletions. *Ecology*, **77**, 1321-8.

Abrams, P. A. 2000. Character shifts of prey species that share predators. *American Naturalist*, **156** (*Supplement*), in press.

Abrams, P. A. and Matsuda, H. 1996. Positive indirect effects between prey species that share predators. *Ecology*, **77**, 610-16.

Abramsky, Z., Rosenzweig, M. L., Pishow, B., Brown, J. S., Kotler, B., and Mitchell, W. A. 1990. Habitat selection: an experimental field test with two gerbil species. *Ecology*, **71**, 2358-69.

Adams, D. C. and Rohlf, F. J. 2000. Ecological character displacement in *Plethodon:* biomechanical differences found from a geometric morphometric analysis. *Proceedings of the National Academy of Sciences, USA*, **97**, 4106-11.

Aguade, M., Miyashita, N., and Langley, C. H. 1992. Polymorphism and divergence of the mst 355 male accessory gland gene region. *Genetics*, **132**, 755-70.

Alatalo, R. V., Gustafsson, L., and Lundberg, A. 1986. lnterspecific competition and niche changes in tits (*Parus* spp.); evaluation of nonexperimental data. *American Naturalist*, **127**, 819-34.

Alatalo, R. V., Gustafsson, L. 1988. Genetic component of morphological differentiation in coal tits under competitive release. *Evolution*, **42**, 200-3.

Alatalo, R. V., Gustafsson, L., and Lundberg, A. 1990. Phenotypic selection on heritable size traits: environmental variance and genetic response. *American Naturalist*, **135**, 464-71.

Alatalo, R. V., Gustafsson, L., and Lundberg, A. 1994. Male coloration and species recognition in sympatric flycatchers. *Proceedings of the Royal Society of London B*,

Biological Sciences, **256**, 113-18.

Alberch, P. and Gale, E. A. 1985. A developmental analysis of an evolutionary trend: digital reduction in amphibians. *Evolution*, **39**, 8-23.

Albertson, R. C., Markert, J. A., Danley, P. D., and Kocher, T. D. 1999. Phylogeny of a rapidly evolving clade: The cichlid fishes of Lake Malawi, East Africa. *Proceedings of the National Academy of Sciences, USA*, **96**, 5107-10.

Allmon, W. D. 1992. A causal analysis of stages in allopatric speciation. *Oxford Surveys in Evolutionary Biology*, **8**, 219-57.

Amadon, D. 1950. The Hawaiian honeycreepers (Aves, Drepaniidae). *Bulletin of the American Museum of Natural History*, **95**, 157-268.

Angerbjörn, A. 1986. Gigantism in island populations of wood mice (*Apodemus*) in Europe. *Oikos*, **47**, 47-56.

Antonovics, J. and Primack, R. B. 1982. Experimental ecological genetics in *Plantago*. VI. The demography of seedling transplants of *Planceolata*. *Journal of Ecology*, **70**, 55-75.

Armbruster, W. S. 1988. Multilevel comparative analysis of the morphology, function, and evolution of *Dalechampia* blossoms. *Ecology*, **69**, 1746-61.

Armbruster, W. S. 1990. Estimating and testing the shapes of adaptive surfaces: the morphology and pollination of *Dalechampia* blossoms. *American Naturalist*, **135**, 14-31.

Armbruster, W. S. 1993. Evolution of plant pollination systems: hypotheses and tests with the neotropical vine *Dalechampia*. *Evolution*, **47**, 1480-505.

Armbruster, W. S., Edwards, M. E., and Debevec, E. M. 1994. Floral character displacement generates assemblage structure of Western Australian triggerplants (*Stylidium*). *Ecology*, **75**, 315-29.

Armbruster, W. S. and Baldwin, B. G. 1998. Switch from specialized to generalized pollination. *Nature (London)*, **394**, 632.

Arnold, S. J. 1983. Morphology, performance and fitness. *American Zoologist*, **23**, 347-61.

Arnold, S. J. 1992. Constraints on phenotypic evolution. *American Naturalist*, **140** (*Supplement*), S85-S107.

Arnqvist, G. 1998. Comparative evidence for the evolution of genitalia by sexual selection. *Nature (London)*, **393**, 784-8.

Arthur, W. 1982. The evolutionary consequences of interspecific competition. *Advances in Ecological Research*, **12**, 127-87.

Askew, R. R. 1961. On the biology of the inhabitants of oak galls of Cynipidae (Hymenoptera) in Britain. *Transactions of the Society for British Entomology*, **14**, 237-68.

Asquith, A. 1995. Evolution of *Sarona* (Heteroptera, Miridae). In *Hawaiian biogeography* (ed. W. W. Wagner and V. A. Funk), pp. 90-120. Smithsonian Institution Press, Washington D.C.

Avise, J. C. and Walker, D. 1998. Pleistocene phylogeographic effects on avian populations and the speciation process. *Proceedings of the Royal Society of London B, Biological Sciences*, **265**, 457-63.

Ayala, F. 1975. Genetic differentiation during the speciation process. *Evolutionary*

Biology, **8**, 1-75.

Ayala, F., Tracey, M., Hedgecock, D., and Richmond, R. C. 1974. Genetic differentiation during the speciation process in *Drosophila. Evolution,* **28**, 576-92.

Baker, R. and DeSalle, R. 1997. Multiple sources of character information and the phylogeny of Hawaiian drosophilids. *Systematic Biology,* **46**, 654-73.

Baldwin, B. C. 1997. Adaptive radiation of the Hawaiian silversword alliance: congruence and conflict of phylogenetic evidence from molecular and non-molecular investigations. In *Molecular evolution and adaptive radiation* (ed. T. J. Givnish and K. J. Sytsma), pp. 104-28. Cambridge University Press, Cambridge.

Baldwin, B. G. and Robichaux, R. H. 1995. Historical biogeography and ecology of the Hawaian Silvers word Alliance (Asteraceae). In *Hawaiian biogeography* (ed. W. W. Wagner and V. A. Funk), pp. 259-87. Smithsonian Institution Press, Washington D.C.

Baldwin, B. G. and Sanderson, M. J. 1998. Age and rate of diversification of the Hawaiian silversword alliance (Compositae). *Proceedings of the National Academy of Sciences, USA,* **95**, 9402-6.

Bambach, R. K. 1977. Species richness in marine benthic habitats through the Phanerozoic. *Paleobiology,* **3**, 152-67.

Barker, A. M. and Maczka, C. J. M. 1996. The relationship between host selection and subsequent larval performance in three free-living graminivorous sawfiies. *Ecological Entomology,* **21**, 317-27.

Barraclough, T. G., Harvey P. H., and Nee, S. 1995. Sexual selection and taxonomic diversity in passerine birds. *Proceedings of the Royal Society of London B, Biological Sciences,* **259**, 211-15.

Barrett, S. C. H. and Graham, S. W. 1997. Adaptive radiation in the aquatic plant family Pontederiaceae: insights from phylogenetic analysis. In *Molecular evolution and adaptive radiation* (ed. T. J. Givnish and K. J. Sytsma), pp. 225-58. Cambridge University Press, Cambridge.

Barton, N. H. 1989. Founder effect speciation. In *Speciation and its consequences* (ed. D. Otte and J. A. Endler), pp. 229-56. Sinauer, Sunderland, Mass.

Barton, N. H. 1998. Natural selection and random genetic drift as causes of evolution on islands. In *Evolution on islands* (ed. P. R. Grant), pp. 102-23. Oxford University Press, Oxford.

Barton, N. H. and Rouhani, S. 1987. The frequency of shifts between alternative equilibria. *Journal of Theoretical Biology,* **125**, 397-418.

Baum, D. A. and Larson, A. 1991. Adaptation reviewed—a phylogenetic methodology for studying character macroevolution. *Systematic Zoology,* **40**, 1-18.

Behnke, R. J. 1972. The systematics of salmonid fishes of recently glaciated areas. *Journal of the Fisheries Research Board of Canada,* **29**, 639-71.

Bell, G. 1997. *Selection: the mechanism of evolution.* Chapman & Hall, New York.

Bell, M. A. and Foster, S. A. 1994. Introduction to the evolutionary biology of the threespine stickleback. In *Evolutionary biology of the threespine stickleback* (ed. M. A. Bell and S. A. Foster), pp. 1-27. Oxford University Press, Oxford.

Benkman, C. W. 1989. On the evolution and ecology of island populations of red crossbills. *Evolution*, **43**, 1324-30. Benkman, C. W. 1991. Predation, seed size partitioning and the evolution of body size in seed-eating finches. *Evolutionary Ecology*, **5**, 118-27.

Benkman, C. W. 1993. Adaptation to single resources and the evolution of crossbill (*Loxia*) diversity. *Ecological Monographs*, **63**, 305-25.

Benkman, C. W. 1999. The selection mosaic and diversifying coevolution between crossbills and lodgepole pine. *American Naturalist*, **153** (*Supplement*), S75-S91.

Benkman, C. W. and Lindholm, A. K. 1991. The advantages and evolution of a morphological novelty. *Nature (London)*, **349**, 519-20.

Bennington, C. C. and Mcgraw, J. B. 1995. Natural selection and ecotypic differentiation in *Impatiens pallida*. *Ecological Monographs*, **65**, 303-23.

Benton, M. J. 1983. Large-scale replacements in the history of life. *Nature (London)*, **302**, 16-17.

Benton, M. J. 1987. Progress and competition in macroevolution. *Biological Reviews*, **62**, 305-38.

Benton, M. J. 1996a. Testing the roles of competition and expansion in tetrapod evolution. *Proceedings of the Royal Society of London B, Biological Sciences*, **263**, 641-6.

Benton, M. J. 1996b. On the nonprevalence of competitive replacement in the evolution of tetrapods. In *Evolutionary paleobiology* (ed. D. Jabl0nski, D. H. Erwin and J. H. Lipps), pp. 185-210. Chicago University Press, Chicago.

Benzing, D. A. 1987. Major patterns and processes in orchid evolution: a critical synthesis. In *Orchid biology: reviews and perspectives, IV* (ed. J. Arditti), pp. 33-78. Cornell University Press, Ithaca, New York.

Bernatchez, L. and Dodson, J. J. 1990. Allopatric origin of sympatric populations of lake whitefish (*Coregonus clupeaformis*) as revealed by mitochondrial-DNA restriction analysis. *Evolution*, **44**, 1263-71.

Bernatchez, L., Vuorinen, J. A., Bodaly, R. A., and Dodson, J. J. 1996. Genetic evidence for reproductive isolation and multiple origins of sympatric trophic ecotypes of whitefish (*Coregonus*). *Evolution*, **50**, 624-35.

Bernatchez, L., Chouinard, A., and Lu, G. 1999. Integrating molecular genetics and ecology in studies of adaptive radiation: whitefish, *Coregonus* sp., as a case study. *Biological Journal of the Linnean Society*, **68**, 173-94.

Bernatchez, L. and Wilson, C. C. 1998. Comparative phylogeography of Nearctic and Palearctic fishes. *Molecular Ecology*, **7**, 431-52.

Björklund, M. 1991. Patterns of morphological variation among cardueline finches (Fringillidae: Carduelinae). *Biological Journal of the Linnean Society*, **43**, 239-48.

Bjorkman, O. and Holmgren, P. 1963. Adaptability of the photosynthetic apparatus to light intensity in ecotypes from exposed and shaded habitats. *Physiologia Plantarum*, **16**, 889914.

Boag, P. T. 1983. The heritability of external morphology in the Darwin's finches (Geospizinae) of Daphne Major Island, Galapagos. *Evolution*, **37**, 877-94.

Boag, P. T. and Grant, P. R. 1981. Intense natural selection in a population of Darwin's finches (Geospizinae) in the Galapagos. *Science (Washington, D.C.)*, **214**, 82-5.

Boag, P. T. and Grant, P. R. 1984. The classic case of character release: Darwin's finches (*Geospiza*) on Isla Daphne Major, Galápagos. *Biological Journal of the Linnean Society*, **22**, 243-87.

Bodaly, R. A. 1979. Morphological and ecological divergence within the lake whitefish *Coregonus clupeaformis* species complex in Yukon territory. *Journal of the Fisheries Research Board of Canada*, **36**, 1214-22.

Boulding, E. G. and Van Alstyne, K. L. 1993. Mechanisms of differential survival and growth of two species of *Littorina* on wave-exposed and on protected shores. *Journal of Experimental Marine Biology and Ecology*, **169**, 139-66.

Bouton, N., Witte, E, van Alpen, J. J. M., Schenk, A. and Seehausen, O. 1999. Local adaptations in populations of rock-dwelling haplochromines (Pisces: Cichlidae) from southern Lake Victoria. *Proceedings of the Royal Society of London B, Biological Sciences*, **266**, 355-60.

Bowman, R. I. 1961. Morphological differentiation and adaptation in the Galapagos finches. *University of California Publications in Zoology*, **58**, 1-302.

Bradshaw, A. D. 1972. Some of the evolutionary consequences of being a plant. *Evolutionary Biology*, **5**, 25-47.

Bradshaw, H. D., Jr., Otto, K. G., Frewen, B. E., McKay, J. G., and Schemske, D. W. 1998. Quantitative trait loci affecting differences in floral morphology between two species of monkeyflower (*Mimulus*). *Genetics*, **149**, 367-82.

Brodie, E. D. III. 1992. Correlational selection for color pattern and antipredator behavior in the garter snake *Thamnophis ordinoides*. *Evolution*, **46**, 1284-98.

Brodie, E. D. Ill, Moore, A. J., and Janzen, F. J. 1995. Visualizing and quantifying natural selection. *Trends in Ecology & Evolution*, **10**, 313-8.

Bronstein, J. L. 1994. Our current understanding of mutualism. *Quarterly Review of Biology*, **69**, 31-51.

Brooks, D. R., O'Grady, R. T., and Glen, D. R. 1985. Phylogenetic analysis of the Digenea (Platyhelminthes: Cercomeria) with comments on their adaptive radiation. *Canadian Journal of Zoology*, **63**, 411-43.

Brown, J. H. and Munger, J. C. 1985. Experimental manipulation of a desert rodent community: food addition and species removal. *Ecology*, **66**, 1545-63.

Brown, J. S. and Vincent, T. L. 1987. Coevolution as an evolutionary game. *Evolution*, **41**, 6679.

Brown, J. S. and Vincent, T. L. 1992. Organization of predator-prey communities as an evolutionary game. *Evolution*, **46**, 1269-83.

Brown, W. L., Jr. and Wilson, E. O. 1956. Character displacement. *Systematic Zoology*, **5**, 4964.

Burnell, K. L. and Hedges, S. B. 1990. Relationships of West Indian *Anolis* (Sauria: Iguanidae): an approach using slow-evolving protein loci. *Caribbean Journal of Science*, **26**, 7-30.

Butlin, R. 1989. Reinforcement of premating isolation. In *Speciation and its consequences* (ed. D. Otte and J. A. Endler), pp. 85-110. Sinauer, Sunderland, Mass.

Cabrera, V., Gonzales, A. M., Larruga, J. M., and Gullon, A. 1983. Genetic distance and evolutionary relationships in the *Drosophila obscura* group. *Evolution*, **37**, 675-89.

Campbell, D. R., Waser, N. M., and Ackerman, M. E. J. 1997. Analysing pollinator-mediated selection in a plant hybrid zone: hummingbird visitation patterns on three spatial scales. *American Naturalist*, **149**, 295-315.

Carleton, M. D. and Eshelman, R. E. 1979. A synopsis of fossil grasshopper mice, genus *Onychomys*, and their relationship to recent species. *Papers on Paleontology*, **21**, 1-63.

Carlquist, S. 1974. *Island biology*. Columbia University Press, New York.

Carlquist, S. 1980. *Hawaii, a natural history*. 2nd ed. Pacific Tropical Botanical Garden, Lawai, Hawaii.

Carr, G. D. and Kyhos, D. W. 1981. Adaptive radiation in the Hawaiian silversword alliance (Compositae: Madiinae). 1. Cytogenetics of spontaneous hybrids. *Evolution*, *35*, 543-56.

Carr, G. D., Robichaux, R. H., Witter, M. S., and Kyhos, D. W. 1989. Adaptive radiation of the Hawaiian silversword alliance (Compositae-Madiinae): a comparison with Hawaiian picture-winged *Drosophila*. In *Genetics, speciation and the founder principle* (ed. L. V. Giddings, K. Y. Kaneshiro, and W. W. Anderson), pp. 79-97. Oxford University Press, Oxford.

Carroll, S. P., Klassen, S. P., and Dingle, H. 1998. Rapidly evolving adaptations to host ecology and nutrition in the soapberry bug. *Evolutionary Ecology*, **12**, 955-68.

Carson, H. L. and Kaneshiro, K. Y. 1976. *Drosophila* of Hawaii: systematics and ecological genetics. *Annual Review of Ecology and Systematics*, **7**, 311-45.

Carson, H. L., Ashburner, M., and Thompson, J. N. 1981. The Genetics of *Drosophila*, Vol. 3a. Academic Press, New York.

Carson, H. L. and Templeton, A. R. 1984. Genetic revolutions in relation to speciation phenomena: the founding of new populations. *Annual Review of Ecology and Systematics*, **15**, 97131.

Case, T. J. 1979. Character displacement and coevolution in some *Cnemidophorus* lizards. *Fortschritte der Zoologie*, **25**, 235-82.

Case, T. J. and Sidell, R. 1983. Pattern and chance in the structure of model and natural communities. *Evolution*, **37**, 832-49.

Chambers, J. M., Cleveland, W. S., Kliener, B., and Tukey, P. A. 1983. *Graphical methods for data analysis*. Wadsworth, Pacific Grove, California.

Charlesworth, B. 1990. Optimization models, quantitative genetics, and mutation. *Evolution*, **44**, 520-38.

Charlesworth, B., Lande, R., and Slatkin, M. 1982. A neo-Darwinian commentary on macroevolution. *Evolution*, **36**, 474-98.

Charlesworth, B., Schemske, D. W., and Sork, V. L. 1987. The evolution of plant reproductive characters; sexual versus natural selection. In *The evolution of sex and its consequences* (ed. S. C. Stearns), pp. 317-35. Birkhauser Verlag, Basel.

Chase, M. W. and Hills, H. G. 1992. Orchid phylogeny, flower sexuality and fragranceseeking. *BioScience,* **42**, 43-9.

Chase, M. W. and Palmer, J. D. 1997. Leapfrog radiation in floral and vegetative traits among twig epiphytes in the orchid subtribe Oncidiinae. In *Molecular evolution and adaptive radiation* (ed. T. J. Givnish and K. J. Sytsma), pp. 331-52. Cambridge University Press, Cambridge.

Chase, V. C. and Raven, P. H. 1975. Evolutionary and ecological relationships between *Aquilegia formosa* and *A. pubescens* (Ranunculaceae), two perennial plants. *Evolution,* **29**, 474-86.

Cheetham, A. H. and Jackson, J. B. C. 1995. Process from pattern: tests for selection versus random change in punctuated bryozoan spseciation. In *New approaches to speciation in the fossil record* (ed. D. H. Erwin and R. L. Anstey), pp. 185-207. Columbia University Press, New York.

Cheverud, J. M. 1982. Phenotypic, genetic, and environmental morphological integration in the cranium. *Evolution,* **36**, 499-516.

Cheverud, J. M. 1984. Quantitative genetics and developmental constraints on evolution by selection. *Journal of Theoretical Biology,* **110**, 155-72.

Cheverud, J. M. 1996. Developmental integration and the evolution of pleiotropy. *American Zoologist,* **36**, 44-50.

Chiba, S. 1996. Ecological and morphological diversification within single species and character displacement in *Mandarina,* endemic land snails of the Bonin Islands. *Journal of Evolutionary Biology,* **9**, 277-91.

Chiba, S. 1999a. Accelerated evolution of land snails *Mandarina* in the oceanic Bonin Islands: evidence from mitochondrial DNA sequences. *Evolution,* **53**, 460-71.

Chiba, S. 1999b. Character displacement, frequency-dependent selection, and divergence of shell colour in land snails *Mandarina* (Pulmonata). *Biological Journal of the Linnean Society,* **66**, 465-79.

Cho, S. 1997. *Molecular phylogenetics of Heliothinae (Lepidoptera: Noctuidae) using elongation factor 1-alpha and dopa decarboxylase.* Ph.D. Dissertation, University of Maryland.

Christidis, L., Schodde, R, and Baverstock, P. R. 1988. Genetic and morphological differentiation and phylogeny in the Australo-Papuan scrubwrens (*Sericornis,* Acanthizidae). *Auk,* **105**, 616-29.

Clarke, B. 1962. *Balanced polymorphism and the diversity of sympatric species.* Systematics Association Publications, London.

Clarke, B., Johnson, M. S., and Murray, J. 1996. Clines in the genetic distance between two species of island land snails: how 'molecular leakage' can mislead us about speciation. *Philosophical Transactions of the Royal Society of London B, Biological Sciences,* **351**, 773-84.

Clarke, B., Johnson, M. S., and Murray, J. 1998. How 'molecular leakage' can mislead us about island speciation. In *Evolution on islands* (ed. P. R. Grant), pp. 181-95. Oxford University Press, Oxford.

Coddington, J. A 1988. Cladistic tests of adaptational hypotheses. *Cladistics,* **4**, 3-22.

Cody, M. L. 1973. Character convergence. *Annual Review of Ecology and Systematics,* **4,** 189-211.

Cohan, F. M. and Hoffman, A. A. 1986. Genetic divergence under uniform selection. II Different responses to selection for knockdown resistance to ethanol among *Drosophila melanogaster* populations and their replicate lines. *Genetics,* **114,** 145-63.

Cohan, F. M., Hoffman, A. A, and Gayley, T. W. 1989. A test of the role of epistasis in divergence under uniform selection. *Evolution,* **43,** 766-74.

Cole, B. J. 1981. Overlap, regularity, and flowering phenologies. *American Naturalist,* **117,** 993-7.

Collins, T. M., Frazer, K., Palmer, A R, Vermeij, G. J., and Brown, W. M. 1996. Evolutionary history of northern hemisphere *Nucella* (Gastropoda, Muricidae): molecular, morphological, ecological, and paleontological evidence. *Evolution,* **50,** 2287-304.

Colbourne, J. K., Hebert, P. D. N., and Taylor, D. J. 1997. Evolutionary origins of phenotypic diversity in *Daphnia*. In *Molecular evolution and adaptive radiation* (ed. T. J. Givnish and K. J. Sytsma), pp. 163-88. Cambridge University Press, Cambridge.

Colwell, R K. 1986. Community biology and sexual selection: lessons from hummingbird flower mites. In *Community ecology* (ed. J. Diamond and T. J. Case), pp. 406-24. Harper and Rowe, New York.

Colwell, R K. and Winkler, D. W. 1984. A null model for null models in biogeography. In *Ecological communities: conceptual issues and the evidence* (ed. D. R Strong, D. S. Simberloff, L. G. Abele, and A B. Thistle), pp. 344-59. Princeton University Press, Princeton, N.J.

Connell, J. H. 1980. Diversity and the coevolution of competitors, or the ghost of competition past. *Oikos,* **35,** 131-8.

Connell, J. H. 1983. On the prevalence and relative importance of interspecific competition: evidence from field experiments. *American Naturalist,* **122,** 661-96.

Conner, J. and Via, S. 1993. Patterns of phenotypic and genetic correlations among morphological and life-history traits in wild radish, *Raphanus raphanistrum*. *Evolution,* **47,** 704-11.

Conway Morris, S. 1998. *The crucible of creation: the Burgess Shale and the rise of animals.* Oxford University Press, Oxford.

Coyne, J. A., Barton, N. H., and Turelli, M. 1997. Perspective: a critique of Sewall Wright's shifting balance theory of evolution. *Evolution,* **51,** 643-71.

Coyne, J. A. and Orr, H. A. 1989. Patterns of speciation in *Drosophila*. *Evolution,* **43,** 362-81.

Coyne, J. A. and Orr, H. A. 1998. The evolutionary genetics of speciation. *Philosophical Transactions of the Royal Society of London B, Biological Sciences,* **353,** 287-305.

Coyne, J. A. and Orr, H. A. 1997. "Patterns of speciation in *Drosophila*" revisited. *Evolution,* **51,** 295-303.

Coyne, J. A., Barton, N. H., and Turelli, M. 2000. Is Wright's shifting balance process important in evolution? *Evolution,* **54,** 306-17.

Coyne, J. A. and Price, T. Manuscript. No evidence for sympatric speciation in birds.
Coyne, J. A. and Orr, H. A. Manuscript. *Speciation*. Sinauer, Sunderland, Mass.
Cracraft, J. 1985. Biological diversification and its causes. *Annals of the Missouri Botanical Garden*, **72**, 794-822.
Craig, T. P., Horner, J. D., and Itami, J. K. 1997. Hybridization studies on the host races of *Eurosta solidaginis:* implications for sympatric speciation. *Evolution*, **51**, 552-60.
Crepet, W. L. 1984. Advanced (constant) insect pollination mechanisms: pattern of evolution and implications vis-a-vis angiosperm diversity. *Annals of the Missouri Botanical Garden*, **71**, 607-30.
Crespi, B. J. and Sandoval, C. P. 2000. Phylogenetic evidence for the evolution of ecological specialization in *Timema* walking-sticks. *Journal of Evolutionary Biology*, **13**, 249-62.
Crowder, L. B. 1984. Character displacement and habitat shift in a native cisco in southeastern Lake Michigan: evidence for competition? *Copeia*, **1984**, 878-83.
Crowder, L. B. 1986. Ecological and morphological shifts in Lake Michigan fishes: glimpses of the ghost of competition past. *Environmental Biology of Fishes*, **16**, 147-56.
Cullings, K. W., Szaro, T. M., and Bruns, T. D. 1996. Evolution of extreme specialization within a lineage of ectomycorrhizal epiparasites. *Nature (London)*, **379**, 63-5.
Culver, D. C., Kane, T. C., and Fong, D. W. 1995. *Adaptation and natural selection in caves*. Harvard University Press, Cambridge, Mass.
Darwin, C. R. 1842. *Journal of researches into the geology and natural history of the various countries visited during the voyage of H.M.S. 'Beagle', under the command of Captain Fitzroy, R. N from 1832 to 1836*. Henry Colborn, London.
Darwin, C. R. 1859. *On the origin of species by means of natural selection*. John Murray, London.
Davies, M. S. and Snaydon, R. W. 1976. Rapid population differentiation in a mosiac environment. *Heredity*, **36**, 59-66.
Davies, N., Aiello, A., Mallet, J., Pomiankowski, A., and Silberglied, R. E. 1997. Speciation in two neotropical butterflies: extending Haldane's rule. *Proceedings of the Royal Society of London B, Biological Sciences*, **264**, 845-51.
Day, T. and Taylor, P. D. 1996. Evolutionary stable versus fitness maximizing life histories under frequency-dependent selection. *Proceedings of the Royal Society of London B, Biological Sciences*, **263**, 333-8.
Dayan, T., Simberloff, D., Tchernov, E., and Yom-Tov, Y. 1989a. Interspecific and intraspecific character displacement in mustelids. *Ecology*, **70**, 1526-39.
Dayan, T., Tchernov, E., Yom-Tov, Y., and Simberloff, D. 1989b. Ecological character displacement in Saharo-Arabian *Vulpes:* outfoxing Bergmann's rule. *Oikos*, **55**, 263-72.
Dayan, T., Simberloff, D., Tchhemov, E., and Yom-Tov, Y. 1990. Feline canines: community wide character displacement among the small cats of Israel. *American Naturalist*, **136**, 39-60.
Dayan, T., Simberloff, D., Tchhemov, E., and Yom-Tov, Y. 1992. Canine camassials: character displacement in the wolves, jackals and foxes of Israel. *Biological Journal of the Linnean Society*, **45**, 315-31.

Dayan, T. and Simberloff, D. 1994a. Character displacement, sexual dimorphism, and morphological variation among British and Irish mustelids. *Ecology*, **75**, 1063-73.

Dayan, T. and Simberloff, D. 1994b. Morphological relationships among coexisting heteromyids: An incisive dental character. *American Naturalist*, **143**, 462-77.

DeAngelis, D. L., Persson, L., and Rosemond, A. D. 1996. Interaction of productivity and consumption. In *Food webs* (ed. G. A. Polis and K. O. Winerniller), pp. 109-12. Chapman & Hall, New York.

DeSalle, R. 1995. Molecular approaches to biogeographic analysis of Hawaiian Drosophilidae. In *Hawaiian biogeography* (ed. W. W. Wagner and V. A. Funk), pp. 1272-89. Srnithsonian Institution Press, Washington D.C.

Diamond, J. 1986. Evolution of ecological segregation in the New Guinea montane avifauna. In *Community ecology* (ed. J. Diamond and T. J. Case), pp. 98-125. Harper and Rowe, New York.

Diamond, J., Pimm, S. L., Gilpin, M. E., and LeCroy, M. 1989. Rapid evolution of character displacement in myzomelid honeyeaters. *American Naturalist*, **134**, 75-708.

Dieckmann, U. and Doebeli, M. 1999. On the origin of species by sympatric speciation. *Nature (London)*, **400**, 354-7.

Dobler, S., Mardulyn, P., Pasteels, J. M., and Rowell-Rahier, M. 1996. Host-plant switches and the evolution of chemical defense and life history in the leaf beetle genus *Oreina*. *Evolution*, **50**, 2373-86.

Dobzhansky, T. 1937. *Genetics and the origin of species*. Columbia University Press, New York.

Dobzhansky, T. 1951. *Genetics and the origin of species. 3rd ed*. Columbia University Press, New York.

Dodd, D. M. B. 1989. Reproductive isolation as a consequence of adaptive divergence in *Drosophila pseudoobscura*. *Evolution*, **43**, 1308-11.

Dodd, M. E., Silvertown, J., and Chase, M. 1999. Phylogenetic analysis of trait evolution and species diversity variation among angiosperm families. *Evolution*, **53**, 732-44.

Doebeli, M. 1996. An explicit genetic model for ecological character displacement. *Ecology*, **77**, 510-20.

Doebeli, M. and Dieckmann, U. 2000. Evolutionary branching and sympatric speciation caused by different types of ecological interactions. *American Naturalist*, **156** (*Supplement*), in press.

Dominey, W. 1984. Effects of sexual selection and life history on speciation: species flocks in African cichlids and Hawaiian *Drosophila*. In *Evolution of fish species flocks* (ed. A. A. Echelle and I. Komfield), pp. 231-49. University of Maine Press, Orono, Maine.

Drossel, B. and McKane, A. 1999. Ecological character displacement in quantitative genetic models. *Journal of Theoretical Biology*, **3**, 363-76.

Dudley, S. A. 1996a. Differing selection on plant physiological traits in response to environmental water availability: a test of adaptive hypotheses. *Evolution*, **50**, 92-102.

Dudley, S. A. 1996b. The response to differing selection on plant physiological traits: evidence for local adaptation. *Evolution*, **50**, 103-10.

Dunham, A. E., Smith, G. R., and Taylor, J. N. 1979. Evidence for ecological character displacement in western American catostomid fishes. *Evolution*, **33**, 877-96.

Dynes, J., Magnan, P., Bernatchez, L., Rodriguez, M.A. 1999. Genetic and morphological variation between two forms of lacustrine brook charr. *Journal of Fish Biology*, **54**, 95572.

Eadie, J. M., Broekhoven, L., and Colgen, P. 1987. Size ratios and artifacts: Hutchinson's rule revisited. *American Naturalist*, **129**, 1-17.

Eberhard, W. G. 1985. *Sexual selection and animal genitalia*. Harvard University Press, Cambridge, Mass.

Ehleringer, J. R, and Clark, C. 1988. Evolution and adaptation in *Encelia* (Asteraceae). In *Plant evolutionary biology* (ed. L. D. Gottlieb and S. K. Jain), pp. 221-48. Chapman & Hall, New York.

Ehrlich, P. R. and Raven, H. 1964. Butterflies and plants: a study in coevolution. *Evolution*, **18**, 586-608.

Eisses, K., Van Dijk, H., and Van Delden, W. 1979. Genetic differentiation within the *melanogaster* species subgroup of the genus *Drosophila*. *Evolution*, **33**, 1063-8.

Eldridge, J. L. and Johnson, D. H. 1988. Size differences in migrant sandpiper flocks: ghosts in the ephemeral guilds. *Oecologia*, **77**, 433-44.

Emerson, S. B. and Arnold, S. J. 1989. Intra-and interspecific relationships between morphology, performance, and fitness. In *Complex organismal functions: integration and evolution in vertebrates* (ed. D. B. Wake and G. Roth), pp. 295-314. Wiley, Chichester.

Emmons, L. H. 1980. Ecology and resource partitioning among nine species of African rain forest squirrels. *Ecological Monographs*, **50**, 31-54.

Emms, S. K. and Arnold, M. L. 1997. The effect of habitat on parental and hybrid fitness: transplant experiments with Louisiana Irises .. *Evolution*, **51**, 1112-19.

Endler, J. A. 1977. *Geographic variation, speciation, and clines*. Princeton University Press, Princeton, N.J.

Endler, J. A. 1986. *Natural selection in the wild*. Princeton University Press, Princeton, N.J.

Endler, J. A. 1992. Signals, signal conditions, and the direction of evolution. *American Naturalist*, **139** (*Supplement*), SI25-S53.

Endler, J. A. and Basolo, A.L. 1998. Sensory ecology, receiver biases and sexual selection. *Trends in Ecology & Evolution*, **13**, 415-20.

Eriksson, O. and Bremer, B. 1992. Pollination systems, dispersal modes, life forms, and diversification rates in Angiosperm families. *Evolution*, **46**, 258-66.

Etges, W. J. 1998. Premating isolation is determined by larval rearing substrates in cactophilic *Drosophila mojavensis*. IV. Correlated responses in behavioral isolation to artificial selection on a life-history trait. *American Naturalist*, **152**, 129-44.

Evans, D. R, Hill, J., Williams, T. A., and Rhodes, I. 1985. Effects of coexistence in the performances of white clover-perennial ryegrass mixtures. *Oecologia*, **66**, 536-9.

Evans, D. R, Hill, J., Williams, T. A., and Rhodes, I. 1989. Coexistence and the productivity of white clover-perennial ryegrass mixtures. *Theoretical and Applied Genetics*, **77**, 65–70.

Falconer, D. S. 1981. *Introduction to quantitative genetics*. 2nd ed. Longman, New York.

Falconer, D. S. and Mackay, T. F. C. 1996. *Introduction to quantitative genetics*. Longman, New York.

Farrell, B. D. 1998. "Inordinate fondness" explained: why are there so many beetles? *Science (Washington, D.C.)*, **281**, 555–9.

Farrell, B. D., Dussourd, D. E., and Mitter, C. 1991. Escalation of plant defense: do latex and resin canals spur plant diversification? *American Naturalist*, **138**, 881–900.

Fear, K. K. and Price, T. 1998. The adaptive surface in ecology. *Oikos*, **82**, 440–8.

Feder, J. L. 1998. The apple maggot fly, *Rhagoletis pomonella:* flies in the face of conventional wisdom about speciation? In *Endless forms: species and speciation* (ed. D. Howard and S. Berlocher), pp. 130–44. Oxford University Press, Oxford.

Felsenstein, J. 1981. Skepticism towards Santa Rosalia, or why are there so few kinds of animals? *Evolution*, **35**, 124–38.

Felsenstein, J. 1982. Numerical methods for inferring evolutionary trees. *Quarterly Review of Biology*, **57**, 379–404.

Felsenstein, J. 1985. Phylogenies and the comparative method. *American Naturalist*, **125**, 1–15.

Fenchel, T. 1975. Character displacement and co-existence in mud snails (Hydrobiidae). *Oecologia*, **20**, 19–32.

Fenchel, T. and Kofoed, L. H. 1976. Evidence for exploitative interspecific competition in mud snails (Hydrobiidae). *Oikos*, **27**, 367–76.

Fenderson, O. C. 1964. Evidence of subpopulations of lake whitefish, *Coregonus clupeaformis*, involving a dwarfed form. *Transactions of the American Fisheries Society*, **93**, 77–94.

Ferguson, A. and Taggart, J. B. 1991. Genetic differentiation among the sympatric brown trout *(Salmo trutta)* populations of Lough Melvin, Ireland. *Biological Journal of the Linnean Society*, **43**, 221–37.

Ficken, R. W., Ficken, M. S., and Morse, D. 1968. Competition and character displacement in two sympatric pine-dwelling warblers (*Dendroica*, Parulidae). *Evolution*, **22**, 307–14.

Filchak, K. E., Feder, J. L., Roethele, J. B., and Stolz, U. 1999. A field test for host-plant dependent selection on larvae of the apple maggot fly, *Rhagoletis pomonella*. *Evolution*, **53**, 187200.

Fisher, R. A. 1930. *The genetical theory of natural selection*. Oxford University Press, Oxford.

Fisher, R. A. 1936. The measurement of selective intensity. *Proceedings of the Royal Society of London B, Biological Sciences*, **121**, 109–22.

Fjeldså, J. 1983. Ecological character displacement and character release in grebes Podicipedidae. *Ibis*, **125**, 463–81.

Floate, K. D., Kearsley, M. J. C., and Whitham, T. G. 1993. Elevated herbivory in plant hybrid zones: *Chrysomela confluens*, *Populus* and phenological sinks. *Ecology*, **74**, 2056–

65.

Foote, C. J. and Larkin, P. A. 1988. The role of male choice in the assortative mating of anadromous and non-anadromous sockeye salmon (*Oncorhynchus nerka*). *Behaviour*, **106**, 4362.

Foote, M. 1992. Paleozoic record of morphological diversity in blastozoan echinoderms. *Proceedings of the National Academy ofSciences, USA*, **89**, 7325–9.

Foote, M. 1993. Discordance and concordance between morphological and taxonomic diversity. *Paleobiology*, **19**, 185–204.

Fox, L. R. and Morrow, P. A. 1981. Specialization: species property or local phenomenon. *Science (Washington, D.C.)*, **188**, 887–92.

Francisco-Ortega, J., Jansen, R. K., and Santo-Guerra, A. 1996. Chloroplast DNA evidence of colonization, adaptive radiation, and hybridization in the evolution of the Macaronesian flora. *Proceedings of the National Academy of Sciences, USA*, **93**, 4085–90.

Francisco-Ortega, J., Crawford, D. J., Santo-Guerra, A., and Jansen, R. K. 1997. Origin and evolution of *Argyranthemum* (Asteraceae: Anthemideae) in Macaronesia. In *Molecular evolution and adaptive radiation* (ed. T. J. Givnish and K. J. Sytsma), pp. 406–31. Cambridge University Press, Cambridge.

Fry, J. D. 1993. The 'general vigor' problem: can antagonistic pleiotropy be detected when genetic covariances are positive? *Evolution*, **47**, 329–33.

Fry, J. D. 1996. The evolution of host specialization: are trade-offs overrated? *American Naturalist*, **148** (*Supplement*), S84–S107.

Fryer, G. and Iles, T. D. 1972. *The cichlidfishes ofthe Great Lakes ofAfrica*. Oliver and Boyd, Edinburgh.

Fulton, M. and Hodges, S. 1999. Floral isolation between *Aquilegia formosa* and *A. pubescens. Proceedings ofthe Royal Society of London B, Biological Sciences*, **266**, 2247–52.

Funk, D. J. 1998. Isolating a role for natural selection in speciation: host adaptation and sexual isolation in *Neochlamisus bebbianae* leaf beetles. *Evolution*, **52**, 1744–59.

Futuyma, D. J. 1986. *Evolutionary biology*. 2nd ed. Sinauer, Sunderland, Mass.

Futuyma, D. J. and Moreno, G. 1988. The evolution ofecological specialization. *Annual Review ofEcology and Systematics*, **19**, 207–33.

Futuyma, D. J., Keese, M. C., and Funk, D. J. 1995. Genetic constraints on macroevolution: The evolution of host affiliation in the leaf beetle genus *Ophraella*. *Evolution*, **49**, 797–809.

Futuyma, D. J. and Mitter, C. 1996. Insect-plant interactions: the evolution of component comunities. *Philosophical Transactions of the Royal Society ofLondon B, Biological Sciences*, **351**, 1361–6.

Galen, C., Shore, J. L. and Deyoe, H. 1991. Ecotypic divergence in apline *Polemonium viscosum:* genetic structure, quantitative variation, and local adaptation. *Evolution*, **45**, 121828.

Galis, F. and Druckner, E. G. 1996. Pharyngeal biting mechanisms in centrarchid and cichlid fishes: insights into a key evolutionary innovation. *Journal of Evolutionary Biology*, **9**, 641-70.

Galis, F. and Metz, J. A. J. 1998. Why are there so many cichlid species? *Trends in Ecology & Evolution*, **13**, 1-2.

Ganders, F. R. 1989. Adaptive radiation in Hawaiian *Bidens*. In *Genetics, speciation and the founder principle* (ed. L. V. Giddings, K. Y. Kaneshiro, and W. W. Anderson), pp. 99-112. Oxford University Press, Oxford.

Garland, T. R, Jr. and Losos, J. B. 1994. Ecological morphology of locomotor performance in squamate reptiles. In *Ecological morphology* (ed. P. C. Wainwright and S. M. Reilly), pp. 240-302, Chicago University Press, Chicago.

Gautier-Hion, A., Duplantier, J. M., Quris, R. Feer, F. Sourd, C., Decoux, J. P., Dubost, G., Emmons, L., Erard, C., Hecketsweiler, P., Moungazi, A., Roussilhon, C., and Thiollay, J. M. 1985. Fruit characters as a basis of fruit choice and seed dispersal in a tropical forest vertebrate community. *Oecologia*, **65**, 324-37.

Geary, D. H. 1990. Patterns of evolutionary tempo and mode in the radiation of *Melanopsis* (Gastropoda; Melanopsidae). *Paleobiology*, **16**, 492-511.

Gibbs, H. L. and Grant P. R. 1987a. Oscillating selection on a population of Darwin's finch. *Nature (London)*, **327**, 511-13.

Gibbs, H. L. and Grant P. R. 1987b. Adult survivorship in Darwin's ground finch *(Geospiza)* populations in a variable environment. *Journal of Animal Ecology*, **56**, 797-813.

Gilbert, L. E. 1975. Ecological consequences of a coevolved mutualism between butterflies and plants. In *Coevolution ofanimals and plants* (ed. L. E. Gilbert and P. H. Raven), pp. 210-40. University of Texas Press, Austin.

Gilbert, L. E. 1983. Coevolution and mimicry. In *Coevolution* (ed. D. J. Futuyma and M. Slatkin), pp. 263-81. Sinauer, Sunderland, Mass.

Gill, D. E. 1989. Fruiting failure, pollinator inefficiency, and speciation in orchids. In *Speciation and its consequences* (ed. D. Otte and J. A. Endler), pp. 458-81. Sinauer, Sunderland, Mass.

Gingerich, P. D. 1983. Rates of evolution: effects of time and temporal scaling. *Science (Washington, D.C.)*, **222**, 159-61.

Gingerich, P. D. 1985. Species in the fossil record: concepts, trends, and transitions. *Paleobiology*, **11**, 27-41.

Gittenberger, E. 1991. What about non-adaptive radiation? *Biological Journal of the Linnean Society*, **43**, 263-72.

Gittleman, J. L. and Kot, M. 1990. Adaptation statistics and a null model for estimating phylogenetic effects. *Systematic Zoology*, **39**, 227-41.

Givnish, T. J. 1997. Adaptive radiation and molecular systematics: issues and approaches. In *Molecular evolution and adaptive radiation* (ed. T. J. Givnish and K. J. Sytsma), pp. 1-54. Cambridge University Press, Cambridge.

Givnish, T. J. 1998. Adaptive plant evolution on islands: classical patterns, molecular data, new insights. In *Evolution on islands* (ed. P. R. Grant), pp. 281-304. Oxford University

Press, Oxford.

Givnish, T. J., Sytsma, K. J., Hahn, W. J., and Smith, J. F. 1995. Molecular evolution, adaptive radiation, and geographic speciation in *Cyanea* (Campanulaceae, Lobelioideae). In *Hawaiian biogeography* (ed. W. W. Wagner and V. A. Funk), pp. 299-337. Smithsonian Institution Press, Washington D.C.

Givnish, T. J., Sytsma, K. J., Smith, J. F., Hahn, W. J., Benzing, D. H., and Burkhardt, E. M. 1997. Molecular evolution and adaptive radiation in *Brocchinia* atop tepuis of the Guyana Shield. In *Molecular evolution and adaptive radiation* (ed. T. J. Givnish and K. J. Sytsma), pp. 259-311. Cambridge University Press, Cambridge.

Givnish, T. J. and Sytsma, K. J. (editors). 1997. *Molecular evolution and adaptive radiation.* Cambridge University Press, Cambridge.

Gomulkiewicz, R. and Kirkpatrick, M. 1992. Quantitative genetics and the evolution of reaction norms. *Evolution,* **46**, 390-411.

Gorbushin, A. M. 1996. The enigma of mud snail shell growth: asymmetrical competition or character displacement? *Oikos,* **77**, 85-92.

Gotelli, N. J. and Bossert, W. H. 1991. Ecological character displacement in a variable environment. *Theoretical Population Biology,* **39**, 49-62.

Gotelli, N. J. and Graves, G. R. 1996. *Null models in ecology.* Smithsonian Institution Press, Washington D.C.

Goudet, J. 1999. An improved procedure for testing the effects of key innovations on rate of speciation. *American Naturalist,* **153**, 549-55.

Gould, S. J. 1983. The hardening of the modem synthesis. In *Dimensions of Darwinism* (ed. M. Greene), pp. 71-93. Cambridge University Press, Cambridge.

Gould, S. J. 1989a. *Wonderful life; the Burgess shale and the nature of history.* W. W. Norton, New York.

Gould, S. J. 1989b. A developmental constraint in *Cerion,* with comments on the definition and interpretation of constraint in evolution. *Evolution,* **43**, 516-39.

Gould, S. J. and Vrba, E. 1982. Exaptation--a missing term in the science of form. *Paleobiology,* **8**, 4-15.

Grahame, J. and Mill, P. J. 1989. Shell shape variation in *Littorina saxatilis* and *L. arcana:* a case of character displacement? *Journal of the Marine Biological Association of the United Kingdom,* **69**, 837-55.

Grant, B. R. and Grant, P. R. 1989. *Evolutionary dynamics of a natural population.* Chicago University Press, Chicago.

Grant, B. R. and Grant, P. R. 1993. Evolution of Darwin's finches caused by a rare climatic event. *Proceedings of the Royal Society of London B, Biological Sciences,* **251**, 111-17.

Grant, P. R. 1972. Convergent and divergent character displacement. *Biological Journal of the Linnean Society,* **4**, 39-68.

Grant, P. R. 1975. The classic case of character displacement. *Evolutionary Biology,* **8**, 237.

Grant, P. R. 1981. The feeding of Darwin's finches on *Tribulus cistoides* (L.) seeds. *Animal Behaviour,* **29**, 785-93.

Grant, P. R. 1986. *Ecology and evolution of Darwin's finches.* Princeton University Press, Princeton, N.J.

Grant, P. R. and Abbott, I. 1980. Interspecific competition, island biogeography and null hypotheses. *Evolution,* **34**, 332-41.

Grant, P. R. and Price, T. 1981. Population variation as an ecological genetics problem. *American Zoologist,* **21**, 795-811.

Grant, P. R. and Schluter, D. 1984. Interspecific competition inferred from patterns of guild structure. In *Ecological communities: conceptual issues and the evidence* (ed. D. R. Strong, D. S. Simberloff, L. G. Abele, and A. B. Thistle), pp. 201-33. Princeton University Press, Princeton, N.J.

Grant, P. R., Abbott, I., Schluter, D., Curry, R. L., and Abbott, L. K. 1985. Variation in the size and shape of Darwin's finches. *Biological Journal of the Linnean Society,* **25**, 1-39.

Grant, P. R. and Grant, B. R. 1992. Hybridization of bird species. *Science (Washington, D.C.),* **256**, 193-7.

Grant, P. R. and Grant, B. R. 1994. Phenotypic and genetic effects of hybridization in Darwin's finches. *Evolution,* **48**, 297-316.

Grant, P. R. and Grant, B. R. 1995. Predicting microevolutionary responses to directional selection on heritable variation. *Evolution,* **49**, 241-51.

Grant, P. R. and Grant, B. R. 1996. Speciation and hybridization in island birds. *Philosophical Transactions of the Royal Society of London B, Biological Sciences,* **351**, 765-72.

Grant, P. R. and Grant, B. R. 1997. Genetics and the origin of bird species. *Proceedings of the National Academy of Sciences, USA,* **94**, 7768-75.

Grant, V. 1949. Pollinating systems as isolating mechanisms in angiosperms. *Evolution,* **3**, 82-97.

Grant, V. 1952. Isolation and hybridization between *Aquilegia formosa* and *A. pubescens. Aliso,* **2**, 341-60.

Grant, V. and Grant, K. A., 1965. *Flower pollination in the Phlox family.* Columbia University Press, New York.

Grant, V. 1981. *Plant speciation.* Columbia University Press, New York.

Grant, V. 1989. The theory of speciational trends. *American Naturalist,* **133**, 604-12.

Greenwood, P. H. 1974. The cichlid fishes of Lake Victoria, East Africa: the biology and evolution of a species flock. *Bulletin of the British Museum of Natural History Zoology Series,* **6**, 1-134.

Greenwood, P. H. 1984. African cichlids and evolutionary theories. In *Evolution of fish species flocks* (ed. A. A. Echelle and I. Kornfield), pp. 141-54. University of Maine Press, Orono, Maine.

Grinnell, J. 1917. The niche-relationships of the California thrasher. *Auk,* **34**, 427-33.

Grinnell, J. 1924. Geography and evolution. *Ecology,* **5**, 225-9.

Groth, J. G. 1993. Evolutionary differentiation in morphology, vocalizations, and allozymes among nomadic sibling species in the North American red crossbill (*Loxia curvirostra*) complex. University of California Publication in Zoology, Berkeley.

Grudemo, J. and Johannesson, K. 1999. Size of mudsnails, *Hydrobia ulvae* (Pennant) and *H. ventrosa* (Montagu), in allopatry and sympatry: conclusions from field distributions and laboratory growth experiments. *Journal of Experimental Marine Biology and Ecology*, **239**, 167–81.

Gurevitch, J., Morrison, J. A., and Hedges L. V. 2000. The interaction between competition and predation: a meta-analysis of field experiments. *American Naturalist*, **155**, 435–53.

Gurevitch, J., Morrow, L. L., Wallace, A., and Walsh, J. S. 1992. A meta-analysis ofcompetition in field experiments. *American Naturalist*, **140**, 539–72.

Gustafsson, L. 1988. Foraging behaviour of individual coal tits, *Parus ater*, in relation to their age, sex and morphology. *Animal Behaviour*, **36**, 696–704.

Hairston, H. G., Smith, F. E., and Slobodkin, L. B. 1960. Community structure, population control, and competition. *American Naturalist*, **94**, 421–5.

Hansen, T. F. 1997. Stabilizing selection and the comparative analysis of adaptation. *Evolution*, 51, 1341–51.

Hansen, T. F., Armbruster, W. S., and Antonsen, L. 2000. Comparative analysis of character displacement. *American Naturalist*, **156** (*Supplement*), in press.

Hapeman, J. R. and Inouye, J. R. 1997. Plant-pollinator interactions and floral radiation in *Platanthera* (Orchidaceae). In *Molecular evolution and adaptive radiation* (ed. T. J. Givnish and K. J. Sytsma), pp. 433–454. Cambridge University Press, Cambridge.

Harrison, M. K. and Crespi, B. J. 1999. A phylogenetic test of ecological adaptation in *Cancer* crabs. *Evolution*, **53**, 961–5.

Harvey, P. H. and Pagel, M. D. 1991. *The comparative method in evolutionary biology*. Oxford University Press, Oxford.

Harvey, P. H., May, R. M., and Nee, S. 1994. Phylogenies without fossils. *Evolution*, **48**, 523–9.

Harvey, P. H. and Rambaut, A. 2000. Comparative analyses for adaptive radiations. *Philosophical Transactions of the Royal Society of London B, Biological Sciences*, in press.

Hass, C. A. 1991. Evolution and biogeography of West Indian *Sphaerodactylus* (Sauria: Gekkonidae): a molecular approach. *Journal of Zoology (London)*, **225**, 525–62.

Hass, C. A. and Hedges, S. B. 1991. Albumis evolution in West Indian frogs of the genus *Eleutherodactylus* (Leptodactylidae). Caribbean biogeography and a calibration ofthe albumin immunological clock. *Journal of Zoology (London)*, **225**, 413–26.

Hass, C. A, Hedges, S. B., and Maxson, L. R. 1993. Molecular insights into the relationships and biogeography of West Indian Anoline lizards. *Biochemical Systematics and Ecology*, **21**, 97–114.

Hastie, T. and Tibshirani, R. 1990. *Generalized additive models*. Chapman & Hall, New York.

Hatfield, T. and Schluter, D. 1999. Ecological speciation in sticklebacks: environment-dependent hybrid fitness. *Evolution*, **53**, 866–73.

Hayes, J. F. and Hill, W. G. 1981. Modification of estimates of parameters in the construction of genetic selection indices ('bending'). *Biometrics*, **37**, 483–93.

Heard, S. B. and Hauser, D. L. 1995. Key evolutionary innovations and their ecological mechanisms. *Historical Biology*, **10**, 151-73.

Hebert, P. D. N. and Emery, C. J. 1990. The adaptive significance of cuticular pigmentation in *Daphnia*. *Functional Ecology*, **4**, 703-10.

Heed, W. B. 1968. Ecology of the Hawaiian *Drosophila*. *University of Texas Publications*, **6818**, 387-419.

Heilbuth, J. C. 2000. Species richness in dioecious clades: lower speciation or higher extinction? *American Naturalist*, in press.

Hewitt, G. M. 1989. The subdivision of species by hybrid zones. In *Speciation and its consequences* (ed. D. Otte and J. A. Endler), pp. 85-110. Sinauer, Sunderland, Mass.

Helenurm, K. and Ganders, F. R. 1985. Adaptive radiation and genetic differentiation in Hawaiian *Bidens*. *Evolution*, **39**, 753-65.

Helling, R. B., Vargas, C. N., and Adams, J. 1987. Evolution of *Escherichia coli* during growth in a constant environment. *Genetics*, **116**, 349-58.

Hertel, F. 1994. Diversity in body size and feeding morphology within past and present vulture assemblages. *Ecology*, **75**, 1074-84.

Heske, E. J., Brown, J. H., and Mistry, S. 1994. Long-term experimental study of a Chihuahuan Desert rodent community: 13 years of competition. *Ecology*, **75**, 438-45.

Heslop-Harrison, J. 1964. Forty years of genecology. *Advances in Ecological Research*, **2**, 159-247.

Hewitt, G. M. 1989. The subdivision of species by hybrid zones. In *Speciation and its consequences* (ed. D. Otte and 1. A Endler), pp. 85-110. Sinauer, Sunderland, Mass.

Hiesey, W. H., Nobs, M. A., and Björkman, O. 1971. Experimental studies on the nature of species. V. Biosystematics, genetics, and physiological ecology of the Erythranthe section of *Mimulus*. *Carnegie Institution of Washington Publication*, **628**, 1-213.

Higashi, M., Takimoto, G. and Yamamura, N. 1999. Sympatric speciation by sexual selection. *Nature (London)*, **402**, 523-6.

Hodges, S. A. 1997. Rapid radiation due to a key innovation in colombines (Ranunculaceae: *Aquilegia*). In *Molecular evolution and adaptive radiation* (ed. T. J. Givnish and K. J. Sytsma), pp. 391-406. Cambridge University Press, Cambridge.

Hodges, S. A and Arnold, M. L. 1994a. Columbines: a geographically widespread species flock. *Proceedings of the National Academy of Sciences, USA*, **91**, 5129-32.

Hodges, S. A and Arnold, M. L. 1994b. Floral and ecological isolation between *Aquilegia formosa* and *A. pubescens*. *Proceedings of the National Academy of Sciences, USA*, **91**, 2493-6.

Hodges, S. A and Arnold, M. L. 1995. Spurring plant diversification: are floral nectar spurs a key innovation. *Proceedings of the Royal Society of London B, Biological Sciences*, **262**, 343-8.

Holland, B. and Rice, W. R. 1998. Chase-away selection: antagonistic seduction versus resistance. *Evolution*, **52**, 1-7.

Holland, B. and Rice, W. R. 1999. Experimental removal of sexual selection reverses intersexual antagonistic coevolution and removes a reproductive load. *Proceedings of the National Academy of Sciences, USA*, **96**, 5083-8.

Holloway, J. D. and Hebert, P. D. N. 1979. Ecological and taxonomic trends in macrolepidopteran host plant selection. *Biological Journal of the Linnean Society*, **11**, 229-51.

Holt, R. D. 1977. Predation, apparent competition, and the structure of prey communities. *Theoretical Population Biology*, **12**, 197-229.

Holt, R. D. 1987. Prey communities in patchy environments. *Oikos*, **50**, 276-90.

Holt, R. D. and Gaines, M. S. 1992. Analysis of adaptation in heterogeneous landscapes: implications for the evolution of fundamental niches. *Evolutionary Ecology*, **6**, 433-47.

Holt, R. D., Grover, J., and Tilman, D. 1994. Simple rules for interspecific dominance in systems with exploitation and apparent competition. *American Naturalist*, **144**, 741-71.

Holt, R. D. and Lawton, J. H. 1994. The ecological consequences of shared natural enemies. *Annual Review of Ecology and Systematics*, **25**, 495-520.

Holt, R. D. and Polis, G. A. 1997. A theoretical framework for intraguild predation. *American Naturalist*, **149**, 745-64.

Houde, A. E. 1997. *Sex, color, and mate choice in guppies*. Princeton University Press, Princeton, N.J.

Houle, D. 1991. Genetic covariance of fitness correlates: what genetic correlations are made of and why it matters. *Evolution*, **45**, 630-48.

Houle, D. 1992. Comparing evolvability and variability of quantitative traits. *Genetics*, **130**, 195-204.

Howard, D. J. 1993. Reinforcement: origin, dynamics, and fate of an evolutionary hypothesis. In *Hybrid zones and the evolutionary process* (ed. R. G. Harrison), pp. 46-69. Oxford University Press, Oxford.

Huey, R. B., Pianka E. R., Egan, M. E., Coons, L. W. 1974. Ecological shifts in sympatry: Kalahari fossoriallizards *(Typhlosaurus). Ecology*, **55**, 304-16.

Hunter, J. P. 1998. Key innovations and the ecology of macroevolution. *Trends in Ecology & Evolution*, **13**, 31-5.

Hunter, J. P. and Jernvall, J. 1995. The hypocone as a key innovation in mammalian evolution. *Proceedings ofthe National Academy ofSciences, USA*, **92**, 10718-22.

Hunter, M. D. and Price, P. W. 1992. Playing chutes and ladders: heterogeneity and the relative roles of bottom-up and top-down forces in natural communities. *Ecology*, **73**, 724-32.

Hurlbert, S. H. 1984. Pseudoreplication and the design of ecological field experiments. *Ecological Monographs*, **54**, 187-211.

Husband, B. C. and Barrett, S. C. H. 1993. Multiple origins of self-fertilization in tristylous *Eichornia paniculata* (Pontederiaceae): inferences from style morph and isozyme variation. *Journal of Evolutionary Biology*, **6**, 591-608.

Huxley, J. 1942. *Evolution, the modern synthesis*. Allen & Unwin, London, UK.

Hynes, R. A., Ferguson, A., and McCann, M. A. 1996. Variation in mitochondrial DNA and post-glacial colonization of north western Europe by brown trout. *Journal of Fish Biology*, **48**, 54-67.

Irschick, D. J., Vitt, L. J., Zani, P. A., and Losos, J. B. 1997. A comparison of evolutionary radiations in mainland and Caribbean *Anolis* lizards. *Ecology*, **78**, 2191-203.

Iwasa, Y. and Pomiankowski, A 1995. Continual change in mate preferences. *Nature (London)*, **377**, 420-2.

Jablonski, D. 1986. Evolutionary consequences of mass extinctions. In *Patterns and processes in the history of life* (ed. D. M. Raup and D. Jablonski), pp. 313-29. Springer-Verlag, Berlin, Germany.

Jablonski, D. 1989. The biology of mass extinctions: a palaeontological perspective. *Philosophical Transactions of the Royal Society of London B, Biological Sciences*, **325**, 357-68.

Jablonski, D. and Sepkoski, J. J., Jr. 1996. Paleobiology, community ecology, and scales of ecological pattern. *Ecology*, **77**, 1367-78.

Jackman, T., Losos, J. B., Larson, A, and de Queiroz, K. 1997. Phylogenetic studies of convergent adaptive radiations in Caribbean *Anolis* lizards. In *Molecular evolution and adaptive radiation* (ed. T. J. Givnish and K. J. Sytsma), pp. 535-57. Cambridge University Press, Cambridge.

Jaenike, J. 1990. Host specialization in phytophagous insects. *Annual Review of Ecology and Systematics*, **21**, 243-73.

Janson, K. 1983. Selection and migration in two distinct phenotypes of *Littorina saxatilis* in Sweden. *Oecologia*, **59**, 58-61.

Jeffries, M. J. and Lawton, J. H. 1984. Enemy free space and the structure of ecological communities. *Biological Journal of the Linnean Society*, **23**, 269-86.

Jernigan, R. W., Culver, D. C., and Fong, D. W. 1994. The dual role of selection and evolutionary history as reflected in genetic correlations. *Evolution*, **48**, 587-96.

Jernvall, J., Hunter, J. P. and Fortelius, M. 1996. Molar tooth diversity, disparity, and ecology in Cenezoic ungulate radiations. *Science (Washington, D.C.)*, **274**, 1489-92.

Johansson, M. E. 1994. Life history differences between central and marginal populations of the clonal aquatic plant *Ranunculus lingua:* a reciprocal transplant experiment. *Oikos*, **70**, 6572.

Johns, G. C. and Avise, J. C. 1998. Tests for ancient species flocks based on molecular phylogenetic appraisals of *Sebastes* rockfishes and other marine fishes. *Evolution*, **52**, 1135-46.

Johnson, M. S., Murray, J., and Clarke, B. 1993. The ecological genetics and adaptive radiation of *Partula* on Moorea. *Oxford Surveys in Evolutionary Biology*, **9**, 167-238.

Johnson, N. K., Marten, J. A, and Ralph, C. J. 1991. Genetic evidence for the origin and relationships of the Hawaiian honeycreepers (Aves: Fringillidae). *Copeia*, **91**, 379-96.

Jones, C. D. 1998. The genetic basis of *Drosophila sechellia*'s resistance to a host plant toxin. *Genetics*, **149**, 1899-1908.

Jones, M. 1997. Character displacement in Australian dasyurid carnivores: size relationships and prey size patterns. *Ecology*, **78**, 2569-87.

Jones, R., Culver, D. C., and Kane, T. C. 1992. Are parallel morphologies of cave organisms the result of similar selection pressures? *Evolution*, **46**, 353-65.

Jordan, N. 1991. Multivariate analysis of selection in experimental populations derived from hybridization of two ecotypes of the annual plant *Diodea teres* W. (Rubiaceae). *Evolution,* **45**, 1760–72.

Jordan, N. 1992. Path analysis of local adaptation in two ecotypes of the anual plant *Diodia teres* Wait. (Rubiaceae). *American Naturalist,* **140**, 149–65.

Joshi, A. and Thompson, J. N. 1995. Trade-offs and the evolution of host specialization. *Evolutionary Ecology,* **9**, 82–92.

Juliano, S. A. and Lawton, J. H. 1990a. The relationship between competition and morphology. 1. Morphological patterns among co-occurring dyticid beetles. *Journal of Animal Ecology,* **59**, 403–19.

Juliano, S. A. and Lawton, J. H. 1990b. The relationship between competition and morphology. II. Experiments on co-occurring dyticid beetles. *Journal of Animal Ecology,* **59**, 831–48.

Kambysellis, M. P. and Craddock, E. M. 1997. Ecological and reproductive shifts in the diversification of the endemic Hawaiian *Drosophila*. In *Molecular evolution and adaptive radiation* (ed. T. J. Givnish and K. J. Sytsma), pp. 475–509. Cambridge University Press, Cambridge.

Karnbysellis, M. P., Ho, K-F., Craddock, E. M., Piano, F., Parisi, M. and Cohen, J. 1995. Pattern of ecological shifts in the diversification of Hawaiian *Drosophila* inferred from a molecular phylogeny. *Current Biology,* **5**, 1129–39.

Kapan, D. 1998. Divergent natural selection and Müllerian mimicry in polymorphic *Heliconius cydno* (Lepidoptera: Nymphalidae). Ph.D. Thesis, University of British Columbia, Canada.

Karr, J. R. and James, F. C. 1975. Ecomorphological configurations and convergent evolution. In *Ecology and evolution of communities* (ed. M. L. Cody and J. M. Diamond), pp. 258–91. Harvard University Press, Cambridge, Mass.

Kawano, K. 1995. Habitat shift and phenotypic character displacement of two closely related rhinocerus beetle species (Coleoptera: Scarabaeidae). *Annals of the Entomological Society of America,* **88**, 641–52.

Kawecki, T. J. 1998. Red queen meets Santa Rosalia: arms races and the evolution of host specialization in organisms with parasitic lifestyles. *American Naturalist,* **152**, 635–51.

Kawecki, T. J. and Abrams, P. A. 1999. Character displacement mediated by the accumulation of mutations affecting resource consumption abilities. *Evolutionary Ecology Research,* **1**, 173–88.

Kelley, S. T. and Farrell, B. D. 1998. Is specialization a dead end? The phylogeny of host use in *Dendroctonus* bark beetles (Scolytidea). *Evolution,* **52**, 1731–43.

Kellogg, D. E. 1975. Character displacement in the radiolarian genus, *Eucyrtidium. Evolution,* **29**, 736–49.

Kieser, J. A. 1995. Gnathomandibular morphology and character displacement in the bat-eared fox. *Journal of Mammalogy,* **76**, 542–50.

Kiester, A. R., Lande, R., and Schemske, D. W. 1984. Models of coevolution and speciation in plants and their pollinators. *American Naturalist,* **124**, 220–43.

Kilias, G., Alahiotis, S. N. and Pelecanos, M. 1980. A multifactorial genetic investigation of speciation theory using *Drosophila melanogaster*. *Evolution*, **34**, 730-7.

Kiltie, R. A. 1984. Size ratios among sympatric neotropical cats. *Oecologia*, **61**, 411-6.

Kim, H.-G., Keeley, S. C., Vroom, P. S., and Jansen, R. K. 1998. Molecular evidence for an African origin of the Hawaiian endemic *Hesperomannia* (Asteraceae). *Proceedings of the National Academy of Sciences, USA*, **95**, 15440-5.

Kingsolver, J. G. 1988. Thermoregulation, flight, and the evolution of wing pattern in pierid butterflies: the topography of adaptive landscapes. *American Zoologist*, **28**, 899-912.

Kirkpatrick, M. 1982a. Sexual selection and the evolution of female choice. *Evolution*, **36**, 1-12.

Kirkpatrick, M. 1982b. Quantum evolution and punctuated equilibrium in continuous genetic characters. *American Naturalist*, **119**, 833-48.

Kirkpatrick, M. and Lofsvold, D. 1992. Measuring selection and constraint in the evolution of growth. *Evolution*, **46**, 954-71.

Kirkpatrick, M. and Barton, N. H. 1997. Evolution of a species' range. *American Naturalist*, **150**, 1-23.

Kirkpatrick, M. and Servedio, M. R. 1999. The reinforcement of mating preferences on an island. *Genetics*, **151**, 865-84.

Klein, N. K. and Payne, R. B. 1998. Evolutionary associations ofbrood parasitic finches (*Vidua*) and their host species: analyses ofmitochondrial DNA restriction sites. *Evolution*, **52**, 56682.

Klinka, J. and Zink, R. M. 1997. The importance of recent ice ages in speciation: a failed paradigm. *Science (Washington, D.C.)*, **277**, 1666-69.

Kluge, A. R. and Kerfoot, W. C. 1973. The predictability and regularity of character divergence. *American Naturalist*, **107**, 426-42.

Kocher, T. D., Conroy, J. A., McKaye, K. R., and Stauffer, J. R. 1993. Similar morphologies of cichlid fish in Lakes Tanganyika and Malawi are due to convergence. *Molecular Biology and Evolution*, **2**, 158-65.

Kondrashov, A. S. and Kondrashov, F. A. 1999. Interactions among quantitative traits in the course of sympatric speciation. *Nature (London)*, **400**, 351-4.

Kondrashov, A. S. and Turelli, M. 1992. Deleterious mutations, apparent stabilizing selection and the maintenance of quantitative variation. *Genetics*, **132**, 603-18.

Krebs, R. A. 1990. Courtship behavior and control of reproductive isolation in *Drosophila mojavensis*: Genetic analysis of population hybrids. *Behavior Genetics*, **20**, 535-43.

Lachance, S. and Magnan, P. 1990. Performance of domestic, hybrid, and wild strains of brook trout, *Salvelinus fontinalis*, after stocking: the impact of intra-and interspecific competition. *Canadian Journal ofFisheries and Aquatic Sciences*, **47**, 2278-84.

Lack, D. 1947. *Darwin'sfinches*. Cambridge University Press, Cambridge.

Lakovaara, S., Saura, A., and Falk, C. 1972. Genetic distance and evolutionary relationships in the *Drosophila obscura* group. *Evolution*, **26**, 177-84.

Lande, R. 1976. Natural selection and random genetic drift in phenotypic evolution.

Evolution, **30**, 314-34.

Lande, R. 1977. Statistical tests for natural selection on quantitative characters. *Evolution*, **31**, 442-4.

Lande, R. 1979. Quantitative genetic analysis of multivariate evolution, applied to brain:body size allometry. *Evolution*, **33**, 402-16.

Lande, R. 1980. The genetic covariance between characters maintained by pleiotropic mutations. *Genetics*, **94**, 309-20.

Lande, R. 1981. Models of speciation by sexual selection on polygenic traits. *Proceedings of the National Academy of Sciences, USA*, **78**, 3721-5.

Lande, R. 1982. Rapid origin of sexual isolation and character divergence in a dine. *Evolution*, **36**, 213-23.

Lande, R. 1985. Expected time for random genetic drift of a population between stable phenotypic states. *Proceedings of the National Academy of Sciences, USA*, **82**, 7641-5.

Lande, R. 1992. Neutral theory of quantitative genetic variance in an island model with local extinction and colonization. *Evolution*, **46**, 381-9.

Lande, R. and Arnold, S. J. 1983. The measurement of selection on correlated characters. *Evolution*, **37**, 1210-26.

Lanyon, S. M. 1992. Interspecific brood parasitism in blackbirds (Icterinae): a phylogenetic perspective. *Science (Washington, D.C.)*, **255**, 77-9.

Lauder, G. V. 1983. Functional and morphological bases of trophic specialization in sunfishes (Teleostei, Centrarchidae). *Journal of Mammalogy*, **178**, 1-21.

Lavin, P. A. and McPhail, J. D. 1987. Morphological divergence and the organization of trophic characters among lacustrine populations of the threespine stickleback *(Gasterosteus aculeatus)*. *Canadian Journal ofFisheries and Aquatic Sciences*, **44**, 1820-9.

Lawlor, L. R. and Maynard Smith, J. 1976. The coevolution and stability of competing species. *American Naturalist*, **110**, 79-99.

Leibold, M. A. 1995. The niche concept revisited: mechanistic models and community context. *Ecology*, **76**, 1371-1382.

Leibold, M. A., Chase, J. M., Shurin, J. B., and Downing, A. L. 1997. Species turnover and the regulation of trophic structure. *Annual Review of Ecology and Systematics*, **28**, 467-94.

Lenski, R. E. and Travisano, M. 1994. Dynamics of adaptation and diversification: a 10, 000-generation experiment with bacterial populations. *Proceedings ofthe National Academy of Sciences, USA*, **91**, 6808-14.

Liebherr, J. K. and Hajek, A. E. 1990. A cladistic test of the taxon cycle and taxon pulse hypotheses. *Cladistics*, **6**, 39-59.

Liem, K. F. 1973. Evolutionary strategies and morphological innovations: cichlid pharyngeal jaws. *Systematic Zoology*, **22**, 425-41.

Liem, K. F. 1991. Functional morphology. In *Cichlidfishes: behaviour, ecology and evolution* (ed. M. H. A. Keenleyside), pp. 129-150. Chapman & Hall, New York.

Lindsey, C. C. 1981. Stocks are chameleons: plasticity in gill-rakers of coregonid fishes. *Journal of the Fisheries Research Board of Canada*, **20**, 749-67.

Liou, L. and Price, T. 1994. Speciation by reinforcement of premating isolation. *Evolution*, **48**, 1451–59.

Lomolino, M. V. 1985. Body sizes of mammals on islands: the island rule reexamined. *American Naturalist*, **125**, 310–16.

Losos, J. B. 1990a. Ecomorphology, performance capability, and scaling of West Indian *Anolis* lizards: an evolutionary analysis. *Ecological Monographs*, **60**, 369–88.

Losos, J. B. 1990b. The evolution of form and function: morphology and locomotor performance in West Indian *Anolis* lizards. *Evolution*, **44**, 1189–1203.

Losos, J. B. 1990c. A phylogenetic analysis of character displacement in Caribbean *Anolis* lizards. *Evolution*, **44**, 1189–1203.

Losos, J. B. 1992. The evolution of convergent structure in Caribbean *Anolis* communities. *Systematic Biology*, **41**, 403–20.

Losos, J. B. 1998. Ecological and evolutionary determinants of the species-area relationship in Caribbean anoline lizards. In *Evolution on islands* (ed. P. R. Grant), pp. 210–24. Oxford University Press, Oxford.

Losos, J. B. and Sinervo, B. 1989. The effects of morphology and perch diameter on sprint performance of *Anolis* lizards. *Journal of Experimental Biology*, **145**, 23–30.

Losos, J. B., Naeem, S., and Colwell, R. K. 1989. Hutchinsonian ratios and statistical power. *Evolution*, **43**, 1820–6.

Losos, J. B. and Miles, D. B. 1994. Adaptation, constraint, and the comparative method: phylogenetic issues and methods. In *Ecological morphology* (ed. P. C. Wainwright and S. M. Reilly), pp. 60–98. Chicago University Press, Chicago.

Losos, J. B. and Irschick, D. J. 1996. The effect of perch diameter on escape performance of *Anolis* lizards: laboratory predictions and field tests. *Animal Behaviour*, **51**, 593–602.

Losos, J. B., Warheit, K. I., and Schoener, T. W. 1997. Adaptive differentiation following experimental island colonization in *Anolis* lizards. *Nature (London)*, **387**, 70–3.

Losos, J. B., Jackman, T. R., Larson, A, de Queiroz, K., and Rodríguez-Schettino, L. 1998. Contingency and determinism in replicated adaptive radiations of island lizards. *Science (Washington, D.C.)*, **279**, 2115–8.

Losos, J. B., Creer, D. A, Glossip, D., Goellner, R., Hampton, A, Roberts, G., Haskell, N., Taylor, P., and Ettling, J. 2000. Evolutionary implications of phenotypic plasticity in the hindlimb of the lizard *Anolis sagrei*. *Evolution*, **54**, 301–5.

Lovett Doust, L. 1981. Population dynamics and local specialization in a clonal perennial *(Ranunculus repens)*. 11. The dynamics of leaves, and a reciprocal transplant-replant experiment. *Journal of Ecology*, **69**, 757–68.

Lowrey, T. K. 1995. Phylogeny, adaptive radiation, and biogeography of Hawaiian *Tetramolopium* (Asteraceae: Astereae). In *Hawaiian biogeography* (ed. W. L. Wagner and V. A Funk), pp. 195–219. Smithsonian Institution Press, Washington D.C.

Loy, A. and Capanna, E. 1999. A parapatric contact area between two species of moles: character displacement investigated through the geometric morphometrics of skull. *Acta Zoologica*, **44**, 151–64.

Lüscher, A., Connoly, J., and Jacquard, P. 1992. Neighbor specificity between *Lolium perenne* and *Trifolium repens* from a natural pasture. *Oecologia*, **91**, 404-9.

Lynch, M. 1988. The rate of polygenic mutation. *Genetical Research*, **51**, 137-48.

Lynch, M. 1990. The rate of morphological evolution in mammals from the standpoint of the neutral expectation. *American Naturalist*, 136, 727-41.

Lynch, M. 1991. The genetic interpretation of inbreeding depression and outbreeding depression. *Evolution*, **45**, 622-9.

Lynch, M. and Hill, W. G. 1986. Phenotypic evolution by neutral mutation. *Evolution*, **40**, 915-35.

Lynch, M. and Walsh, B. 1998. Genetics and analysis ofquantitative traits. Sinauer, Sunderland, Mass.

Lynch, M., Pfrender, M., Spitze, K., Lehman, N., Hicks, J., AlIen, D., Latta, L., Ottene, M., Bogue, F., and Colbourne, J. 1998. The quantitative and molecular genetic architecture of a subdivided species. *Evolution*, **53**, 100-10.

Lynch, M., Blanchard, J., Houle, D., Kibota, T., Schultz, S., Vassilieva, L., and Willis, J. 1999. Perspective: spontaneous deleterious mutation. *Evolution*, **53**, 645-63.

MacArthur, R. W. 1972. *Geographical ecology*. Princeton University Press, Princeton, N. J.

MacArthur, R. H. and Pianka, E. R. 1966. On optimal use of a patchy environment. *Evolution*, **100**, 603-9.

Macnair, M. R. and Christie, P. 1983. Reproductive isolation as a pleiotropic effect of copper tolerance in *Mimulus guttatus*? *Heredity*, **50**, 295-302.

Macnair, M. R. and Gardner, M. 1998. The evolution of edaphic endemics. In *Endlessforms: species and speciation* (ed. D. Howard), pp. 157-71. Oxford University Press, Oxford.

Maddison, W. P. and Maddison, D. R. 1992. *MacClade, version* 3. Sinauer, Sunderland, Mass.

Magnan, P. 1988. Interactions between brook charr, *Salvelinus fontinalis*, and nonsalmonid species: ecological shift, morphological shift, and their impact on zooplankton communities. *Canadian Journal of Fisheries and Aquatic Sciences*, **45**, 999-1009.

Magurran, A E. 1998. Population differentiation without speciation. *Proceedings of the Royal Society of London B, Biological Sciences*, **353**, 275-86.

Mahmood M. S, Chippendale, P. T. and Johnson, N. A. 1998. Patterns of post zygotic isolation in frogs. *Evolution*, **52**, 1811-20.

Mallet J. 1995. A species definition for the modem synthesis. *Trends in Ecology & Evolution*, **10**, 294-9.

Mallet, J. and Barton, N. H. 1989. Strong natural selection in a warning-co10r hybrid zone. *Evolution*, **43**, 421-31.

Malmquist, M. G. 1985. Character displacement and biogeography of the pygmy shrews in Northern Europe. *Ecology*, **66**, 372-7.

Manly, B. F. J. 1985. *The statistics of natural selection on animal populations* Chapman & Hall, New York.

Marchetti, K. 1993. Dark habitats and bright birds illustrate the role of the environment in species divergence. *Nature (London)*, **362**, 149-52.

Marcogliese, D. J. and Cone, D. K. 1997. Food webs: a plea for parasites. *Trends in Ecology & Evolution*, **12**, 320-4.

Marten, J. A. and Johnson, N. K. 1986. Genetic relationships of North American cardueline finches. *Copeia*, **88**, 409-20.

Martin, M. M. and Harding, J. 1981. Evidence for the evolution of competition between two species of annual plants. *Evolution*, **35**, 975-87.

Martin, T. E. 1988. Processes organizing open-nesting bird assemblages: competition or nest predation? *Evolutionary Ecology*, **2**, 37-50.

Martin, T. E. 1998. Are microhabitat preferences of coexisting species under selection and adaptive? *Ecology*, **79**, 656-70.

Martins, E. P. 1994. Estimating the rate of phenotypic evolution from comparative data. *American Naturalist*, **144**, 193-209.

Martins, E. P. and Garland, T, Jr. 1991. Phylogenetic analyses of the correlated evolution of continuous characters: a simulation study. *Evolution*, **45**, 534-57.

Martins, E. P. and Hansen, T. F. 1996. Phylogenies and the comparative method: A general approach to incorporating phylogenetic information into the analysis of interspecific data. *American Naturalist*, **149**, 646-67.

Mathsoft, Inc. 1999. *S-Plus 2000 Language Reference*. Seattle, Washington.

Matsuda, H., Hori, M., and Abrams, P. A. 1996. Effects of predator-specific defense on biodiversity and community complexity in two-trophic-level communities. *Evolutionary Ecology*, **10**, 13-28.

Maynard Smith, J., Burian, R., Kauffman, S., Alberch, P., Campbell, J., Goodwin, B., Lande, R., Raup, D., and Wolpert, L. 1985. Developmental constraints and evolution. *Quarterly Review of Biology*, **60**, 265-87.

Mayr, E. 1942. *Systematics and the origin of species*. Columbia University Press, New York.

Mayr, E. 1954. Change of genetic environment and evolution. In *Evolution as a process* (ed. J. Huxley, A. C. Hardy, and E. B. Ford), pp. 157-80. Allen & Unwin, London, UK.

Mayr, E. 1963. *Animal species and evolution*. Harvard University Press, Cambridge, Mass.

McCune, A. R. 1997. How fast is speciation? Molecular, geological, and phylogenetic evidence from adaptive radiations of fishes. In *Molecular evolution and adaptive radiation* (ed. T. J. Givnish and K. J. Sytsma), pp. 585-610. Cambridge University Press, Cambridge.

McDowall, R. M. 1998. Phylogenetic relationships and ecomorphological divergence in sympatric and allopatric species of *Paragalaxias* (Teleostei: Galaxiidae) in lakes of high elevation Tasmanian lakes. *Environmental Biology of Fishes*, **53**, 235-57.

McEachran, J. D. and Martin, C. O. 1977. Possible occurrence of character displacement in the sympatric skates *Raja erinacea* and *R. ocellata* (Pisces: Rajidae). *Environmental Biology of Fishes*, **2**, 121-30.

McKinnon, J. S., S. Mori and D. Schluter. Manuscript. Parallel reproductive isolation implicates divergent environments in the origin of stickleback species.

McMillan, W. O., Jiggins, C. D., and Mallet, J. 1997. What initiates speciation in passion-vine butterflies? *Proceedings of the National Academy of Sciences, USA*, **94**, 8628–33.

McPeek, M. A 1990a. Determination of species composition in the *Enallagma* damselfly assemblages of permanent lakes. *Ecology*, **71**, 83–98.

McPeek, M. A. *1990b*. Behavioral differences between *Enallagma* species (Odonata) influencing differential vulnerability to predators. *Ecology*, 71, 1714–26.

McPeek, M. A 1995. Morphological evolution mediated by behavior in the damselflies of two communities. *Evolution*, **49**, 749–69.

McPeek, M. A., Schrot, A. K., and Brown, J. M. 1996. Adaptation to predators in a new community: swimming performance and predator avoidance in damselflies. *Ecology*, **77**, 617–29.

McPeek, M. A. and Wellborn, G. A. 1998. Genetic variation and reproductive isolation among phenotypically divergent amphipod populations. *Limnology and Oceanography*, **43**, 1162–9.

McPhail, J. D. 1994. Speciation and the evolution of reproductive isolation in the sticklebacks *(Gasterosteus)* of southwestern British Columbia. In *Evolutionary biology of the three;pine stickleback* (ed. M. A. Bell and S. A Foster), pp. 399–437. Oxford University Press, Oxford.

McPhail, J. D. and Lindsey, C. C. 1986. Zoogeography of the freshwater fishes ofCascadia (the Columbia system and rivers north to the Stikine). In *The zoogeography ofNorth American freshwater fishes* (ed. C. H. Hocutt and E. O. Wiley), pp. 615–37. Wiley, Chichester.

Merilä, J. 1997. Quantitative trait and allozyme divergence in the greenfinch *(Carduelis chloris*, Aves: Fringillidae). *Biological Journal of the Linnean Society*, **61**, 243–66.

Meyer, A. 1993. Phylogenetic relationships and evolutionary processes in East African cichlid fishes. *Trends in Ecology & Evolution*, **8**, 279–84.

Meyer, A, Kocher, T. D., Basasibwaki, P., and Wilson, A. C. 1990. Monophyletic origin of Lake Victoria cichlid fishes suggested by mitochondrial DNA sequences. *Nature (London)*, **347**, 550–3.

Miller, R. B. 1981. Hawkmoths and the geographic patterns of floral variation in *Aquilegia caerulea*. *Evolution*, **35**, 763–74.

Milligan, B. G. 1985. Evolutionary divergence and character displacement in two phenotypically-variable competing species. *Evolution*, **39**, 1207–22.

Mitchell-Olds, T. 1996. Pleiotropy causes long-term genetic constraints on life-history evolution in *Brassica rapa*. *Evolution*, **50**, 1849–58.

Mitchell-Olds, T. and Shaw, R. G. 1987. Regression analysis of natural selection: statistical inference and biological interpretation. *Evolution*, **41**, 1149–61.

Mitra, S., Landel, H., and Pruett-Jones, S. 1996. Species richness covaries with mating system in birds. *Auk*, **113**, 554–57.

Mittelbach, G. G. 1981. Foraging efficiency and body size: a study of optimal diet and habitat use by bluegills. *Ecology*, **62**, 1370-86.

Mittelbach, G. G. 1984. Predation and resource use in two sunfishes (Centrarchidae). *Ecology*, **65**, 499-513.

Mittelbach, G. G. and Chesson, P. L. 1987. Predation risk: indirect effects on fish populations. In *Predation: direct and indirect impacts on aquatic communities* (ed. W. C. Kerfoot and A. Sih), pp. 315-32. University Press New England, Hanover, NH, USA.

Mitter, C., Farrell, B., and Wiegmann, B. 1988. The phylogenetic study of adaptive zones: has phytophagy promoted insect diversification? *American Naturalist*, **132**, 107-28.

Miyatake, T. and Shimizu, T. 1999. Genetic correlations between life-history and behavioral traits can cause reproductive isolation. *Evolution*, **53**, 201-8.

Møller, A. P. and Cuervo, J. J. 1998. Speciation and feather ornamentation in birds. *Evolution*, **52**, 859-69.

Montgomery, S. L. 1975. Comparative breeding site ecology and the adaptive radiation of picture-winged *Drosophila*. *Proceedings of the Hawaiian Entomological Society*, **22**, 65-102.

Mooers, A. Ø. and Schluter, D. 1999. Reconstructing ancestor states using maximum likelihood: support for one and two-rate models. *Systematic Biology*, **48**, 623-33.

Mooers, A. Ø., Vamosi, S. M., and Schluter D. 1999. Using phylogenies to test macroevolutionary hypotheses of trait evolution in Cranes (Gruinae). *American Naturalist*, **154**, 249-59.

Mopper, S. and Strauss, S. Y. 1998. Genetic structure and local adaptation in natural insect populations: effects of ecology, life history, and behavior. Chapman & Hall, New York.

Moreno, E. and L. M. Carrascal. 1993. Leg morphology and feeding postures in four *Parus* species: an experimental ecomorphological approach. *Ecology*, **74**, 2037-44.

Mousseau, T. A. and Roff, D. A. 1987. Natural selection and the heritability of fitness components. *Heredity*, **59**, 181-91.

Müller, A. 1996. Host-plant specialization in Western Palearctic anthidiine bees (Hymenoptera: Apoidea: Megachilidae). *Ecological Monographs*, **66**, 235-57.

Muller, H. J. 1940. Bearings of the *Drosophila* work on systematics. In *The new systematics* (ed. J. S. Huxley), pp. 185-268. Clarendon Press, Oxford.

Munz, P. A. and Keck, D. D. 1970. *A California Flora*. University of California Press, Berkeley, CA, USA.

Murdoch, D. J. and Chow, E. D. 1994. A graphical display of large correlation matrices. Mathematical preprint #1994-09, Department of Mathematics and Statistics, Queen's University, Kingston, Canada.

Nagel, L. and Schluter, D. 1998. Body size, natural selection, and speciation in sticklebacks. *Evolution*, **52**, 209-18.

Nagy, E. S. 1997. Selection for native characters in hybrids between two locally adapted plant subspecies. *Evolution*, **51**, 1469-80.

Nagy, E. S. and Rice, K. J. 1997. Local adaptation in two subspecies of an annual plant: implications for migration and gene flow. *Evolution*, **51**, 1079-89.

Nee, S., Mooers, A. O., and Harvey, P. H. 1992. Tempo and mode of evolution revealed from molecular phylogenies. *Proceedings of the National Academy of Sciences, USA*, **89**, 8322-6.

Nee, S., May, R. M., and Harvey, P. 1994. The reconstructed evolutionary process. *Philosophical Transactions of the Royal Society of London B, Biological Sciences*, **344**, 305-11.

Nee, S., Barraclough, T. G., and Harvey, P. H. 1996. Temporal changes in biodiversity: detecting patterns and identifying causes. In *Biodiversity: a biology of numbers and difference* (ed. K. J. Gaston), pp. 230-52. Blackwell Scientific, Oxford.

Nehm, R. H. and Geary, D. H. 1994. A gradual morphologic transition during a rapid speciation event in marginellid gastropods (Neogene: Dominican Republic). *Journal of Paleontology*, **68**, 787-95.

Nei, M. 1972. Genetic distance between populations. *American Naturalist*, **106**, 283-92.

Nei, M. 1978. Estimation of average heterozygosity and genetic distance from a small number of individuals. *Genetics*, **89**, 583-90.

Newton, I. 1972. *Finches*. Collins, London.

Niewiarowski, P. H. and Roosenburg, W. 1993. Reciprocal transplant reveals sources of variation in growth rates of the lizard *Sceloporus undulatus*. *Ecology*, **74**, 1992-2002.

Niklas, K. J. 1997. *The evolutionary biology of plants*. University of Chicago Press, Chicago.

Nilsson, L. A 1988. The evolution of flowers with deep corolla tubes. *Nature (London)*, **334**, 147-9.

Noor, M. A. 1995. Speciation driven by natural selection in *Drosophila*. *Nature (London)*, **375**, 674-5.

Noor, M. A F. 1997. Genetics of sexual isolation and courtship dysfunction in male hybrids of *Drosophila pseudoobscura* and *Drosophila persimilis*. *Evolution*, **51**, 809-15.

Norton, S. F. 1991. Capture success and diet of cottid fishes: the role of predator morphology and attack kinematics. *Ecology*, **72**, 1807-19.

Nurminsky, D. I., Nurminskaya, M. V., De Aguiar, D., and Hartl, D. L. 1998. Selective sweep of a newly-evolved sperm-specific gene in *Drosophila*. *Nature (London)*, **396**, 572-5.

Oksanen, L., Fretwell, S. D., Arruda, J., and Niemela, P. 1981. Exploitation ecosystems in gradients of primary productivity. *American Naturalist*, **118**, 240-61.

Olson, S. L. and James, H. F. 1982. Prodromus of the fossil avifauna of the Hawaiian Islands. *Smithsonian Contributions to Zoology*, **365**, 1-59.

Orr, H. A 1995. The population genetics of speciation: the evolution of hybrid incompatibilities. *Genetics*, **139**, 1805-13.

Orr, H. A 1997. Haldane's rule. *Annual Review of Ecology and Systematics*, **28**, 195-218.

Orr, H. A 1998a. Testing natural selection *vs.* genetic drift in phenotypic evolution using quantitative trait locus data. *Genetics*, **149**, 2099-104.

Orr, H. A 1998b. The population genetics of adaptation: the distribution offactors fixed during adaptive evolution. *Evolution*, **52**, 935-49.

Orr, M. 1996. Life-history adaptation and reproductive isolation in a grasshopper hybrid zone. *Evolution*, **50**, 704-16.

Orti, G., Bell, M. A, Reimchen, T. E., and Meyer, A 1994. Global survey of mitochondrial DNA sequences in the threespine stickleback: evidence for recent migrations. *Evolution*, **48**, 608-22.

Osenberg, C. W. and Mittelbach, G. G. 1996. The relative importance of resource limitation and predator limitation in food chains. In *Food webs* (ed. G. A. Polis and K. O. Winemiller), pp. 134-48. Chapman & Hall, New York.

O'Steen, S., Cullum, A J. and Bennett, A. F. Manuscript. Rapid evolution of escape performance in Trinidad guppies (*Poecilia reticulata*).

Owen, D. F. 1963. Polymorphism and population density in the African land snail *Limicolaria martensiana*. *Science (Washington, D.C.)*, **140**, 666-7.

Owen, D. F. and Whiteley, D. 1989. Evidence that reflexive polymorphisms are maintained by visual selection by predators. *Oikos*, **55**, 130-3. Pacala, S. W. and Roughgarden, J. 1982. Resource partitioning and interspecific competition in two two-species insular *AnoUs* lizard communities. *Science (Washington, D.C.)*, **217**, 444-6.

Pacala, S. W. and Roughgarden, J. 1985. Population experiments with the *Anolis* lizards of St. Maarten and St. Eustacius. *Ecology*, **66**, 129-41.

Pagel, M. 1994. Detecting correlated evolution on phylogenies: a general method for the comparative analysis of discrete characters. *Proceedings of the Royal Society of London B, Biological Sciences*, **255**, 37-45.

Pagel, M. 1999. The maximum likelihood approach to reconstructing ancestral character states of discrete characters on phylogenies. *Systematic Biology*, **48**, 612-22.

Palomares, F. and Caro, T. M. 1999. Interspecific killing among mammalian carnivores. *American Naturalist*, **153**, 492-508.

Palumbi, S. R. 1998. Species formation and the evolution of gamete recognition loci. In *Endless forms: species and speciation* (ed. D. Howard and S. Berlocher), pp. 271-8. Oxford University Press, Oxford.

Parra, V., Loreau, M., and Jaeger, J. J. 1999. Incisor size and community structure in rodents: two tests of the role of competition. *Acta Oecologica*, **20**, 93-101.

Partridge, L. 1976. Field and laboratory observations on the foraging and feeding techniques of blue tits (*Parus caeruleus*) and coal tits (*Parus ater*) in relation to their habitats. *Animal Behaviour*, **24**, 230-40.

Patterson. 1995. Phy10genetic analysis of the Hawaiian and other Pacific species of *Scaevola* (Goodeniaceae). In *Hawaiian biogeography* (ed. W. L. Wagner and V. A. Funk), pp. 363-78. Smithsonian Institution Press, Washington D.C.

Payne, R. B. 1977. The ecology of brood parasitism in birds. *Annual Review of Ecology and Systematics*, **8**, 1-28.

Payne, R. J. H. and Krakauer, D. C. 1997. Sexual selection, space, and speciation. *Evolution*, **51**, 1-9.

Pearson, D. L. 1980. Patterns of limiting similarity in tropical forest tiger beetles (Coleoptera: Cicindelidae). *Biotropica*, **12**, 195-204.

Pearson, D. L. and Mury, E. J. 1979. Character divergence and convergence among tiger beetles (Coleoptera: Cicindelidae). *Ecology,* **60**, 557-66.
Pearson, K. 1903. Mathematical contributions to the theory of evolution. XI. On the influence of natural selection on the variability and correlation of organs. *Philosophical Transactions of the Royal Society of London A,* **200**, 1-66.
Pellmyr, O., Leebens-Mack, J., and Huth, C. J. 1996. Non-mutualistic yucca moths and their evolutionary consequences. *Nature (London),* **380**, 155-6.
Pellmyr, O. and Leebens-Mack, J. 2000. Adaptive radiation in yucca moths and the reversal of mutualism. *American Naturalist,* **156** *(Supplement),* in press.
Peterson, R. T. and McKenny, M. 1968. *A field guide to wildflowers of northeastern and north-central North America.* Houghton Mifflin, Boston, Mass.
Petren, K., Grant, B. R., and Grant, P. R. 1999. A phylogeny of Darwin's finches based on micro satellite DNA length variation. *Proceedings of the Royal Society of London B, Biological Sciences,* **266**, 321-30.
Pfennig, D. W. 1992. Polyphenism in spadefoot toad tadpoles as a locally adjusted evolutionarily stable strategy. *Evolution,* **46**, 1408-20.
Pfennig, D. W. and P. J. Murphy. 2000. Character displacement in polyphenic tadpoles. *Evolution,* **54**, in press.
Phillips, P. C. and Arnold, S. J. 1989. Visualizing multivariate selection. *Evolution,* **43**, 1209-22.
Pianka, E. R. 1969. Sympatry of desert lizards *(Ctenotus)* in Western Australia. *Ecology,* **50**, 1012-30.
Pianka, E. R. 1986. *Ecology and natural history of desert lizards.* Princeton University Press, Princeton, N.J.
Pianka, E. R. 1998. Phylogenetic analysis of a major adaptive radiation [Online]. Available at: http://uts.cc.utexas.edurvaranus/ctenotus.html [1998, June 8].
Polis, G. A., Myers, C. A., and Holt, R. D. 1989. The ecology and evolution of intraguild predation: potential competitors that eat each other. *Annual Review of Ecology and Systematics,* **20**, 297-330.
Pomiankowski, A. and Iwasa, Y. 1998. Runaway ornament diversity caused by Fisherian sexual selection. *Proceedings ofthe National Academy of Sciences, USA,* **95**, 5106-11.
Pöysä, H., Elmberg, J., Nummi, P., and Sjöberg, K. 1994. Species composition of dabbling duck assemblages: ecomorphological patterns compared with null models. *Oecologia,* **98**, 193200.
Pregill, G. K. and Olson, S. L. 1981. Zoogeography of West Indian vertebrates in relation to Pleistocene climate cycles. *Annual Review of Ecology and Systematics,* **12**, 75-98.
Price, D. K. and Boake, C. R. B. 1995. Behavioral reproductive isolation in *Drosophila silvestris, D. heteroneura,* and their F1 hybrids (Diptera: Drosophilae). *Journal of Insect Behavior,* **8**, 595-616.
Price, M. V. and Waser, N. M. 1979. Pollen dispersal and optimal outcrossing in *Delphinium nelsoni. Nature (London),* **277**, 294-7.
Price, T. 1987. Diet variation in a population of Darwin's finches. *Ecology,* **68**, 1015-28.

Price, T. 1991. Morphology and ecology of breeding warblers along an altitudinal gradient in Kashmir, India. *Journal of Animal Ecology*, 601, 643-64.

Price, T. 1997. Correlated evolution and independent contrasts. *Philosophical Transactions of the Royal Society of London B, Biological Sciences*, **352**, 519-29.

Price, T. 1998. Sexual selection and natural selection in bird speciation. *Philosophical Transactions of the Royal Society of London B, Biological Sciences*, **353**, 1-12.

Price, T. and Grant, P. R. 1984. Life history traits and natural selection for small body size in a population of Darwin's finches. *Evolution*, **38**, 483-94.

Price, T. D., Grant P. R., Gibbs H. L., and Boag P. T. 1984a. Recurrent patterns of natural selection in a population of Darwin's finches. *Nature (London)*, **309**, 787-9.

Price, T. D., Grant, P. R., and Boag, P. T. 1984b. Genetic changes in the morphological differentiation of Darwin's ground finches. In *Population biology and Evolution* (ed. K. Wohrmann and V. Loechske), pp. 49-66. Springer-Verlag, Berlin.

Price, T. D., Kirkpatrick, M., and Arnold, S. J. 1988. Directional selection and the evolution of breeding date in birds. *Science (Washington, D.C.)*, **240**, 798-9.

Price, T. and Liou, L. 1989. Seletion in clutch size in birds. *American Naturalist*, 134, 950-9.

Price, T. D. and Schluter, D. 1991. On the low heritability of life history traits. *Evolution*, **45**, 853-61.

Price, T., Turelli, M., and Slatkin, M. 1993. Peak shifts produced by correlated response to selection. *Evolution*, **47**, 280-90.

Price, T., Gibbs, H. L., de Sousa, L., and Richman, A. D. 1998. Different timings of the adaptive radiations of North American and Asian warblers. *Proceedings of the Royal Society of London B, Biological Sciences*, **26**, 1969-75.

Price, T., Lovette, I., Bermingham, H. L., Gibbs, H. L., and Richman, A. D. 2000. The imprint of history on communities of North American and Asian warbers. *American Naturalist*, in press.

Primack, R. B. and Kang, H. 1989. Measuring fitness and natural selection in wild plant populations. *Annual Review of Ecology and Systematics*, **20**, 367-96.

Pritchard, J. R. and Schluter, D. Manuscript. *Declining competition during character displacement: summoning the ghost of competition past.*

Proctor, H. C. 1992. Sensory exploitation and the evolution of male mating behavior: a cladistic test using water mites (Acari, Parasitengona) *Animal Behaviour*, **44**, 745-52.

Provine, W. B. 1986. *Sewall Wright and evolutionary biology.* Chicago University Press, Chicago.

Racz, G. and Demeter, A. 1999. Character displacement in mandible shape and size in two species of water shrews (*Neomys*, Mammalia, Insectivora). *American Zoologist*, **44**, 16575.

Radtkey, R. R. 1996. Adaptive radiation of day-geckos *(Phelsuma)* in the Seychelles archipelago: a phylogenetic analysis. *Evolution*, **50**, 604-23.

Radtkey, R. R., Fallon, S. M., and Case, T. J. 1997. Character displacement in some *Cnemidophorus* lizards revisited: a phylogenetic analysis. *Proceedings of the National*

Academy of Sciences, USA, **94**, 9740-5.

Rainey, P. B. and Travisano, M. 1998. Adaptive radiation in a heterogeneous environment. *Nature (London)*, **394**, 69-72.

Ramsey, J. and Schemske, D. W. 1998. Pathways, mechanisms, and rates ofpolyploid formation in flowering plants. *Annual Review of Ecology and Systematics*, **29**, 467-501.

Ratcliffe, L. M. and Grant, P. R. 1983. Species recognition in Darwin's finches (*Geospiza*, Gould). 1. Discrimination by morphological cues. *Animal Behaviour*, **31**, 1139-53.

Rathcke, B. 1983. Competition and facilitation among plants for pollinators. In *Pollination biology* (ed. L. Real), pp. 305-29. Academic Press, New York.

Rausher, M. D. 1984. Trade-offs in performance on different hosts: evidence from within- and between-site variation in the beetle *Deloyala guttata*. *Evolution*, **38**, 582-95.

Rausher, M. D. 1988. Is coevolution dead? *Ecology*, **69**, 898-901.

Rausher, M. D. 1992. The measurement of selection on quantitative traits biased due to environmental covariances between traits and fitness *Evolution*, **46**, 616-26.

Ree, R. H. and Donoghue, M. J. 1999. Inferring rates of change in flower symmetry in asterid angiosperms. *Systematic Biology*, **48**, 633-41.

Reeve, H. K. and Sherman, P. W. 1993. Adaptation and the goals of evolutionary research. *Quarterly Review of Biology*, **68**, 1-32.

Repasky, R. R. and Schluter, D. 1996. Habitat distributions of sparrows: foraging success in a transplant experiment. *Ecology*, **77**, 452-60.

Reznick, D. N., Shaw, F. H., Rodd, F. H., and Shaw, R. G. 1997. Evaluation of the rate of evolution in natural populations of guppies (*Poecilia reticulata*). *Science (Washington, D.C.)*, **275**, 1934-37.

Rice, W. R. 1996. Sexually antagonistic male adaptation triggered by experimental arrest of female evolution. *Nature (London)*, **381**, 232-4.

Rice, W. R. 1998. Intergenomic conflict, interlocus antagonistic coevolution, and the evolution of reproductive isolation. In *Endless forms: species and speciation* (ed. D. Howard and S. Berlocher), pp. 261-70. Oxford University Press, Oxford.

Rice, W. R. and Hostert, E. E. 1993. Laboratory experiments on speciation: what have we learned in 40 years? *Evolution*, 47, 1637-53.

Rice, W. R. and Holland, B. 1997. The enemies within: interlocus contest evolution (ICE), and the interspecific Red Queen. *Behavioural Ecology and Sociobiology*, **41**, 1-10.

Richman, A. D. and Price, T. 1992. Evolution of ecological differences in the Old World leaf warblers. *Nature (London)*, **355**, 817-21.

Ricklefs, R. E. and O'Rourke, K. 1975. Aspect diversity in moths: a temperate-tropical comparison. *Evolution*, **29**, 313-24.

Ricklefs, R. E. and Cox, G. W. 1972. Taxon cycles in the West Indian avifauna. *American Naturalist*, **106**, 195-219.

Ricklefs, R. E. and Renner, S. S. 1994. Species richness within families of flowering plants. *Evolution*, **48**, 1619-36.

Ricklefs, R. E. and Starck, J. M. 1996. Applications of phylogenetically independent contrasts-a mixed progress report. *Oikos*, **77**, 167-72.

Ricklefs, R. E. and Bermingham, E. 1999. Taxon cycles in the Lesser Antilles avifauna. *Ostrich*, **70**, 49-59.

Rieseberg, L. H. 1997. Hybrid origins of plant species. *Annual Review of Ecology and Systematics*, **28**, 359-89.

Rieseberg, L. H. and Wendel, J. F. 1993. Introgression and its consequences in plants. In *Hybrid zones and the evolutionary process* (ed. R. G. Harrison), pp. 70-109. Oxford University Press, Oxford.

Ritland, C., and Ritland, K. 1989. Variation of sex allocation among 8 taxa of the *Mimulus guttatus* species complex (Scrophulariaceae). *American Journal of Botany*, **76**, 1731-9.

Robichaux, R. H. 1984. Variation in the tissue water relations of two sympatric Hawaiian *Dubautia* species and their natural hybrid. *Oecologia*, **65**, 75-81.

Robichaux, R. H. and Canfield, J. E. 1985. Tissue elastic properties of eight Hawaiian *Dubautia* species that differ in habitat and diploid chromosome number. *Oecologia*, **66**, 77-80.

Robichaux, R. H., Carr, G. D., Liebman, M., and Pearcy, R. W. 1990. Adaptive radiation of the Hawaiian silversword alliance (Compositae-Madiinae): ecological, morphological, and physiological diversity. *Annals of the Missouri Botanical Garden*, **77**, 64-72.

Robinson, B. W., Wilson, D. S., Margosian, A. S., and Lotito, P. T. 1993. Ecological and morphological differentiation of pumpkinseed sunfish in lakes without bluegill sunfish. *Evolutionary Ecology*, **7**, 451-64.

Robinson, B. W. and Wilson, D. S. 1994. Character release and displacement in fishes: a neglected literature. *American Naturalist*, **144**, 596-627.

Robinson, B. W., Wilson, D. S., and Shea, G. O. 1996. Trade-offs of ecological specialization: an intraspecific comparison of pumpkinseed sunfish phenotypes. *Ecology*, **77**, 170-8.

Robinson, B. W. and Wilson, D. S. 1996. Genetic variation and phenotypic plasticity in a trophically polymorphic population of pumpkinseed sunfish *(Lepomis gibbosus)*. *Evolutionary Ecology*, **10**, 631-52.

Robinson, B. W. and Wilson, D. S. 2000. A pleuralistic analysis of character release in pumpkinseed sunfish *(Lepomis gibbosus)*. *Ecology*, **81**, in press.

Robinson, B. W. and Schluter, D. 2000. Natural selection and the evolution of adaptive genetic variation in northern freshwater fishes. In *Adaptive genetic variation* (ed. T. A. Mousseau, B. Sinervo, and J. Endler), pp. 65-94. Oxford University Press, Oxford.

Robinson, S. K. and Terborgh, J. 1995. Interspecific aggression and habitat selection by Amazonian birds. *Journal of Animal Ecology*, **64**, 1-11.

Roff, D. A. 1997. *Evolutionary quantitative genetics*. Chapman & Hall, New York.

Roff, D. A. and Mousseau, T. A. 1987. Quantitative genetics and fitness: lessons from *Drosophila*. *Heredity*, **58**, 103-18.

Rohlf, F. J., Gilmartin, A. J., and Hart, G. 1983. The Kluge-Kerfoot phenomenon-a statistical artifact. *Evolution*, **37**, 180-202.

Rolán-Alvarez, E., Johannesson, K., and Ekendahl, A. 1995. Frequency-and densitydependent sexual selection in natural populations of Galician *Littorina saxatilis* Olivi. *Hydrobiologia*, **309**, 167-72.

Rolán-Alvarez, E., Johannesson, K., and Erlandsson, J. 1997. The maintenance of a dine in the marine snail *Littorina saxatilis:* the role of home site advantage and hybrid fitness. *Evolution,* **51**, 1838-47.

Rosenzweig, M. L. 1978. Competitive speciation. *Biological Journal of the Linnean Society,* **10**, 275-89.

Rosenzweig, M. L. 1981. A theory of habitat selection. *Ecology,* **62**, 327-35.

Rosenzweig, R F. Sharp, R. R, Treves, D. S., and Adams, J. 1994. Microbial evolution in a simple unstructured environment: genetic differentiation in *Escherichia coli. Genetics,* **137**, 903-17.

Ross, H. H. 1972. The origin of species diversity in ecological communities. *Taxon,* **21**, 253-9.

Rossi, L., Basset, A., and Nobile, L. 1983. A coadapted trophic niche in two species ofcrustacea (Isopoda): *Acellus aquaticus* (L.) and *Proacellus coxa lis* Dolff. *Evolution,* **37**, 810-20.

Rothstein, S. I., Patten, M. A., and Fleischer, R C. Manuscript. Phylogeny, specialization and parasite-host coevolution.

Roughgarden, J. 1972. Evolution of niche width. *American Naturalist,* **106**, 683-7 I8.

Roughgarden, J. 1976. Resource partitioning among competing species-coevolutionary approach. *Theoretical Population Biology,* **9**, 388-424.

Roughgarden, J., Heckel, D., and Fuentes, E. R. 1983. Coevolutionary theory and the biogeography and community structure of *Anolis.* In *Lizard ecology* (ed. R B. Huey, E. R. Pianka, and T. W. Schoener), pp. 371-410. Harvard University Press, Cambridge, Mass.

Rowe, L. and Houle, D. 1996. The lek paradox and the capture of genetic variance by condition dependent traits. *Proceedings of the Royal Society of London B, Biological Sciences,* **263**, 1415-21.

Roy, K. and Foote, M. 1997. Morphological approaches to measuring biodiversity. *Trends in Ecology & Evolution,* **12**, 277-81.

Rummel, J. D. and Roughgarden, J. 1985. Effects of reduced perch height separation on competition between two *Anolis* lizards. *Ecology,* **66**, 430-44.

Rundle, H. D. and Schluter, D. 1998. Reinforcement of stickleback mate preferences: sympatry breeds contempt. *Evolution,* **52**, 200-8.

Rundle, H. D., Mooers, A. O. and Whitlock, M. C. 1999. Single founder-flush events and the evolution of reproductive isolation. *Evolution,* **52**, 1850--5.

Rundle, H. D., Nagel, L., Boughman, J. W., and Schluter, D. 2000. Natural selection and parallel speciation in sticklebacks. *Science* (*Washington, D.C.*), **287**, 306-8.

Ryan, M. J. 1998. Sexual selection, receiver biases, and the evolution ofsex differences. *Science (Washington, D.C.),* **281**, 1999-2003.

Ryan, M. J. and Rand, A. S. 1993. Species recognition and sexual selection as a unitary problem in animal communication. *Evolution,* **47**, 647-57.

Sætre, G.-P., Moun, T., Bureš, S., Král, M., Adamjan, M., and Moreno, J. 1997. A sexually selected character displacement in flycatchers reinforces premating isolation. *Nature*

(*London*), **387**, 589-92.

Sakai, A. K., Weller, S. G., Wagner, W. L., Soltis, P. S., and Soltis, D. E. 1997. Phylogenetic perspective on the evolution of dioecy: adaptive radiation in the endemic Hawaiian genera *Schiedea* and *Alsinidendron* (Caryophyllaceae: Alsinoideae). In *Molecular evolution and adaptive radiation* (ed. T. J. Givnish and K. J. Sytsma), pp. 455-73. Cambridge University Press, Cambridge.

Saloniemi, I. 1993. An environmental explanation for the character displacement pattern in *Hydrobia* snails. *Oikos*, **67**, 75-80.

Sanderson, M. J. 1998. Reappraising adaptive radiation. *American Journal of Botany*, **85**, 1650-5.

Sanderson, M. J. and Donoghue, M. J. 1994. Shifts in diversification rate with the origin of angiosperms. *Science (Washington, D.C.)*, **264**, 1590-3.

Sandoval, C. P. 1994. The effects of the relative geographical scales of gene flow and selection on morph frequencies in the walking-stick *Timema cristinae*. *Evolution*, **48**, 1866-79.

Sato, A., O'Huigin, C., Figueroa, F., Grant, P. R., Grant, B. R., Tichy, H., and Klein, J. 1999. Phylogeny of Darwin's finches as revealed by mtDNA sequences. *Proceedings of the National Academy of Sciences, USA*, **96**, 5101-6.

Schemske, D. W. and Bradshaw, H. D., Jr. 1999. Pollinator preference and the evolution of floral traits in monkeyflowers *(Mimulus)*. *Proceedings of the National Academy of Sciences, USA*, **96**, 11910-5.

Schindel, D. E. and Gould, S. J. 1977. Biological interaction between fossil species: character displacement in Bermudian land snails. *Paleobiology*, **3**, 259-69.

Schliewen, U. K., Tautz, D., and Pääbo, S. 1994. Sympatric speciation suggested by monophyly of crater lake cichlids. *Nature (London)*, **368**, 629-32.

Schluter, D. 1982. Seed and patch selection by Galapagos ground finches: relation to foraging efficiency and food supply. *Ecology*, **63**, 1106-20.

Schluter, D. 1984. Morphological and phylogenetic relations among the Darwin's finches. *Evolution*, **38**, 921-30.

Schluter, D. 1986. Tests for similarity and convergence of finch communities. *Ecology*, **67**, 1073-85.

Schluter, D. 1988a. Estimating the form of natural selection on a quantitative trait. *Evolution*, **42**, 849-61.

Schluter, D. 1988b. The evolution of finch communities on islands and continents: Kenya vs. Galapagos. *Ecological Monographs*, **58**, 229-49.

Schluter, D. 1988c. Character displacement and the adaptive divergence of finches on islands and continents. *American Naturalist*, **131**, 799-824.

Schluter, D. 1990. Species-for-species matching. *American Naturalist*, **136**, 560-8.

Schluter, D. 1993. Adaptive radiation in sticklebacks: size, shape, and habitat use efficiency. *Ecology*, **74**, 699-709.

Schluter, D. 1994. Experimental evidence that competition promotes divergence in adaptive radiation. *Science (Washington, D.C.)*, **266**, 798-801.

Schluter, D. 1995. Adaptive radiation in sticklebacks: trade-offs in feeding performance and growth. *Ecology*, **76**, 82-90.

Schluter, D. 1996a. Ecological causes of adaptive radiation. *American Naturalist*, **148** (*Supplement*), S40-S64.

Schluter, D. 1996b. Ecological speciation in postglacial fishes. *Philosophical Transactions of the Royal Society of London B, Biological Sciences*, **351**, 807-14.

Schluter, D. 1996c. Adaptive radiation along genetic lines of least resistance. *Evolution*, **50**, 1766-74.

Schluter, D. 1997. Ecological speciation in postglacial fishes. In *Evolution on islands* (ed. P. R. Grant), pp. 114-29. Oxford University Press, Oxford.

Schluter, D. 1998. Ecological causes of speciation. In *Endless forms: species and speciation* (ed. D. Howard and S. Berlocher), pp. 114-29. Oxford University Press, Oxford.

Schluter, D. and Grant, P. R. 1984. Determinants of morphological patterns in communities of Darwin's finches. *American Naturalist*, **123**, 175-96.

Schluter, D., Price, T. D., and Grant, P. R. 1985. Ecological character displacement in Darwin's finches. *Science* (*Washington, D.C.*), **227**, 1056-9.

Schluter, D., Price, T. D., and Rowe, L. 1991. Conflicting selection pressures and life history trade-offs. *Proceedings of the Royal Society of London B, Biological Sciences*, **246**, 11-17.

Schluter, D. and McPhail, J. D. 1992. Ecological character displacement and speciation in sticklebacks. *American Naturalist*, **140**, 85-108.

Schluter, D. and McPhail, J. D. 1993. Character displacement and replicate adaptive radiation. *Trends in Ecology & Evolution*, **8**, 197-200.

Schluter, D. and Ricklefs, R. E. 1993. Convergence and the regional component of species diversity. In *Species diversity in ecological communities: historical and geographical perspectives* (eds. R. E. Ricklefs and D. Schluter), pp. 230-40. Chicago University Press, Chicago.

Schluter, D. and Price, T. 1993. Honesty, perception and population divergence in sexually selected traits. *Proceedings of the Royal Society of London B, Biological Sciences*, **253**, 117-22.

Schluter, D. and Nychka, D. 1994. Exploring fitness surfaces. *American Naturalist*, **143**, 597-616.

Schluter, D and Nagel, L. M. 1995. Parallel speciation by natural selection. *American Naturalist*, **146**, 292-301.

Schluter, D., Price, T., Mooers, A. Ø., and Ludwig, D. 1997. Likelihood of ancestor states in adaptive radiation. *Evolution*, **51**, 1699-711.

Schmidt, K. P. and Levin, D. A. 1985. The comparative demography of reciprocally sown populations of *Phlox drummondii* Hook. I. Survivorships, fecundities, and finite rates of increase. *Evolution*, **39**, 396-404.

Schoener, T. W. 1970. Size patterns in West Indian *Anolis* lizards. n. Correlations with the size of particular sympatric species-displacement and convergence. *American Naturalist*, **104**, 155-74.

Schoener, T. W. 1983. Field experiments on interspecific competition. *American Naturalist*, **122**, 240-85.

Schoener, T. W. 1984. Size differences among sympatric, bird-eating hawks: a worldwide survey. In *Ecological communities: conceptual issues and the evidence* (ed. D. R. Strong, D. S. Simberloff, L. G. Abele, and A. B. Thistle), pp. 254-81. Princeton University Press, Princeton, N.J.

Schoener, T. W. 1989. The ecological niche. In *Ecological concepts* (ed. J. M. Cherrett), pp. 79113. Blackwell Scientific, Oxford.

Scriber, M. J., Lederhouse, R. C., and Dowell, R. V. 1995. Hybridization studies with North American swallowtails. In *Swallowtail butterflies: their ecology and evolutionary biology* (ed. J. M. Scriber, Y. Tsubaki, and R. C. Lederhouse), pp. 269-81. Scientific Publishers, Gainsville, Florida.

Seehausen, O. and Bouton, N. 1997. Microdistribution and fluctuations in niche overlap in a rocky shore cichlid community in Lake Victoria. *Ecology of Freshwater Fish*, **6**, 161-73.

Seehausen, O., van Alphen, J. J. M., and Witte, F. 1997. Cichlid fish diversity threatened by eutrophication that curbs sexual selection. *Science (Washington, D. C.)*, **277**, 1808-11.

Seehausen, O. Lippitsch, E., Bouton, N., and Zwennes, H. 1998. Mbipi, the rock-dwelling cichlids of Lake Victoria: Description of three new genera and fifteen new species (Teleostei). *Ichthyological Exploration of Freshwaters*, **9**, 129-228.

Seehausen, O., van Alphen, J. J. M., and Lande, R. 1999. Color polymorphism and sex ratio distortion in a cichlid fish as an incipient stage in sympatric speciation by sexual selection. *Ecology Letters*, **2**, 367-78.

Sepkoski, J. J., Jr. 1979. A kinetic model of Phanerozoic taxonomic diversity. II. Early Phanerozoic families and multiple equilibria. *Paleobiology*, **5**, 222-51.

Sepkoski, J. J., Jr. 1984. Akinetic model of Phanerozoic taxonomic diversity. III. Post-Paleozoic families and mass extinctions. *Paleobiology*, **10**, 246-67.

Sepkoski, J. J., Jr. 1988. Alpha, beta, or gamma--where does all the diversity go? *Paleobiology*, **14**, 221-34.

Sepkoski, J. J., Jr. 1996. Competition in macroevolution: the double wedge revisited. In *Evolutionary paleobiology* (ed. D. Jablonski, D. H. Erwin, and J. H. Lipps), pp. 211-55. Chicago University Press, Chicago.

Sequeira, A. S., Lanteri, A. A., Scataglini, M. A., Confalonieri, V. A., and Farrell, B. D. Manuscript. *Are flightless* Galapaganus *weevils older than the Galdpágos islands they inhabit?*

Service, P. M. and Rose, M. R. 1985. Genetic covariation among life history components: the effect of novel environments. *Evolution*, **39**, 943-5.

Shaw, F. H., Shaw, R. G., Wilkinson, G. S., and Turelli, M. 1995. Changes in genetic variances and covariances: G whiz! *Evolution*, **49**, 1260-67.

Shields, W. M. 1982. *Philopatry, inbreeding, and the evolution of sex*. State University of New York Press, Albany, New York.

Simberloff, D. and Boecklen, W. 1981. Santa Rosalia reconsidered: size ratios and competition. *Evolution,* **35**, 1206-28.

Simpson, G. G. 1944. *Tempo and mode in evolution.* Columbia University Press, New York, New York.

Simpson, G. G. 1953. *The major features of evolution.* Columbia University Press, New York, New York.

Skelly, D. K. 1995. A behavioural trade-off and its consequences for the distribution of *Pseudacris* treefrog larvae. *Ecology,* **76**, 150-64.

Skelton, P. W. 1993. Adaptive radiation: definition and diagnostic tests. In *Evolutionary patterns and processes* (ed. D. R. Lees and D. Edwards), pp. 45-58. Academic Press, New York.

Skúlason, S., Noakes, D. L. G., and Snorrason, S. S. 1989. Ontogeny oftrophic morphology in 4 sympatric morphs of Arctic charr *Salvelinus alpinus* in Thingvallavatn, Iceland. *Biological Journal of the Linnean Society,* **38**, 281-301.

Slatkin, M. 1979. Frequency-and density-dependent selection on a quantitative character. *Genetics,* **93**, 755-71.

Slatkin, M. 1980. Ecological character displacement. *Ecology,* **61**, 163-77.

Slowinski, J. B. and Guyer, C. 1989. Testing the stochasticity ofpatterns oforganismal diversity: an improved null model. *American Naturalist,* **134**, 907-21.

Slowinski, J. B. and Guyer, C. 1993. Testing whether certain traits have caused amplified diversification: an improved method based on a model of random speciation and extinction. *American Naturalist,* **142**, 1019-24.

Smith, D. C. and van Buskirk, J. 1995. Phenotypic design, plasticity, and ecological performance in two tadpole species. *American Naturalist,* **145**, 211-33.

Smith, G. R. and Todd, T. N. 1984. Evolution of species flocks of fishes in north temperate lakes. In *Evolution offish species flocks* (ed. A. A. Echelle and 1. Kornfield), pp. 45-68. University of Maine Press, Orono, Maine.

Smith, T. B. 1987. Bill size polymorphism and intraspecific niche utilization in an African finch *Nature* (*London*), **329**, 717-19.

Smith, T. B. 1993. Disruptive selection and the genetic basis of bill size polymorphism in the African finch, *Pyrenestes. Nature* (*London*), **363**, 618-20.

Sorci, G. and Clobert, J. 1999. Natural selection on hatchling body size and mass in two environments in the common lizard (*Lacerta vivipera*). *Ecology Research,* **1**, 303-16.

Southwood, T. R. E. 1972. The insect/plant relationship-an evolutionary perspective. In *Insect/plant relationships* (ed. H. F. van Emden), pp. 3-30. Blackwell Scientific, Oxford.

Spicer, G. S. 1993. Morphological evolution of the *Drosophila virilis* species group as assessed by rate tests for natural selection on quantitative characters. *Evolution,* **47**, 1240-54.

Spieth, H. T. 1974. Mating behavior and the evolution of the Hawaiian *Drosophila.* In *Genetic mechanisms ofspeciation in insects* (ed. M. J. D. White), pp. 94-101. Reidel, Boston, Mass.

Spiller, D. A. and Schoener, T. W. 1996. Food web dynamics on some small subtropical islands: effects of top and intermediate predators. In *Food webs: integration of patterns and dynamics* (ed. G. A. Polis and K. O. Winemiller), pp. 365-411. Chapman & Hall, New York.

Spitze, K. 1993. Population structure in *Daphnia obtusa:* quantitative genetic and allozymic variation. *Genetics*, **135**, 367-74.

Spring, J. 1997. Vertebrate evolution by interspecific hybridization-are we polyploid? *FEBS Letters*, **400**, 2-8.

Stanley, S. M. 1979. *Macroevolution: pattern and process*. W. H. Freeman, San Francisco.

Stanton, M. and Young, H. J. 1994. Selecting for floral character associations in wild radish. *Journal of Evolutionary Biology*, **7**, 271-85.

Stebbins, G. L. 1950. *Variation and evolution* in *plants*. Columbia University Press, New York.

Stebbins, G. L. 1970. Adaptive radiation of reproductive characteristics in angiosperms. I. Pollination mechanisms. *Annual Review of Ecology and Systematics*, **1**, 307-326.

Stebbins, G. L. 1971. Adaptive radiation of reproductive characteristics in angiosperms, II. Seeds and seedlings. *Annual Review of Ecology and Systematics*, **2**, 237-60.

Stephens, D. W. and Krebs, J. R. 1986. *Foraging theory*. Princeton University Press, Princeton, N.J.

Stem, D. L. and Grant, P. R. 1996. A phylogenetic reanalysis of allozyme variation among populations of Gahipagos finches. *Zoological Journal of the Linnean Society*, **118**, 119-34.

Stiles, F. G. 1977. Coadapted competitors: the flowering seasons of hummingbird-pollinated plants in a tropical forest. *Science (Washington, D.C.)*, **198**, 1177-8.

Stone, G., Willmer, P., and Nee, S. 1996. Daily partitioning of pollinators in an African *Acacia* community. *Proceedings of the Royal Society of London B, Biological Sciences*, **263**, 1389-93.

Stratton, G. E. and Uetz, G. W. 1986. The inheritance of courtship behavior and its role as a reproductive isolating mechanism in two species of *Schizocosa* wolf spiders (Araneae; Lycosidae). *Evolution*, **40**, 129-41.

Strong, D. R., Jr. 1992. Are trophic cascades all wet? Differentiation and donor-control in speciose ecosystems. *Ecology*, **73**, 747-54.

Strong, D. R., Jr., Szyska, L. A., and Simberloff, D. S. 1979. Tests of community-wide character displacement against null hypotheses. *Evolution*, **33**, 897-913.

Strong, D. R., Jr., Lawton, J. H., and Southwood, R. 1984. Insects on plants: community patterns and mechanisms. Harvard University Press, Cambridge, Mass.

Sturmbauer, C. and Meyer, A. 1992. Genetic divergence, speciation and morphological stasis in a lineage of African cichlid fishes. *Nature (London)*, **358**, 578-81.

Sugihara, G. 1980. Minimal community structure: an explanation of species abundance patterns. *American Naturalist*, **116**, 770-87.

Suhonen, J., Alatalo, R. V., and Gustafsson. L. 1994. Evolution of foraging ecology in Fennoscandian tits (*Parus* spp.). *Proceedings of the Royal Society of London B, Biological Sciences*, **258**, 127-31.

Svärdson, G. 1979. Speciation of Scandinavian *Coregonus*. *Report from the Institute of the Freshwater Research, Drottningholm*, **57**, 1-95.

Swarth, H. S. 1931. The avifauna of the Galapagos Islands. *Occasional Papers of the California Academy of Sciences*, **18**, 1-299.

Taper, M. L. and Case, T. J. 1985. Quantitative genetic models for the coevolution of character displacement. *Ecology*, **66**, 355-71.

Taper, M. L. and Case, T. J. 1992a. Models of character displacement and the theoretical robustness of taxon cycles. *Evolution*, **46**, 317-33.

Taper, M. L. and Case, T. J. 1992b. Coevolution among competitors. *Oxford Surveys in Evolutionary Biology*, **8**, 63-109.

Taylor, E. B., McPhail, J. D., and Schluter, D. 1997. History of ecological selection in sticklebacks: uniting experimental and phylogenetic approaches. In *Molecular evolution and adaptive radiation* (ed. T. J. Givnish and K. J. Sytsma), pp. 511-34. Cambridge University Press, Cambridge.

Taylor, E. B. and McPhail, J. D. Manuscript. *Historical contingency and ecological determinism interact to prime speciation in sticklebacks*, Gasterosteus.

Templeton, A. R. 1989. The meaning of species and speciation: a genetic perspective. In *Speciation and its consequences* (ed. D. Otte and J. A. Endler), pp. 3-27. Sinauer, Sunderland, Mass.

Terborgh, J. and Weske, J. S. 1975. The role of competition in the distribution of Andean birds. *Ecology*, **56**, 562-76.

Thomas, S. and Singh, R S. 1992. A comprehensive study of genic variation in natural populations of *Drosophila melanogaster* VII. Varying rates of genic divergence as revealed by two-dimensional electrophoresis. *Molecular Biology and Evolution*, **9**, 507-25.

Thompson, J. N., Wehling, W., and Podolsky, R 1990. Evolutionary genetics of host use in swallowtails. *Nature (London)*, **344**, 148-50.

Thompson, J. N. 1994. *The coevolutionary process*. Chicago University Press, Chicago.

Trewevas, E., Green, J., and Corbet, S. A 1972. Ecological studies on crater lakes in West Cameroon fishes of Barombi Mbo. *Journal of Zoology (London)*, **167**, 41-95.

True, J. R, Liu, J., Stam, L. F, Zeng, Z.-B., and Laurie, C. C. 1997. Quantitative genetic analysis of divergence in male secondary sexual traits between *Drosophila simulans* and *Drosophila mauritiana*. *Evolution*, **51**, 816-32.

Turelli, M. 1988. Phenotypic evolution, constant covariances, and the maintenance of additive variance *Evolution*, **42**, 1342-7.

Turelli, M., Gillespie, J. H., and Lande, R 1988. Rate tests for selection on quantitative characters during macroevolution and microevolution. *Evolution*, **42**, 1085-9.

Turelli, M. and Barton, N. H. 1994. Genetic and statistical analyses of strong selection on polygenic traits: what, me normal? *Genetics*, **138**, 913-41.

Turkington, R 1989. The growth, distribution and neighbour relationships of *Trifolium repens* in a permanent pasture. V. The coevolution of competitors. *Journal of Ecology*, **77**, 717-33.

Turner, G. F. 1994. Speciation mechanisms in Lake Malawi cichlids. *Archiv für Hydrobiologie*, **44**, 139-60.

Turner, G. F. and Burrows, M. T. 1995. A model of sympatric speciation by sexual selection. *Proceedings of the Royal Society of London B, Biological Sciences*, **260**, 287-92.

Turner, J. R G. 1976. Adaptive radiation and covergence in subdivisions of the butterfly genus *Heliconius* (Lepidoptera: Nymphalidae). *Zoological Journal of the Linnean Society*, **58**, 297-308.

Valentine, J. W. 1986. Fossil record of the origin of Bauplane and its implications. In *Patterns and processes in the history of life* (ed. D. M. Raup and D. Jablonski), pp. 209-22. SpringerVerlag, Berlin, Germany.

Vamosi, S. M. and Schluter, D. 1999. Sexual selection against hybrids between sympatric stickleback species: evidence from a field experiment. *Evolution*, **53**, 874-9.

Van Buskirk, J., McCollum, S. A, and Werner, E. E. 1997. Natural selection for environmentally induced phenotypes in tadpoles. *Evolution*, **51**, 1983-92.

van Doorn, G. S., Noest, A J. and Hogeweg, P. 1998. Sympatric speciation and extinction driven by environment dependent sexual selection. *Proceedings of the Royal Society of London B, Biological Sciences*, **265**, 1915-19.

van Noordwijk, A J., van Balen, J. H., and Scharloo, W. 1988. Heritability of body size in a natural population of the great tit and its relation to age and environmental conditions during growth. *Genetical Research*, **51**, 149-62.

van Tienderen, P. H. and van der Toorn, J. 1991a. Genetic differentiation between populations of *Plantago lanceolata*. I. Local adaptation in three contrasting habitats. *Journal of Ecology*, **79**, 27-42.

van Tienderen, P. H. and van der Toorn, J. 1991b. Genetic differentiation between populations of *Plantago lanceolata*. 11. Phenotypic selection in a transplant experiment in three contrasting habitats. *Journal ofEcology*, **79**, 43-59.

Van Valen, L. M. 1965. Morphological variation and the width ofthe ecological niche. *American Naturalist*, **99**, 377-90.

Van Valen, L. M. 1973. A new evolutionary law. *Evolutionary Theory*, **1**, 1-30.

Vermeij, G. J. 1974. Adaptation, versatility, and evolution. *Systematic Zoology*, **22**, 466-77.

Vermeij, G. J. 1987. *Evolution and escalation: an ecological history of life*. Princeton University Press, Princeton, N.J.

Vermeij, G. J. 1994. The evolutionary interaction among species: selection, escalation, and coevolution. *Annual Review of Ecology and Systematics*, **25**, 219-36.

Vermeij, G. J. 1995. Economics, volcanoes, and Phanerozoic revolutions. *Paleobiology*, **21**, 125-52.

Via, S. 1991. The genetic structure of host plant adaptation in a spatial patchwork: demographic variability among reciprocally transplanted pea aphid clones. *Evolution*, **45**, 827-52.

Via, S. and Lande, R. 1985. Genotype-environment interaction and the evolution of phenotypic plasticity. *Evolution*, **39**, 505-22.

Vogler, A. P. and Goldstein, P. Z. 1997. Adaptation, cladogenesis, and the evolution of habitat association in North American tiger beetles: a phylogenetic perspective. In *Molecular evolution and adaptive radiation* (ed. T. J. Givnish and K. J. Sytsma), pp. 353-73. Cambridge University Press, Cambridge.

Vulić, M., Lenski, R. E. and Radman, M. 2000. Mutation, recombination and incipient speciation of bacteria in the laboratory. *Proceedings of the National Academy of Sciences, USA*, in press.

Wade, M. J. and Goodnight, C. J. 1998. The theories of Fisher and Wright in the context of metapopulations: When nature does many small experiments. *Evolution*, **52**, 1537-53.

Wagner, W. L., Herbst, D. R., and Sohmer, S. H. J990. *Manual of the flowering plants of Hawaii*. University of Hawaii Press, Honolulu.

Wagner, W. L., Weller, S. G., and Sakai, A. K. 1995. Phylogeny and biogeography in *Schiedea* and *Alsinidendron* (Caryophyllaceae). In *Hawaiian biogeography* (ed. W. W. Wagner and V. A. Funk), pp. 221-58. Smithsonian Institution Press, Washington D.C.

Wainwright, P. C. 1994. Functional morphology as a tool in ecological research. In *Ecological morphology* (ed. P. C. Wainwright and S. M. Reilly), pp. 42-59. Chicago University Press, Chicago.

Wainwright, P. C. and Lauder, G. V. 1992. The evolution of feeding biology in sunfishes (Centrarchidae). In *Systematics, historical ecology, and North American freshwater fishes* (ed. R. L. Mayden), pp. 472-9l. Stanford University Press, Stanford, California.

Waldmann, P. and Andersson, S. 1998. Comparison of quantitative genetic variation and allozyme diversity within and between populations of *Scabiosa canescens* and *S. colum.. baria*. *Heredity*, **81**, 79-86.

Walker, J. A. 1997. Ecological morphology of lacustrine threespine stickleback *Gasteros.. teus aculeatus* L. (Gasterosteidae) body shape. *Biological Journal of the Linnean Society*, **61**, 3-50.

Wang, H., McArthur, E. D., Sanderson, S. C., Graham, J. H., and Freeman, D. C. 1997. Narrow hybrid zone between two subspecies of big sagebrush (*Artemisia tridentata*: Asteraceae). IV. Reciprocal transplant experiment. *Evolution*, **51**, 95-102.

Waser, N. M. 1983. Competition for pollination and floral character differences among sympatric plant species: a review of the evidence. In *Handbook of experimental pollination ecology* (ed. C. E. Jones and R. J. Little), pp. 277-93. Van Nostrand Reinhold, New York.

Waser, N. M. 1993. Population structure, optimal outbreeding, and assortative mating in angiosperms. In *The natural history of inbreeding and outbreeding* (ed. N. H. Thornhill), pp. 173-99. Chicago University Press, Chicago.

Waser, N. M. and Real, L. A. 1979. Effective mutualism between sequentially flowering plant species. *Nature (London)*, **281**, 670-2.

Weber, K. E. 1992. How small are the smallest selectable domains of form? *Genetics*, **130**, 345-53.

Wellborn, G. A 1994. Size-biased predation and prey life histories: a comparative study of freshwater amphipod populations. *Ecology,* **75**, 2104-17.

Wellborn, G. A, Skelly, D. K., and Werner, E. E. 1997. Mechanisms creating community structure across a freshwater habitat gradient. *Annual Review of Ecology and Systematics,* **27**, 337-63.

Weller, S. G., Sakai, A. K., Wagner, W. L., and Herbst, D. R. 1990. Evolution of dioecy in *Schiedea* (Caryophyllaceae: Alsinoideae) in the Hawaiian Islands: biogeographical and ecological factors. *Systematic Botany,* **15**, 266-76.

Werdelin, L. 1996. Community-wide character displacement in Miocene hyaenas. *Lethaia,* **29**, 97-106.

Werner, E. E. 1977. Species packing and niche complementarity in three sunfishes. *American Naturalist,* **111**, 553-78.

Werner, E. E. and Hall, D. S. 1976. Niche shift in sunfishes: experimental evidence and significance. *Science (Washington, D.C.),* **191**, 404-6.

Werner, E. E. and Hall, D. S. 1977. Competition and habitat shift in two sunfishes (Centrarchidae). *Ecology,* **58**, 869-76.

Werner, E. E. and Hall, D. S. 1979. Foraging efficiency and habitat switching in competing sunfishes. *Ecology,* **60**, 256-64.

West-Eberhard, M. J. 1983. Sexual selection, social competition, and speciation. *Quarterly Review of Biology,* **58**, 155-83.

West-Eberhard, M. J. 1989. Phenotypic plasticity and the origins of diversity. *Annual Review of Ecology and Systematics,* **20**, 249-78.

Westman, E., Persson, L., and Christensen, B. Manuscript. *Character displacement in whitefish* (Coregonus sp.) *as a result of competition with efficient planktivores.*

Westneat, M. W. 1995. Phylogenetic systematics and biomechanics in ecomorphology. *Environmental Biology of Fishes,* **44**, 263-83.

Whitlock, M. C. 1995. Variance-induced peak shifts. *Evolution,* **49**, 252-9.

Whitlock, M. C. 1996. The red queen beats the jack-of-all-trades: the limitations on the evolution of phenotypic plasticity and niche breadth. *American Naturalist,* **148** *(Supplement),* S65-S77.

Whitlock, M. C. 1997. Founder effects and peak shifts without genetic drift: adaptive peak shifts occur easily when environments fluctuate slightly. *Evolution,* **51**, 1044-8.

Whitlock, M. C., Phillips, P. C., Moore, F. B.-G., and Tonsor, S. J. 1995. Multiple fitness peaks and epistasis. *Annual Review of Ecology and Systematics,* **26**, 601-29.

Whittaker, R. H. 1977. Evolution of species diversity in land communities. *Evolutionary Biology,* **10**, 1-67.

Wiens, J. A. 1977. On competition and variable environments. *American Scientist,* **65**, 590-7.

Wiggins, I. L. and Porter, D. M. 1971. Flora of the Galapagos Islands. Stanford University Press, Stanford, California.

Wilkinson, G. S., Fowler, K, and Partridge, L. 1990. Resistance of genetic correlation structure to directional selection in *Drosophila melanogaster. Evolution,* **44**, 1990-2003.

Williams, E. E. 1972. The origin of faunas. Evolution of lizard congeners in a complex

island fauna: a trial analysis. *Evolutionary Biology*, **6**, 47-89.
Williams, E. E. 1983. Ecomorphs, faunas, island size, and diverse end points in island radiations of *Anolis*. In *Lizard ecology: studies of a model organism* (ed. R. B. Huey, E. R. Pianka, and T. W. Schoener), pp. 326-70. Harvard University Press, Cambridge, Mass.
Williams, S. M. and Sarkar, S. 1994. Assortative mating and the adaptive landscape. *Evolution*, **48**, 868-75.
Willis, J. H., Coyne, J. A., and Kirkpatrick, M. 1991. Can one predict the evolution of quantitative characters without genetics? *Evolution*, **45**, 441-4.
Wilson, D. S. and Turelli, M. 1986. Stable underdominance and the evolutionary invasion of empty niches. *American Naturalist*, **127**, 835-50.
Wilson, E. O. 1959. Adaptive shift and dispersal in a tropical ant fauna. *Evolution*, **13**, 122-44.
Wilson, E. O. 1961. The nature of the taxon cycle in the Melanesian ant fauna. *American Naturalist*, **95**, 169-93.
Wilson, E. O. 1971. *The insect societies*. Harvard University Press, Cambridge, Mass.
Wilson, P. 1995. Selection for pollination success and the mechanical fit of *Impatiens* flowers around bumblebee bodies. *Biological Journal of the Linnean Society*, **55**, 355-83.
Wollenberg, K., Arnold, J., and Avise, J. C. 1996. Recognizing the forest for the trees: testing temporal patterns of cladogenesis using a null model of stochastic diversification. *Molecular Biology and Evolution*, **13**, 833-49.
Wood, C. C. and Foote, C. J. 1990. Genetic differences in the early development and growth of sympatric sockeye salmon and kokanee (*Oncorhynchus nerka*) and their hybrids. *Canadian Journal of Fisheries and Aquatic Sciences*, **47**, 2250-60.
Wood, T. K 1993. Speciation of the *Enchenopa binotata* complex (Insecta: Homoptera: Membracidae). In *Evolutionary patterns and processes* (ed. D. R. Lees and D. Edwards), pp. 299-317. Academic Press, New York.
Wright, S. 1931. Evolution in Mendelian populations. *Genetics*, **16**, 97-159.
Wright, S. 1932. The roles of mutation, inbreeding, crossbreeding and selection in evolution. *Proceedings of the 6th International Congress of Genetics*, **1**, 356-66.
Wright, S. 1940. The statistical consequences of Mendelian heredity in relation to speciation. In *The new systematics* (ed. J. S. Huxley), pp. 161-83. Clarendon Press, Oxford.
Wright, S. 1945. Tempo and mode in evolution: a critical review. *Ecology*, **26**, 415-19.
Wright, S. 1959. Physiological genetics, ecology of populations, and natural selection. *Perspectives in Biology and Medicine*, **3**, 107-51.
Wu, C.-I. and Davis, A. W. 1993. Evolution of postmating reproductive isolation: the composite nature of Haldane's rule and its genetic basis. *American Naturalist*, **142**, 187-212.
Wu, C.-I., Johnson, N. A., and Palopoli, M. F. 1996. Haldane's rule and its legacy: Why are there so many sterile males? *Trends in Ecology & Evolution*, **11**, 411-13.
Wyatt, R. 1988. Phylogenetic aspects of the evolution of self-pollination. In *Plant*

evolutionary biology (eds. L. D. Gottleib and S. K. Jain), pp. 109-31. Chapman & Hall, New York.

Yang, S. Y. and Patton, J. L. 1981. Genic variability and differentiation in the Galapagos finches. *Auk*, **98**, 230-42.

Yom-Tov, Y. 1991. Character displacement in the psammophile Gerbillidae of Israel. *Oikos*, **60**, 173-9.

Yom-Tov, Y. 1993a. Character displacement among the insectivorous bats of the Dead Sea area. *Journal of Zoology (London)*, **45**, 347-56.

Yom-Tov, Y. *1993b*. Size variation in *Rhabdomys pumilio*: a case of character release? *Zeitschrift für Säugetierkunde*, **58**, 48-53.

Young, N. D. 1996. An analysis of the causes of genetic isolation in two Pacific Coast *Iris* hybrid zones. *Canadian Journal of Botany*, **74**, 2006-13.

Zeng, Z.-B. 1988. Long-term correlated response, interpopulation covariation, and interspecific allometry. *Evolution*, **42**, 363-74.

Zink, R. M. 1982. Patterns of genic and morphologic variation among sparrows in the genera *Zonotrichia, Melospiza, Junco*, and *Passerella*. *Auk*, **99**, 632-49.

Zink, R. M. 1991. Concluding remarks: Modern biochemical approaches to avian systematics. *Acta* XX *Congressus Internationalis Ornithologici*, pp. 629-36. New Zealand Ornithological Congress Trust Board, Wellington, New Zealand.

Zink, R. M. and Avise, J. C. 1990. Patterns of mitochondrial DNA and allozyme evolution in the avian genus *Ammodramus*. *Systematic Zoology*, **39**, 148-61.

Zink, R. M. and Slowinski, J. B. 1995. Evidence from molecular systematics for decreased avian diversification in the Pleistocene epoch. *Proceedings of the National Academy of Sciences, USA*, **92**, 5832-5.

訳者あとがき

　生物多様性や適応放散の生態学的研究は，この数十年で最も大きな進展を遂げた生物学の分野の一つといえます．この進展に大きな貢献をし，現在もなお最先端を牽引しているドルフ・シュルーター教授が記したテキストが，本書『適応放散の生態学』です．生態学や進化生物学を専門とする研究者はもとより，特定の分類群に重きをおいている研究者，近年いっそう社会的注目を集める保全生物学者，さらには分子レベルから生物進化の解明を目指す分子生物学者など，進化や生態に興味を持つあらゆる生物学者にとって必読の書であるといえるでしょう．本書は，欧米では既に古典的教科書 New Classic になったと言っても過言ではありません．適応放散の生態学，さらにそれを押し進めた種分化の生態学や生態遺伝学は，今最も活発な研究が行われている分野ですが，日本語はもとより英語で書かれた教科書もいまだ数少ないことから，この日本語訳を刊行することは，今後ますます大きな意義を持つと考えます．

　シュルーター教授は，ジョナサン・ワイナー著のピューリッツアー賞受賞作『フィンチの嘴』でも紹介されているように，ガラパゴスフィンチの研究で重要な貢献をした後，進化や生態学を数学的に記載する方法の確立，硬骨魚イトヨを用いた野外移植実験，大学構内の人工池を用いた進化実験などを通じて，実に多くの重要な論文を発表してきました．それらの多くは私たち後塵の進化研究の指針となっています．近年，彼は遺伝学者とも共同して，適応放散の遺伝的基盤の研究をさらに押し進めています．研究は一般に，地道な観察と記載，観察結果を説明するモデル仮説の設定，モデル仮説を検証するための実験やデータ収集，モデル仮説とデータの適合性やズレを検定する統計解析など多くの手順を経て進められると考えられますが，シュルーター教授は，このような一連の実証的プロセスを生態学や進化学の分野へ応用した第一人者であり，本書においてもその態度が貫かれています．したがって，科学研究をどのように進めていけば深い研究ができるのかを知る上で，

最良の指南書にもなると期待されます．

　まず前半では，適応放散の野外観察結果に関して，多岐にわたる分類群のデータが収集され，進化にみられる一般的パターンを見いだす試みがなされます．これに基づき，環境への適応と資源を巡る競争によって，どのようにして進化が起こるかについてのモデル（適応放散の生態学説）が立てられます．数式の記載は最小限に抑えられ，むしろ実に明快な図解が数多く現れます．例えば，第5章では，ダーウィンらによって提唱された自然選択のメカニズムによってどのように進化が起こるかを，生態学的ニッチと適応度を三次元の山や谷の地形で表現し，生物集団をその地形を旅する旅行者になぞらえて可視化する，極めて説得力のある説明がなされています．生物集団が，実際にこの山を時間が経つにつれて昇降する様子を想像させられ，実に圧巻であります．さらに，この学説を検証した実証結果が示され，その正当性並びに問題点がひとつずつ考察されていきます．

　本書でも繰り返し参照されるトゲウオ科魚類のイトヨの研究を通じて，訳者たちは，厳しい中にも気さくでフレンドリーなシュルーター教授から，貴重な助言，示唆，刺激を受けてきました．本訳書を通じて，少しでも同教授のそのような人柄と洞察力にも触れて頂ければこの上ない幸いです．

　この書を訳すにあたっては，初期稿において久米学氏と柿岡諒氏に支援をいただき，また編集作業で京都大学学術出版会の高垣重和氏に甚大なお世話をいただきました．この場をかりて，各氏に心から感謝をいたします．また最後に，日本語訳の快諾に加えて，序を付していただいたシュルーター教授に御礼申し上げます．

森　誠一・北野　潤

索　引

用　語

[A-Z]

HSS（仮説）　212, 213
Q_{ST} 法　126, 130, 131, 324
QTL 解析（効果テスト）　126, 130, 132
　　　　　　　　　　　→量的形質遺伝子

[あ行]

安定（化）選択　122, 124, 145-147
育種価　295, 300, 307
異所　193, 202, 203, 211, 228, 235, 287, 288
異所（性）集団　108, 272, 287
異所的種分化　269
遺伝（的）共分散　164, 298, 299, 300, 301, 303, 304, 305, 307, 309, 313, 314, 315, 316, 317
遺伝子流動　18, 59, 70, 71, 73, 160, 275, 290
遺伝的自由度　300, 301
遺伝的不適合　97, 278, 289
遺伝的浮動　9, 97, 99, 101, 108, 126, 160, 165-167, 176, 260, 269, 270, 313, 325
遺伝分散　298-302, 306, 309, 311, 313, 317, 318, 320, 322, 330
沖合型（沖合種）　77, 134, 135, 136, 205-207, 276, 280, 281, 308

[か行]

鍵革新　6-9, 12, 56, 224, 248, 249, 251-255, 257, 326, 327, 330
急速種分化　15, 19, 29, 41, 47, 321, 322, 328, 330
強化　97, 110, 112, 214, 260, 261, 263, 266, 268, 269, 288, 291, 328
ギルド内捕食　194, 198
グラント　5
軍拡競争　269, 285

形質置換　94, 101-103, 110, 161, 170, 172-174, 176-178, 184, 190-202, 204-208, 211-214, 219, 220, 225, 226, 230, 231, 234, 235, 239, 245, 257, 284, 285, 291, 325-327
形質の過分散　184, 191-197, 201, 208
交雑帯　277, 283
交配後隔離　97, 259, 261-263, 266, 267, 271-274, 276, 278, 280, 282, 283, 286, 289, 328
交配成功率　288, 329
交配前隔離　97, 111, 112, 259, 261, 263, 266, 267, 271, 272, 279, 282, 288, 328, 329

[さ行]

雑種致死性　19
雑種不妊　19
雑種崩壊　97, 283
ジェネラリスト　50-52, 55-61, 63-67, 87
資源関数　175, 176, 202, 220
資源競争　6, 7, 93, 94, 97, 171, 175, 206, 210, 214, 221, 326
資源勾配　163, 171, 176, 199
資源分布　174, 176, 325
資源利用　197, 201, 225, 324
シフティング・バランス　165, 166
姉妹（分類）群,（姉妹系統）　23, 24, 241, 242, 248-252, 254, 285
姉妹種（姉妹集団）　70, 91, 160, 243, 244
収容能力関数　174
収斂進化　79
種間競争　173, 175, 194, 197, 201, 207
種間相互作用　87, 93, 94, 212, 219, 326
種と種のマッチング　190, 191, 192, 193, 194, 201, 229
種分化（機構, 段階）　2, 3, 7-12, 14, 17, 18, 20-25, 31, 32, 36, 40, 42, 44, 47, 57, 58, 65, 66, 68, 71, 73-75, 77, 81, 89, 90, 95, 96, 97, 104, 108-110, 112-114, 161, 217, 224, 231, 240, 241, 243, 246, 251-253, 255-257, 259-263, 265, 267-269, 271-273, 274, 278, 285, 286, 288-290, 294, 320, 323, 331

種分化率　13, 24, 25, 40, 47, 66, 82, 86, 242, 244, 245, 247-249, 252, 322, 327
小進化　11, 257
食物網　197, 212, 217, 219-221
食物連鎖　218
シンプソン　1, 10
スペシャリスト　52, 56-61, 63-67, 87
生殖（的）隔離　7, 9, 19, 22, 71, 78, 108-110, 112, 114
性選択　9, 12, 21, 71, 90, 97, 109-113, 131, 248, 260, 261, 266-268, 274, 284-287, 289-291, 329, 330
生態学説　2, 89
生態学的機会　6, 7, 9, 12, 56, 90, 93, 95, 96, 104, 106, 113, 114, 223-225, 230, 235, 238-241, 245-248, 250-252, 254-256, 260, 290, 325-329
生態学的種分化　6, 97, 98, 260, 268-271, 273, 280, 282, 284, 287, 290, 328-330
生態学的分岐（分化）　21, 25, 44
生物学的種概念　8, 18
絶滅率　66, 322, 327
選択勾配　298, 300, 303, 314
選択地形　91, 92
（相互）移植実験　41, 73, 126, 132, 134, 136, 138, 141-144, 168, 311, 251, 324
創始者効果　97, 108, 260

[た行]

ダーウィン　1
大進化　19
多峰性頂点モデル　168
チェイスアウェイ　291, 328, 329
中間型（中間個体，中間種）　57, 82, 144, 167, 205, 206, 207, 266, 276
中間的な表現型（中間的な形質，中間表現型）　91, 266, 268, 273, 275
中立速度テスト　126, 128, 130, 131
番い種　69, 136
底生型（底生種）　77, 134-136, 205-207, 276, 280, 281
適応関数　146, 163
適応地形　28, 117, 118, 123-126, 145, 156-160, 162-168, 202, 203, 300, 307, 324, 325, 330
適応地帯　10, 95, 105, 224, 251

適応度　98-100, 103, 123, 133, 137, 141, 144-146, 148, 159, 162-164, 168, 171, 173, 175, 263, 267, 268, 273, 275, 277, 278, 288, 296, 299, 300, 305, 307
適応度関数　103, 118-123, 125, 133, 146, 162, 171, 173
適応度頂点　6
適応度地形　91, 117, 121-124, 126
適応度の谷　7
適応放散　167
同所　193, 194, 196, 203, 206, 211, 218, 228, 230, 235, 263, 287, 288, 290
同所種（集団）　70, 101, 102, 287, 273, 286
同所（的）種分化　58, 260, , 264, 266, 269, 274, 275, 328
同所（的）番い種　77, 135, 236, 244, 280, 288
同類交配　110, 264, 265, 279, 286, 288, 328
特殊化　3, 12, 49-52, 54-59, 61, 64, 208, 209
（有害）突然変異　296
ドブジャンスキー　1

[な行]

二次性徴　38, 109, 110, 248, 284, 329
ニッチシフト　217, 271
ニッチの拡大　3
ニッチ分化　5
妊性　120

[は行]

配偶システム　26, 71
配偶選好性　261, 262, , 266, 269, 287, 289, 291, 329
配偶者選択　262, 265, 267, 290
倍数化（による）種分化　273, 328
被食者（種）　57, 58, 103, 105-107, 207-210, 212, 213
非生態（学）的種分化　260, 268, 269, 270, 273, 280, 284, 288, 291, 328, 329
非適応放散　21, 25
（表現型の）可塑性　150, 161, 164, 192
表現型分化　3, 6, 11, 73, 90, 97, 114, 117, 118, 127, 159, 170, 175, 184, 199, 201, 256, 257, 321, 323, 326, 328, 329, 330
副産物　110, 259, 261-263, 269, 287, 320, 328

プランクトン食　78
分岐自然選択　2, 8, 9, 71, 90, 91, 94, 98, 101, 114, 117, 118, 126, 130, 145, 153, 166, 173, 175-177, 207, 209, 246, 259-261, 269-272, 278, 282, 285, 287, 290, 291, 320, 321, 325, 328, 330
分岐選択　96, 114, 118, 127, 145, 148, 150, 153, 159, 167, 175, 261, 267, 270, 283, 288, 291, 324, 325
分断選択　122, 145, 146, 153, 263, 265
分類群サイクル　73, 74, 75
平行種分化　79, 280, 330
平行進化　44, 79, 323, 328, 330
ベントス食　78
方向（性）選択　147, 149, 153, 164, 172, 296, 298, 308,
捕食者（捕食種）　57, 103, 105-107, 170, 208-213, 219, 234, 237, 266, 273, 274
捕食者―被食者（関係）　170, 263, 267
ボトルネック（瓶首）　164, 260

[ま行]

マイア　8
見かけ上の競争　103, 104, 106, 194, 207-214, 221, 326

[ら行]

ラック　1
ランダムウォーク　16, 17, 54, 128
量的遺伝（学，モデル）　8, 9, 265, 294, 295, 305, 314, 319, 330
量的形質遺伝子　305 → QTL

生物名

アノールトカゲ　14, 32-36, 46, 53, 54, 64, 65, 75, 76, 79, 80, 84, 85, 86, 92, 150, 184, 200, 205, 234, 235, 239, 241, 243, 256
イトヨ　77, 78, 79, 134-136, 184, 196, 200, 205-207, 235, 274, 275, 310
オダマキ　14, 38, 71, 253
ガラパゴスフィンチ　1, 26, 29, 30, 46, 67, 70, 93, 101, 147, 158, 161, 169, 176, 233, 272, 276, 279, 304, 310, 318
銀剣草　1, 4, 14, 36, 37, 61, 67, 71, 108, 233, 234, 242, 273
シクリッド　1, 5, 20, 22, 23, 55, 80, 84, 85, 109, 110, 201, 216-218, 247, 255, 274, 275, 284, 286, 287
ショウジョウバエ　41, 46, 59, 219, 233, 241, 271, 283, 286, 302
樹上フィンチ　32
ダーウィンフィンチ　3, 14, 29, 31, 47, 93, 94, 169
地上フィンチ　30-32, 120, 154, 169, 200, 203, 220, 231, 241, 255, 277, 302, 304, 316, 318
ムシクイフィンチ　32, 46
ヨコエビ　148, 281

著者
ドルフ・シュルーター（**Dolph Schluter**）
　ブリティッシュコロンビア大学・生物多様性研究所・動物学講座　教授
　専門分野：生態学，進化生物学
　主著：『The ecology of adaptive radiation』Oxford University Press，『The analysis of biological data』Roberts & Company（分担執筆），『Speciation and patterns of diversity』Cambridge University Press（分担執筆），『Species diversity in ecological communities: historical and geographical perspectives』University of Chicago Press（監修編集）

訳者
森　誠一（もり　せいいち）
　岐阜経済大学地域連携推進センター・教授，「本願清水イトヨの里」館長，理学博士
　専門分野：動物生態学，社会行動学，保全生物学
　主著：『トゲウオのいる川』中央公論社，『トゲウオ，出会いのエソロジー』地人書館，『トゲウオの自然史』北海道大学図書刊行会（監修編集），『魚から見た水環境』，『淡水生物の保全生態学』信山社サイテック（監修編集），『希少淡水魚の保全』信山社（監修編集），『ビオトープの構造』朝倉書店（分担執筆），『環境保全学の理論と実践4巻』信山社サイテック（監修編集），『A threat to life-The impacts of climate change』IUCN（分担執筆），『ミティゲーション―自然環境の保全・復元技術』ソフトサイエンス社（分担執筆），『自然的撹乱・人為的インパクトと河川生態系』技報堂（分担執筆），『野生保護事典』朝倉書店（分担執筆），『川の百科事典』丸善（分担執筆）

北野　潤（きたの　じゅん）
　国立遺伝学研究所　新分野創造センター　生態遺伝学研究室　特任准教授，科学技術振興機構　さきがけ研究員，医学博士
　専門分野：進化遺伝学，生態遺伝学
　主著：『A role for a neo-sex chromosome in stickleback speciation』Nature（分担執筆）『Reverse evolution of armor plates in threespine stickleback』Current Biology（分担執筆）『Adaptive divergence in the thyroid hormone signaling pathway in the stickleback radiation』Current Biology（分担執筆）『行動遺伝学入門』裳華房（分担執筆）

適応放散の生態学

2012年7月30日　初版第一刷発行

著　者　ドルフ・シュルーター
訳　者　森　　誠　　一
　　　　北　　野　　潤
発行者　檜　山　爲次郎
発行所　京都大学学術出版会
　　　　京都市左京区吉田近衛町69
　　　　京都大学吉田南構内(606-8315)
　　　　電　話　075-761-6182
　　　　FAX　075-761-6190
　　　　振　替　0100-8-64677
　　　　http://www.kyoto-up.or.jp/
印刷・製本　　亜細亜印刷株式会社

ISBN978-4-87698-588-3　　定価はカバーに表示してあります
Printed in Japan
　　　　　　　　　　　　　　©S. Mori and J. Kitano 2012

本書のコピー，スキャン，デジタル化等の無断複製は著作権法上での例外を除き禁じられています．本書を代行業者等の第三者に依頼してスキャンやデジタル化することは，たとえ個人や家庭内での利用でも著作権法違反です．